동물들이 서로 주고받는 말

Original title: Senti chi parla. Cosa si dicono gli animali, by Francesca Buoninconti
Copyright: © 2021, Codice Edizioni, Torino
Illustrations: © Federico Gemma

Questo libro è stato tradotto grazie ad un contributo del Ministero degli Affari Esteri
e della Cooperazione Internazionale Italiano.
본 책은 이탈리아외무부에서 수여한 번역지원금을 받았습니다.

동물들이 서로 주고받는 말

우리가 모르는 동물들의 은밀한 대화 엿듣기

프란체스카 부오닌콘티
페데리코 젬마

황지영 옮김
김옥진 감수

북스힐

과학 커뮤니케이션의 거장이자
대체할 수 없는 나의 스승,
피에트로 그레코에게
이 책을 바칩니다.
그의 은혜를 영원히 잊지 않을 것입니다.

"인생의 궁극적인 문제는
자신의 고독을 깨고 타인과 어떻게 소통하느냐이다."
《삶이라는 직업》, 체사레 파베세

목차

새들이었다. 내게 왜 동물들의 의사소통에 관한 책을 썼는지 그 이유를 묻는다면, 그에 대한 답은 새들 때문이었다. 그리고 나에게 있어 '인생과 우주, 모든 것에 관한 궁극적인 질문에 대한 대답'은 바로 새들이었다. 그들은 내가 동물들의 대화에 관해 더 알고 싶게 만들었다. 특정한 순간을 집어 말할 수는 없지만, '들새 탐조' 여행 초반에 이미 내 머릿속에는 몇 가지 질문이 맴돌고 있었다. 왜 논병아리들은 춤을 추면서 수초나 수생식물을 주고받을까? 왜 기러기와 오리는 모두 비슷한 춤을 출까? 왜 새들은 노래하는 걸까? 서로 무슨 대화를 주고받을까? 십여 년 전 이러한 의문점에 대한 답을 찾으면서, 나는 모든 동물들의 의사소통에 대해 더 알게 되고 연구하게 되었다.

한 가지 재미있는 사실은 그동안 내 직업이 바뀌었고, 더 이상 과학이라는 학문을 연구하는 일이 아닌, 알리고 소통하는 일을 맡게 되었다는 점이다. 이러한 직업을 가진 사람들은 이야기하고 설명하며, 때로는 어떤 주장을 반박하거나 의문을 해소해야 한다. 그리고 이때 다양한 수단을 활용하여 대중에게 적합한 언어를 사용하되, 과학적인 정확성과 읽는 재미 사이에서 균형을 유지해야 한다. 그러므로 이 책이 여러분에게 동물들이 무슨 말을 주고받고, 어떻게 소통하며, 왜 그러는지를 발견할 수 있는 적당한 안내서가 될 수 있기를 바란다.

나는 이 책에 동물들이 서로 소통하기 위해 주고받는 시각, 청각, 화학, 촉각 신호 중 이미 잘 알려져 있거나 덜 알려진 내용뿐 아니라, 이 과학 분야의 역사와 몇 가지 전환점에 대한 이야기도 포함시켜 보았다. 물론 동물들 간의 소통이 동물행동학, 해부학, 유전학, 배아의 발달, 화학 또는 물리학 기초 개념 그리고 진화에 대한 지식과 엮여 있다는 사실을 염두에 두면서 말이다.

그러므로 완성도에 대한 욕심은 전혀 부리지 않았다는 점을 미리 말해두겠다. 이 주제 자체가 매우 광범위할 뿐 아니라 모든 동물 종(지금까지 알려진 140만 종의 동물)은 다양한 방법으로 소통하기 때문이다. 때로는 우리가 이해하거나 해독할 수 없는 방법들이며, 마땅히 그러하듯 그들에게 더 적합한 방법들인 까닭이다. 모든 단일 종의 소통이 어떻게 이루어지는지에 대해서는 아직 모른다는 점은 배제하더라도 말이다. 하지만 바로 이 점이 가장 흥미로운 부분이라 할 수 있다. 우리가 여전히 질문을 던지고, 호기심을 품으며, 더 연구하고 발견할 영역이 무궁무진하다는 사실을 암시하기 때문이다.

신호화된 메시지

솔직히 말해 보자. 우리 '호모 사피엔스'는 한시도 조용히 있지 못하는 종족이다. 조용히 있더라도 손짓이나 얼굴 표정 혹은 자세로도 소통한다. 심지어 우리가 뿌리는 향수로도 말이다. 우리는 항상 다양한 사람들, 그리고 가깝거나 멀리 떨어져 있는 누군가와 소통한다. 여러 언어로, 전화기나 애플리케이션으로, 정교한 동작과 표현, 학교에서 힘들게 익힌 특정한 문법에 따라 순서대로 배열해야 하는 음절과 단어를 활용하여 소통한다. 하지만 우리가 만들어 낸 문장이 정확하고, 사용한 이모티콘이 전부 적절하다 해도 무언가가 잘못될 가능성이 있다. 우리의 얼굴 표정이나 말투에서 숨기려 했던 본심이 드러날 수 있고, 타이밍을 잘못 맞출 수도 있으며, 실수를 하여 오해를 불러일으킬 수 있다. 누구든지 살아오며 한 번쯤은 겪어 봤을 일이다. 만약 이런 일을 아직 겪어 보지 못했다면… 스스로 눈치 채지 못했을 가능성이 더 높다.

그렇다면 다른 동물들은 어떨까? 새, 물고기, 곤충, 양서류, 포유류는 소통하는 데 있어 우리와 같은 어려움을 겪고 있을까? 거짓말을 할 줄 알까? 자신의 친구를 어떻게 알아볼까? 가령 벌이나 말벌들은 자신의 벌집에 침입자가 아닌 동료가 돌아왔음을 어떻게 확신할 수 있을까?

과학자들은 늘 스스로 이런 질문을 던져 왔다. 그리고 이 의문은 역사상 자연주의 분야 최고의 지성 중 한 명인 찰스 다윈을 들볶기 시작했다. 그래서 그는 1872년 11월 26일 《인간과 동물의 감정 표현》을 출간했다. 그의 이전 작품들과 마찬가지로 이 책도 금세 베스트셀러 반열에 올라 5,200부 이상 판매되었다.[1] 다윈은 각각의 표정이나 자세는 서로 다른 의미를 갖고 있으며, 어떠한 감정이나 정신 상태와 연관 지을 수 있음을 알아냈다. 그리고 이 같은 현상은 많은 동물들에게서도 나타났다. 뿐만 아니라 표정의 '보편적 본성'이라는 것이 있는데, 동물과 인간의 많은 표정이 서로 닮아 있다는 사실이 밝혀졌다. "매우 다른 종의 어리고 늙은 개체들은 인간이든 동물이든 같은 동작으로 자신의 감정 상태를 표현한다. (…) 유사하지만 서로 구분되는 종들의 표현 방법이 동일하다는 사실은 (…) 이들이 공통의 조상으로부터 분화되었다는 점을 인정하면 좀 더 이해하기가 쉽다." 이 영국 자연과학자는 시간이 지남에 따라 종이 불변한다는 관념을 떨쳐 버릴 수 있었지만, 그 시대의 지배적인 관념의 희생자가 되었다. 진화론의 창시자에게조차 동물들의 의사소통은 그들의 감정과 떼려야 뗄 수 없는 것이었다. 다윈이 생각하기에 동물들은 오늘날 우리가 생각하는 의사소통 시스템을 전혀 갖고 있지 않았고, 이들이 내는 소리나 취하는 자세는 감정에 이끌린 것들이었다. 예를 들면 포식자가 다가오는 것을 본 검은지빠귀는 겁이 나서 도망간다. 이때 갑작스런 두려움이 그 특유의 울음소리를 유발하면서 본의 아니게 주변 새들에게 경고 신호를 보낸다.

오늘날 우리는 찰스 다윈이 해석한 것과 현실이 매우 다르다는 사실을 알고 있다. 하지만 이를 발견하기까지는 꽤 오랜 시간이 걸렸다. 특히 무엇이 의사소통이고, 무엇이 의사소통이 아닌지를 정의하는 데 오랜 시간이 걸렸다. 쉬운 예를 하나 들어 보자. 얼굴을 붉히는 일은 상대방에게 자신의 감정 상태를 그대로 드러내는 인간의 행동이다. 하지만 얼굴을 붉힐 때 우리는 의사소통을 하는 것이 아니다. 그것이 의지에 기인한 행위가 아니기 때문이다. 단지 자연적으로, 본의 아니게 우리의 감정 상태에 관한 정보를 전달하고 있을 뿐이다. 그러므로 신호를 보내는 것과 의사소통의 차이는 단 하나, '의도성'의 여부이다.[2] 이는 동물의 세계에서도 마찬가지로, 만약 의도성이 있으면 의사소통을 하는 것이다. 이러한 결론에 도달하기까지 과학자들은 수많은 추론과 연구조사에 매달려야 했다.

다윈의 책은 출간 이후 빠르게 잊혔고 다시 수면 위로 떠오르기까지는 진화론의 탄생까지 기다려야 했다. 제2차 세계대전이 끝난 뒤에야 동물행동 연구는 과학의 한 분야로 자리매김하게 되는데, 이는 1973년 노벨상을 수상한 콘라트 로렌츠, 니콜라스 틴베르헌, 카를 폰 프리슈 덕분이다. 1950~1970년대 사이에 이 드림팀은 훌륭한 실험을 통해 아주 명료한 방식으로 '본능', '선천적 행동과 학습된 행동' 그리고 심지어 '자극'의 개념을 정의했다. 그리하여 어떤 언어가 타고난 것이고 학습된 것인지, 어느 정도의 시간을 두고 언제 나타나는지, 응답을 유발하는 자극은 무엇인지, 촉진제 역할을 한 것은 무엇인지 등 동물의 의사소통 연구를 시작하기 위한 토대가 마련되었다.

　　이렇게 해서 동물들의 의사소통 연구가 시작되었다. 카를 폰 프리슈가 꿀벌의 의사소통과 이들의 춤 동작에 대한 연구에 집중한 동안, 니콜라스 틴베르헌은 자극의 개념을 정의하고, 특히 의사소통을 포함한 각 행동을 연구할 때 적용할 네 가지 질문을 만들어 냈다. 틴베르헌에게 첫 번째 질문은 생리학적 메커니즘을 이해하는 것이었다. 다시 말해 반응을 유발하는 자극이 무엇인지 이해하는 것이다. 다음으로는 행동의 개체 발생을 이해해야 한다. 즉, 시간이 경과함에 따라 변화하였는지, 만약 그렇다면 어떻게 변화했는지, 그 역할은 무엇이며 각 개체가 생존하거나 번식하는 데 어떤 방식으로 유용한지, 그리고 마지막으로는 이 행동이 어떻게 진화했는지이다.

　　그러므로 '동물들은 대화를 하는가, 대화하지 않는가?'라는 질문에 대한 답을 찾기 시작한 일은 불과 반세기가 조금 지났을 뿐이다. 그리고 과학이라는 분야가 그렇듯, 해답은 바로 나오지 않는다. 앞서 다윈의 예시로 돌아가 보자. 나뭇가지에 앉아 있던 수컷 검은지빠귀가 포식자인 새매가 다가오는 것을 발견했다. 수컷 검은지빠귀는 도망가는 순간 날아가면서 경보성 울음소리를 내는데, 이 소리는 공기 중에 울려 퍼진다. 검은지빠귀는 왜 이런 소리를 낼까? 눈에 띄지 않게 조용히 도망치는 편이 낫지 않을까? 물론 그렇다. 하지만 검은지빠귀는 정확한 수신자가 있기 때문에 고유의 경보음을 내는 것이다. 그 소리를 듣고 차례로 도망칠 자신의 동종들 말이다. 하지만 분명히 해 둘 점은, 검은지빠귀가 이런 경보음을 내는 것은 단순히 아량을 베풀기 위해서가 아니다. 더 많은 새들이 날기 시작하면 포식자가 다른 새에게 달려들어 자신을 내버려둘 수도 있기 때문이다. 다시 말해 이 행위를 통해 이익을 꾀하는 것이다.

이 예시는 동물의 대화에 대해 이미 많은 것을 알려주고 있다. 신호를 보내는 주체인 수컷 검은지빠귀는 매개체(이 경우, 공기)를 통해 메시지를 보낸다. 이 메시지는 표준화되어 있고 신호화되어 있다. 그 경보음은 항상 동일하며 시간이 지난다고 해서 변하지 않을 것이다. 그리고 그 메시지를 이해하고 반응하여 도망칠 수 있는 그와 같은 종의 수신자가 한 마리 이상 있을 것이다. 즉, 받은 정보로 인해 자신의 행동을 바꾸고 이익을 취할 수신자 말이다.

실제로 검은지빠귀는 다윈이 생각했던 것처럼 경보성 울음소리를 공포심 때문에만 내지 않는다. 물론 경보 신호를 보내는 데에는 정서적인 요소가 포함되어 있으나 그것 때문에 동물이 그런 종류의 소리를 내는 것은 아니다. 이 검은지빠귀는 완전히 혼자 있다는 확신이 들면 포식자의 등장에 어떤 소리도 내지 않고 조용히 날아 도망칠 것이다.

이런 행동의 차이는 결코 우연이 아니며, 우리에게 중요한 두 가지 지표를 제공한다. 첫 번째는 검은지빠귀의 행동이 관객, 즉 청중이 있을 때 변한다는 점이다. 두 번째는 그럴 경우, 검은지빠귀의 소통은 어떤 수신자를 향해 있으므로 의도성이 있다는 점이다. 동물행동학자들은 동물들의 대화에서 어떤 신호를 보내는 데에는 의도가 있고, 그 메시지가 반응, 즉 어떤 응답을 불러일으킨다는 사실을 증명해야 했다. 물론 위험한 상황뿐 아니라 어떠한 맥락에서든지 말이다.

동물들은 서로 대화하며 의도적으로 메시지를 주고받는데, 그 종류는 매우 다양하다. 시각, 청각, 후각, 촉각 메시지일 수 있으며 직접 접촉으로 전달할 뿐 아니라 진동, 심지어 전기 신호를 통해 전달할 수도 있다. 메시지의 유형은 생활 환경에 따라 좌우된다. 예를 들어, 어두운 곳에 살고 시력이 나쁘다면 어떤 색깔을 띠는 것은 아무런 의미가 없다. 그러므로 시각적인 신호를 노리는 일은 전혀 좋은 생각이 아닐 것이다. 하지만 어두운 곳에 살아도 시력이 좋다면, 반딧불이처럼 불빛을 만드는 것이 아주 훌륭한 방법이 될 수 있다. 메시지 유형은 서식지의 영향을 받지만 해당 개체가 이미 적응된 바에 따라서도 달라진다. 후두와 귀가 있다면 소리는 소통하는 데 사용하기 좋은 신호이다. 반면 귀가 없고 코가 발달했다면 후각 신호가 적절할 수 있겠다.

지안니 로다리에 따르면 동물들의 대화를 연구하는 일은 '상상력을 필요로 하는 행위'이다. 인간은 자외선을 볼 수 없고, 가청주파수 외의 소리나 초음파도 들을 수 없으며, 유독 발달한 후각을 지닌 것도 아니다. 그렇기 때문에 동물들의 대화에서 여전히 많은 것을 놓치고 있다. 그러나 다른 개체와 효과적으로 대화할 수 있는 능력은 모든 동물들의 삶에 있어 매우 중요하다. 인간에게는 특정 종의 개체를 조사해야 하거나, 유해한 종을 쫓아낼 때 유용한 능력이다. 앞으로 살펴보겠지만 농작물에 해로운 곤충들을 퇴치하기 위한 많은 해결책들이 바로 냄새와 후각적인 속임수를 기반으로 한다. 그리고 동물들의 대화를 연구하는 일은 진화에 대한 새로운 관점을 얻고, 때로는 종을 구별하는 데에도 유익할 것이다. 종마다 소리뿐 아니라, 시각적 그리고 후각적 신호로 구성된 고유의 '목소리'를 갖고 있기 때문이다.

우리와 마찬가지로 동물들도 다양한 방법으로 서로 대화하며, 매우 다양한 상황에서 소통한다. 서로를 알아보기 위해, 분쟁을 해결하기 위해, 자신의 존재를 인식시킴으로써 다른 경쟁자로부터 세력권을 지키기 위해서처럼 말이다. 물론 번식과 관련한 소통도 존재한다. 파트너에게 자신의 의사를 표현하거나 구애하기 위한 대화가 있고, 때로는 의식처럼 잘 짜인 춤이 동반되기도 한다. 동물들은 가족을 구성하고 자손을 돌보기 위해서도 대화한다. 새끼들 또한 대화에 매우 능해서 부모에게 자신이 얼마나 배가 고픈지, 위가 얼마나 아우성치는지를 표현한다. 사회적 동물들에게는 무리와 좋은 관계를 유지하고, 사회적 결속을 다지며, 함께 나누어 먹을 식량 공급원을 발견했다는 것을 동료들에게 알리거나 이동 시 무리에서 벗어나지 않기 위해, 사냥을 나갔을 때 서로의 위치를 알리거나 날아다니는 무리의 방향을 결정하는 데 소통이 필수적이다. 혹은 검은지빠귀의 경우처럼 동종에게 어떤 위험을 알리고 싶을 수도 있다. 또한 '자기커뮤니케이션'이라 불리는 신호도 있다. 박쥐나 고래류들이 이용하는 반향정위echolocation가 이에 해당하는데, 이들은 음파 신호를 내보낼 수 있고, 이 음파는 주변 환경에 대한 정보를 품고 되돌아온다.

이러한 경우는 모두 같은 종의 개체, 즉 동일 종 내의 소통이다. 하지만 법칙에도 예외가 있기 마련이다. 예를 들어, 새들은 동종의 신호뿐 아니라 다른 많은 종들의 경보음도 잘 이해한다. 그래서 이들은 어떤 위험에 대한 경고를 받고 도망칠 기회가 많으므로 더 유리하다. 혹은 집단공격mobbing―즉, 공격적이고 위협적인 행동들―은 모든 동물들이 이해할 수 있는 것으로, 이는 종 간 소통의 한 예이다. 또한 꽃들은 허니 가이드honey guide 혹은 넥타 가이드nectar guide라고 하는 무늬를 드러내는데, 이는 인간의 눈에는 보이지 않지만 자외선 스펙트럼으로는 볼 수 있는 꽃잎 위의 무늬나 색깔 그러데이션으로, 벌을 비롯한 다른 꽃가루 매개 곤충들이 꿀을 발견하도록 돕고, 동시에 곤충들이 꽃가루를 몸에 묻혀 다음 꽃에 옮겨 나르도록 한다.

따라서 넥타 가이드는 벌들이 꿀을 먹고 원기를 회복하도록 할 뿐 아니라, 꽃들도 수분을 할 수 있는 기회를 증가시킨다. 그러므로 동물들은 동종뿐 아니라 다른 종의 개체와도 매우 다양한 상황에서 소통한다. 결국 동물들은 살아가고 살아남기 위해서 의사소통을 한다고 할 수 있겠다.

의사소통 활동의 기반에는 상호 간의 유익이 있음이 이제는 분명해졌다. 양측 모두 이익을 얻어야 한다. 그렇지 않으면 의사소통 시스템이 발달할 가능성이 매우 적기 때문이다. 그리고 상호 간의 유익이 있으려면 신호가 정직해야 한다. 그 신호를 보내는 수신자의 건강 상태, 연령, 위치 혹은 신호를 보내는 의도에 대한 사실을 전달할 필요가 있다. 가령 수컷 극락조에게 풍성하고 화려한 깃털을 유지하는 일은 비행 속도가 더 느려지고 움직임이 둔해지며 더 취약하다는 의미일 수 있다. 게다가 울창한 초목 사이에서 포식자의 눈에 띄기가 훨씬 쉬울 것이다. 냄새 표시나 소리도 이와 마찬가지이다. 포식자에게 자신의 존재를 노출시킬 수 있기 때문이다.

아모츠 자하비는 수컷 공작의 길고 화려한 빛깔의 꼬리는 핸디캡, 즉 선택을 위해 감수해야 할 대가라고 보았다.[3] 부채 모양으로 펼친 공작의 위 꽁지덮깃은 눈에 띄기 쉽고 포식자들의 주의를 끈다. 게다가 걸을 때 끌고 다녀야 할 정도로 무겁고, 도망칠 때에는 상당한 장애물이다. 따라서 좋은 유전자를 가진 건강하고 강한 수컷 공작만이 긴 꼬리를 갖고서도 포식자로부터 도망쳐 살아남을 수 있었을 것이다. 자하비가 생각하기에 공작의 꼬리는 수컷의 '품질'을 나타내는 정직한 표식이었다. 현시대를 살아가는 우리는 반드시 그런 것만은 아니라는 사실을 알고 있다. 최소한 공작의 경우에는 말이다. 공작의 꼬리는 신진대사 비용 측면에서

운동 능력을 저해하지 않을 뿐 아니라, 오히려 어떤 이점을 나타낸다. 우선 우리가 '꼬리'라고 부르는 부분은 약 150~200개의 위 꽁지덮깃으로 구성되어 있는데, 등 아래부터 시작되며 그 길이는 1.5미터까지 이른다. 그리고 이 덮깃은 진짜 꼬리에 해당하는 20개의 짧은 갈색 꽁지깃을 덮고 있다. 공작이 진짜 꼬리를 들어 올리면 위 꽁지덮깃도 함께 들어 올려지면서 부채가 펼쳐진다. 그런데 꼬리가 최대치로 풍성하게 발달하는 번식기에는 이동에 소요되는 신진대사율이 오히려 위 꽁지덮깃이 탈락하는 다른 시기에 비해 낮은 편이다. 그러므로 이 시기의 꼬리 발달이나 쉽게 눈에 띄는 점에 따른 대가는 다른 것일 수 있다.[4]

신호를 만들어 내는 일은 에너지 소모와 위험이 따르므로 항상 비용이 동반된다. 그렇기 때문에 소통으로 얻은 이익은 손실을 능가해야 한다. 메시지나 신호를 보낼 때는 정말 그럴 만한 가치가 있어야 한다는 뜻이다. 신호를 보내는 발신자뿐만 아니라 수신자에게도 말이다.

지금까지 의사소통이 어떻게 작동하는지와 어디에 필요한지, 왜 이를 연구하는 것이 유익한지를 밝혔다면, 이제 '신호란 무엇인가?'라는 중요한 개념을 정의해 보도록 하자.

우리는 사전적 의미에 따라 적확하게 사용된 '신호signal'와 '큐cue[5]'(혹은 '자극') 사이의 경미한 차이점을 기억할 필요가 있다. 이는 1939년 동물행동학의 아버지, 오스트리아인 콘라트 로렌츠가 정의한 개념이다.

큐는 의도성이 없는 신호이지만, 어쨌든 수신자에게 정보를 제공하여 종종 이익을 준다. 우리가 숨을 쉴 때 내뱉는 이산화탄소도 큐에 해당한다. 모기들이 우리를 발견하여 흡혈할 수 있도록 해 주기 때문이다. 이 외에 감정이 격해지는 순간 얼굴이 붉어지는 현상, 새치나 완전한 백발,

얼굴의 주름은 감추고 싶은 당혹감이나 한 사람의 나이를 드러내는데, 모두 큐에 해당한다. 이는 우리가 통제할 수 없고, 스스로 지배할 수 없는 신호들이다. 언제 얼굴을 붉힐지 우리가 정할 수 없고 흰머리가 생기는 것을 막을 수 없으며, 내뱉는 이산화탄소의 양을 통제할 수도 없다.

하지만 의도성이 있는 신호는 신호를 사용하는 자의 완벽한 통제하에 있고, 미세하게 조정되거나 가감될 수 있다. 강도, 높이, 빈도 등을 조절할 수 있는 소리를 떠올려 보자. 혹은 수많은 곤충과 포유류들이 영역 표시에 사용하는 후각적 의사소통을 생각해 보자. 무엇보다 중요한 점은 이것이 발신자나 수신자 모두에게 이익이 된다는 사실이다. 이 신호들은 진화 과정 동안 상대방의 행동을 변화시키도록 적절하게 다듬어졌으며, 지금도 여전히 강한 자연선택의 압박을 받고 있다.

종합해 보면 큐는 소통하거나 응답을 얻기 위해 진화된 것이 아닌 반면, 신호는 진화 과정 동안 응답을 받고 다른 개체의 행동을 변화시키도록 다듬어졌다. 사실 이러한 다채로운 의사소통 시스템이 며칠 만에 나타났다고는 볼 수 없을 것이다. 신호는 진화해 왔을 뿐 아니라 공진화coevolution하여 동물 종과 서식지에 따라서 개량되기에 이르렀다. 하지만 어떻게 말인가? 동물 의사소통의 기원과 진화를 이해하기 위해 과학은 또 한 번의 모험에 뛰어들었다.

우선 어떤 신호가 진화하고 오랜 세월 동안 유지되기까지는 앞서 언급했듯이 발신자와 수신자의 전적응preadaptation이 있어야 한다. 예를 들어 발성 신호를 내기 위해서는 후두, 성대, 호흡기, 발성된 소리를 울려 퍼지게 하는 입과 같은 기관이 필요하다. 반면 수신자는 메시지를 듣기 위해 음향 수신 기관인 귀가 있어야 할 것이다. 색채 신호의 경우에도 마찬가지다. 색채 신호를 인식하기 위해서는 빛과 눈이 필요하다. 말하자면 신호마다 사전적응 체계가 있어야 한다. 하지만 이것만으로는 충분하지 않다. 신호가 진화하고 자리를 잡기까지 그 신호는 어떤 식으로든 수신자의 주의를 끌어야만 한다. 선천적인 선호 또는 소통과는 다른 용도로 진화한 기존의 감각기관을 활용해서 말이다.

'감각기관의 활용 가설'로 명명된 이 개념은 1990년에 마이클 라이언이 처음 주장했다.[6] 라이언에 따르면 수신자는 잠재적인 선호를 갖고 있고, 발신자는 새로운 신호를 창조하는 데 이를 활용할 수 있다. 특히 성선택의 경우에 말이다. 소금쟁이를 예로 들어 보자. 이들은 표면장력을 이용하여 긴 다리로 물 위를 걸어 다닐 수 있다. 일반적으로 소금쟁이는 물의 진동을 통해 주변에 먹이가 있는지를 파악한다. 그리고 번식기가 되면 수컷은 먹이를 찾기 위해 진화해 온 이 감각기관을 활용하여 암컷과 대화를 나누며 구애한다. 말하자면 자신의 먹이 사냥 능력을 무기 삼아 암컷의 관심을 끄는 것이다. 수탉이 암탉에게 구애할 때도 티드빗팅tidbitting('진미'를 뜻하는 영어 tidbit에서 유래)이라는 것을 활용한다. 땅을 쿡쿡 쪼아대며 맛있는 먹이를 물거나 문 척했다가 다시 떨어뜨리며 일정한 리듬으로 탁탁 소리를 내는데, 이것은 바로 암탉을 향한 초대의 신호이다. 마치 "거기 아가씨, 내가 뭘 먹고 있는지 좀 보라고."라고 말하는 것과 같다. 티드빗팅은 먹이 활동과 관련된 특유의 동작이나 소리를 활용하여 암탉의 관심을 끄는 것이다.

하지만 발신자가 동종의 특정 감각이나 선호도를 활용하여 대화하는 방법을 찾는 것만으로는 충분치 않다. 수신자가 이에 응답한다고 해도 말이다. 어떤 신호가 진화하여 오랜 세월에 걸쳐 유지되고, 늘 동일한 효과를 달성하려면 해당 신호가 의식화 과정을 거쳐야 한다. 다시 말해, 그 신호가 한 가지 뜻을 지닌 코드가 되어야 하는 것이다. 실제로 검은지빠귀의 경보성 울음소리는 늘 동일하며 신호화되어 있다. 즉 세월 속에서 확고해져서 수천 년 동안 동종들은 모두 이 신호를 알아듣고 있다. 그뿐만이 아니다. 이 일은 우리 인간에게도 일어나고 있다. 우리가 사용하는 언어는 신호화되어 있고, 명확한 문법과 음성표기법을 따른다. 사랑에 빠진 남자가 자신이 흠모하는 여인에게 '사랑해' 대신 '랑사해'라 말한다면 장담컨대 같은 효과를 기대할 수 없을 것이다. 그러므로 인내심과 시간, 수많은 시도가 필요하다. 그리고 신호는 반드시 새로울 필요는 없다. 기존에 있던 행동이나 자세를 단순화 또는 과장시킬수도, 혹은 기존 행위나 소리를 반복할 수도 있다. 하지만 수신자로부터 응답을 받을 가능성을 최대한 높이기 위해, 이 신호는 강조되고 정형화되며 자주 반복되어야 한다. 한편, 수신자 입장에서는 그 대화를 기억하고 있어야 한다. 끝으로 어떤 새로운 신호가 선택되기까지는 자연선택의 법칙을 따라야 한다. 즉 발신자나 수신자에게 이익을 제공해야 한다. 포식자로부터 도망칠 기회, 먹이를 구하거나 번식할 기회, 새끼들을 기르거나 무리 생활에 도움이 될 유익처럼 말이다. 신호든 응답이든 모두 공진화 과정을 거치게 된다. 각 신호마다 고유한 응답이 정형화되는 것이다.

그런데 사실, 하나의 신호에 즉각적인 응답 하나가 따라온다고는 말할 수 없다. 특히 구애 활동에 관해서는 말이다. 많은 종들의 메시지 수신자는 그 내용을 검토하고 응답하기까지 충분한 시간을 갖기 때문에, 이러한 점이 과학자들을 다소 골치 아프게 만들었다. 예를 들어 보자. 염주비둘기*Streptopelia decaocto*의 구애 활동을 관찰해 본 적이 있는가? 불쌍한 수컷 비둘기는 암컷 비둘기의 마음을 사로잡기까지 몇 시간에 걸쳐 접근을 시도해야 할 수도 있다. 수컷은 구구 하고 울고, 몸집이 커 보이도록 부풀리며, 여러 번 머리를 숙이고 부채 모양으로 꼬리를 펴서 바닥을 쓸어 보인다. 그리고 암컷을 부드럽게 쿡쿡 쪼아댄다. 한마디로 온갖 시도를 해 보지만, 한동안은 애타는 마음으로 연옥에 있는 것과 같다. 마음에 드는 상대에게 왓츠앱으로 메시지를 보내고 난 뒤, 영원처럼 느껴지던 시간 동안 파란 '읽음' 표시가 뜨기를, 답장이 오기를 기다린 적이 있는가? 그렇다면 불쌍한 미스터 염주의 마음을 짐작해 볼 수 있을 것이다.

그러나 이 경우는 암컷 염주비둘기가 콧대 높은 척하는 것이 아니다. 단지 수컷이 연출하는 구애 의식이 암컷의 번식 행동을 유도하는 역할을 하기 때문이다. 암컷 비둘기에게 구애하는 수컷의 시각적, 청각적 자극은 암컷의 시상하부 중심을 활성화시키고, 암컷의 뇌하수체에서는 생식샘자극호르몬이 생성되기 시작한다. 이것들이 암컷의 난소를 자극하여 에스트로겐을 분비하고, 바로 이러한 호르몬의 영향으로 암컷의 생식관이 발달하기 시작하는 것이다. 하루 정도가 지나면 수컷의 기다림과 인내가 어쩌면 보상을 받을지도 모른다. 만약 암컷이 허락한다면 새로운 커플은 둥지를 틀 위치를 정하고 집을 짓기 시작할 것이다. 하지만 수컷의 구애 행위는 아직 끝나지 않았다! 둥지를 짓고 짝짓기를 하는 동안에도 계속되기 때문이다.

지금까지 염주비둘기의 사랑의 수고를 간략하게 살펴봤다면 이제 다른 측면도 밝혀야 한다. 어떤 신호가 의식화되고 반복되며 정제되고, 누군가가 이 신호를 수신하며 다음 세대에 전승되기에 앞서 우리가 답해야 할 질문이 있다. 신호는 어떻게 발생하는 걸까? 어떻게 바로 그 특정한 소리나 자세가 나중에 신호가 되는 걸까? 어떤 울음소리, 노랫소리 혹은 과시 행동display—즉 동물들이 선보이는 공연, 자세, 춤 따위—은 어찌나 정교하거나 기이한지, 그런 정확한 음표나 스텝의 순서가 어떻게 만들어 질 수 있었는지 이해하기 힘들 정도다. 그럼에도 불구하고 서로 종은 다르지만 친족 관계인 동물들에게서 과시 행동이 매우 유사한 형태로 나타난다는 점을 알아차릴 수 있다. 그 덕분에 우리는 부분적으로나마 그 신호들의 진화 역사를 재구성할 수 있게 되었다. 많은 유제류의 위협 자세는 대체로 '무기'인 뿔을 내보이는 것이다. 또한 위협 자세에서 취하는 몇 가지 동작이나 구애의 춤을 관찰해 보면, 다른 레퍼토리를 참고했음을 알 수 있다. 일부 구애 의식에서 나타나는 깃털을 닦는 행위처럼, 다른 상황에서 하는 동작 말이다. 비록 오늘날에는 깃털 고르기가 신호로 사용되고 있지만 원래는 단순한 대체 행동이었다. 다시 말해 맥락에서 완전히 벗어나거나 부적절한 행동이었다. 만약 목적이 짝짓기라면, 깃털을 고르는 행위는 완벽한 털이 준비되지 않은 한 별로 좋지 않은 생각일 수 있으며, 방심한 사이 누군가에게 기회를 빼앗길 수도 있다. 하지만 이 행동이 구애 의식에 통합되고 신호화되면, 암컷이 구혼자의 깃털을 확인하고 얼마나 깨끗한지 혹은 기생충이 없는지를 파악하여 건강 상태를 유추하는 데 이용할 수 있다.

때로는 털세움, 즉 몸의 털이나 깃털이 서는 것처럼, 교감신경계의 반응도 신호가 되거나 그 일부가 될 수 있다. 암컷의 환심을 사려는 수컷 염주비둘기는 몸집이 더 크고 건강해 보이도록, 자신의 털을 자랑해 보이기 위해 깃털을 부풀릴 것이다. 이런 경우는 감정과 관련이 없는, 자발적인 행동이다. 즉 깃털과 털은 수컷이 번식을 원하는 정도나 암컷의 궁정적 혹은 부정적 응답에 기반하지 않고, 일반적인 수준으로 부풀려질 것이다. 원래 불수의적인 반응인 털세움은 의도적인 것이 되고 정형화되어 신호의 일부가 되므로 소통을 하고 있는 주체의 감정 상태에 대한 단서를 잃게 된다. 이에 관해 데즈먼드 모리스는 1957년에 이미 고도로 의식화된 신호들은 바로 이런 종류의 정보를 숨기고 있기 때문에 진화할 수 있었다는 가설을 세웠다.[7] 즉 발신자는 의식화된 신호로 자신에 대한 많은 정보를 드러내지 않고 수신자를 조종할 수 있는 것이다.

소통하는 행위는 정말 복잡하지만, 누구든 예외 없이 모든 생명체들에게 필요한 절차이다. 심지어 우리의 세포조차도 소통한다. 살아 있다는 것은 소통하는 것을 의미하기도 한다. 우리는 메시지로, 화학 신호로, 단어로, 변화되는 숨결로, 우리 안에서 태어나 우리 귀에 이르러 뇌를 간지럽히고 우리 안에서 응답을 유도하는 소리와 멜로디로 이루어졌다. 그리고 이것은 모든 생명체에게 마찬가지다.

하나의 신호가 동시에 여러 가지 메시지를 전달할 수 있다. 이를 통해 대화하는 주체의 정체, 위치, 성별, 나이를 드러낼 수 있다. 또는 같은 신호가 상황에 따라 다른 의미를 내포할 수 있다. 사회적인 신호로서의 사자의 포효는 무리 안에서는 집단의 결속력을 강화하고 암컷 사자들을 부르는 소리다. 하지만 그 특정 사회무리 밖에서는 영역을 표시하고, 자신의 건강 상태를 다시 확인시키며, 이웃 무리들이 가까이 오지 못하도록 하는 데 유용하다.

신호는 진화하며 때로는 공진화하기도 한다. 이들은 오랜 시간에 걸쳐 선택되었으며 종마다 다르게 나타난다. 그리고 이러한 과정에서 유전인자는 학습만큼이나 중요하다. 소통에 필수적인 몇 가지 요소는 생애

초기 단계에서 학습되고, 때로는 경험이 유전적으로 물려받은 기본 '틀'을 크게 변형시킬 수도 있다.

끝으로 다른 의미를 만들어 내기 위해 다양한 신호들을 조합할 수도 있다. 만약 암컷 얼룩말이 위협적인 표정을 짓는 동시에 종마 앞에서 엉덩이를 보여 준다면, 얼룩말이 보내는 신호는 위협이 아닌 교미에 대한 긍정적인 의사이다.

여러 가지 신호를 조합하는 일은 다양한 이유로 유리한 선택이다. 발신자는 새로운 신호를 만들어 낼 필요가 없고 수신자는 새로운 것을 배울 필요가 없다. 두 개의 신호를 조합하기만 하면 끝나니 대단히 효율적이다. 결합된 신호의 경우도 마찬가지다. 일반적으로 의사소통은 하나의 방법만 따르지 않는다. 시각, 청각, 촉각, 후각을 단일신호로 사용하지 않는다는 말이다. 청각 신호는 특정한 자세와 결합되는 경우가 많고, 특정 과시 행동에서는 소리도 만들어 낼 수 있다. 부채꼴 모양의 공작 꼬리의 경우처럼, 암컷 공작은 수컷 꼬리의 크기, 눈 무늬, 즉 깃털의 수, 그리고 그 광택이나 대칭 정도에만 주목하지 않을 것이다. 이들은 깃털에서 나는 22~28헤르츠 사이의 날카로운 소리에도 귀를 기울인다. 이 소리는 수컷이 자태를 뽐내는 동안 리라의 현처럼 다채롭고 풍성한 깃털이 진동하고 울리면서 나는 소리다.[8] 그런데 신호 수신자는 발신자가 자신에게 거짓말을 하고 있지 않다는 것을 어떻게 확신할 수 있을까? 그것이 치명적인 함정이 아니라는 것을 말이다. 어떻게 이러한 저항을 극복하고 발신자를 신뢰할 수 있을까? 물론 이는 큰 딜레마지만 이 모든 의사소통의 기저에는 중요한 가정, 즉 신호의 신뢰성이 있다고 말할 수 있다.

일반적으로 신호는 실행하는 데 비용이 들기 때문에, 발신자는 정직한 편이 낫다. 새의 경우 잡힐 위험에 괜히 노출될 수 있기 때문에 그냥 아무렇게나 울지 않을 것이다. 게다가 신호는 선택받고 진화 과정 동안 살아남기 위해서 믿을 만해야 한다. 그렇지 않으면 동물 의사소통 진화의 기반을 이루는 상호이익이 줄어들기 때문이다. 가령 두 마리의 나이팅게일 새는 같은 강도로 울지 않을 것이다. 이 경우에 수신자인 암컷은 가장 훌륭한 신호, 즉 제일 마음에 드는 파트너를 선택할 수 있다. 그리고 일반적으로 새의 종류와 상관없이, 그 울음소리는 각 개체의 건강 상태나 몸집을 암시하는, 만들어 내기가 수고로운 정직한 신호들이다. 그러므로 합리적인 이유로 어떤 발신자를 신뢰할 수 있는 것이다. 동물들의 의사소통에서는 정직의 원칙이 승리하기 때문이다.

그러나 원칙마다 예외가 있고 흔히 하는 말처럼 반짝인다고 전부 금은 아니다. 동물들 사이에도 사기꾼이 있어서 다른 존재인 척하거나 거짓말하는 종이나 개체가 있다. 인간들 사이의 단순한 대화가 때로는 예상치 못한 방향으로 흘러가듯, 동물들의 대화도 간단한 일이 아닐 수 있으며 메시지 수신자가 큰 대가를 치러야 할 수도 있다.

1978년에 리처드 도킨스와 존 크렙스는 변치 않는 신호의 정직성에 대해 처음으로 의문을 제기했다.[9] 실제로 발신자의 관심사가 수신자와 일치하지 않는, 속이는 신호가 나타나는 경우도 많이 있다. 오히려 그 관심사가 완전히 반대된다. 이것은 일방적인 대화로, 발신자가 의도적으로 잘못된 정보를 제공하여 하나 혹은 그 이상의 수신자의 행동을 자신에게 유리하도록 조종한다. 상대방에게 정보를 제공하는 것이 아니라 그에게 영향력을 행사하며 교묘하게 '조종'하는 것이다. 이런 경우 진화론적으로 말하자면 속이는 이와 속임수를 알아채는 이 사이에 수단과 방법을 가리지 않는 대결이 일어난다. 숙주와 기생생물, 피식자와 포식자 사이의 싸움이 시작되는데, 이는 특히 의사소통을 통해 이루어진다.

동물들 중에는 속임수와 계략을 기반으로 번식 전략을 펼쳐온 종들이 있는데, 이들은 자신의 이익을 위해 수신자의 행동을 조종하도록 진화하였다. 말하자면 '루저' 수컷들은 잠재적인 파트너의 주의를 끌기 위해 스스로 늠름한 수컷들 사이에 둘러싸인다. 반면 공짜 먹이를 얻기 위해 포식자가 다가오는 척하여 무리 전체에게 알리는 이가 있다. 또는 소리, 냄새, 생김새로 위장하여 다른 존재인 척 이웃을 속이는 녀석이 있다. 그리고 어떻게 해서든 번식하고자 하는 동물 또한 종종 남을 속인다. 수탉들은 미래의 배우자에게 대접할 먹이가 전혀 없을 때에도 티드빗팅을 한다. 하지만 닭들도 한 가지는 분명히 확인한다. 암탉이 속임수에 넘어가지 않을 만큼 충분히 멀리 떨어져 있어서 와삭와삭 씹어 먹을 옥수수 알갱이가 하나도 없다는 것을 알아차릴 수 없는지를 말이다.[10] 물론 이 속임수가 먹히려면 같은 종류의 정직한 신호보다 그 빈도가 낮아야 한다. 그렇지 않으면 자신의 카드를 다 보여 주며 게임을 하는 격이다.

그러므로 동물들의 의사소통에도 속임수와 거짓말, 기만행위가 존재한다. 동물들도 거짓말을 할 줄 알고, 특히 번식이나 먹는 것에 관해서라면 누구에게도 양보하지 않는다. 사랑과 먹이 앞에서는 모든 것이 정당화되며 많은 경우 동물들은 우리와 별반 다르지 않은 사회적 지능을 갖고 있음을 보여 준다. 어쨌든 정직한 자, 거짓말쟁이, 이기주의자, 허풍쟁이가 사는 세계에 온 것을 환영한다.

PART 1

이미지가 생명인 세상

퍼포먼스 장인

새들은 아름답게 노래할 줄 알고, 하늘에서 우아하게 활공할 수 있으며, 강한 날갯짓으로 도망갈 줄도 안다. 매처럼 시속 수백 킬로미터로 급강하할 수 있고, 물에 첨벙 뛰어들어 오랫동안 무호흡으로 수영할 수도 있다. 이주할 때에는 수천 킬로미터를 날아갈 수 있고, 태풍에 용감하게 맞서며, 세계에서 가장 높은 봉우리도 뛰어넘는다. 게다가 화려하고 다채로운 깃을 타고 났으며, 이것만으로도 충분하지 않은 듯 춤까지 출 줄 안다. 진화가 온갖 종류의 재능을 배분할 당시, 새들은 아마 맨 앞줄에서 모든 것을 주워 담은 모양이다. 그래서 우리 같은 평범한 존재들은 이토록 우아하고 고상한 아름다움을 보며 감탄할 수밖에 없다.

어쩌면 우리 중에 누군가는 그 경지에 이를지도 모른다. 1930년대 초, 미국에 이어 전 세계를 사로잡은 진저 로저스와 프레드 아스테어의 기가 막힌 탭댄스 공연을 기억하는가? 놀랍게도 탭댄스를 추는 새들이 있다. 농담이 아니라 진짜다. 탭댄스는 할리우드에 상륙하기 훨씬 전, 이미 자연계에 존재해 왔다.

조류계의 진저 로저스와 프레드 아스테어는 납부리새과의 우레긴투스속*Uraeginthus*에서 찾아볼 수 있다. 이들은 집단 규모와 크기가 매우 작은 아프리카 새로, 배 부분은 파란색 또는 보라색을 띠고 등은 황갈색을 띠고 있다. 또한 이름이 더 많이 알려지고 대부분의 조류원에서 판매되는 금화조*Taeniopygia guttata*와 친족이기도 하다. 생동감 넘치고 우아한 깃털에도 불구하고 이 새들은 영어로 우스꽝스러운 이름을 얻게 되었는데, 바로 코르동 블루cordon bleu이다. 그렇다. 햄과 쭉 늘어지는 치즈가 들어간 그 커틀릿 요리 말이다.

십여 센티미터 내외의 크기에 머리 색깔 때문에 코르동 블루라고도 불리는 파란머리 나비핀치*Uraeginthus cyanocephalus*는 암컷의 마음을 사로잡아야 하는 상황에서는 탭댄스만한 것이 없다고 생각하는 모양이다. 우리 눈에는 이 납부리새의 구애 행위가 평범한 깡충거림처럼 보일 것이다. 그런데 초당 300장 이상의 사진을 찍을 수 있는 특수한 카메라를 이용하여 이들의 춤을 슬로모션으로 연구해 보면, 각각의 점프가 무용 스텝과 같음을 알 수 있다. 암컷에게 구애하고 싶은 수컷은 같은 나뭇가지에 나란히 앉아 부리에 미래의 둥지를 만들 재료를 물고서 위를 향한 뒤 지저귀며 가볍게 뛰기 시작한다. 한 번 점프를 할 때마다 나뭇가지에 발을 3~4번 두드리는데 0.065초 간격으로 이 동작이 이루어진다. 또한 뮤지컬처럼 이 탭댄스를 노래에 맞춰 1초에 25~50번 정도 반복한다.[1] 그리고 암컷은 이에 대한 응답으로 수컷과 함께 춤추고 노래한다. 두 무용수는 한 쌍이 되어 나뭇가지 위에 발을 두드리며 춤을 추는데, 이때 수컷과 암컷 모두 우리 인간이 탭댄스를 출 때 앞뒤로 금속이 붙어 있는 탭 슈즈로 내는 소리처럼 비음성적인 소리를 낸다.[2] 이들이 만들어 내는 것은 다중 신호로, 납부리새과에서 수차례 독립적으로 진화했으며 춤과 깃털의 색깔로 시각적인 면을 먼저 사로잡고, 노래와 스텝의 리듬으로 청각도 사로잡는다.[3] 그리고 공연 중 관객의 존재는 묘미를 더해준다. 숙련된 무용수답게 관중 앞에서 파란머리 나비핀치는 수컷이든 암컷이든 수행하는 퍼포먼스 횟수를 늘린다. 이는 관중들의 눈에 띄기 위해서가 아니라 자신의 파트너에게 서로가 이미 짝임을 상기시키기 위함이다. 즉 자신의 반쪽을 향한 직접적인 대화이다.[4] 파란머리 나비핀치에게 일부일처제는 매우 중요한 사안이기 때문이다.

그런데 이 귀여운 아프리카계 파란 새들만이 인간의 춤을 연상케 하는 유일한 무용수가 아니다. 대서양의 반대편, 중앙아메리카 숲과 남아메리카 북쪽에는 또 다른 손꼽히는 깃털 무용수가 살고 있다. 바로 무희새과에 속한 빨간모자무희새 *Ceratopipra mentalis*이다. 십여 센티미터 크기의 이 연작류(참새목)가 이토록 유명해진 이유를 알기 위해서는 과거로 한 걸음 돌아가 전설의 1980년대로 거슬러 올라가야 한다.

1983년 3월 25일, 미국의 가수 마이클 잭슨은 음악 역사에 길이 남을 또 다른 노래 '빌리 진'을 막 발매했다. 검은색 재킷, 단이 짧은 바지, 흰 양말 그리고 왼손 장갑에는 보석을 온통 박아 넣은 패션으로 마이클 잭슨은 '모타운 25: 예스터데이, 투데이, 포에버' 공연을 위해 캘리포니아 패서디나 시빅 오디토리엄의 에미상 시상식 무대에 올랐다. 그리고 이 자리에서 최초로 문워크를 선보였다. 중력의 영향을 받지 않고 미끄러지듯이 뒤로 걸어가는 스텝이다. 관객들 눈에는 가수가 마치 보이지 않는 무빙워크를 사용하는 것 같았다. 문자 그대로 '달 위를 걷다'를 뜻하는 문워크는 금세 유명해져서 그를 슈퍼스타로 만들었다. 프레드 아스 테어 역시 NBCNational Broadcasting Company에서 방영한 공연을 보고 마이 클 잭슨을 '시대를 통틀어 가장 뛰어난 춤꾼'이라 칭했다. 자존심이 강한 그가 이런 말을 했다는 것은 결코 마음에도 없는 칭찬이 아니었을 것이다.

6년 후 게리 스타일스Gary Stiles와 알렉산더 스커치Alexander Skutch는 《코스타리카 새들에 대한 안내서A Guide to the Birds of Costa Rica》에서 무게가 15그램에 불과한 작은 열대성 연작류가 암컷을 사로잡기 위해 '다리를 펴고 뒤로 미끄러지는 스텝'을 활용한다는 사실을 밝혀냈다. 그렇게 수컷 빨간모자무희새는 모두에게 '문워크를 하는 새'가 되었다.[5]

벨벳 같은 검은색 깃털, 화려한 빨간색 머리, 노란색의 다리털을 지닌 이 종의 수컷들은 올리브 빛깔의 암컷들을 사로잡기 위한 자신만의 시스템을 갖추고 있다. 수컷 무희새는 그야말로 무대에서 공연을 선보인다. 다른 수컷들의 무대와 일정 거리 떨어져 각자 자신만의 무대를 갖고 있고, 시야에서 서로의 동태를 놓치지 않는다. 빨간모자무희새에게는 눈에 잘 띄는 잎이 없는 나뭇가지면 충분하다. S자 비행으로 나뭇가지에 내려앉은 뒤 꼬리를 떨면서 뒤로 미끄러지듯 문워크를 한다. 이처럼 감지하기조차 힘든 스텝으로 문워크를 했다가 돌아와서 같은 스텝을 반복한다. 때로는 옆으로 움직이기도 한다.[6] 그렇게 암컷들의 눈앞에서 여러 차례 지나다니면, 암컷들이 공연을 심사한 뒤 가장 뛰어난 무용수를 선택한다. 이런 종류의 구애 행위—몇몇 수컷들이 공동 구역에서 시각적, 청각적 접점을 유지하면서 자신을 파트너로 선택할 암컷들 앞에서 의식을 선보이는 방식—를 레크lek라 부르는데, 이는 '놀이'를 뜻하는 스웨덴어 'leka'에서 유래했다.

선정된 구역, 무대, 구애 시스템도 이렇게 부르는데, 흔히 생각하는 것보다 자연계에 훨씬 널리 퍼져 있으며, 조류뿐 아니라 포유류, 양서류, 물고기, 그리고 심지어 곤충들도 이를 수행한다.

레킹lekking의 단골 중에는 뉴기니의 우림에 서식하는 유명한 깃털 무용수 무리가 있다. 이곳에는 솜털과 화려한 깃털을 지닌, 보는 각도에 따라 색깔이 변하는 천국의 새, 극락조가 살고 있다. 이들 중에는 변신에 능한 탁월한 무용수 파로티아속Parotia 극락조가 있다. 파로티아속[7]은 크기가 25~40센티미터 사이이며, 여섯 종이 있다. 여기에 속한 수컷은 발레 스커트처럼 깃털을 넓게 펼친 상태로 고도로 의식화된 춤을 춘다.

이 극락조의 암컷은 밤색-황갈색 빛의 보호색을 띠는 매우 빈약한 깃털을 갖고 있다. 반면 수컷은 몸 전체가 칠흑같이 짙은 검은색이며 이마, 목덜미 그리고 앞목에는 녹청색에서 형광 노랑으로 변하는 반사판 같은 깃털을 지니고 있다. 이는 구조색, 즉 깃털의 미세 구조로 인한 것이다. 끝으로 수컷의 눈 뒤쪽에는 변형된 깃털이 세 개씩 있는데, 아주 긴 속눈썹처럼 가늘고 얇으며 끝은 납작한 장식깃이다. 수컷은 암컷에게 구애하기 위해 춤을 춘다. 그들의 춤은 암컷이 자신의 풍채와 깃털의 품질을 평가하도록 드러낼 수 있는 가장 간편하고 효과적인 방법이다. 그러나 이 극락조의 춤은 단일 스텝이 아닌, 다양한 자세와 동작으로 이루어진 진짜 안무와도 같다. 우연이나 즉흥적으로 된 것은 전혀 없고, 스텝 하나하나가 세심하게 연구된 것이며 정확한 순서에 따라 수행된다.

한편 가장 먼저 해야 할 일은 적절한 무대가 준비되었는지 확인하는 것이다. 서부극락조 혹은 꼬리비녀극락조Parotia sefilata라고도 불리는 극락조의 수컷은 자신이 춤을 출 무대가 될 작은 땅덩어리를 매우 신중하게 선택한다. 그리고 매 공연 전에 부지런히, 강박적으로 무대를 정리한다. 나뭇가지, 식물뿌리, 꽃 그리고 바닥에 떨어진 나뭇잎을 치우고, 믿기 힘들겠지만 부리에 나뭇잎이나 나뭇가지를 하나 물고 땅을 쓴다. 웅덩이는 평평하게 만들고, 행여 넘어져 공연과 짝짓기를 수포로 돌아가게 만들 모든 장애물들을 제거한다. 심지어 암컷이 자신들을 평가하기 위해 내려앉을 무대 '1열'의 나뭇가지를 매끄럽게 정리하기까지 한다. 소파 위 먼지를 털듯이 말이다.

그렇게 모든 정리가 다 끝나면 대기한다. 그리고 암컷이 도착하자마자 쇼가 시작된다. 수컷은 깊게 허리를 숙여 공연의 시작을 알리고 고개를 돌려 청금석처럼 파란 눈으로 암컷을 바라본다. 그러다 두 눈이 갑자기 노란색으로 바뀌고 춤이 시작된다. 수컷은 머리를 흔들어 기다란 여섯 개의 깃털을 움직이고 발레용 스커트를 입는다. 목과 등에서 갑자기 길고 가느다란 검은 깃털을 펼쳐 몸통을 중심으로 클래식 발레리나의 스커트처럼 부풀리는 것이다. 그렇게 새로운 스커트를 걸친 수컷은 무대 위에서 너울대기 시작한다. 왼쪽으로 몇 걸음, 이어서 오른쪽으로 몇 걸음. 이를 여러 차례 반복한다. 이 단계는 '백조의 호수'를 연상케 하기보다는 마치 술 취한 사람 같아 보인다. 어찌됐든 암컷이 바라보는 자리에서는 춤추는 수컷이 검은 깃털로 된 원이 되었다. 목덜미에는 각도에 따라 색깔이 변하는 반점이 있고, 여섯 개의 검은 점이 최면을 걸 듯 원의 둘레를 따라 움직이고 있다. 이는 눈 뒤쪽에서 시작되는 여섯 깃털의 끝부분이다. 이쯤에서 눈부시게 빛나는 가슴 깃털을 뽐내야 한다. 수컷은 턱 아래쪽 깃털을 반짝이게 만들면서 '토토'라고 불리던 이탈리아 희극인 안토니오 그리포처럼 머리를 움직이기 시작한다. 그리고 한 번씩 발쪽으로 몸을 잽싸게 굽혀 치마가 펼쳐지게 하고 목 부분을 덮고 있는 화려한 깃털을 위쪽으로 밀어 올린다. 그러면 위에서 바라봤을 때 암컷이 보고 있는 몽환적인 검은색 원은 간헐적인 빛의 반점으로 쪼개진다. 이 춤이 잘 이루어진다면 암컷은 여기에 매료되어 짝짓기를 허락할 것이다.

수컷 어깨걸이극락조*Lophorina superba*의 춤도 굉장히 독특하다. 그도 몸 전체가 검은색인데, 어찌나 짙은 흑빛인지 어두움 그 자체 같다. 2018년에는 짙은 깃털이 그 독특한 구조 덕분에 가시광선의 99.95%를 흡수한다는 사실이 밝혀졌다.[8] 하지만 이 깃털 '블랙홀'의 머리와 목 부위에는 매우 밝은 청록색의 깃털이 있다.

수컷은 공연을 펼칠 무대를 정성스럽게 정돈한 뒤 부리를 열어 소리를 내며 샛노란 입안을 보이고, 가슴의 청록색 깃털을 펄럭임으로써 주변에 있는 암컷의 주의를 끈다. 마침내 암컷이 다가오면 수컷은 춤을 추기 시작한다. 부리를 닫고 가슴과 등의 깃털 몇 개를 펼쳐 머리 주위로 원반을 만든다. 정면에서 보면 검은 부채 모양에, 두 개의 점과 눈부신 청록색 가슴깃털이 있다. 이때 무용수는 날개를 몸통에 붙이고 꼬리는 직각으로 세운 채, 날개로 탁탁 소리를 내며 오른쪽, 왼쪽으로 폴짝폴짝 뛰기 시작할 것이다.[9] 한편 암컷들은 어떤 파트너와 함께 할지 결정하기 전에, 자기 나름대로 약 15~20개의 공연을 까다롭게 평가한다.[10]

각각의 춤을 설명하기란 아마 불가능할 것이다. 대략 40종의 극락조가 존재하는데 각 종마다 그만큼 다양한 춤과 변형된 안무를 선보이기 때문이다. 이 새들과 그들의 춤을 연구하는 일은 정말 어려워서, 같은 춤을 추는 하나의 종이라 생각했던 것이 사실은 똑같아 보일 정도로 닮은 서로 다른 종임을 몇 년이 지나서야 깨닫게 될 정도로 그들의 춤은 소소

수컷의 시작 인사

어깨깃을 발레 스커트처럼 펼쳐 펄럭거리는 단계

희극인 토토처럼 머리를 좌우로 흔든다.

자기 자리에서 수컷의 춤을 관찰하는 암컷

마지막으로 수컷은 가슴의 반짝이는 무지갯빛의 깃털을 보여 준다.

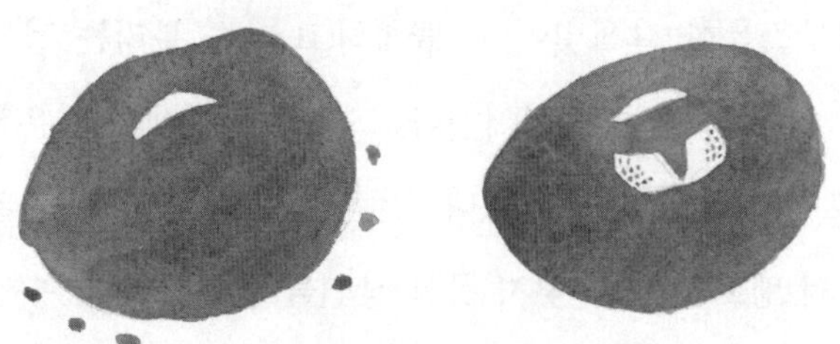

위에서 바라본 모습

수컷 꼬리비녀극락조의 구애 춤

한 몇 가지 특징으로만 구별된다. 바로 보겔콥 어깨걸이극락조*Lophorina niedda*가 이런 경우에 해당하는데, 오랫동안 어깨걸이극락조*L.superba*의 아종으로 여겨지다가 구애 춤의 변종 덕분에 2018년에서야 극락조의 한 종으로 급이 격상되었다.[11]

자연에 존재하는 가장 낭만적인 춤을 만나고 싶다면 그리 멀리 갈 필요 없다. 뿔논병아리*Podiceps cristatus*가 물을 무대 삼아 추는 정열적인 탱고가 있으니 말이다.

논병아리과에 속하는 이들은 크기가 사십여 센티미터 정도 되는 물새로, 유럽 평지의 거의 모든 호수에 분포하고 있다. 다이빙과 잠수에 능한 뿔논병아리는 대체로 물고기를 잡아먹는데, 통째로 삼킨 후 비늘과 가시는 펠릿pellet이라고 하는 마른 덩어리 형태로 다시 토해낸다. 이렇게만 설명하면 별로 매력적으로 보이지 않지만, 우아한 실루엣을 자랑하는 이 새들은 위풍당당한 그들의 태도와 깃털 색깔 때문에 더욱 돋보이는 멋진 구애의 춤을 선보인다.

뿔논병아리의 복부와 기다란 목의 앞면은 순백색이고, 옆구리는 황갈색, 등은 거무스름한 갈색빛이다. 뾰족하고 가는 부리는 검은 줄무늬를 따라 붉은색의 빛나는 눈과 이어진다. 그리고 황갈색과 검은색의 깃털이 왕관 형태로 머리를 둘러싸고 있다. 번식기인 봄이 되면 물 위에서 추는 뿔논병아리의 탱고는 결코 잊지 못할 장면들을 선사한다. 수컷이 암컷의 주의를 끌기 위해 깍깍거리는 소리를 내는 것으로 막이 오르고, 암컷이 관심을 보이면 춤이 시작된다. 파트너는 번갈아가며 서로를 탐색한다. 한 마리가 상대방을 관찰하기 위해 물에 들어갔다가 다시 올라오는 동안, 다른 한 마리는 목을 구부리고 날개를 들어올린 '고양이 자세'로, 물

갈퀴를 이용해 헤엄쳐 이동한다. 첫 번째 접촉 후에는 좀 더 복잡한 단계가 시작된다. 둘은 서로 가까이 다가가는데, 보통 이 시점에서 수컷은 물 밖으로 몸을 일으켜 '펭귄 자세'를 취했다가 암컷의 높이에 맞춰 다시 내려온다. 둘은 서로를 응시하다 황갈색의 목을 쭉 펴고 서로를 부르는 소리를 내며 '아니오'라고 말할 때처럼 머리를 흔드는 아주 긴 고개 흔들기head-shaking ceremony 단계를 시작하고, 때때로 등에 있는 깃털을 어루만져 청결하게 하는 깃털 다듬기preening도 진행한다. 부리로 등에 있는 깃털 한두 개를 들어 올려 정돈하고 광을 내기도 하는데, 이 단계는 매우 오래 걸릴 수도 있다. 두 뿔논병아리는 수십 분 동안 구애 춤에 초집중한 상태로, 주변에서 일어나는 일에 별로 신경 쓰지 않는다. 끝으로 각 단계가 올바르게 이루어졌다면, 두 파트너는 사랑의 서약에 서명할 것이다. 서로 나란히 수영하면서 입수하여 호수 밑바닥에 있는 수초를 모은다. 그리고 풀을 입에 문 상태로 다시 수면 위로 올라와서 서로를 마주보고 달린다. 수면 높이에서 몸을 길게 늘였다 웅크렸다가 하면서 말이다. 서로 가까워지면 갑자기 펭귄 자세로 일어서서 상대방에게 자신의 '전리품'을 보여 주는 '수초 춤weed dance'을 춘다. 그렇게 수면 위에 서로 마주 보며 서 있는 상태로 갈퀴가 있는 발을 파닥거려 물거품을 만들어 낸다. 머리를 흔들며 탱고 댄서들의 빨강 장미처럼 수초 다발을 자랑스럽게 뽐내고, 갈기갈기 찢어질 때까지 흔들며 종종 서로 교환하기도 한다. 이 행위는 일부일처제에 대한 서약을 의미하는 일종의 '예물 교환'이다.

많은 논병아리들이 복잡한 구애 의식을 행하는데, 종마다 춤이 조금씩 다르다. 예를 들어 북아메리카부터 아시아까지 더 높은 위도에서 둥지를 틀고, 이탈리아 북동 지역에서는 겨울만 보내는 귀뿔논병아리Podiceps

뿔논병아리의 '탱고' 구애 춤

*auritus*의 수초 춤은 수초를 문 채 물 위의 달리기weed rush로 끝난다.[12] 수초 다발을 교환한 후 논병아리들은 더 이상 서로 마주보지 않고 몇 십 미터를 수면 위로 나란히 헤엄쳐 간다. 가장 화려한 달리기를 선보이는 이들은 바로 서부논병아리*Aechmophorus occidentalis*와 클라크논병아리*Aechmophorus clarkii*다. 두 논병아리는 모두 북아메리카 종으로 부리에 수초를 물고 있지는 않지만, 구애 의식을 다음과 같이 시작한다. 차렷 자세에서 목이 잘 보이도록 곧게 세운 채 둘은 서로의 눈을 바라보며 상대방을 부르는 쉰 소리를 내기 시작한다. 이 단계에서 눈맞춤은 복잡한 안무의 매우 중요한 부분 같아 보인다. 이어서 두 파트너는 고개를 숙인 상대로 시로에게 점점 다가가 머리를 흔들고 부리로 물을 뿌린다. 그리고 마침내 물 위의 달리기가 시작된다. 1초당 16~20걸음의 속도로 발을 매우 빠르게 움직이면서 두 논병아리는 하늘에 닿을 듯 목과 부리를 위로 쭉 뻗고, 날개는 펼치지 않고 등 뒤로 세운 채 물 밖으로 완전히 떠오른다. 그리고 수면 위에서 나란히 달리며 물을 뿌리는 춤으로, 하얗고 빛나는 가슴을 드러낸다. 그렇게 이십 여 미터를 활보하다 물속으로 다이빙하여 들어간다. 그들의 다음 단계는 '수초 춤'이다. 때로는 커플이 물 위를 달리는 동안, 다른 개체가 접근하여 세 마리가 달리는 모습을 볼 수도 있다. 혹은 수컷 두 마리가 달리는 경우가 있는데, 아마 아직 남편을 찾고 있는 암컷에게 자신의 신체적인 우월함을 뽐내기 위한 시도일 것이다.[13]

논병아리의 남아메리카 사촌, 두건논병아리*Podiceps gallardoi*는 물 위에서 추는 탱고의 훨씬 복잡한 버전이지만, 부리에 빨간 장미나 수초를 물지 않고 춤을 춘다. 짙은 등과 목을 비롯하여 볼과 머리를 감싸는 검은 무늬를 제외하면 몸통이 하얀색인 이 논병아리는 머리에 황갈색의 갈기가 있다. 이 두건논병아리야말로 무리 중에서 진정한 탱고 선수라 할 수 있다. 게다가 그에게는 아르헨티나의 피가 흐르고 있다. 이들에게 해발 500~1,200미터 파타고니아 초원에 자리한 화산 호수보다 탱고를 추기에 더 낭만적인 곳은 아마 없을 것이다.

그토록 멀리 떨어진 곳을 서식지로 선택하고, 1974년에서야 발견되어 독립된 종으로 등록되었음에도 불구하고, 두건논병아리는 국제 자연 보전 연맹IUCN이 외래침입종—주로 알과 병아리를 약탈하는 아메리카밍크—과 호수의 수위에 영향을 주는 기후 변화로 인해 위협을 받는 멸종 위기 동물로 분류된 종이다. 그런데 수위가 무슨 관련이 있을까? 물이 너무 많아도 안 되지만 너무 적어도 안 된다. 물수세미속*Myriophyllum* 개미탑과*Haloragaceae* 식물인 물수세미가 호수 수면 위로 드러나 논병아리들이 식물 위에 짓는 둥지를 지탱할 수 있을 정도의 적당한 수위가 필요하기 때문이다. 그러므로 호수의 수위와 이 식물들에 따라 군락지 전체의 번식 성공도가 결정된다. 물이 너무 많으면 알과 병아리가 들어 있는 둥지가 가라앉거나 바람과 물줄기에 쓰러지게 된다. 불과 40년 전인 1980년대에 성체 두건논병아리 개체 수가 3,000~5,000마리였다면, 오늘날에는 650~800마리 정도만 남아 있다.[14]

다시 아르헨티나 탱고로 돌아가 보자. 그들의 춤은 급작스럽고 충동적인 동작들이 정열적으로 얽히고설킨 드라마와도 같다. 고양이 자세는 날개를 더 펼친 상태로 훨씬 뚜렷하고 화려하다. 한 마리가 날개를 펴고 몸을 부풀려 숙이는 동안, 다른 한 마리는 머리가 등에 닿을 만큼 목을 뒤로 젖힌 자세로 다이빙 전에 도움닫기를 하듯 이상한 방식으로 물에 뛰어든다. 이 단계 후에 이어지는 고개 흔들기도 매우 기이하다. 두 파트너는 서로 품을 맞대고 교대로 뒷덜미가 등에 닿을 때까지 머리와 목을 뒤로 젖힌다. 그런 다음 용수철처럼 튀어 올라 다시 똑바로 선 자세로 돌아온다. 이 동작을 교대로 어찌나 빠르게 행하는지 약간 미쳐 보일 정도다. 이어서 가슴을 맞닿은 채로 물 위에 서서 펭귄 자세를 취하고, 전문 탱고 춤꾼처럼 물갈퀴를 사용하여 이동하면서 동시에 완벽하게 머리를 오른쪽과 왼쪽으로 여러 차례 돌린다.

논병아리와 극락조의 예를 통해 살펴보았듯이, 구애 춤은—같은 종이나 속 혹은 과 내에서—모두 매우 비슷한 특정 요소를 포함하며, 방식이나 순서만 조금씩 다르게 이루어진다. 콘라트 로렌츠는 청둥오리*Anas platyrhynchos*, 알락오리*Anas strepera* 그리고 쇠오리*Anas crecca* 같은 수면성 오리의 구애 의식을 연구하면서 이미 이러한 유사점에 주목했다.[15] 동절기가 되면 수컷 청둥오리는 암컷들의 시선을 사로잡기 위한 포즈를 경쟁하면서 특정한 자세를 선보이는 집단 구애 활동을 연출한다. 먼저 부리를 흔들고 머리를 들어 춤을 추기 시작한다. 이어서 꼬리를 흔들고 일어나 휘파람 같은 소리를 냈다가, 우르르 하는 소리를 내고 물에 부리를 쳐서 암컷을 향해 물을 튀긴다. 이러한 행동을 그런트 휘슬grunt whistle이라 부른다. 그런 다음 꼬리를 들어 올리고 깃털을 부풀리는 자세head-up tail-up를 취하며 암컷 쪽으로 몸을 돌린다. 이 같은 장면은 쇠오리와 알락오리에게서도 관찰할 수 있다. 뿐만 아니라 구애 활동 중에는 날개 뒤쪽 깃털 다듬기preening behind wing 또는 물을 치면서 머리를 반복적으로 숙였다 들어 올렸다 하는 행위, 물 마시는 시늉처럼 오리속*Anas*의 많은 오리들이 습관적으로 활용하는 자세들이 있다. 이러한 모든 공통된 안무 레퍼토리가 의미하는 바는 단 하나, 바로 공동 진화다.

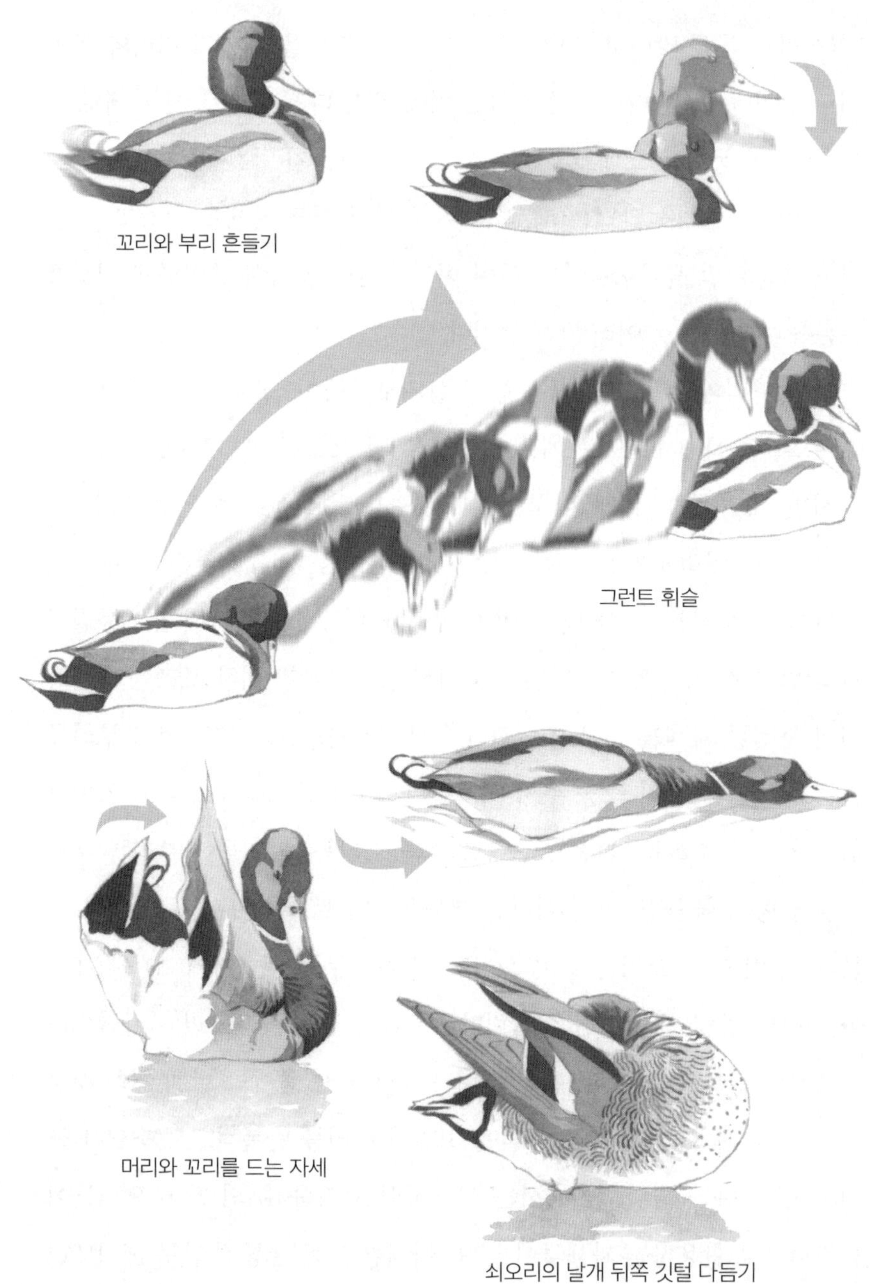

오리속 오리들과 공통된 자세들을 엿볼수 있는 수컷 청둥오리의 구애 춤

그럼에도 불구하고 다음과 같은 질문을 던질 수 있다. 이런 춤과 특정한 자세가 어떻게 선택을 받게 되었을까? 어째서 이토록 정확하고 정형화된 안무에 힘을 쏟게 된 걸까? 이 모든 경우는 단지 신체적인 우월함을 뽐내거나 잘난 체하기 위함이 아니다. 그렇다면 무엇일까? 사실 이 모든 춤들은 종종 매우 정확한 메시지를 전달한다. 하지만 그 이유를 파악하기 전에 동물들의 소통은 '경제적'이라는 점을 명심해야 한다. 이미 어떤 목적에 활용되고 있는 습관적인 행동이 있다면, 새로운 것을 만들어낼 필요 없이 오래된 행동을 '재활용'하면 그만이다. 세월이 지남에 따라 진화하는 동안 그 행동이 긍정적으로 선택된디면, 미래의 파트너에게 많은 정보를 제공할 수 있는 표준화된 신호가 될 것이다. 그러나 분명히 알아둘 것은 진화에는 어떤 의도나 목표, 종말도 없다는 점이다. 진화는 우연과 오류, 희생과 이익, 적절한 타이밍에 운 좋게 들어선 분기점으로 이루어진, 복잡하게 얽힌 역사다. 때문에 이처럼 복잡한 춤 의식, 특성이나 동작의 선택과 상호조합은 우연의 결과이며, 자연선택과 성선택에 의해 시간 속에서 형성된 행동들이다.[16] 그러므로 어떤 특성과 자세가 암컷들의 취향과 만나면서 색깔이나 자세에 대한 그들의 타고난 취향을 자극했거나, 눈앞에 있는 수컷을 평가하는 데 암컷을 유리하게 만들었기 때문일지도 모른다.[17]

따라서 가령 수초 다발을 만들거나 물을 마시는 척하는 행동이 먹을 것을 마련하거나 미래의 새끼를 위해 먹이를 찾아다니는 능력과 관련이 있을 수도 있다. 수컷이 부모로서의 책임에 얼마나 기여할 수 있는지를 증명해 주는 행위의 일종이다. 또 다른 예로 파로티아속 극락조의 부채 모양 깃 뽐내기와 깃털 다듬기가 있다. 이 두 가지 신호는 아마도 암컷들에게 수컷의 깃털 상태를 주의 깊게 평가할 수 있도록 해 주기 때문에 구애 의식에 통합되었을 것이다. 깃털이 깨끗한지, 때가 끼고 닳아 있는지, 새로 난 깃털인지, 색깔은 얼마나 선명한지(올바른 영양 상태[18]를 대변한다), 기생충이 있는지 등을 파악하는 것이다. 깃털의 상태는 상대의 나이뿐 아니라, 크기, 그 당시의 건강 상태에 대한 지표도 제공한다.[19] 그야말로 훌륭한 신분증이다. 오리들이 날개를 들어 올려 바로 뒤에 있는 깃털을 괜히 정돈하는 것이 아니다. 앞서 언급한 모든 종은 깃털에 익경speculum을 갖고 있는데, 이는 둘째날개깃에 나타나는 고유한 무늬로, 색깔이 매우 화려하며 깃털 자체의 구조 때문에 금속성 반사광을 띤다.[20] 오리는 종마다 고유의 익경 색깔을 갖고 있다. 청둥오리의 익경은 가장자리가 검은색과 흰색으로 된 금속 광택을 띠는 푸른색이다. 쇠오리는 초록색과 검은색이며 상단에는 흰색의 굵은 띠가 있다. 알락오리는 흰색이며, 고방오리*Anas acuta*는 거무스름한 녹색에 흰색 테두리와 상단에 벽돌색 줄무늬가 있다. 넓적부리오리*Spatula clypeata*는 녹색이며 날개 상단 부분은 회색빛 하늘색이다. 홍머리오리*Mareca penelope*의 익경은 녹색이다.

소통할 때 항상 복잡한 의식과 춤이 필요한 것은 아니다. 때로 우리가 하고 싶은 말이 '얼굴에 쓰여 있다'라고도 하는데, 이는 새들도 마찬가지다. 특히 참새의 경우에는 '가슴에 쓰여 있다.' 도대체 뭐가 쓰여 있단 말인가?라고 당신은 반문할 것이다. 그리고 이것은 조류학자들이 수십 년 동안 던져 온 질문이다. 이제부터 내가 들려줄 이야기는 동물들이 주고받는 신호의 진짜 의미를 이해하는 일이 얼마나 복잡한지를 보여 주는 교본이자, 과학이 어떻게 기능하는지에 대한 좋은 예시이다. 하지만 먼저 우리가 다루고 있는 대상을 이해하고 넘어갈 필요가 있다. 단순히

'참새'라고 말하기에는 이탈리아만 해도 네 종류가 있고, 참새속*Passer*에는 거의 30종이 포함되어 있기 때문이다. 이탈리아에서 가장 흔한 종은 이탈리아 참새*Passer italiae*지만, 지금은 유럽 참새이자 이탈리아 국경 지역에서만 볼 수 있는 집참새*Passer domesticus*에 집중하기로 하자.

수컷 집참새를 자세히 관찰해 보면 이탈리아 참새와 마찬가지로 부리 아래쪽에서 시작하는 검은색 무늬가 있다. 마치 턱받이처럼 아래로 쭉 내려와 가슴 부분에서 다양한 모양으로 커진다. 겨울 동안에는 이 턱받이 문양이 번식 후 털갈이 시기에 새로 난 거무스름한 깃털에 숨겨져 있다. 여한색의 테두리는 밑에 있는 깃털의 검은색을 거의 완전히 덮어 버린다. 반면 여름에는 테두리 부분이 이미 닳아서 검은 턱받이 무늬가 전부 드러난다. 영어로 배지badge 혹은 빕bib이라 부르는 이 반점의 크기는 오랫동안 수수께끼였다. 여름에 정말 작은 반점을 갖고 있는 수컷들이 있는 반면, 가슴에서 넓어지는 수컷, 중간 정도 크기인 수컷도 있다.

이러한 독특한 특징과 그 변이성이 조류학자들의 관심을 불러일으키자, 배지는 지위의 상징으로 여겨지기 시작했다. 넓고 매우 짙은 검은색의 반점은 만들어 내기 어렵고, 나이 및 영양 상태와 연관되어 우월성을 나타내는 정직한 신호로 간주되었다.[21] 성체 수컷은 어린 개체에 비해 더 넓은 반점을 갖고 있었고, 털갈이 시기와 검은 배지가 형성되는 시기에 영양 결핍을 겪은 개체는 가슴 반점의 크기가 더 작았다.[22] 크고 멋진 반점을 가진 수컷은 아마도 봄에 더 풍성한 먹이를 구했을 것이고, 짝을 더 빨리 구했을 것이며, 새끼들이 떨어질 위험이 적은, 더 깊고 안전한 둥지를 가진 질 좋은 지대를 지켜냈을 것이다.[23] 그리고 활발한 성생활로 더 작은 반점을 가진 수컷과 비교했을 때 자신의 파트너와 짝짓기를 더 자

주 할 수 있었을 것이며, 어쩌면 다른 암컷과 바람을 피웠을 수도 있다.[24]

　오랫동안 집참새의 검은 반점은 깃털의 특징이 집단 안에서 어떻게 위계질서를 나타내는지를 보여 주는 교본이 되었다. 하지만 2000년대 초반부터 완벽한 표본 같았고 모든 동물행동학 저서에도 실렸던 이 모델에 어딘가 균열이 생기기 시작했다. 보다 정밀하고 많은 개체 수를 대상으로 한 연구에서 무언가 맞지 않다는 사실이 밝혀졌다. 예를 들어 34마리의 수컷을 비교해 봤더니(반점이 작고 큰 개체를 모두 포함하여) 그들의 번식 성공도와 실제적인 그들의 부성을 시험해 봤을 때, 무려 전체 수컷의 41%가 속고 있었다는 사실이 드러났다. 쉽게 말해 그들은 암컷이 이웃이나 반점이 더 작은 수컷 사이에서 가진, 생물학적으로 자신의 핏줄이 아닌 새끼들을 돌보았던 것이다. 자신의 검은 반점을 자랑스럽게 내보여서 지배적이라고 여겨졌던 수컷들은, 그때까지 지위가 낮다고 여겨졌던 수컷들과 비교했을 때 배우자에게 속을 확률이 사실은 같은 것으로 나타났다.[25] 얼마 후 다른 연구에서는 검은 가슴 반점의 크기가 중간 정도인 수컷들과 짝짓기를 하는 암컷들이 먼저 번식하기 시작하고, 반점이 더 큰 수컷들과 짝짓기한 암컷들에 비해 알도 더 많이 낳는다는 점이 밝혀졌다. 그럼에도 불구하고 수컷의 반점 크기가 중간인 커플의 경우 일부 알은 부화하지 못했을 뿐 아니라 부화 기간이 더 길었고, 크고 눈에 띄는 반점을 지닌 수컷들의 새끼에 비해 신체 조건이 좋지 않은 것으로 나타났다. 그러므로 참새의 가슴 반점 크기는 비교적 다양한 번식 전략을 반영하는 것으로 보인다. 타고난 반점이 큰 수컷들은 영역을 지키는 데 투자를 많이 하며 암컷들의 시선을 끌기 위해 노력하지만, 더 적은 새끼들이 부화하며 조금 늦게 번식하기 시작한다. 반면 빈약한 반점을 가진 수컷들은 육아에 더 투자를 하지만 그렇다고 그 결과가 더 나은 것은 아니다. 중간 크기 이상의 반점을 가진 수컷들보다 더 많은 새끼들을 날게 만드는 데 성공하지 못하기 때문이다. 그러므로 암컷들은 이 두 가지 전략을 수컷의 신체 조건이나 사회생태학적인 맥락과 같은 다른 요인에 따라 유연하게 선호할 수 있다.[26]

번식 성공도에 관한 이러한 연구는 참새들의 반점을 지위를 나타내는 신호로써 해석하는 일에 관해 더 많은 의구심을 일으켰다. 그리고 이후 진행된 메타분석, 즉 타당하고 일정한 통계를 얻기 위해 그때까지 발표된 논문들을 비교하는 작업은 반점의 크기와 번식 성공도 사이의 연관성을 결정적으로 끊어내는 데 기여했다. 반점의 크기를 전투 능력, 부모로서의 능력, 나이, 건강 상태, 번식 성공도 그리고 새끼의 생물학적 친부 등 여섯 가지 변수와 연관시켜봤을 때, 사실상 큰 반점은 뛰어난 전투력에만 밀접한 관련이 있었다. 반면 나이와 신체 조건과는 관련성이 적었다. 따라서 가슴 반점은 같은 성, 즉 수컷 사이의 경쟁에서는 중요한 역할을 할 수 있다. 이는 미래의 배우자보다는 경쟁자에게 직접적인 메시지가 될 수 있으며, 성선택에 예속되지 않는 듯하다.[27]

한편 반점의 크기와 정자의 품질 사이에 확실한 상관관계를 발견한 사람도 있다. 눈에 잘 띄는 반점을 가진 수컷 참새들은 헤엄치는 능력이 우수하고 덜 산화된 정자를 갖고 있는 것으로 나타났다. 그러므로 반점의 크기는 수컷의 유전적인 특성을 반영하는 것으로 추정된다.[28] 반면 수컷 참새의 우월성을 평가하기 위해서는 부리를 관찰하는 편이 낫다고 주장하는 이도 있다. 그에 따르면 가슴 반점의 크기가 아닌 부리의 색깔이 집참새의 혈액에 흐르는 테스토스테론 수치를 나타낸다.[29] 끝으로 (소규모 학술지를 통해) 새로운 메타분석으로 기존 이론, 발표되었거나 미발표된 연구에 도전장을 내밀며 모든 이론을 재고하도록 요청한 이가 있다.[30]

상황이 제법 복잡해졌지만 과학은 늘 이런 식으로 돌아간다. 모든 가설들은 기초를 세우고 검증하는 과정을 거치며, 그중 일부는 충분히 입증된 다른 이론들로 인해 버려진다. 모든 연구는 저자의 탁월함뿐 아니라 연구가 발표된 학술지의 종류, 통계의 신뢰도, 표본의 크기 등 여러 요인에서 그 가치가 결정된다. 한편 전반적인 개요를 제공하는 리뷰나 메타분석과 같은 연구는 명확한 이해에 도움이 된다. 지금으로써 말할 수 있는 건 2007년 《행동생태학Behavioral Ecology》에 발표된 메타분석이 가장 유력하며, 집참새의 반점 크기는 싸움능력을 나타내는 훌륭한 지표이고, 나이와 신체 조건을 부분적으로 대변한다는 점을 어느 정도 인정해야 한다는 것이다. 그렇기 때문에 암컷보다는 수컷들을 향한 신호일 가능성이 더 크다.

이와 같은 신호는 물론 신호를 보내는 발신자의 의도적인 통제 아래에 있지 않고, 자극과 비의도적인 신호 사이의 큐cue에 포함된다. 이쯤에서 궁금증을 하나 풀어보도록 하자. 우리 인간은 얼굴을 붉히거나 누군가 얼굴을 붉히는 모습을 보는 데 익숙하다. 뺨이 붉어지는 이유는 부끄러움, 당혹감, 수줍음 때문이다. 이 같은 비의도적인 의사소통 신호와 우리가 연결 짓는 감정들은 바로 이런 것이다. 어떤 경우에는 얼굴 전체, 심지어는 귀까지 혈액 유입의 증가로 인해 붉어진다. 이것은 불수의적이고 정직하며, 다른 포유류처럼 짙은 털로 덮여 있지 않은 우리 얼굴에서 일어나기 때문에 눈에 매우 잘 보이는 신호다. 어쩌면 이런 특징 때문에 찰스 다윈이 붉게 물든 얼굴을 '모든 표정 중에 가장 독특하고 인간적인 표정'이라고 정의했는지도 모른다. 하지만 횃대 위에서 바로 우리처럼 얼굴을 붉히는 또 다른 존재가 있다. 그 주인공은 바로 앵무새, 정확히 말하면 청금강앵무*Ara ararauna*다.

길이는 80센티미터 정도, 무게는 1~1.5킬로그램 정도인 이 멋진 앵무새는 세계에서 가장 큰 앵무새 중 하나다. 이름에서 알 수 있듯이 복부를 비롯한 아래쪽 깃털은 노란색인 반면, 등과 위쪽 깃털은 파란색이다. 이마는 초록색이며 부리와 턱은 검은색이다. 완전히 하얀 맨살의 '얼굴'에는 검은 털이 일부 솟아나와 눈 주위로 무늬를 만들어 낸다. 청금강앵무는 브라질, 베네수엘라, 페루, 볼리비아, 에과도르, 파라과이에 서식하고 있는 남아메리카 열대우림 지방 고유종으로, 파라과이에서는 멸종 위기에 처해 있다. 이들의 화려한 색상과 큰 덩치 그리고 온순한 기질 때문에 청금강앵무를 반려동물로 많이 기르며, 이탈리아를 비롯한 유럽에서도 동물가게나 공원 그리고 동물원에서 쉽게 볼 수 있다. 투르대학교는 프랑스 루아르 계곡에 자리한 보발동물원ZooParc de Beauval에서 매우 흥미로운 연구를 진행했다.[31] 태어날 때부터 관람객들을 위한 비행 쇼의 주인공인 청금강앵무 다섯 마리를 대상으로 과학자들은 두 사회적인 상황에서의 청금강앵무의 반응을 연구했다. 첫 번째는 정서적으로 긍정적인 상황으로, 사육사들과 상호작용하는 것이었다. 반면 정서적으로 부정적인 두 번째 상황에서는, 동물원 사육사들이 앵무새들에게 등을 지며 조용히 있었다. 그동안 대학 연구팀은 앵무새의 머리 깃털과 목 뒤 깃털이 세워져 있는지 혹은 그렇지 않은지, 그리고 맨살에 드러난 볼 색깔이 어떠한지를 기록했다. 사회적으로 긍정적인 상황에서 모든 새들은 머리 깃털을 세우고 볼을 '붉히는' 것으로 드러났다. 다시 말해 뺨 부위가 하얀색에서 붉은 색이 되었다. 하지만 그 이유는 아직 수수께끼로 남아 있다. 우리는 얼굴을 붉히는 그들의 행위가 어떤 감정에 해당하는지, 그 감정이 긍정적 혹은 부정적인지, 무엇보다 청금강앵무가 자기들끼리 이 같은 행동을 하는 것인지, 모든 청금강앵무가 이러한 행동을 하는지 알 수 없다. 아마존의 우거진 숲과 나뭇잎 사이로 서로 얼굴을 붉히면서 인사하는지도 우리는 알 수 없다. 지금으로써는 인간이 얼굴을 붉히는 유일한 동물이 아니라는 사실을 알게 된 것으로 충분하지만, 결론을 내릴 수는 없다. 이것은 단지 사전 연구일 뿐이며 더욱이 매우 제한적이고 감금된 상태의 표본을 대상으로 실시되었다. 하지만 과학이라는 것은 반복 가능한 확실하고 정밀하며 틀림없이 같은 결론에 이르는 실험들이 충분한 시간 동안 축적되는 방식으로 기능한다. 쉽게 말해 여기서부터 왜 청금강앵무가 얼굴을 붉히는지 결론짓기까지는 갈 길이 멀다는 뜻이다.

02

경계 태세 유지

자연 다큐멘터리에서 당신도 분명 한 번쯤 본 기억이 있을 것이다. 많은 유제류(발굽이 있는 포유류 동물)들은 몸 색깔과 확연한 대조를 이루는 연한 엉덩이 색깔을 갖고 있다. 대개 하얀색 털로 이루어진 반점 모양인데 그 위를 꼬리가 덮고 있다. 흰색 엉덩이 털은 가젤과 영양에서 전형적으로 나타나지만 노루, 사슴 그리고 다마사슴에서도 찾아볼 수 있다. 털을 세우고 꼬리를 올려 엉덩이를 완전히 노출시키면 더 크게 보이도록 할 수도 있다. 때로는 계절에 따라 색깔이 바뀌기도 한다. 예를 들어 유럽노루 *Capreolus capreolus*의 경우, 겨울 동안에는 새하얗고(하얀색 엉덩이 반점은 많은 설치류의 특징이기도 하다), 여름에는 좀 더 누르스름한 빛을 띤다. 이 반점은 성별을 구별하는 데에도 도움이 된다. 수컷 노루는 강낭콩이나 콩팥 모양처럼 타원형인 반면, 암컷은 거꾸로 뒤집은 심장 모양이다.

유제류에게서 볼 수 있는 엉덩이의 반점은 풀이 우거진 들판이나 사바나 그리고 숲속에서도 눈에 띄어 특정 신호를 알리는 기능을 갖고 있다. 동일종 내에서 메시지를 주고받는 일을 수행하며 기본적으로 무리에게 포식자의 등장에 대한 어떤 경보 및 주의와 같은 어떤 위험요소나 평온한 상태를 나타낸다. 예를 들어 다마사슴*Dama dama*의 하얀 엉덩이 반점에는 검은색 테두리가 있으며 꼬리 중앙에도 역시 검은색 줄무늬가 있다. 꼬리를 어떻게 얼마나 움직이는지, 그리고 엉덩이를 얼마나 드러내는지에 따라 서로 다른 신호를 나타낸다.

동물들은 평온한 상태일 때 휴식자세를 취한다. 이때에는 꼬리를 내리고 엉덩이의 하얀 반점 위로 꼬리를 늘어뜨려 좌우로 흔든다. 반면 다마사슴이 경계 태세를 취할 때는 꼬리를 멈추고 내려서 반점을 정확히 반으로 나눈다. 따라서 무리 생활을 하는 다마사슴은 동료들의 뒤태를 보면서 평온한 상태로 마음 편히 계속 풀을 뜯어도 되는지, 혹은 어떤 소리나 냄새, 움직임이 누군가를 불안하게 만들어 주의할 필요가 있는지를 알 수 있다. 다마사슴이 포식자 혹은 어떤 위험요소를 발견하여 긴장감이 고조될 때, 꼬리는 수평 상태로 올라가서 엉덩이 반점을 완전히 드러낸다. 그리고 극도로 위험한 상황에서는 꼬리가 아예 수직으로 올라가서 반점이 확장된 것처럼 보인다. 일종의 신호기처럼 경우에 따라 올리거나 내릴 수 있고, 강도를 조절하며 신호를 '켜거나' '끌 수 있는' 것이다.[1]

엉덩이 반점의 이와 같은 신호는 유제류의 여러 종에서 진화하였으며, 사회성 정도와 해당 종의 크기와도 일부 연관성이 있는 것으로 보인다. 최근 유제류를 대상으로 진행된 계통발생 연구는 눈에 쉽게 띄는 엉덩이 반점이 사회성이 발달한, 중간 크기의 종들에서 보다 흔하게 나타나며,[2] 같은 종끼리 신호를 주고받는 기능을 수행한다는 점을 특필했다.[3] 그렇다면 많은 초식 유제류에게 무리 생활을 하는 것은 커다란 이점이 될 수 있다. 먹이를 먹는 동안 풀숲을 주의 깊게 살피는 눈이 훨씬 많아지고, 비상시 명확한 신호코드가 존재하며, 무리로 있으면 희석 효과로 인해 잡아먹힐 가능성이 줄어들기 때문이다. 한마디로 수가 많을수록 포식자가 나를 공격할 확률이 줄어드는 것이다.

그렇다면 위험 신호를 감지하고 포식자로부터 추격당하는 가젤은 무슨 생각으로 다른 이들처럼 도망가는 대신 높이뛰기를 시작하는 걸까? 가젤의 뜀은 장애물을 넘기 위한 것처럼 그냥 아무렇게나 뛰는 것이 아니라 정형화된 뛰어오름이다. 이 표본은 등을 활처럼 구부리고 다리는 아래로 쭉 편 상태로 꼬리는 들어 올려 하얀 엉덩이가 보이도록 공중에 몸을 띄운다. 이와 같은 이상한 행동은 스토팅stotting 혹은 프롱킹pronking 과 같이 몇 가지 특별한 이름을 갖고 있다. '튀어오름'을 뜻하는 스코틀랜드 버전인 stot 혹은 아프리칸스어⁴로 '과시하다', '뽐내다'를 의미하는 아프리카-네덜란드 버전인 pronk 중에 선택하여 사용할 수 있다.

스토팅과 프롱킹은 많은 발굽동물 종들에게서 나타나는 행동이다. 치타에게 추격당하는 톰슨가젤*Eudorcas thomsonii*은 그중에서도 자연 다큐멘터리에 자주 등장하는 가장 유명한 동물일지도 모른다. 그러나 이런 행동은 다마사슴, 노새사슴, 가지뿔영양, 다른 가젤과 스프링복*Antidorcas marsupialis*과 같은 영양, 심지어 가축으로 기르는 염소와 파타고니아마라 *Dolichotis patagonum* 같은 설치류의 행동 레퍼토리에도 나타난다. 무엇보다도 유일하게 2미터 높이로 뛰어오를 수 있는 스프링복은 이러한 행동에서 이름이 붙여졌다. 스프링복은 아프리칸스어의 '뛰어오르다(jump)'라는 의미의 스프링(spring)과 '영양 또는 염소'를 의미하는 복(bok)의 합성어에서 유래한 것이다.

스토팅은 오랫동안 과학자들에게 커다란 딜레마였다. 무려 11개의 가설이 세워졌지만 거의 대부분이 반박되었다. 가령 스토팅이 포식자를 놀라게 만들어 포식자가 당황한 사이, 가젤이 도망갈 시간을 벌 수 있다는 가설이 있다. 혹은 동종을 유인하여 자신이 잡힐 확률을 낮추거나 그저 일반적인 도주에서 혼란을 일으키기 위한 것이라고 가정하기도 했다. 또는 스토팅이 공중으로 몸을 들어 올려 수풀 사이에 숨은 포식자가 있는지 보고 도피로를 확인하거나 이미 너무 가까이 다가온 포식자의 등장을 동료들에게 알리는 경고 신호라고 생각하기도 했다. 꼬리를 세우는 것만으로 충분하지 않으면 뛰어오른다는 것이다. 마치 〈반지의 제왕〉에서 간달프가 "도망쳐, 이 멍청이들아!"라고 경고하는 식이다. 하지만 그중 어떤 가설도 데이터로 증명되지 않았다. 포식자들은 이 행동에 혼란스러워하지도, 놀라지도 않는 듯했다. 가젤은 높은 풀과 낮은 풀에서도, 홀로 있을 때나 무리로 있을 때나 모두 뛰어올랐으며, 물론 다른 가젤을 유인하지도 않았다. 그렇다면 도대체 스토팅의 쓸모는 무엇일까?

여기에는 두 개의 퍼즐 조각이 더해져야 한다. 첫 번째는 톰슨가젤이 이 독특한 행동을 포식자와의 거리가 적어도 30~40미터 떨어져 있을 때 실행한다는 것이고, 두 번째는 뛰어오를 때 하얀색 엉덩이를 포식자를 향한 채 등진다는 점이다. 자신이 공격을 당하는지 아닌지를 파악하는 데 물론 편한 자세는 아니다. 그러므로 스토팅은 동일 종 간의 신호가 아닌 두 종 사이의 신호, 즉 포식자를 향한 신호이다. 포식자에게 자신이 그들을 감지했으며, 그들의 공격을 예상하고 있음을 알리는 것이다. 또한 스토팅은 개체의 현재 건강 상태를 반영하는 정직한 신호이다. 먹을 것을 구하기 힘든 건기에 더 취약해지는 가젤은 스토팅(어쨌든 에너지 측면에서 생산 비용이 높은 신호)을 하는 경향이 낮다. 약한 개체는 상태가 좋은 개체보다 더 낮게 뛰며 빈도 또한 줄어든다.

스토팅 동작은 "난 너를 봤어. 내 컨디션이 얼마나 좋은지를 봐. 네게 쉽게 잡히지 않을 거야. 아직도 나를 쫓아올 만하다고 확신하는 거야?" 정도로 번역할 수 있겠다. 실제로 제대로 된 스토팅 동작에 보통 포식자는 포기하고 자신의 사냥감을 다시 찾아나선다. 자신이 노렸던 목표물의 컨디션이 너무 뛰어나다는 점을 깨달으면, 귀한 에너지를 낭비하지 않기 위해 더 약한—쇠약하거나 병든, 나이가 많거나 아주 어린—먹잇감으로 관심을 돌리고 쉽게 사냥에 성공한다.

여기서 끝이 아니다. 가젤의 관점에서 봤을 때 스토팅은 일종의 투자로써 성공확률을 최대한 끌어올리기 위해서는 아주 치밀하게 계산해야 한다. 뛰어오르는 것은 에너지 측면에서 비용이 많이 들고 위험한 행동이기 때문에 스토팅 전략을 늘 실행할 수는 없다. 그러므로 최대한 빨리 도망치는 편이 나은 상황인지, 혹은 놀라운 쇼를 선보이는 편이 도움이 되는지를 신중하게 계산할 필요가 있다. 구체적으로 그 선택은 접근 중인 포식자의 유형과 발견한 거리를 기반으로 정해진다. 톰슨가젤의 주요 천적으로는, 단거리에서 시속 90킬로미터에 이르는 번개 같은 기습공격에 능한 치타*Acinonyx jubatus*와[5] 그보다 빠르지는 않지만 지치지 않는 사냥개처럼 먹잇감의 힘이 다할 때까지 뒤쫓는 아프리카 들개(리카온)*Lycaon pictus*가 있다.

톰슨가젤도 빠르기로 유명해서 시속 80~90킬로미터로 달릴 수 있다. 그러므로 가젤은 손실과 이익을 평가하는 데 있어 두 가지 기준이 있다. 바로 불청객의 존재를 감지했을 때의 거리와 포식자의 지구력이다.

만약 30~40미터 거리에서 치타의 존재를 눈치 챘다면 떼어 놓기가 더 쉬울 테고, 치타 또한 자신의 기회가 희박함을 알고 있을 것이다. 이런 경우에는 스토팅을 해 볼 만하다. 그러면 이미 발각된 치타는 포기하고 다른 목표물로 눈길을 돌릴 것이다. 그런데 포식자의 선택도 다양한 요소에 달려 있다. 배고픈 정도와 연중 시기, 새끼들의 유무, 다른 먹잇감을 구할 가능성 등이다. 하지만 스토팅은 대체로 방해물로 작용하기 때문에 가젤은 무서운 적인 리카온을 발견했을 때 훨씬 빈번하게 온 힘을 다해 놀라운 점프를 선보인다. 동시에 리카온 입장에서는 가젤이 선보이는 스토팅을 유심히 관찰하여 더 낮게, 더 짧은 시간 동안, 더 느린 리듬으로 뛰는 가젤을 노린다.[6] 쉽게 말해 확신이 안선다면, 너무 늦지 않은 이상 그리고 포식자가 너무 가까이 있지 않는 한 뛰는 편이 낫다.

젊거나 아직 덜 자란 개체들이 스토팅을 하는 경우도 있다. 때때로 집에서 기르는 염소가 그렇듯 놀이의 한 형태일 수 있다. 행복하거나 들뜬 상황에서 튀어나오는 정형화된 행동인 셈이다. 반면 다 자란 암컷들이 1년 중 특정 기간에 그럴 만한 이유로 스토팅을 훨씬 자주 하는 경우도 관찰되었다.

아시아에 분포하는 발굽동물 종인 암컷 갑상선 가젤*Gazella subgutturosa*도 자세와 신호를 통해 새끼들과 소통한다. 경계 상황에서는 보통 꼬리를 들어 올려 하얀 털로 덮인 엉덩이를 드러내는 신호를 선호한다. 하지만 새끼들의 은신 기간hiding period—새끼들이 꼼짝 않고 주기적으로 젖을 먹이러 오는 어미를 기다리며 숨어 있는 기간—이 끝나는 8월에 위험한 상황이 닥치면 어미는 수컷들에 비해 훨씬 자주 스토팅을 한다. 아마도 이런 특별한 경우는 새끼들에게 포식자를 분별하고 도망가는 법을 가르쳐주기 위해 하는 행동인 것으로 보인다. 이 가젤들은 이미 다양한 포식자(여우, 늑대, 개를 데리고 다니는 인간 등)를 구별할 줄 알며, 위험 유형에 따라 적절하게 반응할 수 있기 때문이다.[7]

그럼에도 불구하고 포식자의 눈앞에서 뛰어오르는 행동은 우리가 만날 수 있는 가장 이상한 신호는 아니다. 그보다 더 기막힌 행동을 하는 동물도 있다. 포식자에게 '인사를 하고' 심지어 눈에 잘 띄는 곳에서 '팔굽혀펴기'를 한다. 하지만 이 이야기는 다음 장에서 다루도록 하고 사슴이나 가젤 같은 많은 발굽동물들이 사용하는 '꼬리 흔들기' 신호로 돌아가 보자. 위와 같은 종류의 경고 신호는 이러한 포유류뿐만 아니라 켈리포니아 땅다람쥐*Spermophilus beecheyi*와 같은 몇몇 설치류도 활용하고 있다.

회갈색 빛의 이 통통한 설치류는 마멋의 가까운 친척으로 비슷한 생활양식을 공유한다. 군집생활을 하며 깊은 땅굴을 파서 살고, 굴에서 벗어나는 일이 드물다. 캘리포니아 땅다람쥐는 약 30센티미터 크기로 오동통하고 다부진 몸집에 작은 귀와 흰색 테두리가 둘러진 큰 눈, 그리고 긴 꼬리(약 15센티미터)를 갖고 있다. 이 꼬리는 동종 및 다른 종과 소통하는 데 핵심적인 역할을 담당한다. 이 토실토실한 설치류의 주요 포식자인 방울뱀은 어린 다람쥐와 갓 태어난 새끼들에게 특히 관심을 보인다. 그래서 땅다람쥐들은 스스로를 방어하기 위해 다양한 전략을 취하고 철저하게 대비한다. 우선 방울뱀 특유의 소리에 귀를 기울이면 뱀의 크기와 온도를 가늠할 수 있다. 소리를 엿듣고 방울뱀의 위협적인 신호를 감지하여 계산함으로써 우위를 점한다. 방울뱀의 소리가 크고 떨림이 강할수록 큰 뱀이며, 특히 예열을 이미 마친 상태로 공격할 준비가 되었을 것이다. 반면 더 낮고 떨림이 약한 소리는 더 작고 차가운 뱀을 가리킨다.[8]

캘리포니아 땅다람쥐는 방울뱀의 사체나 마지막 탈피 과정에서 벗어낸 허물을 발견하면, 그것을 물어뜯고 씹기 시작한다. 그리고 곧바로 자신의 털에, 특히 옆구리와 등 그리고 꼬리에 집중적으로 문지른다. 땅다람쥐는 최고급 방울뱀 향수로 몸을 뒤덮을 때까지 이러한 행동을 반복한다. 사실 전혀 향기롭지 않은 이 향수는 특히 암컷 다람쥐들이 더욱 열심히 뒤덮고 새끼들에게도 냄새를 묻힌다. 이것은 겉치장을 위한 의식이 아닌 포식자에게 대항하는 전술로, 냄새로 적의 공격을 교란하려는 목적이다.[9] 다람쥐들은 냄새로라도 방울뱀인 척 속여서 쉽게 적발되지 않으려는 것이다. 어린이들을 위한 약에 맛있는 딸기, 바나나 혹은 오렌지 맛을 첨가하는 이유와 같은 원리다. 갓 태어난 새끼 다람쥐는 부드러운 먹잇감이자 독에 대한 면역력을 아직 갖추지 못했기 때문에 이 전술은 매우 중요하다.[10]

캘리포니아 땅다람쥐가 꼬리를 흔드는 것은 매우 심각한 상황일 때 보이는 행동이다. 새나 포유류 앞에서는 소리로 알리는 반면, 뱀을 발견했을 때는 꼬리를 흔들기 때문이다. 이들이 미쳐서 그러는 것이 아니다. 그것은 포식자를 향한 제지 신호이다. 다람쥐는 뱀에게 존재가 발각되었으므로, 자신이 주의를 기울여 공격을 피하려고 시도할 테고, 따라서 그들의 공격이 실패할 가능성이 크다는 점을 경고하기 위해 꼬리를 흔든다. 통계 자료가 이 사실을 명확히 보여 주고 있다. 뱀을 발견하자 꼬리를 흔든 모든 캘리포니아 땅다람쥐들은 당연히 공격을 피하려 시도하지만, 꼬리를 흔들지 않은 다람쥐는 42% 경우에만 반응할 준비가 갖추어져 있다. 방울뱀은 30센티미터 떨어진 거리에 있다면 초속 4.5미터의 속도로 단 0.07초 만에 먹이를 공격할 수 있다. 하지만 꼬리를 흔드는 땅다람쥐는 재빠르게 달아나서 그 공격을 피할 수 있다. 그러므로 방울뱀은 꼬리를 흔드는 목표물이 20~30센티미터 떨어져 있으면 공격을 중단하고 떠나는 경향이 있다. 반대로 서로의 거리가 12센티미터 미만일 경우 방울뱀은 흔들리는 꼬리에 위협당하지 않는다. 비록 80%의 다람쥐가 어쨌든 공격을 피해 도망가는 데 성공하지만 말이다.

그러므로 꼬리를 움직이는 것은 우선 적의 공격을 제지하는 기능을 하지만, 공격에 실패했을 때 또 다른 먹잇감을 찾아 떠날 뱀의 위협을 동종들에게 알리기 위해서도 필요하다.[11]

그런데 여기서 끝이 아니다. 캘리포니아 땅다람쥐의 꼬리 흔들기는 꼬리의 체온을 높여 어두운 곳에서도 포식자들의 눈에 더 잘 띄게 한다. 방울뱀은 그들의 다른 친척과 마찬가지로 자신이 목표로 삼은 먹잇감을 온도와 '적외선 시력'으로 감지하기 때문이다. 뱀의 머리에 위치한 작은 구멍들은 온혈동물이 내뿜는 적외선을 인식하는 고도로 전문화된 열 감지 기능을 하는데, 삼차신경을 통해 뇌로 연결되어 적외선 신호를 처리하는 방식이다. 다시 말해 캘리포니아 땅다람쥐는 단순한 시각적 신호에 열 신호를 더해 뱀의 눈에 더 크고 눈에 띄며 무시무시하게 보이도록 위장하는 셈이다. 또한 흙과 돌을 사용하여 뱀을 쫓아내는 모습도 종종 볼 수 있다. 하지만 이처럼 교활한 설치류들이 만나는 뱀마다 모두 이런 신호를 보낸다고 생각해서는 안 된다. 땅다람쥐들은 열 감각기관을 보유한 방울뱀과 열 감각기관이 결여된 소나무뱀*Pituophis melanoleucus* 및 다른 뱀들을 완벽하게 구별할 수 있기 때문이다. 이런 식으로 땅다람쥐들은 언제 자신의 꼬리를 '켜고' 언제 '꺼둘지' 알기 때문에 에너지를 아낄 수 있다.[12]

먹잇감과 포식자 사이에 계속해서 진화하는 생존 경쟁에서 캘리포니아 땅다림쥐는 매우 엉뚱해 보일 수도 있는 행동을 한다. 주위에 포식자가 없을 때에도 꼬리를 흔드는 것이다. 이번에도 역시 땅다람쥐가 정신이 나갔거나 그냥 이유 없이 꼬리를 흔드는 것이 아니다. 그들의 은신처 주변을 순찰하면서 방금 전 방울뱀을 만난 장소에 이르렀거나 눈에 보이지 않지만 어떤 식으로든 방울뱀의 존재를 감지했다면 그때 꼬리를 흔든다. 확신할 수 없는 상황이지만 어쨌든 잠복 중일지도 모를 포식자에게 자신의 경계 상태를 알리는 것으로, 이는 공격당할 경우 반응할 준비가 되어 있다는 뜻이다. 포식자가 없는 상황이거나 적어도 실물을 확인하지 못한 상태에서 꼬리를 흔들더라도 그들의 행동은 어쨌든 자신의 상태와 반응할 준비를 나타내는 정직한 신호다.[13]

꼬리를 흔드는 얘기가 나와서 말인데 우리 모두에게 가장 친숙한 광경은 단연 반려견이 꼬리를 흔드는 일일 것이다. 물론 개는 이 책에서 주로 다루는 야생 동물이 아니지만 짧은 여담은 괜찮지 않은가. 게다가 개는 늑대의 후손인 데다 앞으로 그들의 이야기도 소개할 테니 말이다.

집에서 개를 키우는 사람이라면 이들이 동족뿐 아니라 주인의 의도와 어조를 얼마나 잘 알아듣는지 그리고 자신의 요구사항을 얼마나 잘 표현하는지도 잘 알고 있을 것이다. 이것은 다른 종끼리의 실제 의사소통에 관한 이야기이다. 여러분이 우선 알아야 할 점은 만약 당신의 개가 우스운 표정과 처량한 주둥이, 그리고 뭔가를 '말하는 것만 같은' 눈으로 동정심을 유발하는 기분이 든다면 그것은 분명 착각이 아니다. 이 모든 것은 사실이다. 개들은 눈윗근육Levator Anguli Oculi Medialis, LAOM이라는 소근육 덕분에 유난히 풍부한 표정을 지을 수 있다. 이 근육은 개의 눈썹에 독보적인 표현력과 가동성을 부여하는데, 늑대의 경우 눈윗근육이 없다. 반면 눈꺼풀을 귀 쪽으로 잡아당기도록 해 주는 근육인 눈옆근육Retractor Anguli Oculi Lateralis, RAOL은 개와 늑대가 모두 갖고 있다. 개는 눈옆근육 또한 매우 발달하였고 늑대에 비해 튼튼하다. 늑대들이 인간과 불가침조약을 맺기로 결심한 때부터, 우리 인간은 강아지처럼 무해하고 사람처럼 표정이 풍부한 개들을 선별하여 수많은 세월 동안 길들여 왔다.[14] 지각 있는 견주가 되기 위해서는 명심해야 할 점이 또 하나 있다. 개들의 얼굴 표정은 누군가 관찰하고 있을 때 그렇지 않을 때보다 훨씬 뚜렷하게 드러난다. 그러므로 개들은 사회적인 자극에 반응하며,[15] 인제 어떻게 우리를 설득하고 매수할지를 완벽하게 알고 있다. '인간의 가장 믿음직한 친구'의 표정에 대해서 우리는 수백 년 전부터 많은 질문들을 던져 왔다. 진화론의 아버지인 찰스 다윈은 이미 《인간과 동물의 감정 표현》을 통해 자신의 견해를 발표했으며, 콘라트 로렌츠 혹은 다닐로 마이나르디처럼 뛰어난 동물학자들이 그 뒤를 이었다.

개들이 짓는 표정이나 취하는 자세는 거의 모든 상황에서 그들의 의도를 나타내는 다양한 신호 체계를 구성하고 있다. 인간 견주는 물론 동종에게도 말이다. 개와 동일한 자세와 역학 관계를 늑대 무리에서도 찾아볼 수 있다. 일반적으로 늑대 무리는 지배력과 번식력이 있는 한 쌍과 이에 종속된 새끼들로 구성되며, 때로는 여기에 흩어져 지내던 개체가 추가되기도 한다.

우리에게 가장 친숙한 개들의 자세는 아마 절을 하는 것처럼 보이는 '플레이 바우play bow'와 배를 보이며 꼬리를 다리 사이에 놓는 복종 자세일 것이다. 개가 플레이 바우 자세를 할 때에는 앞다리를 낮추고 몸의 중심을 뒷다리 쪽으로 옮기며 때로는 혀를 길게 늘어뜨린 채로 꼬리와 머리는 꼿꼿이 세운다. 공격하는 척, 인형을 쫓는 척, 무는 척 등 지금부터 하는 모든 행동들은 '척하는' 것이라는 명확한 메시지이다. 플레이 바우는 개들이 늑대나 사자와 같은 다른 사회적 육식동물과 공유하는 시그널, 아니 오히려 '메타-시그널'이라 할 수 있으며 이후에 따르는 모든 행동의 의미를 바꾸는 신호이다. 플레이 바우는 상대방을 자신의 놀이에 초대한다는 뜻으로 특히 강아지들이 친구나 성견과 소통하기 위해, 그리고 성견들은 우리 인간과 함께 놀기 위해 하는 행동이다.

반면 복종 자세와 관련해서는 약간의 혼란이 있다. 배를 보이며 꼬리를 다리 사이에 놓는 전형적인 자세는 복종을 의미하는 유일한 자세가 아니며, 복종이란 단어 자체가 잘못 해석될 여지를 갖고 있다. 우선 배를 보이며 다리 사이에 꼬리를 넣은 자세를 '수동적'인 복종 자세라고 부른다. 개나 늑대는 먹이나 애정을 요구할 때 자신의 가장 취약한 부분을 드러낸다. 반면 개나 늑대가 동족을 만났을 때 귀를 뒤로 젖히고 상대방의 주둥이를 핥고 주둥이를 앞발로 톡톡 치면, 자신을 포용하고 물지 말아 달라고 적극적으로 부탁하는 것이다. 상대방에게 복종하되 '능동적'으로 복종하는 셈이다.

복종 행위를 둘러싼 다양한 해석 논쟁은 동물행동학의 아버지 콘라트 로렌츠 때문에 생겨났다. 오스트리아 출신의 이 동물행동학자는 그의 유명한 책 《솔로몬의 반지》에서 지배와 복종의 차이에 대해 이미 논했지만 커다란 오류에 빠지고 말았다. 개는 싸움이 끝난 후 상대방에게 자신의 목을 보인다. 그는 이것을 경동맥은 많은 포식자들이 먹잇감을 잡아먹기 전 질식시키려고 공격하는 곳이기 때문에 개가 자신의 가장 취약한 부위를 '내어주는 것'이라고 강조했다. 로렌츠는 이로부터 복종하는 개가 목을 보이는 것이고 상대방은 승리한 지배자라고 추정했다. 그러나 이는 완전히 잘못된 추론이다. 자신의 목을 내보이는 개가 바로 지배하는 쪽이고 상대방은 능동적인 복종 행위를 실천하는 중이다. 실제로 목을 드러내는 개는 귀와 꼬리를 수직으로 똑바로 세우고 있고 네 발로 서서 상대편을 업신여기고 있다. 반면 복종하는 개는 귀와 꼬리를 낮추고 있을 것이다. 그리고 설사 으르렁거린다 할지라도 그것은 협박이 아닌 공격하지 말아달라는 부탁이다.

갯과 동물들이 평화적인지 혹은 위협적인지 그들의 의도를 이해하고 무리 내에서 이들의 사회적 지위를 파악하고 싶다면 항상 귀와 꼬리의 자세에 주의를 기울여야 한다. 귀를 똑바로 세우거나 앞으로 팽팽하게 당긴 자세는 주의, 경계 혹은 위협 상태를 나타낸다. 마찬가지로 똑바로 세운 꼬리는 주의 상태 혹은 높은 서열을 의미한다. 반면 귀를 뒤로 젖히고 꼬리 또한 다리 사이로 내리고 있다면 두려움과 복종을 나타낸다. 예를 들어 주의, 경계 상태인 개는 네 발로 똑바로 서 있으면서 몸은 긴장 상태로 입은 다물고 귀와 꼬리를 똑바로 세우고 있을 것이다. 만약 털이 곤두서기 시작하고, 짖어대고 으르렁거리며, 꼬리를 더 높이 세워 아예 수직이 된다면 분명 위협적인 신호일 것이며 공격할 가능성이 있다.[16] 으르렁거리며 이빨을 드러내지만 꼬리를 다리 사이에 두고 귀를 내리고 있는 개가 있다면 당신에게 메시지를 보내는 것이다. 지금 굉장히 두렵고, 당신을 멀리 하기 위해 최대한 노력하고 있지만 자신이 궁지에 몰리게 된다면 공격할 수도 있다는 뜻이다.

그러므로 개가 보이는 귀의 자세, 이빨 드러내기 그리고 자발적으로

털을 곤두세우기 조합에 주의해야 한다. 개는 늑대처럼 이빨을 드러내고, 몸집이 커보이도록 털을 부풀림으로써 자신의 공격성과 위협을 표현하기 때문이다.

하지만 로렌츠는 자신의 연구에서 간과한 요소가 하나 있었다. 늑대는 무리 생활을 하며, 복종은 싸움이 끝난 뒤에만 하는 것이 아니라 소속을 나타내는 신호로써 상호 신뢰의 약속을 기억하고 자신의 역할을 확증하기 위해 자발적으로 하는 행동이라는 점 말이다. 서열이 낮은 늑대는 가족관계를 강화하는 신호로써 계속해서 능동적 복종을 보여 주고, 서열이 높은 늑대가 생식기 냄새를 맡거나 먹잇감을 갖고 돌아왔을 때 먹는 허락을 구하기 위해 수동적 복종을 보인다. 분명히 해둘 점은 복종 행위가 복합적인 사회적 상황에서 드러나며 갈등을 해결하고 충돌과 위험한 결과를 피하기 위한 이들만의 방법이라는 것이다.

가령 영역다툼을 위한 육체적인 충돌은 일반적으로 무자비한 싸움으로 이어져 싸움꾼 중 한 마리의 이탈 혹은 죽음으로 끝날 수 있다. 수컷끼리의 또 다른 충돌은 암컷에게 접근하기 위한 것일 수도 있는데 그럴 경우 평화롭게 마무리될 가능성이 있다. 그렇다고 해서 패배한 쪽이 다시 나타나지 않을 것이라는 보장은 없다. 그러므로 복종은 서열이 가장 높은 개체의 죽음이나 더 강하고 건강한 도전자의 등장으로 반역이 일어나지 않는 한, 안정된 위계질서가 유지되는 폐쇄적이고 가족적인 무리에서만 나타난다. 이런 경우 복종과 서열 유지는 에너지를 절약하고 매일 먹이에 접근하거나 짝짓기의 권리를 위해 충돌하는 일을 피하는 데 굉장히 중요하다.[17]

그러나 복종 외에도 어떤 충돌 후에 관계를 회복하는 방법이 있다.

늑대와 갯과 동물들이 무리 구성원들에게 자신의 서열이나 뜻을 전달하기 위해 가장 흔히 사용하는 자세

바로 화해하는 것이다. 이는 인간을 제외한 영장류가 정말 자주 사용하는 탁월한 방법이다. 그 목적은 물론 패배한 쪽이 이탈하는 일을 막고 무리가 조금씩 와해되어 집단생활의 장점이 줄어드는 일을 피하는 것이다. 그렇기 때문에 화해하는 일은 매우 중요하며 때로는 싸움과 아무런 상관 없는 제삼자가 개입하여 패배한 쪽을 위로하는 경우도 있다. 이는 인간과 매우 닮은 역학관계 같아 보이는데, 순서대로 하나씩 알아가 보도록 하자.

인간을 제외한 영장류에서도 무리 내에 위계질서가 존재한다. 그럼에도 불구하고 다툼은 끊이지 않는다. 그러므로 무리 생활을 할 때 가장 먼저 해야 할 일은 무슨 수를 써서라도 갈등을 피하는 것이다. 그리하여 영장류는 바로 이런 목적을 지닌 과시 행동을 실행한다. 보통 평화적인 의도로 접근하는 개체는 목소리로 자신을 알리는데, 특히 하위 개체일수록 더욱 그렇다. 그리고 무리의 우두머리 또한 평화적인 의도를 표하기 위해 안심시키는 과시로 응답할 수 있는데, 이러한 행동에는 심지어 생식기를 만지거나 거짓 마운팅도 포함된다. 반면 무언가가 잘못되어 불화가 물리적인 충돌로 번지면 화해 의식을 볼 수 있을 것이다.

보통 충돌 직후의 몇 분간이 결정적이다. 양쪽 당사자는 일어난 일로 불안하고 긴장한 상태다. 하지만 승자의 관심은 패자가 무리에서 멀어지지 않고 적을 만들지 않는 것이다. 그렇기 때문에 일반적으로 '화해'를 하기 위해 패배한 쪽에 다가가 포옹, 핥기, 심지어 '입맞춤' 그리고 충분한 그루밍, 즉 동료의 털에서 기생충을 찾아 손가락이나 이빨로 조심스럽게 제거하는 벼룩잡기 세션으로 마음을 안심시킬 것이다. 한마디로 이러한 의식은 패배한 쪽의 복수심을 가라앉히고 원한을 품지 않고 무리에 남아 있도록 설득하는 데 필요한 행동이다. 싸움 이후 '다독이는' 이런 행위는 상호적이어야 하는데, 쉽게 말해 싸운 당사자 양쪽이 화해하고 좋은 관계로 남고자 하는 의지가 있어야 한다. 그리고 싸운 두 개체가 서로의 관계에 더욱 가치를 둘수록 화해할 가능성은 더 커진다. 예를 들어 싸움 당사자들이 인척 관계이거나 친한 친구, 성 파트너이면 그 관계는 유용하고 서로에게 필요하기 때문에 지켜지는 것이다.

몇몇 영장류 종의 경우 싸움 당사자들 간의 화해가 이루어지지 않으면 패자는 싸움에 관여하지 않은 제삼의 개체로부터 위로를 받을 수 있다. 이런 현상은 승리한 쪽이 상대방을 배려하는 마음이 부족할 때 일어난다. 그래서 패한 쪽은 친한 친구의 위로를 받게 된다.

예를 들어 바바리마카크*Macaca sylvanus* 사이에서는 손짓, 얼굴 표정, 자세 및 그루밍을 포함하여 화해하는 데 쓰이는 신호가 무려 37개나 관찰되었다. 포옹부터 '미소', 이빨을 보이며 위턱과 아래턱을 서로 부딪히는 티스 채터링teeth chattering까지 다양하다. 필리핀원숭이*Macaca fascicularis* 사이에는 화해는 존재하지만 위로는 없다. 싸운 당사자들 사이에는 그 누구도 끼어들지 않는다.[18] 반면 화해가 이루어지지 않을 때 친구나 친척을 위로하는 것이 규칙인 종은 보노보*Pan paniscus*, 서부고릴라*Gorilla gorilla*와 동부고릴라*Gorilla beringei* 그리고 침팬지*Pan troglodytes*로, 인간과 가장 가까운 친척인 것은 우연이 아니다.[19]

영장류들의 전형적인 소통방식을 꼽으라면 분명 표정이라 할 수 있다. 우리 인간이 다른 영장류들과 공유하는 능력이며 여전히 계통발생, 즉 진화의 역사를 추적 중인 점이다. 사실 모든 원숭이들은—야생에서 사는 개체부터 서커스에서 훈련받은 개체까지—우리의 표정, 특히 웃음과 미소에서 어느 정도 유사성을 드러낸다. 인간에게 이 두 가지 표정이 상호 대체 가능하다면 다른 영장류의 경우에는 그렇지 않다. 인간의 웃음은 영장류의 놀이 얼굴play-face과 일치한다. 입을 벌린 채 이를 드러내는 것인데 놀이를 하고 있거나 상대방에게 함께 놀자고 초대하는, 헷갈릴 수 없는 신호다. 반면 인간의 미소는 영장류의 일명 이빨 드러내기bare-teeth에 준하는데 이는 이를 꽉 다문 채, 입술 사이로 치아 두 줄이 드러나는 억지웃음과 같다. 하지만 원숭이들에게 이 신호는 다양한 의미를 가질 수 있다.

침팬지를 비롯한 비교적 평등한 사회 구조를 갖고 있는 영장류에게 억지웃음 표정은 친화적인 신호로, 호의적인 의도를 나타내며 그루밍을 포함하여 굉장히 많은 사회적인 상황에서 사용된다. 이 경우에 웃음과 억지미소 모두 그 모습이나 사회적 기능 측면에서 인간의 웃음과 미소를 닮았지만, 한 가지 요소는 짚고 넘어갈 필요가 있다. 침팬지는 다른 원숭이처럼 미소 지을 때 광대뼈와 볼을 들어 올리지 않는다. 우리 인간이 이러한 원숭이의 미소를 따라해 본다면 억지로 만든 가짜 미소, 당연히 행복하지 않은 웃음일 것이며, 보는 사람으로 하여금 두렵거나 불안한 감정이 들게 할 수 있다.[20]

놀이 얼굴이 보편적인 의미에서 '즐거운 표정'이자 놀이에 참여하고자 하는 마음, 그리고 모든 영장류에게 행복을 나타내는 표정이라면, 억지웃음은 위계 구조가 매우 강한 종에서는 전혀 다른 의미를 가질 수 있다. 이처럼 친화적이고 우호적인 신호는 불안과 스트레스 그리고 복종을 표현하는 신호로 변할 수 있다. 포악하기로 소문난 북아프리카 영장류, 바바리마카크 사이에서 억지미소는 스트레스를 유발하는 상황에 대한 반응으로 주로 사용된다. 공격적인 행동을 당하는 개체가 전형적으로 보

이는 표정이며 화해하기 위한 복종의 신호다.[21]

　　하품을 할 때에도 이빨을 보이게 되는데 실제로 하품도 다른 의미를 가질 수 있다. 하품은 우리 인간에게 무해하고 '전염성이 있는' 신호이며, 이는 침팬지와 겔라다개코원숭이*Theropithecus gelada*에게도 마찬가지다.[22] 하지만 필리핀원숭이에게는 전혀 다른 의미를 지닌다. 당신도 분명히 모르는 사이에 본 적이 있을 것이다. 2020년 코로나19 확산을 막기 위한 첫 봉쇄조치 때 태국의 도시 롭부리를 점령했던 원숭이들을 기억하는가? 복수를 하려는 듯 도시를 돌아다니던 이들이 바로 필리핀원숭이로, 동남아시아 고유종이며 오세아니아의 많은 섬을 비롯한 지역에 유입된 종이다. 이 약삭빠른 원숭이는 동양의 많은 사원의 마스코트가 되었다. 그곳에서 필리핀원숭이들은 관광객들을 통해 먹을 것을 마련했다.[23] 롭부리는 1989년부터 도시 경제 활성화를 위해 원숭이들을 위한 몽키 뷔페 페스티벌이란 축제를 열었다. 이 축제 기간 동안 영장류에게는 조각한 수박을 비롯한 산더미 같은 과일, 과일과 얼음을 섞은 화채, 양배추, 개암나무 열매, 오이 등이 제공된다. 1년 내내 관광객들이 주는 간식과 뷔페의 음식을 먹은 필리핀원숭이들은 과잉번식하게 되었고, 봉쇄조치로 인해 관광객들이 제공하던 음식이 사라지자 도시 거리를 정복하고만 것이다. 그리고 여기서 분명 처음 만난 태국사람이나 과일과 야채를 손에 넣은 동족에게 그들의 '위협적인 표정'을 보여 줬을 것이다. 하얀 눈꺼풀은 닫고 긴 송곳니가 드러나게끔 하품을 크게 하면서 말이다. 마카크원숭이를 비롯한 유럽, 아프리카, 아시아 그리고 아메리카의 다른 많은 영장류 사이에서도 이 표정은 적대감을 나타내는 의식화된 신호다. 그중에는 표범이 질투할 만큼 굉장한 송곳니를 자랑하며, 얼굴은 푸른색과 붉은색이 화려하게 어우러진 수컷 맨드릴개코원숭이*Mandrillus sphinx*가 있다. 이 독특한 색조는 긴 주둥이를 따라 세로로 난 능선 안의 콜라겐 섬유가 빛의 회절을 일으켜 생긴 것인데, 우월성을 나타내는 매우 뚜렷한 신호다. 코 부위의 붉은색이 짙을수록 수컷의 서열이 높다. 코를 둘러싼 파란색도 마찬가지다. 두 색깔의 조합과 대비는 동종에게 눈앞에 있는 개체의 사회적인 서열을 식별하게 도와주며 두 수컷이 만날 경우 싸움을 피하도록 해 준다.[24]

그럼에도 불구하고 영장류에게 가장 중요한 시각적 신호는—눈에 띌 수밖에 없는—바로 생식기 팽창swelling으로 생식기와 항문 주위가 부풀어 오르는 현상이다. 크기와 색깔 때문에 눈에 잘 띄며 가임기의 암컷에게서 볼 수 있다. 이 신호가 어떻게 작동하는지를 설명하기 위해 50년이 넘는 연구 기간 동안 8개의 가설이 제기되었고 어느 한 가설이 다른 가설을 부인한다고 할 수 없다. 어떤 사람들이 보기에 이러한 생식기의 팽창은 암컷의 번식력을 나타내며 그들의 자질이나 건강 상태를 상징하는 정직하고 믿을 만한 신호다.[25] 동시에 배란기 및 임신 가능성과 밀접하게 관계된 신호일 수 있다. 다시 말해 생식기 팽창은 배란기 및 임신하기 가장 좋은 최적의 시기에 도달할 때까지 점차 증가하다가 서서히 수축할 것이다.[26] 하지만 이것은 암컷이 가장 뛰어난 개체를 선택할 수 있도록, 수컷들이 서로 싸우도록 밀어붙이며 그들의 행동을 조종하기 위해 활용하는 신호일 수도 있다. 또는 수컷들로 하여금 자신이 생부라는 확신을 갖지 못하도록 완전히 속이는 신호일 수도 있다. 암컷이 만약 생식기 팽창이 나타나는 일정 기간 동안 여러 수컷과 교미를 한다면 어떤 수컷도 자신이 실제로 임신시켰다고 확신하지 못할 것이고, 따라서 모두가 자신의 자녀일 수도 있으므로 암컷과 출산할 새끼들에게 관대할 것이다. 그리고 암컷은 이런 방법으로 영아살해의 가능성을 낮출 것이다. 한 걸음 더 나아가 생식기 팽창은 암컷이 새로운 사회무리에 들어갈 때 긴장감을 완화시키기 위한 '사회 여권'으로 활용될 수도 있다. 가장된 생식기 팽창은 수컷들의 마음을 진정시킬 뿐 아니라 한 걸음 더 나아가 무리의 다른 '숙녀'들이 그녀를 공격하지 않도록 지켜 줄 수 있을 것이다. 이처럼 다양한 해석이 있지만 지금으로서 생식기 팽창은 암컷의 번식력을 나타내는 정직한 신호이며 수컷들에게 비교적 정확하게 임신 가능성이 가장 높은 시기를 알려주는 신호다. 일종의 배란기 테스트에 대응하는 것으로 색깔은 더 화려하지만 정확성은 훨씬 떨어진다.

10여 종의 영장류—침팬지, 보노보, 맨드릴개코원숭이, 다양한 마카크 및 개코원숭이 포함—를 대상으로 최근 진행된 연구를 참고한 메타분석에 따르면,[27] 생식기의 팽창 정도는 더 강한 번식력, 임신 가능성이 높은 시기 그리고 암컷의 건강 상태와 상관관계가 있다.

그러므로 최소한 이러한 종에서는 미래의 파트너를 향한 정직한 신호라는 가설이 확인된 것이다. 그럼에도 불구하고 이 메타분석은 새로운 가설들도 증명될 여지를 남겨두고 있다. 왜냐하면 가령 난소 주기와 상관없이 미성숙한 암컷, 혹은 임신 중이거나 수유 중인 암컷에게 나타나는 생식기 팽창은 속이는 신호일 수 있기 때문이다. 한마디로 생식기 팽창의 역할을 완벽히 이해하여 논쟁을 불식시키기에는 아직 갈 길이 멀다.

03

색깔의 중요성

포식자의 공격 의지를 꺾는 일은 복잡하고 위험한 임무가 될 수 있다. 최악의 사태를 막을 시간이 얼마 없고 강하고 명확한 메시지를 전달해야 하기 때문이다. 포유류 중에는 하얀 엉덩이를 보이는 동물이 있는가 하면, 점프를 하는 녀석, '꼬리를 흔드는' 녀석도 있지만, 파충류 중에는 그보다 이상한 신호화된 메시지를 보내는 종도 있다.

베네수엘라 북쪽에 위치한 보네르섬과 퀴라소섬에는 호기심이 많은 파충류가 살고 있다. 바로 푸른빛의 갈색 몸통은 눈에 띄는 연한 반점으로 뒤덮여 있고, 꼬리와 뒷다리는 밝은 청록색을 띠는 채찍꼬리도마뱀 *Cnemidophorus murinus* 이다. 녀석은 한 번씩 눈에 띄는 모습으로 '손을 흔들어 인사하는' 것처럼 보이는데, 이 도마뱀은 앞발 중 하나를 들었다 내리며 매우 흥미로운 방법으로 흔든다.

그의 기묘한 행동은 오랫동안 과학자들의 고민거리였다. 처음에는 무조건적인 반사 반응(도마뱀이 지나가던 바위가 너무 뜨거웠을지도 모른다) 혹은 온도 조절에 유용한 전략이라 생각하는 사람이 있었다. 또 누군가는 동종들을 향한 사회적 신호라고 생각했다. 하지만 이 행동을 자세히 관찰한 결과, 채찍꼬리도마뱀의 인사는 자신의 천적인 뱀을 겨냥한 것임이 밝혀졌다. 특히 뱀이 계속해서 접근하여 자신을 '노린다고' 느끼는 경우에 말이다. 쉽게 말해 잠재적인 위험이 자신을 향해 곧바로 전진할 때 이같은 이상한 행동을 보인다.

만약 뱀이 아직 충분히 멀리 떨어져 있으면, 채찍꼬리도마뱀은 걸음아 날 살려라 하며 도망치는 대신 가만히 멈춰서 포식자의 눈에 더 잘 보이는 앞발을 들어 올려 힘차게 흔든다. 그가 보여 준 것은 뜨거운 인사 같지만 추격을 중단하도록 포식자에게 보내는 강하고 분명한 메시지이다. "난 이미 널 봤어. 그러니까 너의 공격에 더 이상 놀라지 않아."[1] 캘리포니아 땅다람쥐의 꼬리 흔들기에 상응하는 도마뱀표 제지 신호라 할 수 있겠다.

아놀도마뱀속*Anolis*의 어떤 도마뱀들은 겉보기에 더욱 '시비조'인 신호를 보낸다. 근육을 과시하며 '팔굽혀펴기'를 하기 시작하는 것이다. 이처럼 위협적인 광경에 포식자 뱀은 보통 사냥을 중단한다. 아놀도마뱀들이 스스로를 골리앗과 싸워야 하는 작은 다윗이라고 여겨서도 아니고 싸움에 휘말리고 싶어서도 아니다. 그들의 팔굽혀펴기는 단지 또 다른 종류의 정직한 신호일 뿐이다. 스토팅과 마찬가지로 도마뱀의 도주 능력을 가리키는 것이다.

미주리대학 교수이자 푸에르토리코 출신의 마누엘 레알은 매우 간단한 실험으로 이를 증명해 냈다. 테라리엄 안에 포식자로 보일 만한 가짜 뱀을 넣고 볏아놀도마뱀*Anolis cristatellus*들이 하는 팔굽혀펴기 횟수를 세었다. 도마뱀들은 도망가거나, 숨거나, 꼼짝 않고 가만히 있는 등 다양한 방법으로 반응할 수 있었을 텐데 대부분의 경우에 눈에 잘 띄는 팔굽혀펴기를 선호했다. 방금 실시한 팔굽혀펴기 횟수를 센 다음, 레알 교수는 도마뱀들을 달리게 해 보면서 시간과 주행 거리를 측정했고, 이 도마뱀들의 팔굽혀펴기 횟수와 달리기 능력에는 상관관계가 있음을 발견했다. 팔굽혀펴기를 많이 한 도마뱀은 적게 한 개체보다 더 오랫동안, 그리고 더 빨리 달릴 수 있었다. 10회 정도의 팔굽혀펴기는 약 40초 달리기에 상응했다. 반면 팔굽혀펴기 20~25회를 실시한 도마뱀은 80초 정도를 뛸 수 있었다.[2] 신체 구조상 도마뱀은 달리기가 쉽지 않다. 도마뱀류는 늑골이 확장되도록 도와주는 횡경막이 없기 때문에 숨을 쉬기 위해서는 운동할 때 사용하는 가슴 근육에 의존할 수밖에 없다. 그러므로 달리거나 숨을 쉬거나 둘 중 하나만 가능하다. 벽도마뱀*P. muralis* 및 *P. siculus*이 단거리를 달리다가 갑자기 멈춰 서는 이유가 여기에 있다. 숨을 고르고 혈액 속 산소를 되찾기 위해서는 멈출 수밖에 없는 것이다. 때문에 가슴 근육이 더 발달한 개체는 더 깊은 호흡을 하며 숨고르기를 위해 멈추기 전까지 더 오랫동안 달리는 사치를 부릴 수 있다. 아놀도마뱀을 잘 잡아먹는 푸에르토리코 레이서*Alsophis portoricensis*와 같은 뱀들은 물론, 우리가 지금까지 아는 한 아무도 팔굽혀펴기 횟수를 세지 않는다. 그보다는 도마뱀의 팔굽혀펴기 빈도와 종류를 기반으로 자신의 선택—공격을 할지 말지—을 결정한다. 즉 팔굽혀펴기를 두 발로 하는지 혹은 네 발로 하는지 말이다. 팔굽혀펴기에 관여하는 발이 많을수록 아놀도마뱀은 쉽게 잡히지 않을 것이다. 그가 보내는 것은 자신의 공격성 수준과 도피 능력을 나타내는 정직한 신호이기 때문이다.[3]

하지만 아놀도마뱀도 효율성에 기반한 신호 전달자들이기에, 다른 상황에서 소통할 때에도 팔굽혀펴기를 활용한다. 파트너를 찾거나 어떤 영역을 지켜야 할 때 수컷 아놀도마뱀은 일종의 팔굽혀펴기 대결을 통해 서로 겨루며 자신의 '목'을 뽐내기도 한다. 이 도마뱀 종의 독특한 특징은 바로 듀랩dewlap이라 부르는 화려한 색깔의 목주머니인데, 평소에는 접고 있어서 눈에 보이지 않지만, 경우에 따라 혀뿌리 쪽의 뼈를 옮겨 부채처럼 펼칠 수 있다. 이런 식으로 턱 밑에 매우 얇고 붉은 바퀴가 솟아난 형태로 변신할 수 있으며, 이를 보고 있노라면 마술놀이처럼 주황색 동전이 그들의 목에서 나오는 것만 같다. 자메이카의 4종 수컷 아놀도마뱀들은 하루 중 특히 일출과 일몰, 두 시간대에 공연을 하는 것으로 보인다. 일출과 일몰이 되면 이들은 플래시 몹 약속이라도 잡은 듯 팔굽혀펴기를 하며 목주머니 펼치기를 선보인다. 이런 플래시 몹의 의미는 영역을 표시하는 행위로, '이곳은 이미 점유된 곳'임을 주변에 알리면 오늘 밤에는 두 발을 쭉 뻗고 잘 수 있겠다고 여기는 셈이다. 그리고 이들이 잠에서 깨면 가장 먼저 생각하는 것도 이와 같다.[4]

그러나 이러한 과시 행동에 대해서 우리는 아직 모르는 점이 많다. 아놀도마뱀이 선호하는 명확한 시간대와 두 종(포식자의 공격을 막기 위해) 사이 혹은 동일종(모든 이들에게 그 지역은 이미 점유되었음을 알리기 위해) 내의 소통에 활용될 수 있다는 사실을 제외하고는 말이다. 의혹의 핵심은 '목주머니의 색깔이 무엇에 따라 결정되는가?'이다. 전부 유전적인 요인에 의한 것일까, 아니면 식습관이 연루되어 있는 것일까? 일반적으로 빨간색, 주황색 또는 노란색인 목주머니는 영양 상태, 즉 음식으로 흡수한 카로티노이드 양과는 관련이 없어 보인다.[5] 그보다 목주머니의 크기와 색깔은 복합적인 메시지를 구성하는 것으로 보이는데, 개체의 성별을 알리며 목주머니를 접었다가 다시 펼쳐 보이는 빈도는 암컷을 사로잡고 좋은 영역을 차지할 수 있는 수컷의 능력을 대변하는 믿음직한 지표이다.[6]

시각적 커뮤니케이션으로 세계에서 가장 많이 알려진 파충류는 바로 카멜레온이다. 변신하는 재주로 유명한 카멜레온은 단 몇 초 만에 표피색을 바꿀 수 있다. 아프리카와 마다가스카르에 주로 분포하지만 스페인 남부와 이탈리아, 아라비아 반도, 인도에도 서식하는 카멜레온은 참 이상한 생명체이다. 잡는 힘이 있는 꼬리에 집게 같은 발의 귀여운 발가락은 서로 마주보게 되어 있고,[7] 공 모양의 눈은 서로 독립적으로 움직이고 회전하며 초점을 맞출 수 있어 카멜레온에게 360도의 시야를 제공한다. 그래서 가만히 있으면서도 곤충을 발견하여 자신의 길고 재빠른 혀로 편하게 사냥할 수 있는 것이다. 카멜레온의 유일무이한 혀에서 탈출할 방법은 없다고 보면 된다. 한순간에 목표물을 타격하며, 도톰한 혀끝은 가운데가 부항처럼 파여 먹이에 찰싹 붙고 끈적끈적한 침으로 덮여 있기에 기가 막힌 포획 능력을 자랑한다.

어쨌든 카멜레온의 진정한 특색은 색깔을 바꾸는 것이라고 했다. 오랫동안 우리는 주변 환경과 구별할 수 없도록 하기 위한 행동이라 생각했지만 그렇지 않다. 이는 동물 세계에 떠도는 많은 전설 중 하나일 뿐이다. 말하자면 카멜레온이 색깔—그리고 정확히 말해서 몸의 형태도—을 바꾸이유는 주로 다른 목적을 위한 것이다. 온도를 조절하고 특히 서로 소통하기 위해서, 마치 신호등처럼 놀랍고도 다채로운 메시지를 주고받는다.

독특한 표피와 색깔 변화는 동종을 향한 사회적인 메시지로, 그들의 공격성과 우월함 혹은 복종 수준을 나타낸다. 특히 눈앞에 있는 개체를 파악하여 직접 육탄전에 참가하지 않고 승리의 가능성을 계산해 보는 데 필요하다.

남아프리카에서 주로 서식하는 브래디포디언속*Bradypodion*의 수컷 난쟁이 카멜레온은 암컷을 차지하기 위해 서로 멀찍이 떨어져 색 변화 대결을 펼친다. 상대편에게 옆구리를 보이면서 주의 깊게 그의 피부색, 광채, 대비를 평가하는 식이다. 이런 대결을 펼치는 동안 자신의 특별한 표피 색깔을 서로 어찌나 과시하는지 처음에는 두 개체가 아예 서로 다른 종으로 보일 정도이다. 대결이 끝나면 패배하거나 암컷으로부터 공격적인 형태로 거부당한 수컷은 굴복을 나타내는 전형적인 색을 나타낸다. 모든 이에게 자신의 일시적인 '패자' 상태를 알리는 것이다.

예를 들어 굴복한 트란스발 난쟁이 카멜레온*Bradypodion transvaalense*은 연한 갈색빛을 띠며, 측면에는 부주의한 파티셰가 표피 위를 지저분한 베이킹 브러시로 칠한 듯한 초코우유색의 좀 더 짙은 줄무늬를 보인다. 반면 위협적인 몸 색깔을 띨 때의 수컷 카멜레온은 거의 알아보기 힘들 정도다. 갈색 반점은 주황색으로 변하며 선명도도 떨어진다. 반면 중심의 주황색 줄무늬 바로 위 아래로 역청처럼 새카만 줄무늬가 나타나 머리까지 이어진다. 눈을 감싸는 표피조차도 검은색으로 변한다.

나이스나 난쟁이 카멜레온*Bradypodion damaranum*은 동종을 위협할 때 밝은 초록색으로 변하는 반면, 굴복을 표현할 때에는 노란색 줄무늬가 그려진 벽돌색을 입는다. 또 트란스케이 난쟁이 카멜레온*Bradypodion caffer*은 굴복할 때는 완전히 회색이지만 암컷 카멜레온이 다가와 위로해 주면 절반은 하얀색 그리고 절반은 라임빛에 가느다란 검은 줄무늬가 있는 색으로 변신할 준비가 되어 있다.[8]

색깔은 수컷의 전투 능력 혹은 암컷의 생식 상태를 나타낼 때와 같이 다양한 신호를 보내는 데 사용될 수 있다. 일례로 아라비아 반도에 서식하는 베일드 카멜레온*Chamaeleo calyptratus*이 있다. 이 종은 돛 모양의 볏이 있어 베일드Veiled라는 이름이 붙었다. 수컷은 암컷을 만나면 몸을 최대한 납작하게 만들어 앞뒤로 흔들거리고 꼬리를 요요처럼 리듬감 있게 풀었다 감았다 하며 자신의 가장 멋진 초록색과 노란색 줄무늬 의상을 뽐낸다. 줄무늬가 눈에 띌수록 암컷을 사로잡기 위해 다른 수컷과 대결하고자 하는 동기부여가 높을 것이다. 일반적으로 암컷들은 얼굴색이 더 화려하며 색깔 변신을 더 빨리 할 수 있는 파트너를 고르시만 날이다. 쉽게 말해 서로 기준으로 삼는 색상 변수가 다르다. 결국 굴복한 수컷은 마치 '조명이 꺼지듯' 더 칙칙하고 창백하며 짙은 색으로 변신한다.[9]

한편 암컷 카멜레온은 자신의 생식 상태를 세 가지 표피로 나타낸다. 올리브색 몸통에 불규칙적인 노란색 옆구리 반점은 '받아들일 마음이 없다'는 뜻이고, 화려한 초록색 표피에 등 윗부분이 터키석 색이면 '짝짓기를 할 마음이 있다'를 의미한다. 마지막으로 검은색에 가까운 아주 짙은 초록 바탕에 노랗고 파란 반점으로 변하면 '임신 중이다'는 명확한 신호를 나타낸다. 한마디로 배란기와 임신 테스트를 합친 것보다 낫다.[10] 다채로운 카멜레온의 세계에서 색깔은 숨거나 위장할 때에도 유용하다. 포식자를 속이거나 잠재적인 위협에 대응하기 위해서 말이다.

난쟁이 카멜레온 이야기로 다시 돌아가 보자. 스미스 난쟁이 카멜레온*Bradypodion taeniabronchum*은 뱀이든 새든, 자신의 포식자로부터 숨기 위해 표피 색깔을 바꾼다.[11] 포식자를 발견하면 이 자그마한 파충류는 배경인 것처럼 위장하며, 때로는 단순하게 자신이 걷고 있는 나뭇가지와 매우 비슷한 색으로 변한다. 상대방을 속이고자 할 때 이러한 행동 반응은 잘 계산된 것이다. 스미스 카멜레온은 다른 까치들처럼 뾰족하고 갈고리 모양의 부리를 갖고 있으며 먹잇감을 나무 가시 혹은 철조망에 찔러 넣는 습성이 있는 때까치*Lanius collaris* 같은 새의 눈에 띄지 않기 위해 최선을 다한다. 자신이 올라가 있던 나뭇가지와 똑같은 색으로 변신하여 동상처럼 가만히 있는다. 반면 붐슬랭*Dispholidus typus*을 만나면 가볍게 위장하는 것으로 만족한다. 아프리칸스어로 '나무뱀'을 뜻하는 붐슬랭은 나무에서 살며 독을 지니고 있는데, 붐슬랭이 덜 위협적이라기보다는 때까치보다 시력이 나쁘기 때문이다. 붐슬랭이 볼 수 있는 색의 범위가 더 좁기 때문에, 카멜레온은 색깔을 재현하는 정확도를 낮춤으로써 에너지를 아낄 수 있고 어쨌든 들키지 않고 지나가기에는 충분하다.

앞서 카멜레온이 온도 조절을 위해 색깔을 바꾼다고 소개했는데, 이 예술 분야의 선수는 바로 나마쿠아 카멜레온*Chamaeleo namaquensis*이다. 아침에는 체온을 빨리 올리기 위해 검은색을 띠고 낮에는 빛을 반사하기 위해 베이지색을 띠며, 이 두 가지 색깔을 동시에 띠는 것도 가능하다. 오른쪽과 왼쪽 몸통 색깔을 달리하는 식으로 말이다.[12] 하지만 말했듯이 색깔을 바꾸는 것은 무엇보다도 동종과 소통하고 포식자를 속이기 위한 것이다.

우리가 아직 답하지 않은 질문이 하나 있다. 카멜레온은 어떻게 색깔을 바꾸는 것일까? 그토록 빠르게 색깔을 바꾸기란 결코 쉬운 일이 아니다. 그래서 2015년에서야 제네바 대학의 일부 연구원들이 이 비밀을 밝혀내는 데 성공했고, 국제학술지 〈네이처 커뮤니케이션즈Nature Communications〉에 그 결과를 발표했다.[13]

몇 년 전까지만 해도 이 파충류들이 멜라닌색소포를 이용해서 색깔을 바꿀 수 있는 것이라고 여겨졌다. 멜라닌색소포는 색소 과립—이 경우 멜라닌—으로 가득 찬 색소포라는 탄력 있는 특별한 세포로, 호르몬과 신경자극에 의해 활성화된다. 멜라닌색소포가 이완 상태일 때는 멜라닌색소가 세포핵 주위에 집중되면서 표피색이 옅어진다. 반면 멜라닌색소포를 '늘이면', 멜라닌색소가 세포질 내부에서 확산되어 표피의 색이 보다 짙어진다. 그런데 이 멜라닌색소포로는 옅은 색에서 짙은 색 그리고 그 반대 과정, 즉 같은 톤인 연한 초록색에서 짙은 초록색으로의 전환을 설명할 수 있지만, 초록색에서 빨간색 혹은 노란색에서 푸른색으로의 전환은 설명할 수 없다. 그리하여 카멜레온의 메커니즘을 완전히 이해하기 위해서는 팬서 카멜레온*Furcifer pardalis*으로도 알려진 아프리카 북부 해안에 서식하는 마다가스카르 카멜레온의 가장 깊숙한 피부층까지 탐험해야 했다. 이 녀석은 완벽한 실험 대상이었다. 수컷 마다가스카르 카멜레온은 단 30초 만에, 늦더라도 몇 분 이내로 색깔을 바꿀 수 있었고 초록색에서 적주황색, 초록색에서 노란색 그리고 그 반대로도 변신이 가능했기 때문이다.

카멜레온의 색깔 변화의 주범은 멜라닌색소포가 아니라(물론 이 파충류의 표피에 존재하긴 하지만), 또 다른 종류의 색소세포인 홍색소포로 이루어진 2개 층이다. 홍색소포의 세포질 안에는 구아닌 결정이 들어 있는데, 이 결정들이 파장 길이가 다른 빛을 반사시키면 다양한 색깔을 낼 수 있는 것이다.

카멜레온의 피부는 층마다 다른 색소세포로 이루어진 샌드위치 같다. 가장 바깥층에는 노란색 색소가 들어간 황색소포와 빨강-주황 카로티노이드 계열의 색소가 들어간 적색소포가 있다. 그 바로 밑에는 홍색소포 두 겹이 있고, 끝으로 이 색소세포 주위와 중앙에는 문어처럼 그들을 감싸 안은, 멜라닌으로 가득 찬 멜라닌색소포가 있다.

그런데 결정적인 역할을 하는 것이 바로 바깥층의 홍색소포이다. 깊은 층의 홍색소포에는 사실 온도 조절에 필요한 크고 울퉁불퉁한 구아닌 결정들이 자리하고 있다. 이 결정들은 전부 흡수할 경우 파충류의 체온을 너무 높일 수 있는 적외선의 일부를 반사한다. 반면 가장 바깥층의 홍색소포—수컷 성체에서만 완전히 발달한—의 구아닌 결정은 매우 작아서, 지름이 겨우 130나노미터[14]이고 격자 형태로 잘 정렬되어 있다. 카멜레온의 색깔 변화를 주도하는 것이 바로 이 홍색소포층이다. 나노 결정들은 다양한 길이의 파장을 반사할 수 있게끔 명령에 따라 그 사이의 거리가 가까워지거나 멀어질 수 있다. 구아닌 나노 결정들이 서로 가까이 있을 때에는 더 짧은 파장의 가시광선을 반사하여 파란색을 띠는 반면, 홍색소포 내부의 결정들이 서로 멀리 떨어져 있으면 더 긴 파장을 반사하여 붉은빛을 띤다.

정리하면 카멜레온이 편안한 상태일 때는 서로 가까이 배열된 구아닌 나노 결정들이 파란색 빛을 반사하고, 이는 황색소포의 노란색 색소 표면을 지나 카멜레온 특유의 초록빛 표피색을 만들어 낸다. 반면 스트레스를 받거나 흥분 상태, 혹은 다른 카멜레온과 대결 중일 경우에는 가장 바깥층의 구아닌 결정들이 서로 빠르게 멀어져 빨간색 파장을 반사하고, 이것이 적색소포의 빨간 색소와 결합하여 팬서 카멜레온은 화려한 빨강-주황 표피색을 띠게 된다. 다른 수컷과의 대결에서 패할 경우 구아닌 결정들은 황색소포와 적색소포 색소와 마찬가지로 서로 응축되며, 멜라닌색소포의 멜라닌은 골고루 흩어져 색이 없어질 것이다.

카멜레온이 그토록 빠른 변신에 능한 비결은 바로 '색깔 주머니'와 찬란한 결정들이 풍부한 피부에 있다.

그런데 최근 일부 카멜레온들은 어둠 속에서 매우 기묘한 색을 나타낼 수 있다는 사실이 밝혀졌다. 어둠 속에서 카멜레온들이 마법처럼 스스로 '빛나는' 것이다. 일반 전구를 끄고 적외선 전구를 켜보면, 어떤 종들은 머리와 등을 중심으로 아주 작은 파란색 점들로 물든다. 마치 제임스 카메론의 영화 〈아바타〉에 등장하는 나비족처럼 형광 주근깨를 흩뿌려 놓은 것 같다.

이는 생체형광물질인데, 카멜레온은 자외선의 빛을 흡수하여 가시광선으로 다시 방출한다. 눈썹 부위에 있는 볏과 등, 이마는 그들의 뼈, 보다 정확히 말하면 뼈 결절 속에 축적된 형광 색소 덕분에 빛을 반사한다. 흔히 착각할 수 있는 것처럼 피부에 축적되는 것이 아니다.

지금까지 확인된 12종의 카멜레온속 중 적어도 8종은 어둠 속에서 이러한 형광 점박이를 보인다. 약 30종의 칼룸마속*Calumma*과 세계에서 가장 작은 카멜레온이 속해 있는 일부 브루케시아속*Brookesia*은 황갈색 빛을 띠며 색을 변화시키는 능력은 제한적이다. 이들은 모두 마다가스카르 지역 고유종이다. 또한 형광빛은 알카이우스속*Archaius*의 세이셸 호랑이 카멜레온, 팔레온속*Palleon*, 브래디포디온속의 난쟁이 카멜레온, 이마에 뿔이 3개 달린 트리오세로스속*Trioceros*, 키뇽기아속*Kinyongia* 및 퍼시퍼속 *Furcifer*에서도 나타난다. 이들은 개방된 환경이 아닌 밀폐되고 그늘지며 습한 환경인 숲을 선호한다. 형광 점박의 양이 성별에 따라 다르게 나타나는 것으로 보아 아마도 이 형광 발광성은 부가적인 시각 신호 체계로 색깔을 바꿀 수 있는 능력과 충돌하지 않으면서 덜 밝은 환경에 서식하는 종을 중심으로 성선택에 의해 진화된 것으로 보인다.[15]

생체형광은 카멜레온이나 파충류만의 특성은 아니어서, 다양한 양서류에서도 나타난다. 이 같은 사실은 비교적 최근인 코로나-19 팬데믹이 시작되기 직전에 밝혀졌다.

2020년 초반까지는 자외선램프로 비춰 보았을 때 도롱뇽 1종과 개구리 5종만이 형광을 발하는 것으로 알려졌다. 이후 제니퍼 램과 매튜 데이비스가 생체형광 양서류가 최소 32종이 존재하고 있다는 것을 발견했다. 도롱뇽 10과 중 8과, 개구리 5과 그리고 도마뱀 1과이다. 어떤 종은 노란 반점이 초록색으로 빛나고(호랑이도롱뇽 *Ambystoma tigrinum*), 어떤 종은 몸통의 옅은 부분이(차코뿔개구리 *Ceratophrys cranwelli*), 또 어떤 종은 줄무늬가(쓰리라인 살라만다 *Eurycea guttolineata*), 그리고 뼈나 이빨이(마블도롱뇽 *Ambystoma opacum*) 형광으로 나타났다. 심지어 점막의 분비물이나 소변이 형광으로 나타나는 경우도 있었다.

양서류에서도 형광성—아마도 피부, 분비물 및 뼈에 축적되는 단백질과 형광 합성물로 인한—은 빛이 부족한 환경에서 더 잘 보고, 서로를 알아보기 위해 필요한 것으로 추정된다. 파트너를 선택하거나 위장하는 데에 유용할 수 있기 때문이다.[16] 심지어 포식자의 공격을 막는 데에도 도움이 될 수 있다.

색과 특정 색조합, 그리고 모양은 동물의 왕국에서 너무나 중요한 역할을 한다. 이것은 잠재적인 포식자에게 자신의 독기를 알리는 데 필요하며, 심지어 자신에게 독성이 있는 척하는 데에도 쓰인다. 동물들의 소통은 속임과 거짓말로도 이루어져 있기 때문이다.

　자연에서는 목숨을 잃을 만큼 위험한 독성이 있거나 단순히 맛이 별로 좋지 않은 몇몇 동물들이 독특한 색깔을 띤다. 비교적 넓은 부위에 걸쳐 화려하고 눈에 띄는 색으로 '칠해져' 있고, 때로는 식당의 빛나는 간판처럼 기능하는 줄무늬와 반점도 찾아볼 수 있다. 다만 이 경우에 완벽하게 어울릴 이름은 '치명적인 한입'일 것이다. 이 화려하고 눈에 띄는 색깔들은 잠재적인 포식자에게 자신의 위험성을 나타낸다. 마치 "자신의 건강을 생각한다면 누구도 감히 나를 맛보거나 방해하는 위험은 무릅쓰지 않도록." 하고 말하는 것과 같다.

　이러한 몸 빛깔을 경계색이라 부르며 어떤 생물 분류학에서든 늘 같은 색깔을 활용한다. 노란색, 빨간색, 주황색 혹은 하늘색이 최상의 대비 효과를 높이기 위해 일반적으로 하얀색이나 검은색과 조합을 이루고 있다. 이것은 강하고 분명하게 어떤 수취인에게도 도달할 수 있으며, 진화가 어떻게 경제적으로 진행될 수 있는지를 보여 주는 보편적인 신호들이다. 식물을 비롯해 바다에 사는 생물부터 하늘에 사는 것들까지 누구나 이해할 수 있는 신호를 늘 동일한 몇 가지 색깔로 전달하니 매우 단순하고 효과적인 해결책이다. 만약 '나는 독이 있어. 잡아먹지 마.'라는 신호가 매번 다르고 특정 피식자–포식자들만 이해할 수 있는 것이었다면, 얼마나 끔찍한 혼란이 야기되었을지 한번 상상해 보라.

　경계색 신호는 우리 주변에서 쉽게 찾아볼 수 있다. 말벌과 꿀벌의 노랗고 검은 몸통, 놀라운 이주 곤충인 제왕나비*Danaus plexippus*의 주황-검정-하양 조합, 두건피토휘*Pitohui dichrous*와 그의 친척들의 주황-검정 깃털처럼 말이다. 뉴기니섬의 고유종인 두건피토휘는 세계에서 손꼽히는 독조 중 하나다. 이들의 피부와 깃털에는 바트라코톡신 화합물이 축적되어 있는데, 이는 쿠라레curare보다 15배나 강한 신경독이다. 이 독소는 먹이를 섭취함으로써 몸에 저장되며, 두건피토휘를 연구하는 조류학자나 박제사를 위험에 빠뜨리기까지 한다.[17] 식물 사이에서도 경계색 신호는 분명하다. 만화에 등장하는 빨간 모자에 투박한 흰색 반점의 버섯은 바로 광대버섯Amanita muscaria으로, 아름다운만큼 독성이 강한 종이다.

양서류 또한 경계색을 갖고 있다. 예를 들어, 검은 바탕에 노란색 반점을 가진 불도롱뇽Salamandra salamandra의 경우, 피부에 분포한 독샘에서 독을 분비해 점액이 그를 잡아먹으려는 적에게 불쾌한 맛을 경험하게 한다. 반면 크림색 바탕에 에메랄드빛 반점과 아주 작은 붉은 점들을 가진 유럽 녹색 두꺼비Bufotes viridis는 다른 많은 두꺼비처럼 백색 물질을 생성할 수 있다는 점을 보여 준다. 이는 마늘 냄새가 나는 점액질인데 점막과 접촉하면 자극을 일으킬 수 있다. 만약 왕자를 찾고 있다면, 동화에서 뭐라고 말하든 간에 두꺼비에게 입 맞추는 행위는 피하기를 권한다. 당신과 불쌍한 양서류 모두를 위해서 말이다.[18]

하지만 경계색 예술 분야의 진정한 아티스트는 이탈리아도 유럽도 아닌 대서양 반대편에 살고 있다. 1.5센티미터 미만의 크기에(일부 예외도 존재) 중앙아메리카와 남아메리카의 열대우림에 숨어 사는 이들은 바로 독개구리로, 약 200여 종이 존재하며 매우 화려한 색깔을 지녔다. 일부 원주민들이 이 양서류의 점액을 자신의 화살촉에 묻혀 독화살을 만들기 때문에 독화살개구리로 더 알려져 있다.

새빨간 바탕에 흰색 줄무늬를 가진 앤서니 독화살개구리Epipedobates anthonyi와 밝은 노란색에 크고 검은 눈을 가진 황금독화살개구리Phyllobates terribilis는 가장 독성이 강한 종이다. 평균적으로 1밀리그램의 독을 몸에 지니고 돌아다니는데, 신경독성과 심장독성을 지닌 강한 알칼로이드인 바트라코톡신으로 약 130명의 사람을 사망시킬 수 있는 양이다(1인당 2~7.5마이크로그램이면 충분하다).[19] 이어서 변장에 능한 염색독화살개구리 *Dendrobates tinctorius*는 다양한 변종이 있는데 흰색-검은색에 파란색 다리, 파란색-하늘색에 검은색 반점이 있는 청독화살개구리*Dendrobates tinctorius azureus*(한때는 별개의 종으로 생각했다)를 비롯해 노란색-검은색 색상을 가진 종류도 있다. 딸기독화살개구리*Oophaga pumilio*는 몸 색깔의 변종이 심하며, 15~30개 사이의 색깔 형질을 가지고 있다.[20] 하지만 이 중에 어떤 색깔들은 우리가 더 이상 보기 힘들 것이다. 기후 변화와 항이리곰팡이 *Batrachochytrium dendrobatidis*로 인한 양서류 피부병으로 인해 2004년에 멸종되었다고 선언되며, 1989년 이후로 더 이상 목격되지 않은 황금두꺼비*Incilius periglenes*의 금빛 주황색처럼 말이다.

이처럼 대부분의 독화살개구리는 화려한 경계색을 갖고 있으며 독성 물질을 분비한다. 피부샘에서 분비되는 알칼로이드 화합물을 이용해 포식자에게 대항할 화학 방어 체계를 만들어 내는 것이다. 바트라코톡신(개구리를 뜻하는 그리스어 bátrachos에서 비롯됨), 에피바티딘, 히스트리오니코톡신, 푸밀리오톡신 및 알로푸밀리오톡신 같은 알칼로이드인데, 이름은 다양하지만 모두 한 가지를 가리킨다. 독개구리의 독성은 약 28종의 신경독성 알칼로이드 물질로 인한 것이다. 이 물질들은 말초신경계와 심장 근육에 다양한 영향을 미친다. 몸을 마비시키며 숨을 멎게 만들고 심장 마비를 일으켜 죽음에까지 이르게 한다.

이렇게 많은 독성이 어떻게 몇 센티미터에 불과한 개구리 속에, 분비물 안에 마이크로그램 단위로 응집되어 있는지를 밝혀내는 일은 쉽지 않았지만 항상 두 가지 가설이 제기되었다. 독개구리가 스스로 생성한다는 가설과 다른 생물을 잡아먹으면서 이러한 독을 축적한다는 가설이다. 결국 두 번째 가정에 해당한다고 볼 수 있는데, 독개구리는 거미, 진드기, 지네와 곤충을 비롯해 특히 개미, 흰개미 및 딱정벌레 같은 절지동물로 풍부한 식단 덕에 독성 물질을 축적한다. 독개구리과에서는 진화 과정 동안 적어도 두 번 이상 등장한 특화된 식단이다. 반면 경계색은 이 집단에서 최소한 네다섯 개의 독립적인 원인이 있는 것으로 보인다.[21] 이는 아마도 수렴진화, 즉 진화 과정 동안 여러 차례에 걸쳐 어떤 독개구리속이나 종이 잡아먹히지 않기 위해 같은 해결책(경계색과 독성)을 찾았기 때문일 것이다.[22]

정리하자면 독개구리는 먹잇감을 통하여 알칼로이드 칵테일을 마시고, 자신도 그 독을 활용한다. 그런데 이 개구리과가 진화하는 동안 독성과 화려한 색깔 중 어떤 것이 먼저 등장했을까?

이 질문에 대답하기란 쉽지 않다. 아마도 피부 속의 독은 다채로운 경계색의 피부와 동시에 진화했을 것이다. 그러나 여기에는 배제할 수 없는 두 가지 주장이 있다. 먼저 누군가 어떤 식이 요법에 특화되어 독성 알칼로이드를 섭취하고, 이로 인해 포식자가 뱉어내어 유리한 입장을 점하게 됨으로써, 독성이 먼저 나타났다고 보는 고전적인 주장을 배제할 수 없다. 시간이 지남에 따라 독성을 띠게 되는 법을 '배운' 개구리들의 자녀와 손주들, 그리고 피부에 이상한 색깔이나 반점을 지녀 포식자들이 이를 쉽게 알아보고 피한 개구리들이 긍정 선택된 것이다. 그렇게 경계색을 띠는 피부를 갖기에 이르기까지 말이다. 한편 시간이 지남에 따라 경계색이 가장 먼저 등장했다는 반대편 주장 역시 배제할 수 없다. 그리고 비교적 최근에 진행된 연구가 제3의 요인을 끌어들이게 되었는데, 바로 유산소 능력이다. 실제로 경계색을 띠는 종은 더 뛰어난 유산소 능력을 지닌 것으로 보이는데, 이 또한 특화된 식단, 즉 독성과 관련되어 있다. 따라서 이번 경우에 가능한 진화 시나리오는 두 가지이다. 독성과 경계색이 뛰어난 유산소 능력에 앞서 등장했거나, 호흡 능력과 제한된 식단이 나란히 진화되어 두 가지 특징 모두가 경계색의 진화를 촉진했다는 시나리오다.[23]

경계색과 보호색은 잡아먹히지 않기 위한 정반대의 동일한 전략이라고 생각하면 된다.

경계색은 한 개체가 포식자에게 나에게는 독이 있다고, 혹은 불쾌한 맛이 나니 강한 구토를 유발할 수도 있다고 솔직하게 신호를 보내는 것이다. 그리고 눈에 띄는 색깔은 포식자로 하여금 끔찍한 기억을 떠올리게 해서 다시 속아 넘어가지 않도록 돕는다. 이때 각 개체의 기억에 의존하게 되는데, 대부분의 포식자는 습관의 노예이기 때문에 안전한 편을 선호한다. 그래서 늘 먹었던 것, 부모가 둥지나 굴에 물어다 주었던 먹이를 먹고, 혹은 한 걸음 더 나아가 불쾌한 만남으로부터 그들을 보호해 줄 타고난 회피 기제를 실행한다.[24] 그래서 만약 우연히 불쾌한 맛을 보게 되면 즉시 '다시 반복하지 말아야 할 경험'으로 각인된다.

반면 보호색(은폐 의태)은 자신을 눈에 띄지 않게 하는 것이다. 즉 주변 환경—나뭇가지나 수초, 꽃, 이끼와 지의류, 돌, 심지어 배설물까지—의 형태와 색깔, 때로는 냄새까지 흉내 내면서 분별력 없는 이들의 눈을 피해 숨는 것이다. 그렇다. 일반적으로 입맛이 떨어지게 만드는 배설물 말이다. 동물의 왕국에서는 보호색을 노리는 온갖 형태의 종種이 있고, 이들 중 다수에게는 해리포터의 투명 망토가 주어진 것처럼 보인다. 결국 보호색도 속임수의 일종이니 말이다.

끝으로 경계 의태, 즉 이점을 취하기 위해 다른 개체를 모방하는 능력이 있다. 이건 모든 측면에서 속이는 신호이다. 경계 의태의 대표적인 예는 이른바 베이츠 의태Batesian mimicry로, 동물들의 위장술과 모방술을 처음으로 깊이 있게 연구한 영국의 학자 헨리 월터 베이츠Henry Walter Bates를 기리기 위해 이렇게 불리게 되었다. 베이츠 의태는 독성이 없는 종이 경계색을 띠며 실제로 독이 있거나 위험한 종의 색깔, 형태, 자세를 흉내 냄으로써 자신의 생존 가능성을 높이는 것이다. 이런 경계색이 있는 종과 안 좋은 기억이 있는 포식자는 그와 닮은 어떤 것에도 가까이 가려 하지 않을 것이기 때문이다.

베이츠 의태 중 가장 복잡하고 인상 깊은 경우는 바로 파충류에서 찾아 볼 수 있는데, 3개 속屬 뱀이 그 주인공이다. 미국과 멕시코 북동쪽 사이에 분포하고 있는 코브라과 뱀은 1미터 이상의 길이에 검정-노랑-빨강-노랑 순서로 된 선명한 경계색 줄무늬를 갖고 있다. 이 뱀의 이름은 산호뱀Micrurus fulvius으로, 물릴 경우 치명상을 입을 수 있다. 4~5밀리그램의 독만으로도 사람이 사망할 수 있는데, 이 뱀은 독을 20밀리그램까지 주입할 수 있다. 하지만 다행히도 산호뱀에게 물리는 경우의 60%는 독이 없다.[25] 그런데 캐나다에서 베네수엘라까지의 미 대륙에는 일반적인 산호뱀과 매우 닮았지만 전혀 무해한 뱀이 살고 있다. 바로 우유뱀 Lampropeltis triangulum이다. 이 뱀은 산호뱀과는 조금 다른 색깔 순서를 통해 구별할 수 있는데, 이 녀석은 노랑-검정-빨강-검정이다. 우유뱀은 같은 지역의 독이 있는 산호뱀을 흉내 내는 무해한 종으로, 베이츠 의태를 하는 녀석이다.

하지만 진짜 산호뱀은 치명적일 수 있으므로 그의 경계색과 그를 모방하는 우유뱀의 행위는 전혀 쓸모없는 일이 될 수 있다. 어떤 포식자도 산호뱀으로부터 살아남지 못한다면 과연 누가 피해야 할 신호를 기억한단 말인가? 이 질문은 오랫동안 생물학자들에게 커다란 골칫거리였다. 1960년대 중반까지는 두 종 사이의 문제라고 생각했던 것이 삼각 관계가 되고 급기야 대혼란으로 확대되기 전까지는.

실제로 베네수엘라와 아마존 전역에는 제3의 줄무늬 뱀―빨강-검정-노랑-섬성―이 살고 있다. 일반적으로 가짜 산호뱀으로 알려져 있는데, 전혀 다른 속과 종에 속하는 아스클레피오스거짓산호뱀*Erythrolamprus aesculapii*이다. 아스클레피오스거짓산호뱀은 적당한 독성이 있어서 그의 경계색은 그 임무를 완벽히 수행한다. 포식자가 부정적인 경험으로부터 교훈을 얻을 수 있는 가능성을 남겨두니 말이다. 그러므로 산호뱀 또한 아스클레피오스거짓산호뱀을 모방한 것이다. 강한 독사가 약한 독사를 모방하는 것을 엠슬리 의태 혹은 메르텐스 의태라 부르는데 처음으로 이 가설을 세운 독일 생물학자 볼프강 비클러Wolfgang Wickler가 독일 파충류학자 로베르트 메르텐스Robert Mertens에 경의를 표하고자 했고 1960년대 아스클레피오스에 대한 그의 연구에 엠슬리가 합류하게 되었기 때문이다.[26]

복잡한 상호모방적 관계를 재현해 보면서 과학자들은 독과 경계색을 지닌 아스클레피오스의 아마존 모델을 맹독을 지닌 산호뱀(미대륙 전역에 분포된 산호뱀속)이 모방한다는 사실을 발견했다. 그리고 그런 산호뱀을 또 무해한 '거짓말쟁이' 우유뱀이 모방하는 것이다. 이보다 심한 사기꾼이나 사이비가 어디 있을까?

위장술의 귀재

이곳은 오스트레일리아 동쪽 해변, 저비스 베이. 2009년, 생물학자 매튜 로렌스Matthew Lawrence는 평소와 같이 잠수를 하던 중 예기치 못한 광경을 보게 된다. 그의 눈 앞에는 텅 빈 조개껍데기들이 펼쳐져 있었다. 대부분 납작하거나 부채 모양의 조개인 이매패류로 지중해 가리비처럼 세로 굴곡이 있는 가리비과 조개 잔해였다. 여기에 복족류 몇 종과 게 껍질이 더 있었다. 누가 그 많은 텅 빈 조개껍질을 두고 갔을까? 어떤 배에서 적재물을 쏟아 부은 것일까? 아니면 누군가 그렇게 배치해 둔 것일까?

3년에 걸친 모니터링 끝에 로렌스와 그의 동료들은 확실한 답을 얻을 수 있었다. 그런 조개무덤을 남긴 장본인은 바로 회갈색 빛의 얼룩덜룩한 몸통과 하얀 눈을 가진 시드니 문어*Octopus tetricus*였다. 10여 마리의 문어 무리가 2009년부터 2012년까지 이 지역에서 살았는데, 문어의 평균 수명이 1년이라는 것을 고려하면, 시간이 지남에 따라 개체들은 바뀌었을 것이다. 그리고 조개들의 배치 역시 바뀌었다. 다른 버려진 물건을 가리기 위해, 이편에서 저편으로 옮겨져 그 조개 '카펫'에 더해졌을 것이다. 이곳은 바로 생성 중인 도시, 옥토폴리스Octopolis이다. 문어들이 평화롭게 살면서 먹고 자고 싸우고 또 짝짓기를 하는 곳이다. 이런 두족류 연체동물의 고독한 본성을 생각한다면 상당히 진귀한 풍경이다.

그로부터 몇 년이 흘러 2016년 12월, 뉴질랜드 바다에서 마틴 힝Martin Hing과 카일리 브라운Kylie Brown은 길이 18미터에 너비 4미터, 바닥은 주황, 빨강, 보라색의 가리비Mimachlamys asperrima 껍데기로 만들어진 옥틀란티스Octlantis란 별명의 이와 비슷한 또 다른 도시를 발견했다.

이 같은 발견은 문어를 고독한 동물이라고만 생각했던 우리의 인식에 혁명을 일으켰으며, 문어가 어떻게 진짜 환경설비 기술자처럼 자신을 둘러싼 환경을 변화시킬 수 있는지를 보여 주었다. 그리고 그들이 서로 소통하기 위해 사용하는 과시 행동에 관해서도 더 많은 것들을 알게 해 주었다.[1]

하지만 먼저 짚고 넘어가야 할 사실이 있다. 8개의 다리를 가진 매우 똑똑한 생명체인 문어는 위장 전문가로 유명하다. 자신이 기대어 있는 표면과 동일한 톤을 취함으로써 몸의 빛깔을 바꾸는데, 때로는 표면의 거칠기처럼 재료의 질감까지도 수천분의 1초 만에 재현해 낸다. 이 속도는 카멜레온이 변신하는 속도보다 훨씬 빠르다. 문어는 신경의 지배하에 있고 층으로 배열된 색소세포, 홍색소포, 백색소포 그리고 작은 돌기의 조합 덕분에 이러한 변신이 가능하다. 어시장에서 매우 싱싱한 오징어를 사 본 적이 있다면 아마도 오징어의 부연 피부가 빛을 '발광'시키는 장면을 본 적 있을 것이다. 이 불쌍한 오징어 피부 위의 불꽃놀이 현상은 바로 우리가 카멜레온에서 살펴본 색소세포로 인해 발생한다. 하지만 두족류에게서 색소세포는 더욱 눈에 띈다. 근육이 수축하면 색소세포가 늘어나 눈에 띄는 색깔의 얼룩을 만들어 낸다. 반면 근육이 이완될 때에는 색소세포가 줄어들며, 색소들은 서로 모여 인지하기조차 힘든 작은 점을 이룬다.

두족류의 피부는 흰색 몸통을 덮고 있는 거의 투명한 얇은 막과 같다. 그리고 그 구조는 카멜레온과 매우 유사하다. 가장 바깥층에는 색소세포, 특히 멜라닌색소포와 황색소포, 적색소포가 많이 분포되어 있다. 이 첫 번째 층 아래에 몇몇 두족류—대체로 오징어지만 문어와 갑오징어도 포함—들은 반광단백진을 포함한 홍색소포층을 갖고 있다. 이 발광단백질은 카멜레온의 구아닌과 같은 역할을 하는 단백질이다. 끝으로 흰색 색소세포인 백색소포층이 있다. 그리고 여기에 수압으로 변형될 수 있는 피부 부위인 돌기들이 더해지는데, 이 돌기에도 색소세포를 지니고 있다. 바로 이 능력 덕분에 문어와 갑오징어 같은 많은 두족류 동물이 피부의 작은 돌기를 들어 올렸다가 임의로 제자리로 돌려놓으면서 거친 바위나 불규칙적인 해초의 형태와 질감을 흉내 낼 수 있는 것이다.

모든 보호색이 그러하듯 위장술은 포식자의 시야에 띄지 않기 위해 사용된다. 뿐만 아니라 문어의 이 같은 재능은 동일 종 내의 소통에서도 활용될 수 있다. 암컷을 유혹하거나 사랑하는 대상을 두고 경쟁하는 관계에서 말이다. 매튜 로렌스와 그의 동료들이 옥토폴리스와 옥틀란티스에서 관찰한 바가 바로 이것이다.

조개껍데기 들판 사이에서 자신의 굴을 지키거나 더 좋은 굴을 차지하기 위해, 또는 삼각관계인 경쟁자를 쫓아내기 위해 시드니 문어는 독특한 자세와 색깔 변화의 과시 행동으로 박자에 맞추듯 '싸운다'. 그래서 외부 관찰자는 누가 승리하게 될지 쉽게 추정할 수 있다. 물론 이러한 과시는 외부 관찰자가 아닌 동종을 향한 명확한 시각적 신호이다. 예를 들어 시드니 문어가 위협을 나타내는 과시는 완전히 검은색으로 변신하기, 몸을 부풀리기, 8개의 다리를 별 모양으로 펼친 다음 머리 위로 외투막(몸통)을 세움으로써 일종의 피라미드 형태를 만드는 행위를 포함한다. 반면 그 순간 위협을 당하는 문어는 싸움에 휘말리지 않기 위해 매우 흥미로운 과시 형태로 물러난다. 다리를 정박한 상태로 해저면에서 일어나 어린이용 발판 모양처럼 몸을 납작하게 만드는 것이다.

퍼포먼스에서 가장 훌륭한 부분은 어쨌든 문어의 색깔이다. 위협적인 검은 문어 쪽을 향한 몸통의 절반은 흑백 줄무늬일 것이고, 나머지 절반은 창백한 베이지색 빛을 띨 것이다. 만약 눈앞에 있는 검은색 적이 진정하지 않는다면 잠시나마 위협적인 검은 문어에게 쫓기며 황급히 도망칠 것이다.

암컷 문어와 만날 때 수컷들이 걸치는 옷은 전혀 다르다. 파트너의 마음을 사로잡은 시드니 문어가 자신의 세 번째 오른쪽 다리를 그녀를 향해 뻗어 일종의 정자 주머니인 정협spermatiophore을 선물하면 수컷은 창백해지는데, 몸통 빛깔은 연해지고 눈은 짙어진다. 반면 암컷은 알록달록한 빛깔을 유지한다.[2]

경계색을 활용하여 자신의 피부를 마치 메시지를 쓸 수 있는 도화지처럼 활용하는 동물로는 오징어와 갑오징어도 있다. 이들 중 카리브해 암초 오징어Sepioteuthis sepioidea는 길이가 약 20센티미터 정도이며, 암초 사이에 살고 날아다니는 능력이 있다. 그렇다. 2001년에 생물학자 실비아 마시아Silvia Maciá는 펼친 '날개'—사실상 꼬리지느러미—를 이용해 이 오징어가 수면 밖으로 2미터 뛰어오를 수 있고, 바다에 다시 입수하기 전에 약 10미터를 날아갈 수 있다는 사실을 발견했다.[3] 이 오징어 종은 비행 퍼포먼스[4] 외에도 의사소통을 위해 적어도 네 가지(하지만 그보다 훨씬 많은 종류가 있다)의 독특한 빛깔을 띤다. 마치 체스보드처럼 흰색 바탕에 붉은 격자무늬가 있고, 붉은색의 다리와 촉수가 V 형태를 취하고 있다면 포식자로부터 몸을 숨기는 젊은 개체이다. 수컷이 촉수와 다리를 활짝 펴 보이며 전형적인 얼룩말 빛깔을 띠면 다른 수컷을 위협하고 있는 상태다. 반면 암컷에게 구애할 때는 자신의 몸에 'V' 형태의 붉은 기호를 만든다. 그리고 멕시코만과 카리브해에 분포하고 있는 이 오징어는 심지어 자신의 그림판과 같은 몸을 반으로 나누어 동시에 두 가지 신호를 보낼 수도 있다. 구애 중인 암컷을 향하고 있는 쪽은 붉은색 V로 낭만적인 퍼포먼스를 이어가는 한편, 다른 쪽은 접근을 시도하는 모든 수컷을 위협하기 위해 얼룩말 무늬를 띠는 것이다. 모든 면에서 효과적인 이중 신호이다.[5]

위협적인 얼룩말 무늬에 붉은 갈색빛으로 변신하는 종으로는 지중해에 분포하는 갑오징어*Sepia officinalis*도 있다. 이는 매우 다양한 갑오징어 종들이 비슷한 방식으로, 같은 상황에서 동일한 뜻으로 사용하고 있는 보수적인 신호이다. 그중 무게는 약 10킬로그램에 길이는 50센티미터 정도로 세계에서 가장 몸집이 큰 호주참갑오징어*Sepia apama*는 최면을 거는 듯한 구애 의식의 신봉자이다. 수컷은 다채로운 테마, 연하고 짙은 무늬를 실어 나르는 컨베이어처럼 계속해서 피부 색깔이 바뀐다. 이러한 과시가 영어로 passing clouds, 즉 '지나가는 구름'으로 불리는 것도 우연은 아니다. 목적은 10여 마리 개체로 이루어진 군집 사이에서 짝짓기를 위해 암컷에게 좋은 인상을 남기려는 것이다. 그러나 5월과 8월 사이에 화이앨라 부근 포인트 롤리Point Lowly에 자리한 스펜서만에서는 그 개체 수가 수십만 마리까지 이르면서 암컷과 수컷의 비율이 1:11이 될 정도이다. 이런 혼돈 속에서 수컷 호주참갑오징어들은 정확한 규범에 따른 과시와 자세로 종종 대결 사전 의식을 시작하며 서로의 크기나 전투 능력을 주의 깊게 평가한다. 무익한 대결에 에너지를 소모하거나 너무 위험한 전투에 부상, 장애를 입거나 심지어 죽음까지 피할 수 있는 매우 유익한 시스템이다.

두 경쟁자는 얼굴을 맞대고 촉수와 다리를 바짝 붙인 상태로 서로를 탐색하며 크기를 비교한다. 이쯤에서 둘 중 하나가 이미 대결을 계속할 만한 상황이 아니라는 것을 파악하면 정면 자세를 유지한 채 물러난다. 그렇지 않을 경우, 충돌이 점차 격렬해져 수컷들이 옆으로 서서 색깔 변화를 뽐내고 정면과 측면으로 서로를 밀치는 등 그야말로 진짜 싸움을 하다 둘 중 하나가 항복하기에 이를 것이다. 그리고 여기서 더 강한 수컷은 암컷과의 짝짓기에 성공할 것이다.

그런데 자신의 근육이나 체격에 의지할 수 없다 보니 다른 재주를 노리는 녀석들이 있다. 수많은 골리앗 사이에서 색깔로 암컷인 척 위장하는 간교한 수로 장대한 경쟁자들을 이기는 다윗이 종종 있는 것이다. 이들은 눈에 띄지 않게 지나가거나 기껏해야 구애를 당하는 정도로 다른 수컷들을 속이고, 방해 받지 않은 채 힘센 수컷들의 보호를 받는 암컷에게까지 도달할 수 있다.[6]

바다 세계에서는 누군가에게 구애하거나 위협하는 일, 속이는 신호를 보내는 일 외에도 자신이 얼마만큼의 무기를 갖고 있는지 보여 주는 일도 필요하다. 파란고리문어*Hapalochlaena lunulata*는 오스트레일리아 산호초 지대에 살고 있는 작은 생물로, 10센티미터 이하의 크기에, 평균 무게는 50~80그램이며, 많은 문어들처럼 위장하는 데 선수이다. 이 문어는 방해를 받으면 눈 깜빡할 사이에 피부색을 노란색으로 바꾸며 60여 개의 터키석처럼 빛나는 파란색 고리를 깜박인다. 각 깜박임은 1/3초간 지속되며, 이러한 과시 또한 색소세포와 홍색소포로 인한 것이다. 터키석 색깔은 색소세포로 둘러싸여 있고 근섬유로 덮인 홍색소포 그룹 덕분에 나타난다. 근육이 수축했을 때 홍색소포는 서로 바짝 붙어 색소세포로 덮여 있고, 근섬유가 이완할 때 홍색소포는 원형으로 늘이나는 한편, 색소세포는 흑색-갈색의 빛을 공급한다.[7] 이는 명확한 경계색 신호이다. 깜박이는 고리들은 '위험!'을 가리키는데, 물리는 순간에는 통증이 거의 없으나 독성이 굉장히 강하기 때문에 인간에게도 충분히 치명적일 수 있다. 파란고리문어는 지구상 가장 강력한 신경독 중 하나인 테트로도톡신을 주입하는데 그 독성은 청산가리의 100배를 뛰어넘는다. 해독제가 아직 개발되지 않은 이 독은 수의근을 점진적으로 마비시켜 죽음에 이르게 하며, 파란고리문어의 침샘에 살고 있는 공생 박테리아에 의해 생성된다. 그러므로 더 이상 방해하지 말고 가능한 빨리 도망가는 편이 좋다.

비록 색의 깜박임과 다양한 자세를 선보이는 행위와 같은 이러한 모든 과시는 시각적 의사소통으로 간주되지만 혼란을 초래하는 자료가 있다. 바로 두족류 동물들의 눈에는 한 가지 종류의 광수용기만 있기 때문에 색깔을 구별하지 못하는 것처럼 보인다는 점이다. 그럼에도 불구하고 같은 종류의 광수용기가 이 동물들의 피부에도 분포되어 있어서 어쩌면 그들과 주변 환경의 색깔을 짐작할 수 있을지도 모른다. 색소세포가 파장의 일부를 차단함으로써 필터 역할을 하여, 광수용기가 적색소포 아래에 있는지, 황색소포 아래 있는지 등에 따라 다른 방식으로 반응할 수 있을 것이다. 하지만 지금으로서는 이건 가설일 뿐이다.[8]

수면 밑에서도 생체형광을 통해 의사소통을 할 수 있다. 이러한 방법은 딱딱한 뼈를 가진 경골어류, 특히 빗살 지느러미를 지닌 조기어강과 골격이 모두 연골로 이루어진 연골 어류, 그리고 특히 상어를 비롯한 판새아강에서 모두 발견할 수 있다.

형광 물고기의 종류는 180종이며 50과, 16목에 속해 있다.[9] 이들 중에는 어둠 속에서 자외선을 흡수하고 초록색 가시광선의 파장을 방출하는 우로바티스속의 노랑가오리*Urobatis jamaicensis*, 모래꽃동멸*Synodus dermatogenys* 그리고 〈니모를 찾아서〉에 등장하는 도리의 친척인, 유생 시기의 아틀란틱 블루탱*Acanthurus coeruleus*이 있다. 이후 2016년에는 이 목록에 두툽상어의 미국 친척인 스웰상어*Cephaloscyllium ventriosum*와 사슬 두툽상어*Scyliorhinus retifer*가 추가되었다. 반면 붉은 형광을 내뿜는 종에는 동인도양과 서태평양 가자미의 한 종인 블랙팁 쏘울*Soleichthys heterorhinos*, 무당씬벵이*Antennarius maculatus*, 놀락감펭*Scorpaenopsis diabolus* 그리고 메스메이트파이프피쉬*Corythoichthys haematopterus*가 있다.

어둠 속에서 켜지는 이 모든 불빛들의 목적은 서로 매우 다를 수 있다. 바위와 산호초 사이에 살면서 밤에는 그들이 숨어 있는 해초나 산호와 똑같은 붉은빛으로 빛나는 쏨뱅이처럼, 빛을 주변 환경과 비슷해지기 위한 전략으로 사용하는 물고기가 있다. 반면 어둠 속에서 서로를 알아보고 올바른 종(혹은 성)의 파트너를 찾는 데 효과적인 의사소통 시스템이라 생각하는 물고기도 있다. 어둠 속에서 올바른 파트너를 만나지 못하

고 서로를 찾는 데 너무 많은 시간을 낭비하는 건 불편한 일이기 때문이
다. 그리고 이는 서로 매우 닮은 두 종이 동소성同所性일 때, 즉 같은 지
역에서 함께 살고 있는 경우라면 훨씬 어려워진다. 꽃동멸속*Synodus*의 일
부 물고기—다이아몬드 매퉁이 및 대서양 매퉁이—가 바로 이런 경우에 해당
한다. 그러나 이들은 진화의 험난한 과정을 거치며 경험한 시행착오 덕
분에 해결책을 찾아냈다.

흰 불빛 아래에서 두 물고기는 모래색 혹은 조금 더 주황빛이 도는
매우 비슷한 피부색을 띠지만, 어두운 곳에서의 형광 패턴은 서로 다르
다. 다이아몬드 매퉁이는 몸 전체와 빗살 지느러미의 일부 지점이 형광
을 띠는 반면, 대서양 매퉁이는 몸통의 등 부분과 지느러미 끝에만 형광
을 띤다. 한편 스웰상어와 사슬 두툽상어의 경우, 이런 녹색 형광은 밤에
배경색과 대비가 증가하므로 그들이 살고 있는 깊은 해저—수심 30미터
이상부터 수백 미터까지—에서도 서로를 알아보도록 도와줄 뿐 아니라 항균
작용까지도 할 수 있다. 이는 일종의 형광 분자 덕분이다. 형광 분자는
브로민Br이 포함된 키뉴레닌 화합물로, 트립토판이라는 아미노산 대사물
질이다.[10]

심해 깊이에서는 형광 발광이 아닌, 적당한 빛을 켜는 일이 소통하거
나 잠재적인 피식자를 속여 끼니를 거르지 않기 위한 훌륭한 전략이 될
수 있다. 하지만 이번에는 생물 발광bioluminescence, 즉 화학 작용 덕분에
빛을 낼 수 있는 능력에 대해 이야기해 보도록 하자.

유럽아귀를 비롯한 아귀목에 속하는 심해어들은 자신의 피식자를 속
이기 위해 탁월한 전략을 발달시켰다. 바로 안테나처럼 길고 가느다란
촉수를 이용한 방법이다. 촉수는 아귀의 정중앙에 자리 잡은 등지느러미

의 첫 번째 줄기이다. 한마디로 이 촉수는 아귀 입 앞에 매달려 다른 물고기, 갑각류, 연체동물을 유인하여 잡아먹을 수 있도록 흔들고 전구처럼 켤 수 있는 미끼 같은 것이다. 하지만 이 촉수는 암컷에게만 있다. 비늘이 없어 매끈한 피부를 지닌 아귀목에서는 암컷이 거대한 괴물이고, 수컷은 그저 작디작은 살덩어리에 불과하다.

암컷의 머리는 몸통의 1/3에서 1/2을 차지하며 거대한 입이 자리하고 있고, 아래턱이 위턱보다 돌출되어 있으며 날카로운 이빨들로 가득차 있다. 한번 입을 열면 소용돌이를 일으켜 촉수에 너무 가까이 다가온 생명체는 절대 도망갈 수 없다. 한 줄기 빛도 닿지 않는 1,000미터 깊이에 살고 있는 심해의 무시무시한 유니콘과 많은 사람들이 상상하는 자신의 시어머니 초상화를 반반 섞어놓은 모습 같다.

반면 수컷들은 혹처럼 암컷에 매달려 사는 몹시 작은 생명체이며 정자를 기증하는 일에만 쓸모가 있다. 이들은 암컷의 배를 통해 직접 영양분을 섭취하며 암컷은 그 대가로 알을 수정할 수 있도록 지속적으로 정자를 제공받는다. 크기를 비교하기 위한 예를 들자면, 수심 400~2,000미터 사이의 열대바다에 서식하는 발광심해아귀*Ceratias holboelli*는 길이 1미터, 무게 7킬로그램에 이르는 암컷이 1.5센티미터 길이의 수컷을 데리고 다닌다.[11]

앞서 아귀의 촉수는 미끼라고 소개했는데, 이 촉수는 암컷에게만 있는 치명적인 덫이며 자유자재로 움직일 수 있다. 2센티미터 크기의 수컷을 동반하는 50센티미터 크기의 트리플워트 씨데빌*Cryptopsaras couesii*은 무려 5쌍의 근육을 사용하여 회전 시 높낮이 조절이 가능한 촉수를 똑바로 세우고 흔든다.[12] 그렇지만 가장 흥미로운 순간은 불이 켜지는 때다.

106

촉수의 전구는 공생 관계인 두 발광 박테리아 덕분에 켜진다. 트리플워트 씨데빌에만 존재하는 엔테로비브리오 룩살투스*Enterovibrio luxaltus*와 다른 종에서도 찾아볼 수 있는 엔테로비브리오 에스카콜라*Enterovibrio escacola*이다.

이 박테리아는 매우 독특한 공생 관계를 보여 준다. 다른 유기체 내에서 살아가는 세포 내 공생과 자유로운 삶을 영위할 수 있는 공생 관계의 타협 형태를 띠기 때문이다. 트리플워트 씨데빌 촉수의 생물 발광을 책임지고 있는 공생 박테리아는 물속에 사는 그들의 친척에 비해 절반의 게놈을 갖고 있지만(세포 내 공생의 진형적인 특징) 촉수를 자유롭게 드나들 수 있다. 아미노산 생성 및 포도당 분해와 관련된 유전자를 잃었지만, 가령 물에서 움직일 수 있는 '꼬리'인 편모를 생성하는 데 유용한 유전자는 보존했다. 아마도 이런 엔테로비브리오 박테리아는 암컷 트리플워트 씨데빌이 주변 환경으로부터 바로 획득하는 것으로 보인다. 유충이나 수컷에는 생물 발광을 하는 공생 박테리아를 찾아볼 수 없기 때문이다.[13]

그러므로 암컷 트리플워트 씨데빌의 사냥 전략은 속이는 의사소통을 기반으로 하지만, 해양 생물의 생물 발광은 경계색, 경고성 신호일 수도 있다. 포식 방지기능으로 녹색의 생물 발광성 점액을 만들어 내는 유일한 민물 복족류인 라티아 네리토이데스*Latia neritoides*의 경우처럼 말이다.[14] 혹은 심해새우*Acanthephyra purpurea*처럼 발광포photophore, 즉 빛을 생성하는 일에 특화되어 있는 기관을 갖고 있는 동물도 있다. 반면 열대 해역 깊은 곳에 서식하는 흡혈오징어*Vampyroteuthis infernalis*는 두 가지 전술을 조합할 줄 안다. 자신의 몸을 덮고 있는 발광포를 통해 몇 초에서 몇 분 동안 지속되는 섬광을 만들 수 있으며, 이 빛은 먹잇감을 속이는 데에도,

포식자를 혼란에 빠뜨리는 데에도 쓰인다. 만약 포식자가 물러나지 않는다면 먹물주머니가 없는 흡혈오징어는 8개의 다리 끝에서 푸른빛이 도는 생물 발광의 끈적이는 점액 구름을 방출한다. 이 물질은 약 10분 동안 떠 있을 수 있어 그가 아무런 방해도 받지 않고 어둠 속으로 사라지게 하는 역할을 한다. 더 나쁜 경우에는 그 점액이 포식자에게 달라붙어 어떠한 새로운 공격 시도도 무용지물로 만들어 버린다.[15]

생물 발광은 해양생물 내에서 종 간 그리고 종 내 의사소통 시스템으로써 적어도 40번 이상 독립적으로 진화했다. 깊은 심해의 어둑함이나 완전한 암흑 속에서 서로 섬광을 주고받는 일은 매우 훌륭한 의사소통 시스템이 될 수 있다. 몸길이가 1.5미터에 이르는 아메리카 대왕오징어 *Dosidicus gigas*는 훔볼트 오징어로도 알려져 있는데, 수백 마리의 개체, 때로는 수천 마리까지 무리를 이루어 사는 사회적 종이다. 이들은 야간사냥 활동 기간에 이동하고, 언제 어디서 먹을지, 먹이 우선권을 정하기 위해 생물 발광을 활용하는 것으로 보인다.[16] 다른 해양 생물이나 크기가 매우 작은 군체 생물도 서로의 움직임을 조정하는 데 빛을 활용한다. 라틴어로 '불로 만들어진 몸'이란 뜻의 불우렁쉥이*Pyrosoma*는 빛을 낼 수 있기 때문에 이러한 이름이 붙여졌다. 젤라틴성의 투명하고 부유스름한 빛깔을 띠고 있고, 플랑크톤의 일종으로 드물게 볼 수 있는 생물이다. 주목할 만한 목격 사례로는 2015년 태즈메이니아 바다에서 몇 미터나 되는 거대한 군체가 발견되었고, 북아메리카 태평양 연안을 따라 수천 마리의 불우렁쉥이*Pyrosoma atlanticus*가 표류하는 현상이 있었다.

몇 밀리미터에 불과한 개충 수백, 수천 마리가 모여서 군체가 만들어지는데, 이들은 일종의 젤라틴 관, 즉 가운데가 비어 있는 터널 형태로 모여 있다. 개충마다 2개의 수관siphon 즉, '구멍'이 있어 한쪽 구멍은 바닷물을 빨아들이기 위해 터널 밖으로 향해 있고, 다른 하나는 섬모로 가득한 아가미로 미세한 해초와 식물세포를 여과한 물을 배출하기 위해 터널 내부로 향해 있다.

하나의 군체에서 수백, 수천 마리의 개충들은 오직 한 가지 방법으로만 소통하는데, 바로 조명 놀이를 통해서다. 이들은 서로 소통할 수 있는 신경망을 갖고 있지 않으므로, 각 개체는 다른 개충이 만들어 낸 빛에 응답하고 심지어 가까이 있는 다른 군체가 내는 빛에도 반응한다. 각 개충마다 내부에 희미한 청록색 빛을 생물 발광하는 공생 박테리아들을 품고 있다. 발광 기관이 자극을 받으면 박테리아들은 군체가 움직임을 조정하는 데 필요한 연속적이고 리드미컬한 섬광을 만들어 낸다. 비록 물의 흐름 덕분에 움직이는 부유 생물이지만, 각 군체는 모든 개충이 아가미 섬모를 같은 방향으로 동시에 움직여 추진력이 있는 자극을 만들어 내는 제트기류를 생성함으로써 느리게 움직일 수 있다.[17]

1995년부터 일본의 아마미 군도 부근 해저에서 다이버들은 2미터 지름의 매우 정교한 원형 그림들을 목격하기 시작했다. 10~30미터 깊이의 모래에 며칠 동안 새겨져 있다가 사라지곤 했던 이 그림들은 10년 동안 해저 '미스터리 서클'에 비유되면서 밝혀내야 할 불가사의로 남아 있었다. 2014년에 마침내 작가를 추적하는 데 성공하기까지 말이다. 그림을 그린 주인공은 바로 흰점박이복어*Torquigener albomaculosus*로, 길이는 약 12센티미터에 은빛의 배와 흰색 점이 촘촘하게 수놓인 황갈색 등을 갖고 있다.

이 작은 복어의 수컷은 자신의 배와 꼬리지느러미로 '모래 속의 원'

을 파내었다. 먼저 수컷 복어는 바깥쪽에 원을 그린 다음 원 중앙과 바깥쪽으로 헤엄치면서 굵은 모래를 테두리 쪽에 쌓는다. 이어서 가는 모래를 안쪽으로 모으면서 중앙에는 완전히 평평하고 고운 모래로 된 원형 공간을 남겨둔 채로 방사형의 골과 봉우리를 만들어 낸다. 마지막으로 그림이 거의 완성되었다면 이제 장식으로 넘어간다. 입으로 조심스럽게 조개와 산호조각을 모아서 독보적인 디자인 조각처럼 봉우리를 따라 세심하게 배열한다. 하나의 작품이 완성되기까지는 열흘 정도가 소요되고, 이제 수컷에게는 자신의 작품을 (손대지 않고) 관람하러 올 암컷을 기다리는 일만 남았다. 잠재적인 파트너가 다가오면 수컷 복어는 한 번씩 모래를 휘젓고 작품의 유일한 심판자인 암컷을 향해 일련의 달리기를 하면서 '모래 속 서클'을 보여줄 것이다. 만약 암컷이 그의 작품을 인상 깊게 느꼈다면 짝짓기를 허락할 것이고, 바로 평평한 서클 중앙에 알을 낳은 뒤에 떠날 것이다. 그리고 수컷 복어가 5~6일 동안 알이 부화할 때까지 지키고 있는 동안 작품은 해류로 인해 서서히 부서질 것이다.

수컷 흰점박이복어가 그린 예술 작품은 주로 둥지의 역할을 하는데, 골과 봉우리는 물을 바깥쪽으로 흐르게 유도하고 속도를 25% 늦춰서 알을 낳을 수 있는 조용하고 안정된 공간을 만든다. 이 복잡하고도 수고로운 그림은 동종 암컷들을 향한 정직한 신호이기도 하다. 몸집이 큰 수컷 복어들은 작은 수컷들에 비해 모래를 보다 멀리 밀어낼 수 있기 때문에 봉우리 사이에 더 넓은 골을 만들어 낼 수 있다. 그리고 암컷들은 완성된 구조물을 근거로 수컷의 크기와 건강 상태를 추정할 수 있는 것으로 보인다.

게다가 암컷은 봉우리의 높이와 개수, 구도, 모래의 색깔과 입자 크기 같은 다른 요소도 고려하는데, 바로 이 모래가 가장 중요한 변수가 될 수 있다. 구애 활동 중 자신의 작품을 뽐내기 위해 중앙에서 수컷이 고운 모래를 휘저으면 어떤 암컷이라도 넘어가는 것처럼 보이기 때문이다.[18]

바다를 잠시 뒤로 하고 이번에는 남아메리카 강으로 가 보자. 민물에서도 형식을 갖춘 일련의 전투 동작을 선보이는 생명체들이 있다. 이는 크기나 전투 능력 같은 소중한 정보를 주고받음으로써 경쟁자의 능력을 타진하는 데 쓰이며 지느러미만 남을 때까지 싸울 만한 가치가 있는지 파악하기 위함이다.

이들은 비람에 돛이 움직이듯 물속에서 물결 모양의 커다란 지느러미를 움직이는 베타로, 싸움고기(투어)로도 알려져 있다. 최근 몇 년간 발견된 오스프로네미과의 베타속*Betta* 물고기—2005년에 55종을 구분하였고 현재는 70종을 넘어섰다—와 난나카라속*Nannacara*에 속한 6종의 시클리드다.

아름답기로 유명한 수컷 베타 스플렌덴스*Betta splendens*는 거품 둥지를 짓는데, 타액을 버무려 치밀한 거품 모양을 만들고 이곳에 수정된 알을 고정시킨다. 하지만 자신의 가족을 꾸리려면 수컷은 먼저 암컷의 마음을 사로잡고 경쟁자를 물리쳐야 한다. 다른 수컷이 보이면 지느러미를 펼치고 아가미뚜껑을 연 다음 다채로운 턱지느러미를 드러낸다. 신체 크기를 가늠할 수 있는 이 첫 번째 과정이 충분하지 않다면 수컷 중 한 마리가 항복할 때까지 서로 물어뜯고 쫓는 진짜 싸움으로 넘어간다. 이 시대에 보기 드물게 싸움을 좋아하고 텃세가 강한 수컷들은 암컷들을 물어뜯는 일도 마다하지 않는다. 암컷을 사로잡기 위해 수컷은 그 앞을 막아서듯 지나가며 자신의 눈부신 지느러미와 빛깔을 뽐낸다. 그러나 암컷의 반응이 심드렁할 경우 수컷은 그녀를 물어뜯고 심지어 지느러미를 찢어 버리기까지 한다. 특히 갇혀 있는 상태에서는 이들의 공격성이 상당히 증가할 수 있다. 반면 서로가 마음에 든다면 구애 활동은 매우 상냥할 것이다. 암컷은 거품 둥지 아래에 숨고 수컷은 지느러미로 그녀를 '끌어안아' 뒤로 눕혀서 둘은 최면 상태에 빠진 것처럼 함께 낙하할 것이다. 여러 차례 포옹한 후에 암컷이 알을 낳으면 수컷은 이 알을 수정하고 모아서 거품 둥지에 가져다가 붙일 것이다. 남아메리카의 가이아나와 수리남의 강에 분포하고 있는 5~6센티미터 크기의 난나카라 아노말라 *Nannacara anomala*는 등지느러미와 꼬리지느러미가 매우 발달했다. 수컷 난나카라도 번식기가 되면 텃세를 부리며 알을 낳을 준비가 된 암컷을 사로잡기 위해 결투 의식에 참가한다. 각 결투는 정확한 규범에 따라 진행되는 일종의 춤 혹은 펜싱 경합으로, 시각적인 표현으로 이루어진 소통 의식이다.

두 참가자는 우선 서로 평행하게 나란히 서서 지느러미를 활짝 펴고 서로의 크기에 대한 정보를 주고받는다. 이 단계에서 물고기의 옆면을 가로지르는 줄무늬가 특히 눈에 띄는데, 투지를 나타내는 행동으로 경쟁 상대에게 내보이게 된다. 그리고 차례대로 둘은 꼬리를 쳐서 서로를 향해 물을 발사한다. 이것 또한 자신의 힘을 증명하는 행동이므로 주의 깊게 살펴야 한다. 대결 참가자 중 아무도 항복하지 않고, 이런 초기 평가를 통해 둘 다 서로 상대방을 무너뜨릴 수 있다고 여긴다면, 대결은 계속되고 수컷끼리 마주본 자세로 지느러미를 펄럭인다. 이때부터 마우스 레슬링mouth wrestling이라 불리는 입으로 서로 싸우는 전투에 불이 붙게 된다. 둘은 서로의 턱을 문 채 상대의 힘을 가늠하기 위해 밀고 당긴다. 싸움이 계속되면 점점 가까이서 서로 쫓고 물며 마침내 패한 수컷이 항복

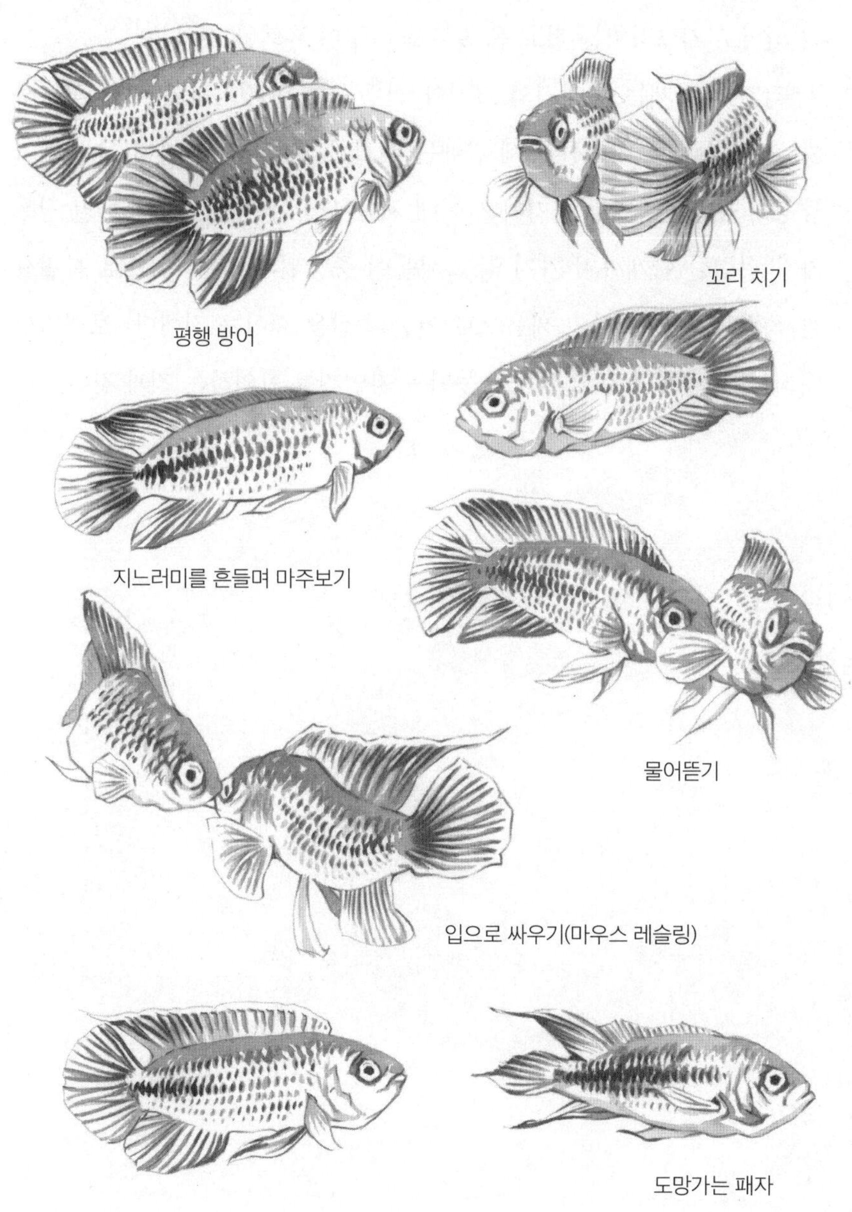

수컷 난나카라 아노말라는 방어, 마우스 레슬링, 물어뜯기 등의 복잡한 의식으로 서로 대결한다.

의 의미로 지느러미를 접고 몸 빛깔을 바꾸며 후퇴할 것이다.[19]

　각각의 단계는 상대편의 크기와 전투 능력을 평가하기 위해 필요하다. 크기가 서로 비슷한 개체 간에는 대결이 마지막 단계까지 진행될 가능성이 높은 반면, 두 참가자 사이에 처음부터 확연한 차이가 보일 경우 가장 위험한 단계까지 가지 않고 싸움이 중단된다. 이런 식으로 불필요한 폭력 사태를 피하고 싸움으로 인한 손실을 줄이는 것이다. 보디빌딩 대회처럼 서로 딱 보고 한눈에 누가 승자인지를 합의하는 것과 같다.

05

죽음의 무도

우리는 지금까지 약 150만 종의 동물들을 발견하고 분류하였다. 이 중 93만 종 이상이 놀라운 곤충의 세계에 속해 있다.[1] 이들은 6개의 다리를 지닌 생명체로 진화와 적응의 선수들이다. 짜증스럽고 독성이 있으며, 따갑고 치명적이지만 또한 다채롭고 우아하며, 조직화되어 있고, 우리 삶과 우리가 알고 있는 지구의 삶에 없어서는 안 될 존재들이다.

아무리 빈대와 모기가 귀찮게 느껴져도 이들이 사라지기를 바랄 필요는 없다. 수분受粉과 유기물의 순환이 바로 이들에게 달려 있으며, 수많은 동물들의 주식이기 때문이다. 그리고 이들 역시 다른 생태계 서비스를 우리에게 제공하고 있다. 자연은, 특히 제대로 기능하는 생태계는 우리에게 깨끗한 공기와 물, 기후와 질병의 통제,[2] 시골에서 산책을 할 때나 산에서 오솔길을 걸을 때 경험할 수 있는, 온몸에 스며드는 행복감처럼 돈으로도 살 수 없는 느낌까지 아무런 대가도 요구하지 않고 제공한다. 곤충 또한 이 체스 게임의 일부라고 말할 수 있다.

그러나 우리는 지난 36년 동안 농약의 사용이나 우리가 일으킨 기후 변화로 인해 해마다 총 곤충 바이오메스의 2.2~2.7%를 잃어 버렸다. 이 속도라면 향후 10년 동안 모든 곤충의 40%인 약 38만 종이 멸종될 것이다.[3] 젠가 게임에서 가장 아래에 있는 나무블록을 빼고 탑이 무너지지 않기를 바라는 것과 같다.

곤충의 세계에는 막대기 벌레로 알려진 곤충목의 대벌레Phasmida와 같이 속임과 위장에 능한 매혹적인 생명체들이 있다. 이들의 이름은 유령을 뜻하는 그리스어 'phasma'에서 유래했는데, 이는 그들의 대담한 보호색을 가리킨다. 이 곤충들은 초목 사이에서 완벽하게 섞여 버리기 때문이다. 이들의 건조하고 긴 몸, 가냘픈 다리와 촉수는 식물의 줄기나 나뭇가지처럼 보이게 만든다. 대벌레 종의 대다수는 초록색 또는 갈색인데 이러한 색은 적들의 눈에 띄지 않게 해 주며, 이들의 펄럭이는 움직임은 나뭇잎이나 바람에 움직이는 나뭇가지 같아 보인다.

그런데 '막대벌레'라는 더 친숙한 이름은 3,000종이 넘는 이 곤충 목에 적합하다고 말하기 힘들다. 이들 중 일부는 나뭇가지보다는 나뭇잎을 더 닮았기 때문이다. 말레이시아에서 유래하고 동남아시아에 분포된, 연한 초록색의 나뭇잎벌레Phyllium bioculatum는 납작하고 넓은 몸에 다리 또한 이와 비슷한 모양을 가졌다. 더군다나 바람에 흔들리는 나뭇잎 모습까지도 흉내 낸다. 한편 신선한 나뭇잎은 맛있어 보일 수 있기 때문에 이미 죽은 식물인 척하며 포식자로부터 숨는 녀석도 있다. 완전히 갈색이거나 주황 또는 불그스름한 색에 배와 다리는 '나뭇잎' 모양이고, 때로는 지의류처럼 흰색 점으로 덮여 있는 가시잎벌레Extatosoma tiaratum 이야기다. 뉴기니섬과 오스트레일리아 북부에 분포하는 이들은 '이름이 곧

운명'이라는 로마 속담이 꼭 들어맞는 것 같다. 동남아시아와 속임수의 귀재 이야기가 나와서 말인데, 그곳에는 꽃사마귀 종 중에 가장 유명한 난초사마귀*Hymenopus coronatus*가 살고 있다. 이들은 꽃인 척하는 곤충으로, 애기사마귀과*Hymenopodidae* 및 엠푸스과*Empusidae*이며 꽃가루 매개 곤충들을 잡아먹는다.

알다시피 사마귀는 평판이 썩 좋은 편이 아니다. 잽싸게 달려들어 앞다리로 먹잇감을 꽉 쥐는 '무자비한 살인마'(하지만 그렇지 않은 포식자가 어디 있겠는가?)다. 다리의 세 부분—기절, 퇴절, 경절—을 접으면, 마치 손을 모아 '기도하는' 자세처럼 보여 '기도하는 사마귀'라는 이름이 붙여졌다. 난초사마귀는 하얀 바탕에 분홍빛 몸통, 얇고 넓적한 다리(아직 어린 번데기와 유충들은 다 자란 사마귀보다 난초의 화관을 더 잘 따라한다) 모양까지, 어떤 면에서 봐도 완벽하게 난초를 닮아 있어 이 속임수로 먹잇감을 잡는다. 심지어 꽃이 '피는' 지점까지 흉내 낸다. 다른 꽃들 위보다는, 나뭇잎 위를 선호하기 때문이다. 난초사마귀는 탁월한 마임배우이지만 특정한 꽃을 따라한다기보다, 일반화된 특징들을 진화시킨 것으로 보인다. 특정한 종보다는 '난초에 대한 이미지'처럼 말이다.[4] 그런데도 사마귀의 전략은 수백만 년 동안 피자식물(식물과 꽃)과 꽃가루매개곤충 사이의 의사소통 시스템을 시험해 본 것이기 때문에 실패하는 법이 없다. 꽃잎에는 꽃꿀로 인도하는 가이드라인, 즉 '착륙 활주로' 같이 곤충들에게 어디에 착륙해야 하고 꿀을 먹으려면 어디로 가야하는지 알려주는 표시가 있다. 그곳을 지나가는 곤충이 몸에 묻은 꽃가루를 다른 꽃에 가서 묻히는 일에 대한 대가인 셈이다. 우리 인간의 눈으로는 넥타 가이드를 항상 볼 수 없으므로 자외선이 필요하나 곤충들에게는 조명이 켜진 도로와도 같다. 그리고 난초사마귀는 아무래도 이 속임수를 알아챈 것 같다.

특히 유충 시기에는 표피가 자외선을 흡수하고 반사하는데, 꽃가루매개곤충을 마치 최면에 걸린 듯이 이들의 손아귀로 유인하는 것은 난초사마귀의 형태와 대칭 및 전반적인 모습보다는 바로 그 독특한 색깔이라는 점이 관찰되었다. 이 색깔이 없을 경우에는 접근하는 피식자의 수가 확연히 줄어들었다.[5] 색깔로도 충분히 속이는 신호를 보낼 수 있는데 왜 형태도 노리는 걸까? 속단하기에는 아직 이르다. 아마 이런 식으로 어린 난초사마귀들은 그들의 피식자뿐 아니라 포식자도 속이는 것으로 보인다. 다채롭고 자외선에서 특정 패턴을 나타내는 이들의 표피가 꽃가루매개곤충을 유인하는 데 쓰이는 반면, 난초의 화관을 연상케 하는 몸의 전반적인 형태는 그를 꽃으로 오해하는 포식자들로부터 눈에 띄지 않고 이동하는 데 필요하다.

다른 생물인 척하거나 주변 환경과 구별하지 못하도록 만드는 일은 효과적인 전략처럼 보일 수 있다. 그렇지만 100%는 아니다. 아리송한 빛깔을 가진 대벌레나 항라사마귀도 포식자에게 발각되면 위협적인 과시 행위를 하고, 공격성을 드러내며 방어하지만, 사실은 전부 허세일 뿐이다. 위험하고 위협적인 척하지만 그렇지 않은 셈이다. 예를 들어 대벌레는 보통 화려한 색깔을 가진 작은 뒷날개를 갑자기 펼친다. 항라사마귀도 이와 같이 먹잇감을 움켜잡는 데 사용하는 1쌍의 앞다리를 쭉 뻗음으로써 다채로운 정강이를 드러내어 태극권을 연상케 하는 자세를 취한다. 눈박각시*Smerinthus ocellata*는 유럽종으로 날개를 펼치면 그 길이가 7~8센티미터다. 위협을 느꼈으나 도망갈 길이 없으면, 큰 두 '눈'이 그려진 뒷날개를 드러내는데, 푸른색에 검은 테두리가 있는 눈은 날개마다

118

하나씩 있고 날개가 시작되는 지점까지 진분홍색 음영으로 물들어 있다. 매혹적인 공작나비*Aglais io*는 벽돌색의 등에 네 개의 무지갯빛의 눈을 갖고 있는데 마치 올빼미나 뱀의 눈처럼 보여서 그들의 포식자인 점박이딱새와 알락딱새에게 끔찍한 효과를 준다.[6] 반면 14센티미터에 이르는 이도메네우스부엉이나비*Caligo idomeneus*는 날개의 눈이 야행성 맹금류의 것과 똑같이 생겼으며, 칼리고속*Caligo* 모든 나비들이 이런 특징을 갖고 있다. 이도메네우스부엉이나비는 아마존 유역 고유종이며 멕시코와 안데스 산맥에 서식한다.

물론 이런 연출의 원리는 예술 작품의 모조품과 동일하다. 모방한 모델의 완벽성에 도달해야만 그럴싸하다.[7] 독이 있거나 위험한 척하기 위해 흡입력 있는 눈과 알록달록한 돛을 펼치는 것은 포식자에게 겁을 주고, 그가 당황하는 순간을 이용하여 도망가기 위한 행동이다. 말한 대로 동물학자들이 '위협 행동deimatic behaviour'이라 부르는 허세일 뿐이다.

곤충강 또한 앞서 설명한 대로 발신인의 위험성을 나타내는 경계색으로 가득하다. 제왕나비*Danaus plexippus*는 주황색과 검은색의 날개로 포식자들에게 자신의 불쾌한 맛과 함께 유충이었을 때 먹었던 '박주가리'라는 식물을 통해 흡수한 카르데놀라이드cardenolide로 인한 독성을 나타낸다. 한편 벌과 말벌은 검은색과 노란색 줄무늬로 자신의 공격 무기를 나타낸다. 흔히들 두려워하는 이 곤충들은 대체로 화학과 촉각을 사용하여 탁월한 의사소통을 해낼 수 있다. 하지만 말벌, 그중에서도 특히 쌍살벌 가운데 폴리스테스 푸스카투스*Polistes fuscatus*는 눈에 보이는 것이 중하다는 입장이다. 이들은 바로 우리 인간처럼 얼굴로 서로를 알아보며 암컷들은 수컷들보다 이런 안목이 더 뛰어나다.

이 말벌의 사회 구조에서는 여러 여왕벌들이 서로 대결하여 계급사회를 이루고, 누가 후손을 생산할 권리가 있는지, 몇 가지 특혜를 누릴 수 있는지, 그리고 벌집 안에서 어떤 직무를 수행해야 하는지를 결정한다. 그렇기 때문에 겨루어 이기거나 진 다른 말벌들의 얼굴을 기억하는 일은 불필요한 싸움에 다시 휘말리지 않는 데 매우 유용하다. 한편 교미하는 것이 유일한 목적인 수컷들은 만난 상대의 얼굴을 기억하는 일이 그리 중요하지 않다. 군락 생활에서는 서로를 알아보는 일이 항상 필요하지만 말이다.

폴리스테스 푸스카투스 쌍살벌의 얼굴은 개체마다 매우 다르게 생겼기 때문에 진화 과정 동안 서로를 알아볼 수 있는 가장 쉬운 방법이 되었다. 여기서는 단지 같은 군락 출신인지, 아닌지에 대한 식별이 아니라 그야말로 진짜 개인의 얼굴을 알아보는 일을 말하는 것이다. 정말 기가 막힌 점은 말벌들이 한 가지 특징에만 의존하지 않고 어떤 얼굴의 특징을 종합적으로 알아본다는 것이다. 우리 인간과 마찬가지로 형태와 색깔, 자세, 비율을 보기 때문에 형태와 색깔이 인위적으로 바뀌면, 인상이 달라진 그 말벌들을 동료들이 알아보지 못할 것이다. 이러한 메커니즘이 유전에 의한 것인지 혹은 학습에 의한 것인지가 오랫동안 의문으로 남아 있었는데, 2019년에 이르러서야 그 답을 찾을 수 있었다. 폴리스테스 푸스카투스 쌍살벌은 서로 알아보는 법을 배우는 것이다.[8]

폴리스테스 푸스카투스의 친척인 유럽쌍살벌*Polistes dominula*에게도 얼굴은 중요하다. 코를 대신하듯 두 눈 사이에 자리 잡은 이마방패는 놀라운 색 변화성을 보인다. 완전한 노란색일수도, 여기에 하나 이상의 검은 점이 있거나 불규칙하게 퍼진 검은 반점을 보일 수도 있다. 그런데 이 검은색 반점의 크기가 바로 신분을 나타내는 배지 역할을 한다. 그 반점을 '걸치고' 있는 이의 신분을 나타내는 신호인 셈이다. 이마방패에 검은 색—유멜라닌의 축적으로 인해—이 많을수록 그 벌은 머리가 크고, 몸도 더 클 것이며, 그의 계급 또한 높을 것이다. 그러므로 이런 반점을 토대로 여러 여왕벌 사이에서도 계급이 형성되어 불필요한 싸움을 피하고 각 개체의 역할을 존중하도록 돕는다. 이러한 관계 속에서 속이는 자는 매우 엄한 처벌을 받게 된다. 더 높은 계급이 되도록 연구원이 만약 말벌의 이마방패를 변형시키면 동료들은 바로 속임수를 알아차리고 제자리로 돌려놓는다. 군락의 어느 누구도 자신의 신분을 위장할 수 없다.[9] 적어도 눈에 보이는 부분으로는 말이다. 수컷 유럽쌍살벌도 자신의 신분 배지를 갖고 있다. 배 위쪽에서 찾아볼 수 있는 이 신분 배지는 불규칙한 타원형의 노란색 반점으로, 양쪽에 하나씩 있어 불완전한 노란 줄무늬를 이룬다. 이 노란 반점이 작고 일정한 개체는 반점이 크고 테두리가 희미한 개체보다 계급이 높아서 암컷들이 더 선호한다.[10]

솔직히 말해서 이러한 규칙들은 북미 지역을 지배한 여왕 유럽쌍살벌에게 특히 유효한 것 같다. 유럽에서 암컷의 이마방패 색깔의 차이는 특정한 계급과 관련성이 없는 데다 경쟁자를 가늠하는 데에도 도움이 되지 않기 때문이다. 이들에게 이마방패는 계급을 나타내는 기능이 전혀 없고[11] 성별을 식별하는 데 쓰이는데, 이마방패와 '얼굴'이 노란 수컷들로부터 암컷을 구별하도록 돕는다. 이 말벌들 중에서는 일벌들이 바로 앞에 있는 동료의 성을 구별할 줄 알고, 번식 활동 때뿐 아니라 항상 그렇게 한다. 특히 화학적 단서보다는 시각적 단서를 기반으로 성을 구별한다. 이는 주로 화학적 단서를 기반으로 하는 사회적(그리고 비사회적) 곤

충 세계에서 다소 특별한 현상이다.[12]

다양하고 다채로운 절지동물의 세계에서 시각적 메시지는 단순한 반점과 색깔을 훨씬 뛰어넘는다. 앞에서 우리는 깃털이 달린 무용수들을 만나봤다. 이들은 뛰어나고 우아한 춤 실력에 더불어, 색깔 또한 화려하다. 그래서 보는 것만으로도 많은 이들에게 불쾌감을 불러일으키는 거미 중에서 최고의 무용수를 만날 수 있으리라는 생각을 아무도 하지 못할 것이다.

곤충과 마찬가지로 거미 또한 절지동물—전갈, 갑각류, 지네를 포함하는 문(門, phylum)—에 속하지만, 거미의 다리는 3쌍이 아닌 4쌍이다. 그래서 실제로 거미류는 별개의 강으로 분류된다. 5만 종에 이르는 거미(거미목) 중에 무지개를 미니어처로 만들어 놓은 것만 같은 무해한 공작거미—비록 오스트레일리아 출신이지만[13]—는 어찌나 귀여운지 사랑하지 않을 수 없을 것이다. 세상을 탐색하기 위한 큰 눈이 정면에 4개 있고(눈은 총 8개) 알록달록하고 화려한 표피를 지녔는데 특히 수컷들은 이를 마치 공작새처럼 암컷에게 구애하기 위해 '부채처럼 활짝 펼친다'.

공작거미는 뛰어서 먹잇감을 급습하고, 전형적인 거미줄을 만들지 않는 깡충거미과에 속하는데 여기에는 모든 마라투스속*Maratus*과 사라투스속*Saratus* 거미 종이 포함된다. 우리는 이들에 대해 최근에서야 조금씩 알아가기 시작했다. 2017년에 59종이었던 공작거미는 2년 후에는 78종이 되었고, 2020년에는 무려 85종을 기록했는데,[14] 모래 언덕부터 온화한 해변, 비가 거의 오지 않는 초원까지 매우 다양한 환경에서 살고 있다.

오스트레일리아 출신의 위르겐 오토*Jürgen Otto*는 뛰어난 비디오작가이자 사진작가인 동료 데이비드 힐*David Hill*과 함께 공작거미를 무대 앞으로 끌어내어 이들의 무한한 다양성을 목록화했다. 하지만 이 거미들 중 상당수는 매우 좁은 지역에 국한되어 있는 데다 크기가 정말 작기 때문에 이들을 찾아내기란 쉽지 않다. 크기가 최대 4~5밀리미터에 불과한 이들은 오스트레일리아 남부와 태즈메이니아의 '작은 요정'들이다. 그리고 눈에 띄는 성적 이형성을 보인다. 암컷들은 상대적으로 몸집이 크고 화려하지 않은 연한 갈색빛을 띠는 반면, 수컷들은 암컷보다 더 작고 색깔이 화려하다. 가장 화려한 부위는 배로 종마다 조금씩 다른 그림들이 나타나는데 오색찬란한 무늬에 털로 된 장식이 있다. 하지만 가장 특별한 점은 공작거미의 배에는 날개처럼 펼칠 수 있는 한 쌍의 덮개가 있다는 것이다. 이는 찬란한 빛깔을 뽐내게 해주며 거미의 배가 원, 타원, 드물게는 삼각 형태를 갖추도록 하여 커다란 눈을 가진 외계인의 얼굴을 떠올리게 만든다.

머리와 다리에 색깔, 무늬 및 독특한 솜털이 나타나는 경우도 종종 있다. 몸 전체가 흑백 줄무늬로 이루어져 있어 얼룩말이나 할로윈 해골 분장을 한 듯한 마라투스 스켈레투스*Maratus sceletus*부터, 코발트블루 바탕에 노란 깃털의 테두리 그리고 눈썹, 코, 입처럼 빨간 가로줄 3개와 검은 두 '눈'이 그려져 마치 민속가면처럼 보이는 아름다운 마라투스 스페치오수스*Maratus speciosus*가 있다.

이 거미들은 허세쟁이 공작이 꽁지깃을 부채처럼 펼치듯 배에 있는 날개를 펼친다. 하지만 이건 허세가 아니라 암컷을 꾀어내기 위한 방책이다. 화려한 색깔의 배를 세로로 세워 흔들고, 벨리 댄스를 추듯 떨면서 암컷을 유혹하는 것이다. 춤의 첫 번째 스텝은 보통 '포르 드 브라*port de bras*'라고 하는 팔 동작으로, 팔을 들어서 여러 방식으로 팔랑거린다. 이

제 암컷의 주의를 끄는 데 성공했다고 확신한 수컷은 본격적으로 배를 들어올린 채 그녀를 위해 춤을 추기 시작한다. 물론 갑작스럽지는 않게 말이다. 수컷의 춤은 실제 안무처럼 일련의 스텝을 정확한 순서대로 반복하게끔 되어 있다.

마라투스 스페치오수스는 세 번째 다리 1쌍을 들어 올려 마치 오케스트라 지휘자처럼 공중에서 움직이고 화려한 배를 가로로 낮춘 상태에서 흔드는데 이를 보빙bobbing이라 부른다. 그런 다음 나비의 날갯짓을 흉내 내는 아이처럼 하얀 손을 펄럭이고, 박자를 맞출 때처럼 머리 위로 올려 손뼉을 친다. 그런 다음 빌리지 피플의 YMCA 춤을 추는 듯한 팔 동작을 선보이며 다시 팔을 내려서 인사를 한다. 끝으로 배를 열고 들어 올려서 테두리의 하얀 털을 세우고 흔들며 좌우로 움직인다. 동시에 다리는 옆으로 이동하는데, 이를 '부채춤fan dance'이라 부른다. 계속 이러한 동작을 반복하다 양쪽 세 번째 다리를 들어 올린 상태에서 첫 번째 다리로 암컷을 만지며 마침내 다가가는데, 이는 교미 전 과시의 일부이다. 이때가 가장 위험한 순간이다. 둘은 아주 가까이 있고, 수컷보다 훨씬 큰 암컷이 구애를 받아들이지 않으면 그를 공격하여 잡아먹을 수 있기 때문이다.[15]

최면을 거는 듯한 이 거미들의 춤에는 용기가 돋보이며, 순간순간 우스꽝스럽기까지 하다. 어디서도 볼 수 없는 이 광경은 1시간 이상 지속될 수 있다. 종마다 퍼포먼스 시간은 다르다. 밝은 노란색의 배와 머리에는 붉은 줄무늬를 가진 수컷 마라투스 볼란스*Maratus volans*는 평균 24분 동안 춤을 추며, 춤을 추는 내내 하얀 더듬이다리를 흔든다. 그리고 세 번째 다리를 들었다가 내리고 리듬감 있게 접고 흔드는 동작이 있는데

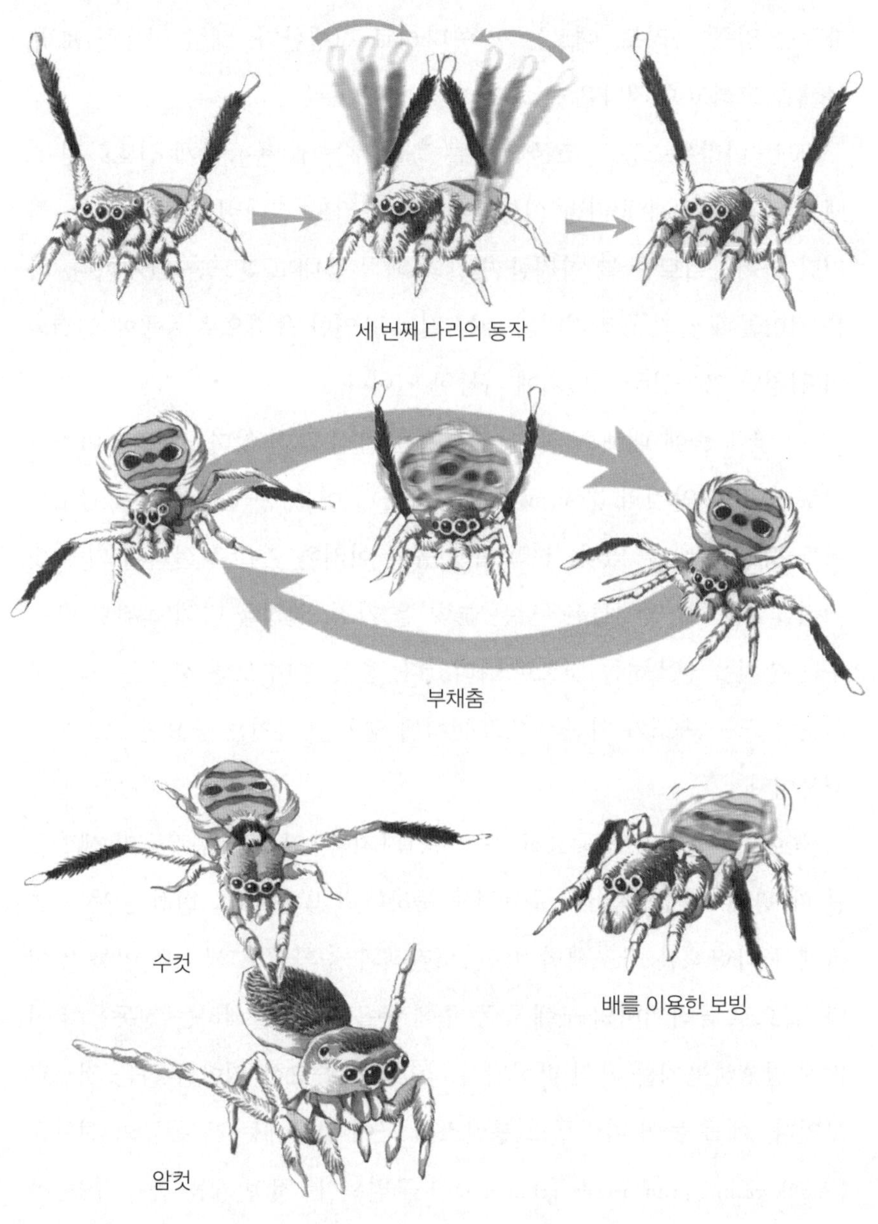

공작거미 수컷 마라투스 스페치오수스의 구애 춤

때로는 양쪽 다리로, 때로는 한쪽 다리로 진행한다. 배를 이용한 보빙, 부채춤 그리고 마지막은 늘 교미 전 과시이다.

모든 마라투스종은 조금씩 다른 춤을 추는데, 촘촘하게 신호화된 스텝은 엄격한 순서에 따라 이행되기에 하나라도 건너뛰면 큰일 난다. 하지만 하이라이트는 늘 화려한 빛깔의 배를 뽐내고 흔드는 단계이다. 다른 거미들과 달리 공작거미의 배는 길고 유연한 육경으로 몸통에 연결되어 엄청난 가동성을 지녔기에 가능한 일이다.

이 구애 춤에 대해 우리가 아는 것은 아직 많지 않다. 탱고와 마찬가지로 수컷과 암컷의 눈빛 교환이 중요하며 이를 통해 암컷의 호감도를 어느 정도 엿볼 수 있다. 진화 과정 동안 이러한 춤은 성선택에 의해 빚어졌을 것이다. 암컷들은 '깊은 눈빛'을 가진, 열정을 다해 복잡한 춤을 추는 수컷을 선호하는 것으로 나타났다. 춤을 추며 보낸 시간은 배와 다리를 흔드는 속도와 마찬가지로 선택에 영향을 미치는 중요한 요소이기 때문이다.

눈에 보이는 것도 중요하기는 마찬가지다. 암컷은 수컷들의 색깔을 볼 때 광채보다는 대비에 주목하는 듯하다.[16] 빛에 따라 변하는 듯한 초록색과 파란색은 구조색인 반면, 노란색과 주황색은 색소로 인한 것이다. 끝으로 공작거미의 구애 활동 중에 춤을 출 때 발생하는 진동음이 어떻게 발생하는지는 아직 밝혀지지 않았지만 중요한 역할을 하는 것으로 보인다. 예를 들어 마라투스 볼란스의 구애 활동에는 세 종류의 진동음 (rumble-rumps, crunch-rolls, grind-revs)이 구별된다. 첫 번째는 춤을 추는 동안 지속적으로 내는 소리인 반면, 나머지 2개는 교미 전 과시 직전에만 내는 소리이다. 만약 암컷이 관심이 없다면 '아니오.'라고 말하는 것처

럼 배를 흔들며 명확한 신호로 답한다.[17]

덥고 습한 여름밤, 공중에서 펼쳐지는 잊을 수 없는 광경이 있다. 춤추는 빛과 깜박이는 플래시가 숲과 들판의 경계를 배회하는 모습. 바로 반딧불이 군집이다. 다시 곤충으로 돌아가 특별히 반딧불이과를 살펴보도록 하자. 이들은 전 세계에 분포하고 있는 딱정벌레로 2,000종이 넘고 생물 발광, 즉 화학 반응으로 스스로 빛을 낼 수 있는 공통된 특징을 갖고 있다. 반딧불이는 돌 아래나 습한 곳에 놓인 작은 알일 때나 짙은 색의 유충 시기에도 늘 생물 발광을 하는데, 이는 경계색 신호로써 포식자루부터 잡아먹히는 일을 막아주기 때문이다.

하지만 반딧불이는 성충이 되어서야 밤에 춤을 추며 마법 같은 광경을 선사한다. 일부 종—이탈리아 반딧불이*Luciola italica* 및 다른 애반딧불이속 *Luciola*—들은 수컷과 암컷이 모두 날개를 갖고 있어서 날 수 있고 빛을 깜박거린다. 반면 암컷은 날개가 없어 아직 유충의 모습을 띠고, 수컷만 날아다니는 종—이탈리아, 유럽, 아프리카 그리고 아시아에 분포하고 있는 북방반딧불이*Lampyris noctiluca*—이 있는데, 빛은 암수 모두 깜박거린다. 육식종과 초식종이 있고, 어떤 종은 성충이 유충 단계에서 축적했던 먹이로 고작 며칠밖에 살지 못하는 반면, 성충이 지속적으로 먹이를 구하는 종도 있다. 하지만 우리는 무엇보다도 반딧불이가 어떻게 발광하는지 그리고 특히 왜 발광하는지가 가장 궁금할 것이다.

반딧불이의 생물 발광은 루시페린을 중심으로 한 화학 반응으로 인해 나타나는 현상이다. 이 물질은 반딧불이에게 불쾌한 맛을 주며, 유충 시기에도 포식자로부터 보호해 주고, 산소와 루시페라아제 효소가 같이 있을 때 산화되어 빛의 형태로 에너지를 방출한다.[18] 빛을 만들어 내는 이 화학 반응은 일반적으로 등대처럼 작동하는 반딧불이의 배마디 끝에서 일어난다. 복부 면은 투명하고 심지어 그 속에는 빛을 증폭시키는 반사경까지 갖고 있다. 게다가 루시페린의 산화 반응은 매우 효율적이어서 방출되는 에너지의 약 98%가 빛이다. 우리가 사용하는 전구나 인간이 늘 어두운 밤을 밝혀 왔던 불과는 아무런 관련이 없다. 실제로 우리가 사용하는 전구를 만져 보면 매우 뜨거운데, 그 이유는 방출되는 에너지의 단 10%만이 빛으로 전환되고, 90%는 열의 형태로 방출되기 때문이다.

그러므로 반딧불이가 발광하기 위해서는 루시페린, 루시페라아제, 그리고 산소 세 가지만 있으면 된다. 이 곤충들이 루시페린을 생성하는지 여부와 어떻게 생성하는지에 대해서는 아직 명확하게 밝혀지지 않았다. 어떤 경우에는 먹이를 통해 흡수하는 것 같아 보이고, 어떤 경우에는 다양한 화합물로부터 합성하는 것 같아 보인다.[19] 반면 루시페라아제 효소는 발광 세포라 불리는 특수 세포에 의해 생성되며 삼투작용이나 신경자극을 통해 일시적으로 또는 지속적으로 활성화된다. 또한 루시페린과 루시페라아제는 화학 반응이 일어나는 장소로 넘겨지는데 이곳에서 산소와 만나 마침내 불이 '켜진다'. 반딧불이의 배마디 끝 쪽에는 숨관과 수많은 미세호흡기관이 있는데, 이는 공기, 즉 산소가 들어와서 불이 켜지도록 하는 데 필요한 통풍 구멍과 관이다. 공기의 흐름과 루시페라아제의 생성을 조절하면서 반딧불이는 발광 빈도를 통제한다. 빛의 리듬과 색깔은 종마다 다르고 종 특이성 신호 시스템을 구축하고 있다.

미국 그레이트스모키 산맥에서 주로 만나볼 수 있는 수컷 파우시스 레티쿨라타*Phausis reticulata*는 날개 없는 암컷을 찾아다니는 동안 독특한 파란색의 일정한 빛을 발산하여 '푸른 유령'이라는 별명으로 더 잘 알려져 있다. 사실 이들은 파장이 490나노미터 이하인 초록색 빛을 발산하는데, 푸르키네 현상 때문에 우리 눈에는 파란색으로 인식되는 것이다.[20] 반면 포티누스 브림레이*P. brimleyi*, 포티누스 막데르모티*P. macdermotti*, 포티누스 카롤리누스*P. carolinus* 및 포티누스 피랄리스*P. pyralis*와 같은 포티누스속*Photinus* 반딧불이는 노란색 빛을 발산한다. 순서대로 첫 번째는 10초마다 발광한다. 두 번째는 1~2초간 지속되는 빛을 연속으로 두 번 발광한 후 4~5초 동안 '꺼져' 있다. 세 번째는 연속으로 8번 발광하며 8~10초간 멈춘다. 여기서 놀라운 점은 마치 빛 공연을 펼치듯 모든 개체가 동시에 발광한다는 것이다. 반면 포티누스 피랄리스는 공중을 날면서 J를 그린다. 3초마다 발광하는 종(*P. marginellus*)이 있는가 하면 5초마다 발광하는 종(*P. ignitus*)도 있고 암컷들은 보통 바로 한 번의 발광으로 대답한다. 이때 암컷의 발광은 1초 또는 1초 미만 정도 지속되지만, 암컷 포티누스 카롤리누스는 예외적으로 두 번 연속 짧은 발광을 한다.[21]

이탈리아 반도에 주로 서식하는 루치올라 이탈리카*Luciola italica*와 루치올라 루시타니카*Luciola lusitanica*는 황색의 빛을 내지만, '복합 시스템'이라 불리는 점등 시스템으로 세계 1위를 차지한 주인공은 바로 그들의 일본 친척인 겐지 반딧불이*Luciola cruciata*이다. 솔레반테 전역에 분포하고 있는 이 종의 수컷은 날개가 있고, 모두 동시에 날며 발광한다. 반면에 날개가 없는 암컷들은 동시에 빛을 발하지 않고 암컷끼리 혹은 수컷에 맞춰 발광하지도 않는다. 그뿐만이 아니다. 이 반딧불이 종의 수컷은 일본 서부에서는 2초마다 빛을 발광하는 반면, 북부에서는 4초마다 발광하고, 그 사이에 있는 지역에서는 3초마다 발광하는 개체도 있어서 마치 각 반딧불이가 자신의 '불빛 사투리'를 구사하는 것만 같다.[22]

유럽과 이탈리아에도 서식하고 있는 북방반딧불이 *Lampyris noctiluca*는 초록빛(546~570나노미터)을 지속적으로 발산하기 때문에 쉽게 알아볼 수 있으며, 50미터 거리에서도 볼 수 있다. 밤이 되면 암컷들은 자신의 은신처에서 나와 약 2시간 동안 불을 밝히는데, 이는 10일 연속 매일 밤마다 계속된다. 그 전에 수컷 반딧불이를 만나지 않는 한 말이다. 수컷들은 여기 저기 날아다니며 짧은 불빛만을 발한다.

성충에게는 캄캄한 어둠 속에서 서로를 찾아내기 위해 이 번거롭고 복잡한 점등 시스템이 필요하다. 이 시스템은 위치를 알려줄 뿐만 아니라 색깔과 점등하는 리듬에 따라 종을 식별할 수 있어서 여름밤 동안 헷갈리지 않고 적합한 파트너와 짝짓기를 할 수 있도록 도와주기 때문이다. 심지어 성별까지 식별 가능하다. 때로는 점등 리듬으로, 때로는 단순히 위치만으로도 알 수 있다. 그리고 이 낭만적인 불빛 또한 발신자의 건강 상태에 대한 소중한 정보를 제공하는 정직한 신호이다. 예를 들어, 날개가 없는 암컷 북방반딧불이는 발광하면서 수컷들에게 자신의 위치를 알린다. 그러면 수컷들은 암컷이 발산하는 빛의 눈부심 정도를 통하여 그들이 얼마나 생식력이 있는지를 파악한다. 일반적으로 밝은 빛을 내는 암컷들을 선호하는데, 이러한 개체는 몸집이 크고 알도 더 많이 낳기 때문에 이런 방식으로 그들의 번식 성공률을 높이는 것이다.[23] 여름밤에 이 매혹적이고 낭만적인 광경을 보게 된다면, 사랑의 대화를 엿듣고 있음을 기억하도록 하자.

그런데 핑크빛 사랑에 있어서도 반짝인다고 다 금은 아니다. 수풀 사이에는 자신의 목표를 위해 반딧불이를 무자비하게 속이는 연쇄살인범이 숨어 있다. 바로 포투리스속 암컷으로, 잔인한 습성 때문에 팜 파탈

반딧불이라고 불린다.

포투리스속에는 북미에 살고 있는 64종이 속해 있는데, 다른 모든 반딧불이처럼 봄에서 여름밤 사이 점등 시스템을 통하여 짝짓기를 한다. 암컷은 보통 몸집이 더 크고 날개가 없으며, 수컷들이 날아다니며 보내는 신호에 응답한다. 포투리스 프론탈리스*Photuris frontalis*라는 종은 1초에 1번 발광하며, 포투리스 베르시콜로르*Photuris versicolor*는 1초에 5번 밝기가 줄어드는 형식으로 발광한다. 가장 아름답고 복잡한 불빛 신호는 아마 포투리스 루치크레센스*Photuris lucicrescens*와 포투리스 펜실바니카*Photuris pennsylvanica*가 보내는 빛일 것이다. 전자는 이름에서 알 수 있듯이 2초간 지속되는 점점 밝아지는 빛을 발한 후 4초 동안 휴식한다. 반면 후자는 0.5초간 지속되는 불빛을 밝히고 꺼졌다가 금세 다시 켜져서 이번에는 3초간 불을 켰다가 점점 희미하게 만든 뒤 약 3초간 휴식한다. 포투리스속 반딧불이가 구애하고 어둠 속에서 서로를 찾아내기 위해 사용하는 신호들 또한 놀라울 정도로 복잡하다. 그런데 짝짓기가 끝난 포투리스속 암컷은 '허기가 져서' 수컷들에게 응답하기를 중단하고 다른 반딧불이들의 점등 신호를 흉내 내기 시작한다. 다른 종 수컷들을 유인하여 잡아먹기 위해 다른 종의 암컷인 척하는 것이다. 이는 굉장히 공격적인 위장으로, 다른 종 수컷의 구애 신호에 적당한 길이의 불빛으로 응답하고 해당 종 암컷 특유의 지연 시간까지 따라함으로써 그들을 속이는 것이다. 바로 이 특별한 식단으로 포투리스는 루시페린을 흡수하여 발광하는 데 활용하며, 알에도 전달하여 방어할 수 있도록 한다. 가령 암컷 포투리스 베르시콜로르는 쉽게 이기는 편을 좋아해서 북미에 가장 많이 분포하고 있는 반딧불이 종인 포티누스 피랄리스 암컷을 비롯해 무려 다른 10종을 더 흉내 낼 수 있다. 그야말로 유혹과 속임수의 대가라 할 수 있다. 게다가 포투리스속 반딧불이는 앞서 말했듯이 팜 파탈인데, 그들의 품에 안기는 수컷들은 죽음을 맛보게 될 것이기 때문이다.

하지만 이런 불빛 신호들이 시골에서 점점 뜸해지고 있다. 빛 공해는 반딧불이들의 불빛 의사소통을 방해하고 왓츠앱이나 인스타그램 다이렉트 버그처럼 그들의 불빛을 희미하게 만들거나 지워 버려서, 파트너 간 대화를 70%나 줄어들게 만들 수 있다. 이는 결국 악순환이다. 수컷들의 발광이 줄어들면 암컷 또한 발광이 줄어들고, 이에 수컷이 덜 매료되면 번식 감소로 이어지기 때문이다.

문제는 여기서 끝이 아니다. 반딧불이는 서식지를 잃어 가고 있으며, 특히 유충 시기에는 살충제와 농약 사용으로 인한 위협마저 느끼고 있다. 텃밭과 경작지에서 달팽이와 민달팽이를 퇴치하기 위해 사용하는 농약은 반딧불이 유충의 주식을 없애 버린다. 여기에 기후 변화로 인해 기온이 상승하고 가뭄이 갈수록 심화되는데, 반딧불이는 너무 덥지 않은 기온과 어느 정도 습한 환경을 선호한다. 끝으로 반딧불이 관광 또한 이들에게는 치명적일 수 있다. 일본, 말레이시아, 대만, 태국, 멕시코 그리고 미국 같은 나라에서는 반딧불이들이 여름밤에 펼치는 아름다운 광경을 보기 위해 모인 단체 관광객이 손전등, 카메라 플래시부터 어둠 속에서 실수로 반딧불이를 밟는 행동까지 적지 않은 문제를 일으키기 때문이다. 그것도 모자라 중국 같은 나라에서는 지난 10년간 수백만 마리가 '낭만적인 선물'이란 명분으로 병에 가득 채워져 테마 전시회에 사용되기도 했다.[24]

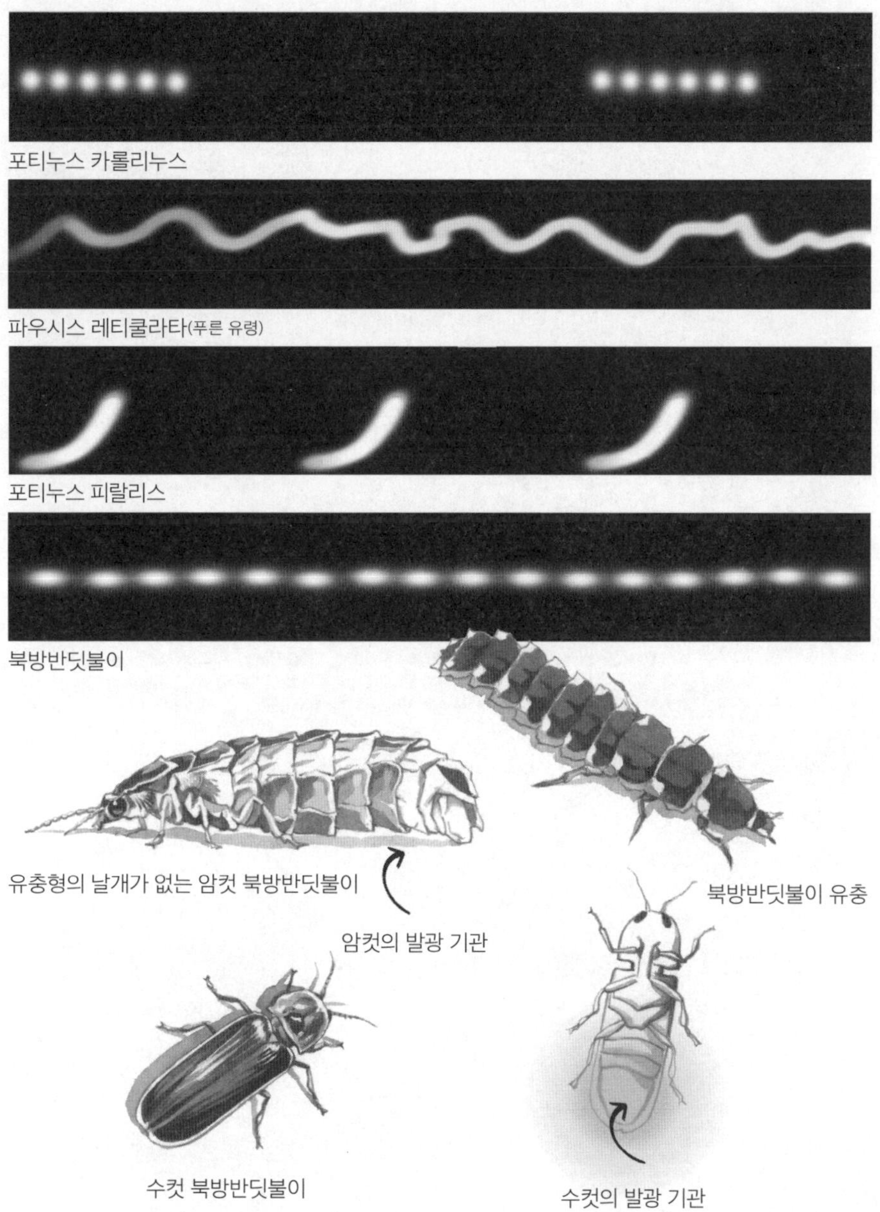

* 위: 다양한 반딧불이 종의 특징적인 발광 형태
* 아래: 북방반딧불이의 유충과 암컷 그리고 수컷

PART 2

황금목젖, 물고기 귀, 바이올린 소리

곤봉날개마나킨의 구애 연주

우리가 흔히 상상하는 봄은 꽃향기와 새들의 노랫소리로 가득하다. 제비들이 지저귀는 소리, 기와지붕 사이로 분주한 참새들의 '짹짹' 소리, 독보적인 실루엣으로 하늘을 높이 가로지르며 종탑을 스치듯 선회하는 칼새들의 예리한 휘파람 소리, 밤에도 지칠 줄 모르고 노래하는 꾀꼬리 소리. 이것이 바로 소생의 계절을 알리는 배경 음악이다. 봄의 소리는 만물이 생동하는 선율이다. 그런데 새들은 과연 노래하기 위해서만 입을 여는 걸까?

새들의 언어는 그보다 훨씬 정연하고 복잡하다. 종마다 다른 종류의 소리를 만들어 내며, 각각의 소리는 명확한 의도와 메시지를 갖고 있다. 우리가 항상 막연하게 '울음소리'라고 말하는 소리들이지만, 조류학자나 조류관찰자들의 전문적인 귀에는 연구하는 지역에 어떤 종이 얼마나 살고 있는지, 특히 새들이 어떤 활동을 하고 있는지, 서로 무슨 이야기를 주고받는지를 파악하는 데 매우 유용한 정보이다. 지저귀는 소리, 윙윙

거리는 소리, 휘파람 소리, 두드리는 소리 혹은 혀를 끌끌 차면서 부리를 치거나 심지어 특정 깃털을 교차시키는 등 다른 방식으로 만들어 낸 소리일 수도 있다. 그리고 모든 소리는 정확한 뜻과 목적이 있다. 하지만 먼저 말해둘 것은 대부분의 상황에서는 노랫소리가 아닌 울음이나 부르는 소리라는 점이다. 이것들 또한 신호이며 정확한 기능을 갖고 있다.

동물들의 울음소리 중에는 우리가 자주 듣는 경고신호도 포함되며, 자신이 위협을 느낄 때마다 위험이 다가오고 있음을 동종(다른 종에게도)에게 알리는 데 사용된다. 이는 같은 환경에서 살고 있는 모든 종들이 알아듣는 발성으로, 국제적으로 알려진 인간의 SOS 신호와 비슷하다고 보면 된다. 그중 하나가 연속으로 탁탁거리는 지빠귀새의 지저귀는 소리이다. 숲속을 거닌 적이 있다면 분명히 숲의 정령이 주변의 모든 생명체에게 당신의 등장을 알리는 소리를 들었을 것이다. 어치*Garrulus glandarius*는 전형적인 오리 울음소리와 매우 비슷하나 비음이 덜 섞인 울부짖는 소리로 모두를 긴장 상태로 만든다. 어쩌면 어치를 직접 볼 기회가 있었을지도 모른다. 어치는 분홍빛이 도는 갈색 깃털에 등 끝부분은 흰색, 꼬리는 검은색이며 독보적인 하늘색 '어깨'를 갖고 있다. 이는 사실상 어치의 날개덮깃에 해당하는데 하늘색 바탕에 검은색의 가로띠와 가느다란 흰색 줄무늬가 있다. 무게는 150~200그램이며 날개를 펼쳤을 때의 길이는 약 55센티미터에 이르는, 규모가 큰 국립공원이나 이탈리아 숲에서 흔히 볼 수 있는 이 까마귓과의 새는 미워할 수 없는 사기꾼이기도 하다. 똑똑한 데다 엄청난 기억력을 자랑하는 어치는 훌륭한 성대모사 선수이며, 전혀 다른 상황에서 이러한 자신의 능력을 활용한다.

의사소통의 세계에서 이 새는 사기꾼 그룹에 속한다. 다른 많은 종의 새 울음소리를 흉내 내며, 심지어 사람 목소리나 고양이 같은 포식자들의 소리도 따라한다. 자신이 원한다면 야옹거리기도 하는 새다. 단순히 즐거움 때문에 그러는 것은 아니다. 그의 속이는 신호는 혼란을 초래하기 위해 일부러 만들어 내는 경우가 많다. 그렇다면 왜 그러는 걸까? 주로 식탐이나 필요에 의한 것이다. 다른 많은 새들처럼 두려움을 불러일으키기 위해 포식자의 울음소리를 흉내 낸다. 어린이가 사자놀이를 하거나 사나운 짐승을 흉내 내듯 말이다. 이러한 행동을 통해 동종이나 포식자가 둥지에 접근하는 것을 막을 수 있다. 다시 말해 일종의 보호 메커니즘이다. 혹은 어떤 먹잇감을 확보하기 위해 이 속임수를 활용하기도 한다. 목표물이 도토리든 비치넛이든 어치는 솔개인 척할 수 있고, 참매나 부엉이 혹은 다른 포식자의 울음소리도 낼 수 있다. 이런 식으로 다른 새들이 모두 대피하기 바쁠 때 어치는 마음껏 돌아다닐 수 있는 것이다. 이 새가 가장 좋아하는 먹이 중 하나는 다른 참새목의 알이다. 그리고 이를 먹기 위해 때로는 정말 음흉한 기술을 사용한다. 그 참새 종의 울음소리를 흉내 냄으로써 새끼들의 부모가 자신의 영역에 찾아온 불청객을 찾아 떠나도록 만들어 자기도 모르는 사이에 자리를 비우게 만드는 것이다.[1] 어치는 진정한 속임수의 거장이다. 게다가 그의 발성 능력은 오래전부터 이미 유명했다. 학명인 *Garrulus glandarius*는 라틴어로 '재잘거리는, 수다스러운' 그리고 '도토리를 좋아하는'이란 뜻이다. 영국의 시인 윌리엄 워즈워스(1770~1850)가 어치를 '사기꾼'이라 불렀던 것도 전혀 틀린 말은 아니다.

지구는 자신의 둥지를 지키기 위해 혹은 식량원을 독점하기 위해 다른 종의 울음소리를 따라하는 새들로 가득하다. 모방이란 것은 제대로 이루어지기만 하면 늘 먹히는 아주 효과적인 기술이다. 다른 종의 경고성 울음 신호를 무시하는 비용이 가짜 신호에 응답하는 데 드는 비용을 훨씬 능가하기 때문이다. 경고를 무시할지 혹은 반응할지 결정하는 일이 그에게는 포식자에 의해 죽느냐 혹은 한 끼만 굶느냐의 차이가 될 수 있다. 수신자들은 결코 경고 신호에 익숙해지지 않기에 항상 도망간다. 속이는 신호가 늘 먹히는 이유가 바로 여기에 있다. "늑대야, 늑대가 나타났다."의 법칙이 동물의 세계에서는 통하지 않는다. 늘 목숨을 부지하는 편이 낫다.

앞서 말했듯이 경고성 신호는 보편적이어서 같은 서식지에 사는, 즉 같은 공간과 포식자를 공유하는 동물들도 알아듣는다. 가령 청설모*Sciurus vulgaris*는 어치가 보내는 경고 신호를 들을 때 귀를 쫑긋 세우는 모습이 관찰되었다. 그리고 더 조심성 있게 행동하면서 도망쳤다. 청설모는 그 신호화된 메시지가 무엇을 의미하는지 완벽하게 이해하고 있고, 그만큼 강하지만 당도한 위험을 가리키지 않는 다른 소리들과 구별할 줄도 안다.[2]

모든 새들은 종마다 적어도 1개 이상의 경고성 울음소리를 갖고 있지만 그중에서도 박새는 이 분야의 거장이다. 다가오고 있는 포식자에 따라 다른 경고성 소리를 내는데, 워싱턴 대학의 크리스 템플턴Chris Templeton은 2005년에 최초로 검은머리박새*Poecile atricapillus*의 언어를 해독하는 데 성공했다. 공중에 있는 맹금류는 가볍고 높은 "시이트" 소리를 냈고, 멈춰 있거나 나뭇가지에 앉아 있는 포식자는 "치카디-디-디"로 나타냈다. 그리고 울음소리 끝에 반복되는 "디"의 횟수는 포식자의 크기와 위험 정도를 알리는 것으로, 포식자가 작을수록 "디"가 여러 번 반복된다. 북부피그미올빼미*Glaucidium californicum*는 마지막에 "디" 소리를 네 번 내는 반면, 아메리카수리부엉이*Bubo virginianus*는 두 번 내는 것으로 충분하다. 이것은 작고 민첩한 포식자들이 울창한 초목에서 더 잘 움직이고, 더 심각한 위협을 나타내기 때문이다.[3] 그뿐만이 아니다. "치카디"는 스펙트럼이 광범위한 울음소리로, 동종이 경계 태세를 갖추게 할 뿐 아니라, 집단으로 공격하기 위해 그들의 주의를 불러 모으는 신호이다. 떼로 습격하기(집단공격, mobbing)가 바로 그런 경우인데, 공격적이고 위협적인 행동으로 많은 동물들이 포식자나 그들의 지역을 침범하는 자에게 보이는 반응이다. 이 분야의 전문가는 갈매기와 까마귀다. 섬에서 갈매기 군집은 맹금류나 지나가는 철새인 왜가리를 공격하며, 어떤 포식자가 둥지에 접근하려 시도할 때도 마찬가지이다. 까마귀와 갈까마귀 또한 같은 행동을 한다. 이들도 집단의 힘을 이용하여 훨씬 큰 종, 심지어 검독수리까지 쫓아내고 성가시게 만든다.

그리고 '호출음'이라고 부르는 울음소리가 있다. 말하자면 "나는 여기 있어, 넌 별일 없지?"라는 뜻이다. 간결하고 빠른 낮은 소리로, 무리 생활을 하는 새들이나 가족 집단끼리 사용하는 신호이며 먹이를 찾을 때도 활용하는 신호이다. 또한 무리를 지어 날아다니거나 심지어 이주까지 하는 종은 비행 중 발성으로 유명하다. 그들은 서로를 놓치지 않고 꼭 붙어 있기 위해 이러한 소리를 사용한다. 그중 검은목두루미*Grus grus*는 봄이나 가을밤에 이탈리아 상공을 이동할 때 늘 소리를 낸다. 오목눈이 *Aegithalos caudatus*는 유명한 '말썽쟁이'다. 무게는 겨우 7그램에 불과한 이 작은 솜뭉치들은 작디작은 부리와 몸통보다 긴 꼬리를 갖고 있으며, 6~30마리로 이루어진 가족 집단을 형성하여 생활한다. 일반적으로 번

식하는 암수가 이전에 태어난 새끼들을 데리고 다니는 형태에, 종종 박
새류와 섞이기도 한다. 그리고 그들의 존재는 금방 알려진다. 이 집단은
계속해서 서로 날카로운 "스리히-스리히-스리히" 소리를 내며 먹이나
쉴 곳을 찾아 나무 사이를 날아다니고 안부를 주고받는다. 호출 울음소
리는 부모와 새끼에게 있어서도 중요하다. 특히 새끼들이 나는 법을 배
우고 둥지를 떠나 스스로의 힘으로 살아가야 하는 시기에는 더욱 그렇
다. 부모로서의 삶에서 매우 민감한 이 순간에 북부홍관조*Cardinalis
cardinalis*—비디오게임 앵그리버드의 영감이 된 붉은 북아메리카 참새목—의 성체
는 자신의 위치를 낮고 짧게 끊는 "칩" 소리로 알린다. 이런 식으로 초
목 사이에서 위치를 조율하며, 서로의 좌표를 주고받고 포식자에게 들키
는 일을 피한다. 마치 작은 목소리로 위치를 들키지 않기 위해 지시사항
을 서로 속삭이는 느낌이다.

그런데 사실 부모와 새끼들 간의 의사소통은 나는 법을 배우기 훨씬
전인 새끼들이 태어나기 전, 알이 아직 부화하기 전부터 시작된다. 그렇
다. 부화하기 전에 알이 삐악삐악 운다는 말이다. 이제 다 자라서 알을
깨고 나올 준비를 마친 새끼 새는 부모에게 자신이 곧 세상으로 나갈 것
이라고 알린다. 포유류로 치면 일종의 '엄마 보세요, 양수가 터졌어요.'
같은 메시지다. 알을 깨고 세상 밖으로 나오면 어린 새들은—모든 아기가
그러하듯—제법 소리를 지르며 운다. 부모를 부르는 목소리의 힘, 삐악거
리며 재촉하는 정도와 쫙 벌린 부리의 너비가 부모에게 얼마나 배가 고
픈지, 얼마나 많은 먹이가 필요한지, 그리고 건강 상태는 어떤지에 대한
귀중한 정보를 제공한다. 사실 건강 상태의 경우 부리 안쪽의 색깔도 많
은 영향을 미친다. 생기 넘치는 노란색 혹은 주황색일수록 아기 새가 건

강한 것이고, 창백하고 빛깔이 엷을수록 약하고 활력이 부족할 것이다. 구걸음begging calls이라고 하는 "엄마, 아빠, 배고파요."라고 부르는 소리 는 아기 새와 부모 새의 번식 성공에도 매우 중요한 요소이다. 또한 둥지 에서 나오도록 부드럽게 격려하는 소리가 있고, 먹이 요구는 어린 새들 이 스스로 필요한 것을 충족시킬 수 있을 때까지 둥지 밖에서도 계속될 것이다.

앞서 예고한 바와 같이 이 세계는 정직한 이들뿐 아니라 대단한 거짓 말쟁이와 허풍쟁이들로 이루어져 있다. 그리고 거짓말은 어릴 때부터 시 작된다. 특히 뻐꾸기Cuculus canorus 또는 탁란 기생을 하는 90여 종의 사기 꾼 집단에 속해 있다면 말이다. 여기에는 50여 종의 뻐꾸기, 사하라 이 남 아프리카의 천인조 20여 종, 꿀을 좋아하는 딱따구리로 주변에 야생 벌집이 있음을 알리는 벌꿀길잡이새 10여 종, 그리고 중남미의 커다란 참새목인 찌르레기 5종이 있다.

이들은 모두 탁란 기생 조류로, 자신의 둥지를 만들지 않고 다른 새의 둥지에 알을 낳는 새를 말한다. 녀석들은 속임수의 귀재로 숙주와 똑같 은 크기와 색깔의 알을 낳는다. 하지만 진짜 사기꾼들은 그 알에서 태어 날 새끼들이다. 그들 중 대다수가 배다른 형제를 다양한 방법으로 죽일 것이기 때문이다. 양부모가 자리를 비운 사이 알을 둥지 밑으로 밀어내 거나 부리로 쪼아서 말이다. 가장 큰 속임수는 그들의 '울음소리'에 있 다. 뻐꾸기 새끼 1마리는 필요한 먹이를 얻기 위해 기생하고 있는 둥지 전체의 울음소리를 따라할 수 있다. 이 소리는 양부모가 매우 열심히 응 답하는 특급 자극 신호이다.[4] 그러므로 구걸음은 탁란에서 태어난 아기 새가 건강하고 강하게 자라기 위해 필수적이다. 하지만 이들은 양부모의 언어를 어떻게 알 수 있었을까? 그리고 어떻게 그들과 같은 언어를 구사하고 받아들여지는 것일까?

오랫동안 적어도 일부 종에서는 이러한 말하기 레퍼토리가 유전적으로 프로그래밍되어 있을 것이라 추정되었는데, 전혀 근거 없는 가설은 아니었다. 실제로 뻐꾸기 같은 종은 숙주와 함께 오랜 경쟁에서 어찌나 진화하고 공진화했는지, 암컷들을 부족으로 나눌 수 있을 정도다. 각 부족마다 다른 종에 기생하는 일에 전문화되어 있어서 알의 모양과 색깔을 완벽하게 흉내 낸다. 그러므로 "엄마, 배고파요." 신호 또한 시간이 지남에 따라 선택된, 이미 유전된 특성이라고 가정하는 것도 터무니없는 주장은 아닐 것이다. 그러나 이와 관련된 연구들은 서로 매우 상충한다. 한 가설에 따르면 뻐꾸기는 자신의 새로운 양부모에게 가장 효과 좋은 구걸음이 무엇인지를 아주 빠르게 습득하는 우등생이다.[5] 또 다른 견해는 이러한 유사점이 없다고 본다. 뻐꾸기는 표준 울음소리를 갖고 있는데, 이것이 일종의 만능 열쇠처럼 작동하면서 기생하는 새의 종과 몇 가지 공통점이 있지만, 성장기 동안 많이 바뀌기도 한다. 그렇기 때문에 형제들을 죽이는 뻐꾸기의 구걸음과 진짜 새끼들의 울음 사이에 성장 단계마다 다른 공통점을 찾을 수 있다. 때로는 소리의 주파수 범위, 어느 때에는 음절의 길이 혹은 울음소리 사이의 간격처럼 말이다. 바로 이런 유연성이 쉽게 닮은꼴을 유발할 수 있다.[6]

한편 유럽에서 제법 떨어진 지구 반대편, 오스트레일리아에는 탁란하는 침입자들을 방어하기 위해 일종의 '치환 암호'를 만든 동물이 있다. 외워서 배우는 '패스워드'가 있는, 부모-자식 간의 언어다. 이 독창적인 기술을 실행에 옮기는 녀석들은 바로 사회적으로는 일부일처주의지만 성적으로는 난혼인 푸른요정굴뚝새*Malurus cyaneus* 암컷이다. 수컷과 암컷 두 파트너는 모두 동종 새들과 로맨틱한 만남을 갖지만, 함께 낳은 자식은 같이 책임지고 키운다. 암컷의 경우 자식이 모두 같은 둥지에 있기에 좀 더 수월하다. 한편 새끼들은 생물학적인 아버지가 다를지라도 사회적인 일부일처주의에 따라 정한 1마리만 아버지로 알고 지낸다. 이미 충분히 정신없는 이 '요정'(이들의 영어 이름은 fairywren이다) 굴뚝새들의 삶은 갈색 눈과 밤색 빗금무늬가 있는 흰 배, 그리고 초록색 등을 지닌 탁란 기생을 업으로 하는 호스필드청동뻐꾸기*Chrysococcyx basalis* 때문에 다시 한번 혼란을 겪는다.

숙주와 기생자의 관계는 매우 복잡하다. 기생할 방법을 찾는 이와 자기 주변으로부터 기생자를 쫓아내려는 자 사이에서는 끝없는 싸움이 계속된다. 암컷 푸른요정굴뚝새(이름과는 달리 연한 갈색빛의 보호색을 띠며, 수컷은 이마와 목덜미, 볼이 밝은 푸른색이다)는 호스필드청동뻐꾸기를 체크메이트 시킬 방법을 찾았다. 마지막 알을 낳은 날로부터 10일이 지난 뒤, 알을 품으며 둥지에 앉아 있는 동안 흥얼거리기 시작하는 것이다. 20가지 요소로 구성된 5,700~11,000헤르츠 사이를 오가는 주파수로 지저귀는 소리를 약 2초 동안 지속해서 낸다. 그리고 이것을 첫 번째 알이 부화할 때까지, 1시간 동안 16번 반복한다. 양 부모와 그들의 진짜 새끼들만 알고 있는 일종의 암호를 지저귀는 것이다. 푸른요정굴뚝새의 알이 15일 만에 부화하니 탁란 기생이 없는 둥지에서는 알을 낳은 날로부터 10일이 지난 후부터 부화할 때까지, 암컷이 이 패스워드를 5일 연속으로 부를 것이다. 부화하기 전 새끼들이 부르는 울음소리를 외우기에는 충분한 시간이다. 때문에 새끼들은 부화한 지 3일 째, 처음 소리를 내기 시작하는 때부터 그 부르는 소리를 흉내 낼 수 있다. 반면 탁란 기생 둥지에서는 뻐꾸기의 알이 다른 알들보다 먼저, 12일째 되는 날 전후로 부화한다. 그렇기 때문에 암컷은 겨우 이틀 정도만 지저귀다 그칠 것이고 친자나 뻐꾸기 새끼 중 어느 누구도 패스워드를 제대로 배우지 못할 것이다. 그렇게 굴뚝새 부부는 사기를 당한 사실을 깨닫고 둥지를 떠날 것이다.[7] 물론 마음 아픈 선택이지만 뻐꾸기 새끼가 어차피 모든 친자식을 죽일 테니 부모는 사기꾼을 길러야 하는 처지에 놓이고 말 것이다. 그러니 모두를 버리고 처음부터 다시 시작하는 편이 낫다.

물론 음성 메시지가 새들이 의사소통하는 데 사용하는 유일한 소리인 것은 아니다. 다른 신체 부위에서 만들어 내는 신호도 굉장히 많이 있다. 부리부터 시작해 보도록 하자. 운이 따라야 들을 수 있는 가장 낭만적인 소리 중 하나는 바로 홍부리황새 *Ciconia ciconia* 들이 둥지에서 만날 때 부리를 부딪히며 내는 빌 클래터링bill clattering이다. 홍부리황새는 아프리카에서 겨울을 보낸 뒤 유럽으로 돌아가 집을 짓는다. 일부일처주의인 이들은 수년 동안 한 파트너와 관계를 유지한다. 평생은 아니지만 몇 해 동안은 관계에 충실하며 특정 자세와 인사로 이루어진, 서로를 알아보는 정확한 의식을 수행한다. 사냥하느라 긴 하루를 보낸 후 부부가 다시 만났을 때, 알을 품는 일을 교대하거나 때로는 짝짓기 후에 하는 애정표현처럼, 특정한 인사 의식을 선보인다. 서로 마주본 상태로 부리를 맞대고 완벽하게 동시에 목을 움직여 깊이 끄덕이듯이(목과 부리가 긴 그들에겐 더 쉽다) 머리를 흔들기 시작한다. 그리고 그때부터 빌 클래터링을 시작한다. 부리를 매우 빠르게 벌렸다 닫았다를 반복하며 부딪히고, 울림통 역할을 하는 목주머니에서 소리가 울려 퍼지게 만든다. 그리고 결정적인 순간에 두 파트너는 모두 목을 뒤로 젖혀서 머리를 등에 기대고 부리 부딪히기를 계속한다. 스페인의 카세레스 같은 도시 굴뚝에서 일몰을 배경으로 한 그들의 인사 의식은 절대 잊을 수 없는 광경이다.

이 의식은 알이 부화하고 새끼들이 나는 법을 배운 뒤로는 점점 줄어든다. 한편 빌 클래터링은 다른 상황에서도 활용된다. 예를 들어 파트너가 둥지에 혼자 있을 때 경고음으로, 또는 공중이나 인근에 있는 동물들을 위협할 때 사용할 수 있다. 동물들의 의사소통은 경제적인 것이 최우선이므로 하나의 신호가 상황에 따라 다른 의미를 가진다. 하나의 신호를 배워서 자주 사용하는 편이 더 유리하기 때문이다.

부리를 사용하여 내는 소리로 가장 유명한 녀석은 바로 딱따구리이다. 그들의 이름부터가 나무줄기에 부리를 쪼는 습성에서 비롯되었는데, 나무껍질을 쪼는 이유는 다양할 수 있으며, 늘 소통하기 위한 것만은 아니다. 일반적으로 딱따구리는 가시가 달린 끈끈하고 긴 혀를 사용하여 유충, 개미, 거미, 나무에 구멍을 뚫어 먹는 목식성 곤충, 지렁이를 잡아 먹고 산다. 딱따구리의 혀는 콧구멍 아래쪽에 고정되어 있는데, 이마를 거쳐 목덜미를 지나 목구멍의 첫째 구간까지 내려와서 마침내 부리에 도달한다. 나무를 뚫는 유충들을 사냥할 때는 기둥을 무작위로 쪼아서 되돌아오는 소리에 귀를 기울인다. 만약 비어 있는 소리가 나면 터널이 있다는 뜻이고 그 끝에는 나무를 뚫는 곤충이 있을 것이다. 하지만 딱따구리가 둥지를 파기 위해 혹은 곤충을 잡기 위해 나무기둥을 쪼아댈 때의 리듬은 불규칙적이다. 그러므로 신호라고 할 수 없다.

반면 드러밍drumming이라 하는 진짜 두드리는 소리는 특정 상황에서 소통하는 데 사용되는 모스부호와 같다. 절대 아무렇게나 함부로 사용하지 않는다. 게다가 종별로 특화되어 있어서 종마다 억양과 빈도로 구별되는 전형적인 드러밍 소리를 갖고 있다. 훈련된 조류학자나 능숙한 탐조가의 귀는 서로 다른 소리를 완벽히 구별할 수 있으며, 그 종을 추정할 수 있다. 10여 종에 이르는 유럽 딱따구리과를 예로 들어 보자. 펼친 날개 너비가 70센티미터에 이르는 가장 큰 까막딱따구리*Dryocopus martius*를 비롯하여 가장 작은 쇠오색딱따구리*Dendrocopos minor*까지 말이다. 종마다 고유의 노랫소리, 경계음, 호출음 그리고 드러밍 소리를 갖고 있다. 이를 테면 까막딱따구리의 노랫소리는 매우 날카로운 연속적인 휘파람 소리로 구성되어 있는데, 그 울림이 금속 소리에 가깝고 약 5초 간격으로 반복된다. 반면에 그의 드러밍은 2~3초간 지속되는 기관총 소리 같고 2~4킬로미터 근방에서도 들을 수 있다. 청딱따구리*Picus canus*의 경우 약 1.5초 길이의 강하고 빠르게 둥둥거리는 소리를 내고, 오색딱따구리*Dendrocopos major*는 1초 미만의 간결하고 둔한 둥둥 소리로 두들긴다. 또한 큰오색딱따구리*Dendrocopos leucotos*는 2초간 지속되는 드러밍 소리로 쉽게 구별할 수 있는데, 탁구공이 마지막에 빠르게 튀어 오를 때의 진동음을 듣는 것 같다. 이러한 모스부호를 보내려면 많은 연습이 필요하다. 그래서 숲에는 종종 연습장으로 사용된 나무들을 찾아볼 수 있는데, 여기서 젊은 개체들은 둥지를 만드는 법을 배우고 자기 종 고유의 두드리기 연습을 한다.

딱따구리들의 이런 고유한 메시지는 다양한 목적을 갖고 있다. 그중에서도 특히 수컷들에게 주된 목적은 자신의 존재를 동종에게 알리고 자기 영토의 경계를 지키는 것이다. 예를 들면, 오색딱따구리 수컷과 암컷의 첫 연락은 겨울에 이미 이루어지는데 바로 이런 두드리는 소리와 조용한 노랫소리를 통해서이다. 마치 아직 한 번도 얼굴을 보지 않은 상태로 연애편지를 주고받는 것과 같다. 딱따구리의 구애 활동은 기술적인 면은 떨어지지만 효과적이다. 암컷이 수컷의 드러밍 소리에 응답하면, 첫 대면이 이루어질 것이고 사랑에 빠진 새들은 숲의 나뭇가지 사이로 서로를 뒤쫓으며, 나무줄기를 나선형으로 날아오를 것이다. 마침내 암컷의 마음을 사로잡는 데 성공하면 그녀는 간결한 두드림으로 긍정의 뜻을 표할 것이다. 까막딱따구리는 특별한 신호로써 둥지 지킴이 교대를 한다. 알을 품고 있는 수컷은 둥지 안에서 두드리는 소리를 내고 암컷은 외침으로 응답하여 교대할 준비가 됐음을 알린다.

대서양 저편, 에콰도르의 안개 낀 안데스 산맥 숲속에는 동종의 암컷들을 유혹하기 위해 더 대단한 걸 발명해 낸 새가 있다. 아예 날개 깃털을 이용하여 연주를 하는 곤봉날개마나킨*Machaeropterus deliciosus* 수컷이다. 특히 이 목적에 맞춰서 변형된 둘째날개깃—즉, 날개의 중앙 부분을 이루는 깃털—을 사용하여 말이다. 구애 의식을 할 때 곤봉날개마나킨은 날개를 뒤로 올려서 먼저 "틱… 틱" 소리를 내며 진동시킨다. 그리고서 바이올린 줄로 연주하는 듯한 "티우우우" 소리를 낸다. 대체 어떻게 하는 걸까?

찰스 다윈은 비글호를 타고 떠난 항해에서 이미 무희새과의 이 특별한 새들을 발견했다. 그리고 다채로운 남아메리카의 작은 새 40종을 수집하였는데, 그중 절반이 구애 기간 동안 신체의 다양한 부위로 소리를 만들어 내는 새들이었다. 다윈은 1871년에《인간의 유래와 성선택》에서 그들의 독특한 깃털 모양을 주목하고 깃털의 기능을 묘사했다.

"이 작은 새들은 특별한 소리를 만들어 낸다. 첫 번째 날카로운 음은 채찍의 찰싹거리는 소리와 크게 다르지 않다. 많은 수컷 종들이 번식기 간에 만들어 내는 다양한 소리는 발성에 의한 것이든, 도구를 사용한 것이든 매우 주목할 만한 가치가 있다. 번식을 위해 이 소리들이 얼마나 중요한지를 우리로 하여금 깨닫게 한다.[8]

곤봉날개마나킨이 어떻게 날개로 연주를 하는지 파악하는 데에는 100년이 넘는 시간이 걸렸다. 킴 보스트윅Kim Bostwick과 그의 코넬대학 조류학자 팀은 초고속 카메라로 무장한 채 그 비밀을 밝혀내기 위해 촬영물 프레임을 하나하나 상영하여 살펴보았다. 실제로 맨눈으로 봤을 때에는 날개 진동이 어찌나 빠른지 무슨 일이 일어나는지조차 알 수 없었고, 마나킨은—부리를 다물고 있으면—복화술을 하는 것처럼 보일 수도 있었다. 다행히 카메라 덕분에 그 비밀을 밝힐 수 있었다.

이 바이올린 연주를 하는 것은 바로 각 날개에 있는 변형된 3개의 깃털로, 둘째날개깃[9]의 5번과 6번 깃털, 그리고 둘째날개깃의 7번 깃털이다. 5번 둘째날개깃의 깃축rachis, 즉 깃촉calamus 다음에 이어지는 중심축은 부풀어 있는데 끝부분은 활처럼 45도 각도로 구부러져 있다. 반면 둘째날개깃의 6번 깃털과 둘째날개깃의 7번 깃털에서는 깃축이 팽창하여 끝이 90도 돌아가 있다. 이런 방식으로 깃털의 부드러운 부분, 즉 우면은 서로 더 잘 닿게 된다. 게다가 6번 날개깃은 7개의 결을 가진 도톨도톨한 면이 있다.

마나킨이 날개를 뒤로 들어 올려 서로 반복적으로 부딪히면서 초당 107번 진동시키면, 5번 둘째날개깃은—바이올린 활처럼—6번 둘째날개깃 위에 기대어 미끄러지면서 마찰음을 낸다. 다시 말해 바이올린을 닮은 소리를 만들어 내는 것은 바로 5번 날개깃이 도톨도톨한 6번 날개깃과

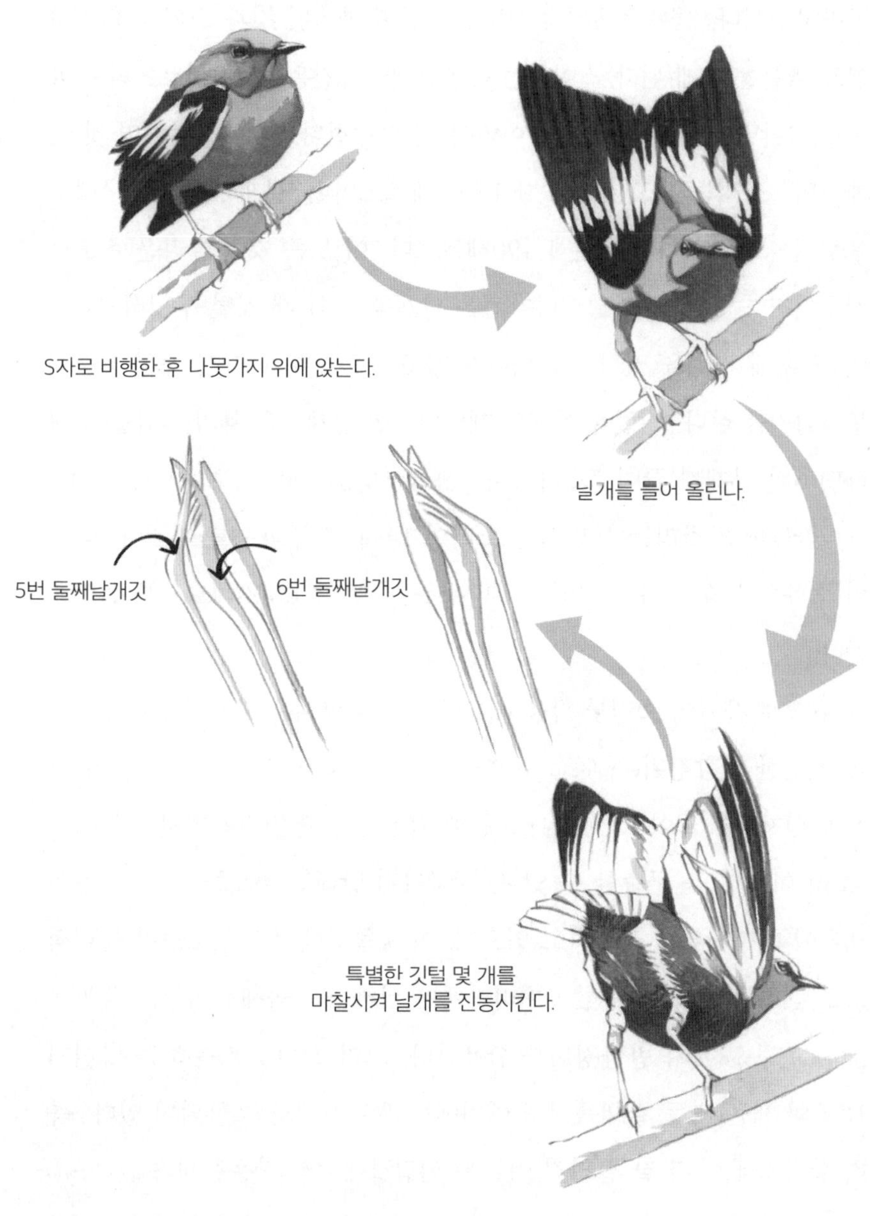

곤봉날개마나킨은 몇 개의 변형된 깃털 덕분에 날개로 연주할 수 있다.
둘째날개깃의 5번 깃털을 바이올린의 활처럼 6번 깃털 위에 문질러 마찰음을 낸다.

06 곤봉날개마나킨의 구애 연주

마찰하면서다. 둘째날개깃의 7번 날개깃 또한 6번 깃과 스치게 되면서 앰프 역할을 하게 된다.[10] 이처럼 곤봉날개마나킨은 1,500헤르츠의 주파수로 그야말로 '6번 날개깃의 아리아'를 연주한다. 정확히 말하면 첫 번째 "틱" 소리는 최고 주파수가 1,590헤르츠이며, 길게 지속되는 "티우우우"는 그보다 약간 낮은 1,490헤르츠다. 이 모든 것이 놀라운 속도로 이루어진다. 수컷 곤봉날개마나킨은 날개를 펼칠 때 깃털 부딪히기를 1번 한 후에 깃털을 멀어지게 했다가 약 0.009초 후에 다시 좁혀서 깃털 부딪히기를 한다. 깃털을 부딪힐 때마다 5번 날개깃은 활의 역할을 수행하며 6번 날개깃 골이 7개다보니—한번 부딪힐 때마다 왕복으로 2번 밀리기에—만들어진 소리는 부딪히는 소리의 14배 큰 주파수를 가진다. 바로 이 주파수 상승 효과가 "틱"과 "티우우우"의 약 1,500헤르츠를 설명해 준다.[11]

끝으로 새들이 소리를 활용하는 또 하나의 방식은 자기커뮤니케이션, 즉 진정한 반향정위echolocation이다. 발산된 소리는 장애물에 부딪혀 다시 발신자에게 돌아오는데, 이를 통해 발신자는 환경이나 먹잇감에 대한 '소리 이미지'를 구축할 수 있다. 지금까지 알려진 바로는 최소 17종의 새들이 반향정위를 사용하고 있으며, 이 동물강에서 적어도 3번 독립적으로 진화하였다. 특히 남아메리카에 서식하는 쏙독새목의 기름쏙독새 *Steatornis caripensis*가 반향정위를 활용한다. 그리고 이를 사용하는 나머지 16종의 새는 모두 칼새목이며 여기에는 유럽칼새도 포함되어 있다. 특히 살랑가네로 더 잘 알려진 이들은 흰집칼새족의 작은칼새속*Aerodramus*과 콜로칼리아속*Collocalia*의 다양한 종이 있다. 유럽칼새와 비슷하지만 더 작고 동남아시아에 주로 분포하고 있다.

이 새들이 반향정위를 어디에 활용하는지와 어떻게 실행하는지를 이해하기 위해서는 이들이 어떤 생명체이고 어떻게 사는지부터 살펴볼 필요가 있다.

그 첫 번째 주인공은 기름쏙독새이다. 코스타리카에서 볼리비아까지 분포하고 있으며, 적갈색 깃털에 하얀 반점들이 있어 보호색을 띤다. 커다란 눈과 갈고리 모양의 부리 양측에는 수염 같이 생긴 얇고 짧은 털이 있는데, 기름쏙독새는 이를 감각모처럼 사용한다. 무게는 350~475그램 사이로 작은 오리만큼 나가며, 길이는 약 50센티미터다. 이 새의 학명 *Steatornis caripensis*는 '카리페이 통통한 새'를 가리키는데, 그리스어로 '통통한'을 뜻하는 stéar과 '새'를 뜻하는 órnis에서 유래한 것이다. 한편 caripensis는 기름쏙독새가 처음으로 발견된 남아메리카 지역으로 베네수엘라 과차로 국립공원이 세워진 카리페 마을 인근 골짜기다. 바로 이곳에 세상에서 가장 큰 기름쏙독새 군락지 중 하나가 자리 잡고 있다.

이 기묘한 새들은 다양한 기록을 보유하고 있다. 야행성이면서 동시에 과일을 주식으로 하는 유일한 조류다. 낮에는 과차로 같은 동굴처럼 작은 개울이 흐르는 곳, 또는 강이나 수원 근처에서 휴식을 취한다. 그들은 이곳에서 진흙과 배설물 그리고 썩은 과일로 둥지를 만든다. 냄새는 좋지 않지만 기름쏙독새는 이대로가 좋다. 반면 밤에는 먹이를 찾아 나서는데, 월계수 숲에서 찾을 수 있는 식물과 기름야자 열매를 구하러 80킬로미터를 날아간다. 그런데 기름쏙독새는 또 다른 기록도 보유하고 있다. 반향정위를 할 수 있는 세계 유일의 야행성 조류라는 것이다. 이들은 6,000~10,000헤르츠(하지만 2,000헤르츠 범위의 클릭음도 기록된 바 있다)의 주파수로 근방 180미터까지 들리는 연발 클릭음을 낸다. 각 클릭음은

0.01초 미만으로 연발하여 지속되며 0.002초 간격으로 방출되는 2~6개의 탁탁거림으로 구성되어 있는데, 인간의 귀에는 단일 소리로 들려서 조류학자들은 이를 클릭 버스트click burst라고 부른다.

반면 스위프트렛Swiftlet이라는 이름으로도 알려진 콜로칼리아속의 칼새는 인도-태평양 지역의 26종의 칼새를 포함한다. 16종은 확실히 반향정위를 하고, 어떤 종은 아직 불분명하다. 작은 제비를 닮은 이끼둥지칼새는 무게가 10~15그램에 길이는 10센티미터다. 깃털색은 짙은 숯검정에 날개는 좁고 길다. 주로 낮에 활동하고 날면서 곤충을 사냥하는 유럽철새처럼 무자비한 사냥꾼이다. 그리고 기름쏙독새처럼 이들도 동굴에서 둥지를 만든다. 안타깝게도 이끼둥지칼새의 둥지는 동양요리에서 매우 유명하고 수요가 높다. 이 둥지는 5~10센티미터 크기의 잔 모양으로 공기 중에 굳어 버리는 끈적한 침으로 만들어졌고, 무게는 6~8그램에 이른다.[12] 이 둥지―원래 주인에게는 무려 30일간의 힘든 노동이 필요한―들은 대규모로 수집되어 그 유명한 제비집 요리를 만드는 데 사용되고 엄청난 가격에 판매되고 있는데, 중국 전통 의학에 따르면 다양한 효능이 있다고 한다. 인도네시아, 말레이시아 및 태국이 함께 연간 수출하는 규모는 3,000톤이 넘으며, 단 1킬로그램(최소 둥지 125개)이 10,000달러까지 이른다. 또한 고농축된 타이로신, 아질산염, 질산염 그리고 특히 3-나이트로티로신이라는 물질로 인해 붉은색 결이 보일수록 비싸다.[13]

칼새 둥지의 세계 시장 규모는 50억 달러를 웃돌지만, 이 끔찍한 관행과는 별개로 작은칼새속 및 콜로칼리아속 칼새들은 앞에서 말한 대로 반향정위 능력 때문에 유명하다. 단일 혹은 이중 클릭을 0.01~0.025초 간격으로 발산하며, 각각의 클릭은 0.008초까지 지속되고 주파수는

1,000~10,000헤르츠 사이다.[14]

　기름쏙독새와 칼새는 둥지를 트는 동굴 내부의 장애물을 살피고 군집의 다른 구성원들과 소통하기 위해 반향정위를 활용한다. 기름쏙독새는 장애물을 피하고 동굴의 출구나 입구를 찾기 위해 이를 사용한다. 다시 말해 자기커뮤니케이션을 위해 자신이 공간 어디에 위치해 있는지를 파악하는 용도로 활용한다. 이런 식으로 벽이나 종유석에 부딪히는 일을 피할 수 있다. 칼새도 마찬가지다. 그러므로 동굴 생활을 위한 적응이자 수렴 진화로, 동굴의 가장 유명한 주민인 박쥐들과 공유하는 특징이다.

　기름쏙독새는 놀라운 야간 시각 적응력을 갖고 있지만 낮에는 정말 잘 볼 수가 없다. 그들의 동공은 모든 새들 중 빛을 전달하는 능력이 가장 뛰어난 반면, 망막은 그 어떤 척추동물보다 간상세포의 밀도가 높다. 제곱밀리미터당 백만 개를 갖고 있으며,[15] 여러 층으로 구성되어 있다. 이러한 구조는 심해 물고기 중에는 더러 볼 수 있지만 새들 중에서는 유일하다. 기름쏙독새는 그들의 특별한 눈 덕분에 어두운 곳에서도 매우 잘 볼 수 있지만 낮에는 도움을 필요로 할지도 모른다.[16] 실제로 그들은 가까운 거리를 가늠할 때는 부리 양옆으로 난 털에 의지하고, 중간 거리나 동종들을 알아볼 때에는 반향정위에, 먹잇감을 추적하는 데에는 먼 거리까지 후각에 의지한다. 그러므로 기름쏙독새는 시각과 반향정위를 서로 보완적으로 사용하여 하늘이 맑은 밤과 보름달이 뜬 날에는 구름이 끼거나 초승달이 뜬 밤에 비해 에너지와 클릭 횟수를 모두 줄인다.[17]

　반대로 칼새는 주행성 새이기 때문에 낮에는 아주 잘 볼 수 있지만 밤에는 그 반대이다. 그리고 더 어두운 환경—동굴 안처럼—에서는 반향정위에 의지하고 그들의 클릭은 더욱 짧은 간격으로 뒤따라온다.

하지만 기름쏙독새와 칼새는 군집의 다른 구성원과 소통하는 데에도 반향정위를 사용한다. 예를 들어, 무리를 지어 비행할 때 기름쏙독새들은 클릭을 20번 연속으로 발산하여 '기차' 소리를 내는데, 마치 다른 사람들에게 충돌하기 싫으면 비키라고 경고하는 경적 소리와 같다. 이런 방식으로 그들은 사회적인 결속력을 유지하고 비행 중에도 서로 연락을 주고 받는다. 반면 칼새는 군집의 다른 동료들에게 동굴에 도착했음을 알린다. 둥지에 가까이 이르렀을 때 낮은 주파수의 클릭을 연속해서 발산하고 이어서 부르는 소리를 내는데, 이웃 둥지의 새들에게 경계 신호를 보내기 위한 것으로 추정된다.[18]

지금까지 살펴본 바와 같이 새들은 원하는 대로 소리를 가공하고 활용한다. 이들은 타악기 연주자이며 뛰어난 레이더 기사로, 이런 방식으로 포식자나 먹잇감의 등장을 서로 알리고 연락을 취하면서 집단의 다른 구성원이나 가족들과 관계를 유지한다. 그런데 이쯤 되면 한 가지는 분명해졌을 것이다. 새들의 노랫소리는 이와 전혀 다른 개념이라는 점 말이다.

07

새들의 노래 속에 숨겨진 비밀

새들의 노랫소리는 그들의 부르는 소리나 위험을 알리는 울음소리와 무척 다르다. 굉장히 견고한 구조와 음절, 정해진 순서와 목적에 따라 하나씩 반복되는 구절로 이루어진 하나의 멜로디다. 특히 번식기에 전형적으로 나타나는 매우 뚜렷한 발성법인데, 수컷들은 영역을 표시하기 위해서, 그리고 자신의 건강 상태를 알리고 암컷을 유혹하기 위해 노래한다. 어쨌든 외모로 승부를 볼 수 없다면 파트너를 사로잡을 만한 다른 매력을 뽐내야 하기 때문이다. 그리고 아름다운 목소리는 아주 강한 유혹 무기이며 특히 수컷의 건강 상태를 반영하고 있으면 더욱 힘을 발휘한다.

새들의 노랫소리는 동물의 세계에 존재하는 가장 정직한 신호 중 하나다. 수컷의 성량은 몸집, 폐를 확장시키는 가슴 근육의 힘, 건강 상태, 심지어 식사량과 그 방식에 따라 좌우된다. 번식기가 되면 수컷들이 종종 동틀 무렵에 노래하는 이유가 바로 여기에 있다. 그들의 우월함을 뽐내는 데에는 그만한 순간이 없기 때문이다. 일단 주변이 더 고요한 데다—특히 도시 새들이라면—밤새도록 공복 상태였을 것이다. 아침 식사 전에 선보이는 세레나데는 주변에 있는 암컷들이나 이미 사로잡은 배우자(파트너에게 늘 기억을 상기시키는 편이 좋기 때문이다)뿐 아니라 혹시 모를 경쟁자들에게 자신의 세력권에 접근하지 못하도록 수컷의 힘을 충분히 증명해 줄 노래가 될 것이다. 그런데 우리는 이 사실을 어떻게 알게 된 걸까? 바로 통통하고 매력적인 유럽박새*Parus major* 덕분이다. 이 노랗고 검은 작은 참새목은 아주 오랫동안 연구 대상이었던 만큼 1970년대 초의 옥스퍼드 시골로 돌아가야 한다. 더 정확히 말하면 위덤이라는 곳인데, 비탈진 지붕의 벽돌집과 작지만 잘 가꾸어진 정원에 돌담이 있는 영국의 전형적인 평온한 마을이다. 여기서 옥스퍼드 대학 소속인 존 크랩스John Krebs는 완벽한 실험을 창안해 냈다. 봄에 8쌍의 유럽박새를 거주 지역에서 옮긴 후, 그 자리에 확성기를 설치한 것이다. 확성기 중 3개는 크랩스가 수컷 유럽박새로부터 뽑아낸 노랫소리를 완벽하게 구현했고, 나머지 3개는 유럽박새와 리듬과 볼륨만 비슷한 소리를 확산시켰다. 그리고 나머지 2개는 소리를 내지 않았다. 기다리면서 무슨 일이 일어나는지 관찰하는 것이 크랩스가 생각해 낸 발상이었다.

아무 소리도 내지 않은 확성기가 설치된 곳이 가장 먼저 8시간 전후로 유럽박새에게 점유되었고, 어렴풋이 비슷한 노랫소리를 내던 확성기가 설치된 곳은 12시간 뒤에, 그리고 법적인 소유권자의 원곡이 울려 퍼지던 지역은 20시간이 지나서야 점유되었다. 즉 유럽박새가 용기를 내어 이미 점유된 것처럼 보였던 지역을 탐색하는 데까지, 그리고 이것이 사실은 놀기 좋아하는 인간이 꾸며낸 짓임을 발견하기까지는 시간이 꽤 걸렸다. 하지만 그동안 크랩스는 원했던 바, 즉 새들의 노랫소리가 제지하는 기능이 있음을 증명해 냈다. '여기 주인 있어요!'라고 표명하는 데 사용될 수 있다는 뜻이다.[1] 뿐만 아니다. 위덤에서 유럽박새가 '속이는' 노랫소리를 만들어 낼 수 있다는 사실도 밝혀졌다. 봄에 새들의 세력권이 형성되는 초기에 유럽박새는 서로 매우 다른 노랫소리를 내면서 자신의 세력권으로 이동한다. 동종의 다른 수컷들을 따라하는 것인데, 아마도 그 세력권에 다양한 개체가 있는 척하기 위함으로 보인다. 그리고 이러한 행동이 실제로 다른 경쟁자들의 의지를 꺾어서 이미 경쟁이 높은 곳에는 끼어들지 않도록 한다. 유럽박새들은 마치 1939년 영화 〈보 제스트Beau Geste〉의 주인공 게리 쿠퍼Gary Cooper처럼, 사막 유목민으로부터 공격을 받고 살아남은 몇 안 되는 생존자인 듯 행동한다. 영화에서 보 제스트는 적들이 새로운 공격을 준비하는 모습을 보자 상관과 함께 계단에 죽은 동료들의 시신을 배치하고 그들의 팔에 총을 끼워놓기로 결정한다. 지원군이 도착할 때까지 시간을 벌고 살아남을 수 있는 교활한 전략이다. 보 제스트처럼 유럽박새들은 1개 중대인 척하면서 세력권을 수비하는데, 이러한 이유 때문에 보 제스트 가설이라고도 불린다.

새들의 노랫소리는 세월 속에서 다듬어진 신호이며, 관중들에게 가수에 대한 정확한 정보도 제공한다. 그가 누구인지, 어떤 종에 속하는지, 성별, 나이, 건강 상태와 풍채는 물론, 그 순간의 위치까지 말이다. 암컷이 선택하는 데 있어 중요한 부분을 차지하는 변수는 바로 나이다. 수명이 긴 개체는 좋은 유전자를 갖고 있을 것이고, 여러 차례의 이주와 포식자들의 공격으로부터 살아남았을 것이며, 생활에 필요한 요소뿐 아니라 새끼들을 기르는 일에도 어느 정도의 경험치를 쌓았을 것이다. 더욱이 노랫소리는 노래를 부르는 수컷의 성격이나 기질에 관한 정확한 정보를 암컷에게 제공할 수 있다. 조용하고 사려 깊은 쪽보다 '멋있고 애가 타게 만드는' '나쁜 남자'를 선호하는 암컷이 있다. 바로 암컷 목도리딱새 *Ficedula albicollis*처럼 말이다. 흰색과 검은색이 섞인 이 작은 참새목 철새는 유럽의 활엽수림에 둥지를 튼다. 암컷 목도리딱새들은 두드러지는 기질의 이성, 노래를 부를 때 새로운 나뭇가지나 눈에 더 잘 띄는 곳을 탐색함으로써 스스로를 더 위험에 노출시키는 위험감수형의 수컷들을 특히나 더 좋아한다.[2] 그러므로 새들의 노래는 해당 종과 개체의 '디지털 지문'이라 할 수 있는데, 이런 소리를 조사나 모니터링의 기반으로 삼는 조류학자나 조류관찰자들은 이 점을 잘 알고 있다.

우리가 흔히 '노래하는 새'라고 부르는 이들은 참새아목*Oscines*의 명금류로, 검은지빠귀부터 파푸아뉴기니의 다채로운 새들까지 4,700종이 넘는 새가 포함되어 있다. 쉽게 말해, 우리가 알고 있는 새들의 절반이 여기에 속해 있다. 물론 봄부터 여름까지 숲과 정원에서 들리는 유럽소쩍새*Otus scops*의 '티우우—티우우'거리는 쉿소리도 노랫소리라고 한다. 그런데 번식기에 활용되긴 하지만 이것 또한 부르는 소리다. 구조나 음절, 구절도 없다. 그리고 특히 명금류의 노랫소리는 즉흥적이지 않다. 본능만으로 이루어진 소리가 아니라는 말이다. 여기에는 좋은 스승, 성실한 제자 그리고 꾸준한 수업이 뒷받침되어야 한다.

이처럼 현악기나 플루트의 오케스트라마저 경악하게 만들 만큼 다채로운 소리를 내려면 '황금 목젖'이라고 불러도 될 만큼 굉장한 발성 기관이 필요하다. 그리고 이 근사한 멜로디를 즐길 수 있을 만한 귀가 있어야 한다.

새들이 지닌 음역은 울음관(명관)이라고 하는 거꾸로 뒤집은 Y 모양의 놀라운 기관 덕분이다. 고리 모양의 연골을 하나씩 쌓아올린 형태로, 기관trachea 끝과 기관지 사이에(기관 위에 위치한 우리의 후두와 반대로) 자리 잡고 있다. 연골성 골환 사이에는 고막이 다시 근육에 연결되어 있는데, 이 근육은 공기가 지나갈 때 울음관의 직경을 변형시킴으로써 발산되는 소리를 조절한다. 오리나 앵무새처럼 많은 종의 울음관은 매우 짧아서 기관지가 시작되는 지점에서 멈춘다. 즉 고막이 Y자 내부, 분기점 위의 일자 관에만 있다. 반면 명금류는 Y의 두 가지가 기관지 내부까지 도달하여 이 동물들에게 비교 불가한 발성 능력을 선사한다. 특히 명금류는 2개의 고막을 갖고 있으며 이는 울음관 분기점 바로 아래에 기관지 가지 안에 각각 자리하고 있다. 바로 이러한 적응 덕분에 명금류는 노래할 수 있고, 심지어 동시에 서로 다른 두 음을 낼 수 있다. 울음관 Y의 각 가지가 다른 가지와 독립적으로 원하는 음을 낼 수도 있기 때문이다. 따라서 한쪽은 '라' 음을 그리고 다른 한쪽은 '솔' 음을 낼 수 있다. 또 한쪽으로 진동음을 내면서 한쪽으로는 고정된 음을 낼 수 있다. 인간의 귀에 하나의 소리—점점 날카로워지는 휘파람 소리라고 치자—로 들리는 것도 실제로는 앞부분은 한쪽 울음판으로 그리고 뒷부분은 다른 쪽 울음판에서 낸 소리일 수 있다.

이 같은 소리에 귀를 기울이기 위해 새들은 가청 주파수의 측면에서 우리와 크게 다르지 않은 청력을 갖고 있다. 사람은 20~20,000헤르츠(하지만 그 문턱이 나이에 따라 점점 낮아지고 성인부터는 16~18,000헤르츠로 조정된다)의 소리를 들을 수 있다. 새들은 40~20,000헤르츠의 소리를 들을 수 있는데, 불가청음[3]과 초음파의 경계는 예외로, 보통 1,000~4,000헤르츠 사이에 더 높은 민감도를 갖고 있다.[4] 끝으로 새에게서 귀를 본 적이 없다면, 그 이유는 새의 귀는 겉으로 드러나 있지 않기 때문이다. 우리 인간과 같은 위치에 있지만 눈에 보이는 외부 귓바퀴가 없다. 새들의 귀는 눈높이 즈음에 있는데, 두개골에 있는 구멍에 불과하며 항상 깃털로 덮여 있기 때문에 우리가 볼 수 없다.

다시 새들의 노랫소리로 돌아가서 약 4,700종의 명금류는 울음관을 통해 황홀한 노래들을 만들어 낼 수 있다. 하지만 모든 일이 그러하듯 재능만으로는 충분하지 않다. 학습과 훈련이 필요하다. 노래하는 법은 동종의 어른에게 배우는데, 마치 부모를 따라하며 말을 배우는 어린이의 메커니즘을 떠올리게 한다. 모방과 사회적인 경험은 노래를 배우는 데 핵심적인 역할을 하며,[5] 이 사실은 1960년대와 1970년대 사이에 흰왕관참새*Zonotrichia leucophrys*에 관한 실험을 진행하면서 밝혀졌다. 미국 출신의 작은 참새목 새로 머리 위쪽의 하얗고 검은 줄무늬로 알아볼 수 있다.

노래하는 법은 듣거나 따라하면서, 시도와 실수를 통해 배우는 것이다. 아이들이 옹알이를 하듯이 말이다. 소리 학습 과정은 인간, 박쥐, 고래류 그리고—새 중에는—모든 명금류, 벌새와 앵무새를 하나로 묶는 공통 분모이다.[6]

명금류의 소리 학습 과정은 다음과 같다. 부화 후 아기 새들은 먼저 듣는 단계를 거친다. 그 다음 연습 과정을 거쳐 마침내 모든 면에서 진정한 가수가 되는 것이다. 한마디로 식은 죽 먹기는 아니기에 노래 교실에 다녀야 한다. 태어난 뒤 처음 몇 주 혹은 몇 달간 아기 새들은 어른들의 소리를 주의 깊게 듣고 동종들이 부르는 노랫소리를 외운다. 어떤 새들은 신통한 기억력을 갖고 있다. 나이팅게일*Luscinia megarhynchos*은 약 120~260개의 구절을 배워야 하고, 어른이 되면 이 구절들을 섞어서 노래를 부를 것이다. 이 첫 번째 학습 단계를 '결정적 시기'라고 하는데, 모든 종이 같은 날 시작되는 것도 아니고 기간도 제각각이다. 많은 새들은 태어난 지 약 10일째 되는 날 노래 교실을 시작하고, 찌르레기와 같은 어떤 새들은 훨씬 나중인 생후 두 달째에 학습을 시작한다. 흰왕관참새는 결정적 시기가 부화한 후로부터 약 50일간 지속되는 반면,[7] 나이팅게일은 생후 120일까지 이어진다.

이 모든 정보를 저장한 후, 어린 새들은 처음으로 울음관을 풀어 본다. 지금껏 단 한 번도 울어본 적이 없다는 뜻이 아니라 노래를 해 본 적이 없다는 뜻이다. 이들은 아직 멜로디를 시도해 본 적이 없다. 한동안 그들의 노래는 미숙하고 귀에 거슬리며 말을 더듬는 듯한 모방 시도들일 것이다. 유아와 마찬가지로 한동안은 울며 짧은 소리를 낸다. 말을 하거나 온전한 단어를 발음하지도 못한다. 하지만 계속 듣고 옹알이 단계에서 어떤 음절을 발음하기 시작한다. 이 옹알이 단계는 종마다 차이가 있다. 5개월 때 말더듬기를 그치는 종이 있는 반면, 8개월 혹은 9개월에 그치는 종이 있다.

그리고 마침내 형태를 갖춘 노래 부르기 단계가 시작될 것이다. 성체들의 소리를 모방하던 것을 개량하고 완성하는 단계인데, 새들이 자신의 종 특유의 노랫소리와 매우 다른 소리를 즉흥적으로 만들어 내는 시기이기도 하다. 새로운 단어를 만들어 내기라도 하듯 목소리를 이용하여 즉흥적으로 소리를 지어낸다. 결국 이 모든 변조는 망각되고 노랫소리는 성체의 소리처럼 성숙한 노랫소리로 '결정화'된다. 어린아이가 새로운 단어를 배우고 여러 번 반복하는 방식과 정말 유사하게 어린 새도 올바른 노랫소리를 학습하고 나면 결과에 완전히 만족할 때까지 계속해서 여러 번 연습할 것이다. 방금 배운 노래에 자신감을 얻어 습관화되도록 만드는 것과 같다.

하지만 한 번 결정화된 노래가 시간이 지나더라도 불변하는 것으로 이해할 필요는 없다. 실제로 매우 폭넓은 레퍼토리를 지닌 찌르레기와 나이팅게일 같은 일부 종은 아예 1살이 끝나갈 무렵, 어린 새가 새로운 구절을 배울 수 있는 두 번째 결정적 시기가 있다. 자신의 '직업' 능력을 향상시키기 위해 대학에 가는 것과 같다. 1살과 2살 사이의 나이팅게일은 암기하는 구절 수가 상당히 증가하고, 오랜 학업 끝에 나이팅게일은 자신의 레퍼토리를 무려 30%나 확장시킬 것이다. 그러므로 이 시기의 나이팅게일은 새로운 구절과 시퀀스를 습득하고 활용도가 적거나 덜 알려진 것들은 잊어 버린다.[8] 쉽게 말해 멋있어 보이려고 최신 유행에 맞게 자신의 플레이 리스트를 동기화시키는 것이다. 찌르레기—수컷과 암컷 모두—도 동일하게 행동하는데, 살면서 자신의 레퍼토리를 확장하고 특히 1살까지는 다른 구절을 외울 줄도 안다. 어떤 벌새와 앵무새 종은 이런 배움의 시기가 아예 평생 동안 지속된다.[9]

그런데 모방을 통해 무언가를 배우기란 쉽지 않다. 노력과 더불어 많은 에너지가 필요하므로 이 단계에서는 영양 섭취가 매우 중요하다. 충분한 먹이를 공급받지 못했거나 건강에 문제가 있었던 아기 새들은 습득하는 데 더 어려움을 겪게 되고, 그들의 노랫소리는 짜임새나 또렷함이 떨어져 종 특이 노랫소리를 희미하게 모방한 정도에 그칠 것이다. 그러므로 노랫소리는 개체의 건강 상태뿐 아니라 '유전적인 이점' 그리고 유년기와 청소년기를 어떻게 보냈는지에 대한 정보를 제공하는 정직한 신호이기도 하다. 이뿐만이 아니다. 이러한 견습 과정과 더불어 특히 지도 교사 역할을 하는 동종의 성체들의 시범이 없다면 노랫소리는 결코 발전하지 못할 것이다. 왜곡되고 음정이 맞지 않는 비정상적인 상태로 남아 있을 것이다. 이런 현상은 어린 새가 귀가 들리지 않는 경우에도 일어난다. 자신의 소리를 들을 수 없다 보니 스스로 소리를 고쳐나갈 수 없고 연습으로는 실력이 향상되지 않는다.[10]

때문에 모방할 노랫소리의 모델과 음을 다듬어 줄 교사가 필요하다. 명금류는 '목소리 틀'을 단련하게 되는데, 말하자면 유전적으로 투박한 노랫소리를 물려받아서 나머지는 학습과 학습 환경으로 완성한다. 그러므로 '문법 규칙'은 습득되어야 하며 세대에서 세대로 종 특이 문화로 전승되어야 한다.

한편 떠들썩한 봄에는 배워야 할 올바른 노랫소리를 구별하기가 어려울 수 있다. 가장 놀라운 점 중 하나는 사람의 아기가 엄마의 목소리를 알아차리듯 아기 새들도—야생에서—귀에 도달하는 수백, 수천 가지 소리와 노랫소리 가운데 배워야 할 소리를 구별한다는 사실이다. 이번에도 역시 부모 및 동종과의 일대일 소통은 정말 중요하다.

예를 들어, 흰왕관참새 새끼가 다른 종의 성체를 접하게 되어 그의 노랫소리를 듣고 소통할 기회가 있다면 자신의 것이 아닌 노래를 배우게 될 것이다. 한 번씩 올바른 노래를 들려주더라도 말이다. 즉, 듣는 것도 중요하지만 올바른 종의 성체와 소통하는 것도 필요하다. 이를 촉진하기 위해 '결정적 듣는 시기'는 부모가 둥지에서 더 활동적인 시기와 항상 일치하기에, 잘못 배울 가능성을 최소화한다.

새들의 노랫소리에 대해 이야기할 때 문화를 거론하는 것은 결코 지나친 일이 아니다. 가령 어떤 새들은 노랫소리를 배우고 모방하며, 세대

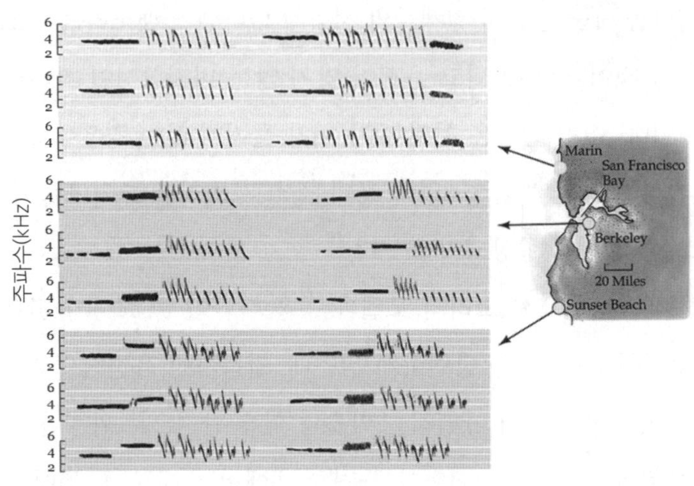

샌프란시스코 지역에 서식하는 흰왕관참새가 사용하는 세 가지 사투리의 소노그램.

에서 세대로 노래를 그대로 전승함으로써 진정한 전통 노래를 만들어 낸다. 그들은 얼마 전까지 인간의 전유물로만 여겨졌던 '순응 편향'이라는 전략을 채택한다. 가령 미국 북동부 출신의 작은 참새목, 늪참새*Melospiza georgiana*의 경우처럼 말이다.[11] 오늘날 미국 늪지대에서 들을 수 있는 새들의 노랫소리는 천 년 전과 같다. 세대에서 세대로 전해져 내려온 멜로디로 인간의 언어나 사투리보다 더욱 한결같다.

그리고 새들의 노래를 논하면서 '사투리'에 대해 이야기하는 것도 궤변은 아니다. 종마다 종 특유의 노래가 있지만 수많은 '사투리 변형'이 생길 수 있다.[12] 인간의 사투리와 매우 비슷한 방식으로 지리적인 위치에 따라 달라지는 변화이다. 가령 마린, 버클리, 선셋 비치—캘리포니아의 샌프란시스코만에 있는 세 지점으로, 서로 겨우 50마일씩 떨어져 있다—에 살고 있는 흰왕관참새들은 서로 다른 세 가지 사투리를 사용한다.[13] 이 같은 현상은 다른 수많은 종에서도 일어나며, 심지어 그 아종도 마찬가지다.

물론 다양한 종의 노랫소리를 구별하는 것부터가 쉽지 않다. 하지만 소노그램[14]의 도움을 받으면 비전문가의 눈으로도 작은 사투리 변형까지 쉽게 확인하고 구별할 수 있다. 사투리는 아마도 생태 장벽, 즉 잎의 종류가 다른 숲의 나무들, 도시의 소음처럼 음향 간섭 문제를 극복하기 위해 발달한 것으로 보인다. 아직 이 주제에 대해서는 우리가 모르는 것이 많지만, 동종 내에서 다양한 집단이 서로 다른 노랫소리 '하위문화'를 발전시켜 나간 점은 분명하다. 인간의 언어와 마찬가지로 새들에게도 사회적 경험은 노랫소리의 정교화에 깊은 영향을 미친다.

그런데 모방을 통해 배운다는 건 기억한다는 것, 즉 생후 몇 주 동안 들은 노래를 뇌 어딘가에 저장했다가 나중에 재현한다는 뜻이다.

예를 들어, 인간에게는 왼쪽 전두엽의 브로카 영역이 언어 형성을 담당하는 뇌의 부분임을 우리는 알고 있다. '새들의 브로카 영역'—우리는 지금 무게가 5~200그램 사이인 참새목을 다루고 있다—은 노랫소리의 형성을 책임지고 있는 부위로, 뇌의 뒤쪽에 자리하고 있으며 3개의 세포핵으로 구성되어 있다. HVC(고위음성통제영역)는 RA(학습 능력과 관련된 세포핵)에 지시를 보내고, RA는 이를 다시 새의 nXIIts(12번째 뇌신경으로, 혀 밑 신경핵이 포함된 기관지 유스타키오관)에 전달함으로써 울음관의 움직임을 조절하여 소리의 발산을 제어하는 역할을 한다.

반면 발성 학습은 뇌의 앞쪽에 위치한 4개의 세포핵이 관련된 신경회로에 의해 통제된다. 학습과 관련된 첫 번째 세포핵도 HVC이지만 이번에는 포유류의 기저핵에 해당하는 X 영역에 정보를 전달한다. 여기서부터 메시지는 DLM(앞쪽 배내측 세포핵)까지 이동하여, 노래를 기억하도록 돕는 중심이자 일종의 하드 디스크 혹은 히트곡으로 가득한 아이팟인 LMAN(조류의 고도의 인지 기능을 담당하는 부분의 측면 거대 세포층의 핵들)을 지나간다.

끝으로 LMAN 또한 노래를 만들어 내는 데 관여하는 학습 관련 세포핵 RA과 연결된다. 어떤 이들에 따르면 바로 이 마지막 단계가 학습에 있어 결정적이다. 어린 새에게 청각적인 피드백을 제공하여 그 순간에 듣고 있는 것과 자신이 암기한 것을 비교할 수 있도록 해 주는 것이다.[15] 이런 뇌 영역의 역할이 얼마나 중요하냐면 노랫소리 학습 단계에서 LMAN, DLM 혹은 X 영역 내에 손상이 일어날 경우 노랫소리가 아예 결정화되지 못하고 비정형적으로 변하여 더 이상 수정할 수도 없다.[16]

하지만 모든 뇌가 똑같지는 않다. 이 세포핵의 크기는 종에 따라, 성별에 따라 그리고 심지어 개체마다 다르다.[17] 명금류는 LMAN이 클수록 종의 레퍼토리도 넓을 것이다. 금화조*Taeniopygia guttata*는 수컷의 HVC와 RA가 암컷보다 3~6배 더 크다. 그리고 심지어 X 영역은 암컷에게서는 확인되지 않는 것으로 보인다.[18] 암컷 금화조는 노래하지 않기에 노랫소리를 배우고 만들어 내는 일을 담당하는 세포핵들이 필요하지 않다는 단순한 이유 때문이다. 그들의 뇌 발달은 남성 호르몬과 멜라토닌과 관련이 있는 것으로 보이며,[19] 이는 노래할 완벽한 타이밍을 결정하는 데 핵심적인 역할을 한다.

실제로 새들의 노래는 대체로 봄 혹은 번식기에 필요하며, 그 시기가 언제 올 것인지 아는 것은 매우 현실적인 문제다. 짝을 찾고 세력권을 지키기 위해서는 서둘러 울음관을 가다듬고 노래를 불러야 한다. 반면 가을과 겨울에 목청껏 노래하는 일은 쓸모없는 에너지 낭비일 수 있다. 수면-각성 주기를 조절하며 낮에는 분비가 억제되는 호르몬인 멜라토닌이 봄을 알리고 노래를 시작할 타이밍을 알리는 데 결정적인 역할을 할 수 있다는 이유가 이 때문이다.

마침 수면 이야기가 나와서 말인데, 과연 새들도 노래하는 꿈을 꿀까? 인간이 말하는 꿈을 꾸고 때로는 자면서도 잠꼬대를 한다면 새들이라고 크게 다를 이유가 있을까? 수컷 금화조를 대상으로 진행된 몇 가지 실험 덕분에, 자는 동안 HVC와 RA가 완전히 자발적이고, 낮에 노래를 하는 동안 일어나는 것과 매우 유사한 복잡한 전기 활동을 나타내는 것을 확인할 수 있었다. 금화조가 자는 동안 실제로 노래하는 것은 아니고 마치 배운 것을 반복하는 것 같았다. 이러한 반복은 운동 기억을 안정화시키는 데 도움이 될 수 있는데, 흡사 '머리로' 울음관을 훈련하는 셈이다. 머릿속으로 스텝 혹은 동작을 하는 것만으로 안무를 반복하는 무용수들은 이 말을 잘 이해할 수 있을 것이다. 또는 이 모든 두뇌 활동이 단순히 새들이 노래하는 꿈을 꾼다는 뜻일 수도 있다.

그럼에도 불구하고 한 가지는 짚고 넘어가야 한다. 진화 과정에서 암컷은 번식 기간 중 쉬운 먹잇감이 되지 않기 위해 덜 화려한 깃털과 조용한 성향을 갖도록 다듬어졌다. 또 평균적으로 보다 작은 노래 담당 세포핵을 선물 받았다. 하지만 이는 암새들이 노래를 부르지 않고 노랫소리를 알아듣지 못한다는 뜻은 아니다. 이번 장을 시작하면서도 말했듯이 특히 수새들이 노래하지만, 수새들만 노래하지는 않는다.

노랫소리가 항상 수컷들의 특권이라고 여겨졌다면 그것은 역사적-지리적 왜곡에 의한 편견 때문이다. 이 주제에 관한 대부분의 과학 연구는 온대 지역, 특히 암컷 명금류가 더 조용한 유럽과 북아메리카에서 진행되었다. 하지만 열대 지역으로 시선을 돌리면 상황은 달라진다. 요정굴뚝새*Malurus splendens* 암컷들은 심지어 둥지에서 노래를 부르고 그들에게 그 노랫소리는 아직 우리에게 알려지지 않은 일련의 사회적인 역할을 수행하는 것으로 보인다. 이처럼 유럽에서 탄생한 조류학은 더 가깝고 친숙한 환경부터 조사하기 시작했고, 이러한 편견은 가장 방대한 2개의 새 노랫소리 아카이브인 맥컬리 도서관Macaulay Library과 제노칸토 Xeno-canto에도 반영되어 있다. 여기에서 '암새'라는 꼬리표로 정리된 노랫소리는 각각 0.03%와 0.01%에 불과하다. 여기에는 두 가지 이유가 있다. 첫 번째 이유는 많은 종들이 동종이형성을 나타내지 않기 때문이다. 즉, 유럽울새의 경우처럼 그들의 깃털을 관찰하는 것만으로는 수컷인지, 암컷인지 알 수 없다. 두 번째 이유는 때때로 새들의 소리를 듣고 녹음할 수 있지만, 무성하게 우거진 숲속에서 그들을 발견하기란 쉽지 않기 때문이다. 그러므로 이 모든 경우에 새들의 노랫소리를 듣고 녹음한 사람은 노래하는 개체가 반드시 수컷일 것이라는 선입견을 가진 채 등록하고 꼬리표를 붙였을 것이다.

오늘날 우리가 암새들의 노랫소리에 대해 알고 있는 바는 정말 적다. 4,700종이 넘는 명금류 중 3,400종(약 73%)에 대해 암새들도 노래를 부르는지에 대한 충분한 정보가 없다는 사실만 봐도 그렇다. 우리는 충분한 데이터가 있는 나머지 1,269종 중에서 64%가 암새들이 노래한다는 사실만 알고 있다. 하지만 1998년부터 최소 20년 동안 조류학자들은 암새 노랫소리의 역할과 중요성에 대해 의문을 제기해 왔다. 암새들의 노래도 수새들과 마찬가지로 성선택과 자연선택으로 진화되었을 것이다. 그러므로 수컷들을 유인할 뿐만 아니라 세력권을 지키고, 자원 경쟁을 하며 가족 집단 내의 활동을 조율하기 위해서도 필요하다.[20] 또한 암새의 노랫소리는 수컷의 세력권 방어가 없거나 세력권을 1년 내내 방어해야 할 때와 같이 암컷들의 경쟁률이 높을 때 더 빈번하게 나타난다. 이러한 단서들은 암새의 노랫소리가 드문 현상이 아니라 적응적이고 정형적인 특성임을 암시한다.[21] 최근 연구들이 시사하는 바와 같이 암새들의 노랫소리는 늘 존재해 왔고 오늘날의 명금류 조상에게도 있었을 것이다.[22] 그러나 여전히 수십 개의 질문이 남아 있다. 암새들의 노랫소리는 얼마나 많이, 그리고 어떻게 활용될까? 새끼들이 종의 노랫소리를 배우기 위해 암새가 지도 교사 역할을 하는 걸까? 그들의 레퍼토리는 무엇이고, 언제 노랫소리를 암기하는 걸까? 그들도 연습을 할까? 나뭇가지와 덤불 사이로 귀를 더 기울여야 할 때가 왔다.

명금류 중에도 거짓말쟁이와 예술가, 그 사이 어디쯤인 낚시꾼 무리가 있다. 이런 새들은 다른 종을 모방하거나 즉흥적인 연주를 노래의 강점으로 삼는다. 이들은 다른 종들의 구절을 배워서 자기 노래에 도입할 줄 아는 새들이다. 그중 가장 유명한 새가 바다 건너의 로렌스지빠귀 *Turdus lawrencii*다. 열대 우림에서 수새는 50종이 넘는 새들의 노랫소리를 완벽하게 재현할 수 있을 뿐 아니라 개구리의 울음소리나 일부 곤충의 앵앵거리는 소리까지 따라할 수 있다.

하지만 모방의 절대 강자는 오스트레일리아에 살고 있는 앨버트금조 *Menura alberti*와 금조*Menura novaehollandiae*다. 이들은 몸집이 큰 참새목으로 어린 수탉과 비슷하게 생겼고, 무게는 약 1킬로그램에 꼬리를 포함한 길이는 1미터에 이른다. 금조는 거문고새라고도 불리는데 수컷이 꼬리를 펼친 모양이 거문고 혹은 서양의 '리라'라는 현악기와 닮았기 때문이다.

그들의 다채로운 색깔을 띤 2개의 꽁지깃은 S 형태로 바깥쪽을 향해 있는데, 그 생김새가 리라의 두 팔을 연상하게 한다. 또한 가운데 꽁지깃은 오래된 리라의 현처럼 하얗고 헤어져 있다. 굉장한 예술가인 이 새들은 번식기에 다양한 메들리를 선보인다. 하지만 녀석들은 사실 엄청난 도둑들이다. 금조가 부르는 노래의 80%는 다른 20~25종에게서 '훔친' 구절인데, 모창이 어찌나 정교하고 정확한지 원작자도 헷갈리게 만들 정도다.[23] 금조는 다른 종 고유의 노랫소리를 특히 잘 따라한다. 다양한 소리 성분의 순서와 개수를 유지함으로써 모방하는 노래의 구조와 복합성을 그대로 보전한다. 어느 정도인가 하면, '법적 소유주'를 혼란에 빠뜨릴 정도다. 하지만 금조는 구애의 노래를 부를 때 다양한 노래를 섞고 모방하는 노래의 반복 횟수를 줄일 때가 많다. 예를 들어 25센티미터 크기의 오스트레일리아 참새목, 회색때까치지빠귀*Colluricincla harmonica*의 노래나 물총새의 오스트레일리아 사촌인 쿠카부라(웃음물총새)의 유명한 '웃음소리'를 줄여서 따라한다. 이런 경우도 명백한 모방이다. 실수가 아니라 정확히 의도된 전략이다. 수새는 암새를 유혹하기 위해 노래를 부르고, 한두 마디를 생략하며 어떤 노래에서 다른 노래로 빠르게 넘어갈수록 자신의 노래 실력과 기억력을 뽐낼 수 있다.

이 새들에게 명성과 영광을 안겨준 사람은 영국의 유명한 방송인이자 자연과학자인 데이비드 애튼버러David Attenborough다. 그의 다큐멘터리 시리즈 〈새들의 삶Life of Birds〉의 방송분 중 일부가 입소문을 탄 것이다. 영상에서 금조 몇 마리는 플루트 버전의 아리아 한 곡을 다 부르면서 목을 푼 다음, 폭발 굉음을 흉내 내고, 이어서 자동차 도난 방지 경보음을 따라했으며 끝으로 전기톱 소리를 모방했다. 원곡에 어찌나 충실한 메들리였는지 거의 완벽한 더빙 같아 보일 정도였다. 그 배경은 바로 영상에 등장하는 금조 세 마리 중 두 마리가 각각 힐스빌 보호 구역과 애들레이드 동물원 출신이라는 점이었다. 애들레이드 동물원에서 온 쿡은 드릴과 망치, 전기톱 성대모사의 달인이 되어 있었다. 아마도 그의 이국적인 이웃인 판다의 울타리를 짓는 과정에서 배운 소리들일 것이다.

그런데 이번에는 다른 새들의 노랫소리나 특별한 소리를 모방하는 일이 속이는 신호가 아니다. 울음소리나 부르는 소리의 모방은 방어 혹은 먹이를 위해 활용될 수 있는 반면, 노랫소리의 경우 더 분명하고 복잡한 노래를 선호하는 암컷의 마음을 사로잡기 위한 에이스 카드와 같다. 그러므로 구혼자의 능력을 나타내는 정직한 신호가 맞다.

새들의 모창 능력은 그리 오래되지 않았고 명금류와 그들 중 같은 과 내에서도 여러 차례 진화된 것으로 보인다. 아마도 초기 단계에서는 특별한 종 특이적 노래가 안정되고 신호화되는 일에 선택압selective pressure이 집중되었을 것이다. 노랫소리와 이를 학습하는 문화적 메커니즘이 정립되고 나서부터는 모방하고 창작하고 목소리로 놀이를 즐기는 등의 새로운 가능성이 열렸을 것이다. 처음에는 우연히 혹은 재미로 하다가 나중에는 필요에 의해서 말이다. 다양한 종의 암새들이 더 정교화된 최신 노래들을 훨씬 매혹적이라 느끼고 마침내 늘 듣던 노랫소리들보다 더 선호하게 된 것이다. 실제로 오늘날 오스트레일리아와 뉴질랜드 사이에 서식하는 명금류의 15%가 모창의 달인이며, 유럽에서는 30%를 뛰어넘기에 이르렀다.[24] 비록 모창에 대한 우리 인간들의 이해가 아직 완전하지 않지만, 이런 능력이 아주 많은 상황에서 속이는 신호로 사용된다는 사실을 우리는 알고 있다. 탁란을 하는 새들에게 유용하고, 포식자들로부터 방어하는 데 필요하며, 집단 공격을 받을 때 도움을 청하기 위해, 혹은 앞서 살펴본 것처럼 혼자서 먹이 자원을 만끽하기 위해 필요하다. 부모-자식 간 상호작용에서는 새로 태어난 새끼들에게 어떤 포식자로부터 스스로를 지켜야 하는지와 그 방법을 가르치는 데 유용하다. 물론 구애 의식에도 노랫소리가 활용된다. 그런데 이런 모방 행위가 레퍼토리 규모와 같이, 성선택의 부산물일 뿐인지는 파악할 필요가 있다.[25]

지금까지 우리는 암새들에게 눈앞에 있는 이의 건강 상태를 평가할 수 있는 믿을 만한 판단 기준을 제공하며, 동시에 섬세한 유혹 무기이기도 한 선율적이고 조화로운 노랫소리에 대해 이야기했다. 하지만 흰방울새 *Procnias albus*처럼 멜로디를 논할 수 없는 예외도 존재한다. 아마존의 울창한 숲에 살고 있는 이 브라질 새는 굉장한 기록을 보유하고 있다. 이 새는 세계에서 가장 강렬하고, 시끄러운 노래를 부를 수 있다. 사실 이것은 한 번도 들어본 적 없는 크기의 금속성 소리로, 최대 125데시벨에 이르는 소리다.[26] 마치 이륙하는 제트기 소리를 50미터 거리에서 듣는 것과 같다. 다만 흰방울새의 노랫소리는 쇠파이프 2개가 서로 부딪히는 소리에 훨씬 가깝다. 쉽게 말해 이웃 주민으로 삼기에는 악몽 그 자체라는 뜻인데, 같은 종의 암새들에게는 이 부분이 중요하지 않아 보인다. 거의 귀가 먹은 것처럼 말이다.

크기는 약 30센티미터에 무게는 250그램, 순백색의 깃털에 부리 위쪽에서부터 늘어진 고기수염(조류의 얼굴이나 목 부위에서 아래로 늘어져 있는 부드러운 살덩이)을 가진 수컷 흰방울새는 암컷을 유혹하기 위해 노래를 부르는 것에 그치지 않는다. 암새의 마음을 사로잡는 데 성공한 흰방울새는 그녀의 얼굴에 대고 소리를 지르면서 주위를 돌고, 그 끔찍한 쇳소리

174

노래를 계속해서 반복한다. 이런 행동을 하는 이유는 아직까지 밝혀지지 않았지만 이처럼 큰 목소리는 유난히 발달된 울음관과 보기 드물게 강한 복부 근육과 가슴 근육 때문인 것으로 보인다. 그리고 수컷 흰방울새가 두 가지 소리를 발산하는 데 전력을 다하기 때문이기도 하다. 첫 번째 노래 유형은 소리가 조금 더 작고(그래봤자 116데시벨이다) 더 오래 지속된다. 반면 두 번째 유형은 125데시벨로 더 크고 높지만 지속 시간은 짧다. 이는 공기 흐름을 제어해 소리를 만들어 내는 능력과 신체적인 한계 때문인 것으로 보인다.

그러므로 노랫소리는 다른 수많은 울음소리와 부르는 소리, 경고음을 아우르는 새들의 음성 레퍼토리 중 극히 작은 일부일 뿐이다. 새들에게 소리를 통한 의사소통은 어떤 활동에서든지 본질적으로 중요하다. 동종들과 소통하고, 파트너를 찾고, 새끼들을 기르고 번식하는 데 사용되니 말이다. 하지만 먹잇감을 찾고 자신의 세력권과 스스로를 포식자로부터 방어하며, 가끔씩은 생존을 위해 누군가를 속이고 심지어 반향정위를 하기 위해서도 필수적이다. 그런데 인간이 만들어 내는 온갖 소음을 생각했을 때 도시에서 소리를 주요 소통 수단으로 사용하는 것은 문제를 초래할 수 있다.

2020년 3월에서 4월 사이, 코로나19 팬데믹으로 인한 봉쇄조치 기간 동안 봄이 찾아오면서 우리는 처음으로 창문 밖, 테라스나 마당에서 지금껏 들어본 적 없는 멜로디가 들려오고 있다는 것을 깨달았을 것이다. 사실 그 새들은 우리 집 주변에 늘 있었고 매해 봄마다 파트너를 사로잡거나 둥지에서 포식자를 쫓아내려고 목이 쉬어라 울었을 것이다. 다만 자동차, 교통, 건설 현장과 상점의 소음 때문에 그 소리를 듣기 힘들었을 뿐이다. 게다가 우리가 다른 일 때문에 바빠서 주의를 기울이지 않았을 것이다. 그러다 도시에 고요가 찾아오자 우리는 깃털이 달린 이웃 주민의 목소리를 발견한 것이다.

도시의 소음 공해로 인해 새들은 소통할 때 문자 그대로 소리를 지를 수밖에 없다. 도시에 사는 개체들은 보통 시외를 서식지로 삼는 동종의 개체들보다 더 높은 주파수로 노래한다.[27] 하지만 인간의 활동이 만들어 낸 소리만 방해가 된 것은 아니다. 전파되는 소리를 반사시키거나 왜곡시키는 넓고 비교적 딱딱한 표면이 더 많은 것도 큰 원인이다. 그렇기 때문에 배경 소음의 결과가 새들이 노래를 부르는 최소 주파수를 높여야 하는 거라면, 현재 존재하는 표면의 유형과 개수는 소리 왜곡을 피하기 위해 새들로 하여금 최고 주파수를 낮추도록 만든다. 마치 노래의 주파수 범위가 전체적으로 감소하는 것과 같다.[28]

하지만 노래를 부를 때 발산되는 음파의 주파수만 변형된 것이 아니다. 도시에 사는 새들은 노래의 진폭, 즉 볼륨도 높인다. 쉽게 말해 소리를 지를 수밖에 없는 것이다. 이는 비자발적인 메커니즘으로, 우리 인간 또한 프랑스 이비인후과 전문의 에티엔 롬바르드Étienne Lombard의 이름을 딴 '롬바드 효과'를 통해 경험하고 있다. 그는 1909년에 이 현상을 발견했는데, 이는 이해를 방해하는 배경 소음이 있을 때 말하는 사람이 무의식적으로 목소리를 높이게 되는 경향을 말한다. 끝으로 도시 새들은 인간의 활동이 감소하는 시간대를 선호함에 따라 삶의 시간표 또한 변경하는 경향이 있다.[29]

그런데 소음 공해는 노래뿐 아니라 새들의 모든 범위의 의사소통에 직접적인 영향을 미친다. 포식자들의 소리를 듣고 안전하게 대피할 수 있는 이들의 능력을 무력화시키고, 암새들—노래를 더 잘 부르는 수컷이 누구인지 구별하는 일이 어려워져 가장 강하고 건강한 파트너를 선택하기가 힘들어지는—에게도 어려움을 주며, 새끼들은 부모가 내는 것이 아닌 소리나 노래를 듣고 울음소리에 잘못 응답할 여지가 있다. 게다가 주파수와 진폭이 더 큰 노랫소리를 내려면 새들은 더 많은 에너지를 소비할 수밖에 없다.[30] 그렇기 때문에 박새나 지빠귀처럼 더 적응력이 강하고 정형적인 노랫소리를 갖고 있는 종들은 소음에도 쉽게 적응할 수 있다. 하지만 이 거대한 음향 한계 때문에 도시의 생물 다양성이 축소될 위험이 있으므로, 주거 구역을 사무실이 있는 일터와 구분하는 편이 바람직하다.[31]

여기서 끝이 아니다. 소음 공해는 새들의 사투리에도 영향을 미쳐서 앞서 말한 요인들로 사용 빈도가 낮은 사투리는 소멸된다. 이러한 사실은 30년 동안 샌프란시스코 지역의 흰왕관참새의 노랫소리를 연구하던 미국 연구원 데이비드 루터David Luther와 루이스 밥티스타Luis Baptista에 의해 밝혀졌다. 1970년에 흰왕관참새에게는 서로 확실히 구별되는 세 가지 사투리가 나타났다. 주파수가 높은 중부 지역의 전형적인 사투리(SF), 주파수가 낮은 레이크 메르세드 지역에서 사용되는 사투리(LM) 그리고 중간 주파수의 프레시디오 지역의 사투리(P)이다. 1970년부터 1998년까지 도심의 소리와 메르세드 호수 인근의 소음이 증가했고, 그 결과 흰왕관참새들이 사용하던 사투리의 주파수 또한 높아졌다. 하지만 예상할 수 있듯이 LM 사투리는 주파수가 상승하면서 프레시디오 사투리의 주파수와 겹치게 되었고, 프레시디오 사투리는 점차 버림받고 사라지게 되었다. 반면 SF 사투리는—높은 그의 주파수를 보면 알 수 있듯이—가장 많이 사용되는 사투리로 자리 잡았다.

이처럼 30년 사이 프레시디오 사투리는 완전히 사라졌고 흰왕관참새의 95%는 샌프란시스코 사투리로 노래하기 시작했다. 반면 나머지 5%는 두 가지를 섞어 사용했다. 레이크 메르세드의 상황은 그보다 좋지 않았다. 여기에서도 샌프란시스코 사투리가 우세했다. 1970년에는 흰왕관참새의 93%가 LM 사투리를 사용했던 반면, 1998년에는 단 32%만이 사용했다.[32] 이는 아마 다음으로 사라질 사투리일 것이다.

정리하면 우리는 사운드스케이프soundscape 조각들을 잃어가고 있다고 말할 수 있겠다. 지역마다 사람을 포함하여 그 환경에서 살고 있는 종들이 만들어 내는 소리, 주변 잡음으로 구성된 사운드트랙을 갖고 있다. 어떤 종 혹은 그 지역 특유의 사투리 소멸은 이런 사운드트랙을 변형시킨다. 마치 비올라나 바이올린의 현을 제거하거나 오케스트라에서 악기를 빼는 것과 같아서 음악은 어쩔 수 없이 바뀐다.

소리, 그 너머로

온갖 소리로 혼잡한 세상에서 조금은 다른 길을 선택한 이들이 있다. 이들은 20헤르츠 이하의 초저주파나 20킬로헤르츠 이상의 초음파와 같이 인간의 귀에는 들리지 않는 주파수로 소통한다.

동물의 세계에서 가장 숙련되고 유명한 초음파 사용자는 하늘을 정복하는 데 성공한 유일한 포유류인 박쥐다. 남북극을 제외한 지구 전체에 1,300종 이상이 분포하고 있으며, 설치류 다음으로 세계에서 개체 수가 가장 많은 포유류다. 대게 야행성이며 동굴이나 울창한 숲에 살기 때문에 어둠 속에서 소통하고 보는 문제를 해결해야만 한다. 이들이 찾은 진화론적 해결책은 바로 초음파를 활용하는 것이다. 그런데 여기에는 매우 짧은 거리만 이동한다는 한계가 있다.

익수류는 소리와 초음파로 만든 단어, 문장, 노래를 통해 소통하는데, 특히 초음파를 통한 반향정위 덕분에 어두운 곳에서도 볼 수 있다. 어떻게 가능한 걸까? 박쥐는 후두에서 초음파를 만들어 입이나 콧구멍을 통해 발산한다. 그 대표적인 예가 관박쥐다. 초음파는 공기를 가로지르며 주변 환경에 부딪힌 다음 발신자에게 되돌아온다. 초음파의 발산과 메아리가 되돌아오기까지의 시간 간격은 박쥐에게 그를 둘러싸고 있는 곳의 사운드 이미지를 제공한다. 이제 박쥐는 자신이 있는 곳과 어떤 물체 사이의 정확한 거리를 계산하기 위해 소리가 장애물까지 이르렀다가 되돌아오기까지 걸린 시간을 반으로 나눈 다음, 그 값을 소리의 속도 초속 340미터에 곱하는 일만 남았다. 간단하지 않은가? 꼭 그렇지만은 않을 수 있다. 하지만 박쥐들에게 이런 계산은 식은 죽 먹기다. 반향정위는 특히 근사한 자기커뮤니케이션 수단이다. 쉽게 말해 박쥐는 어둠 속에서 보기 위해 늘 스스로 메시지를 주고받는데, 사운드 이미지는 소리의 주파수가 높을수록 선명하기 때문에 초음파는 이러한 용도에 그야말로 완벽하다. 게다가 발산된 초음파 펄스의 반향은 물체에 부딪힐 때 왜곡되어 약간 다른 강도와 주파수로 되돌아옴으로써 매우 정확한 이미지를 되돌려준다. 간단한 비유를 들어 보겠다. 태양의 백색광이 어떤 물체에 부딪히면 어떤 파장은 흡수되고 일부는 반사되는데, 바로 이 반사되는 파장이 물체에 색을 부여한다. 소리에도 같은 현상이 일어난다. 물체에 부딪힐 때 반향은 '착색되어' 정보를 가득 실어 담고 발신자에게 되돌아오는 것이다.

유일한 단점은 앞서 언급한 것처럼 초음파가 공간을 많이 이동하지 못한다는 점이다. 고작 몇 미터 가다가 소멸된다. 그렇기 때문에 박쥐들은 0.001초 정도의 매우 짧은 펄스를 여러 번 발산하는 수밖에 없다. 이렇게 하면 발산된 소리와 반향은 서로 겹치지 않는다. 그러나 만약 펄스와 반향 사이에 중첩이 발생하면, 박쥐는 시간 간격을 측정할 수 없어 거리를 계산하지 못하고, 결국 부딪히고 말 것이다.

종종 평가 절하되는 이 작은 포유류가 어둠 속에서 방향을 잡기 위한 '육감'을 보유하고 있다는 사실을 발견한 사람은 18세기의 이탈리아인 라차로 스팔란차니Lazzaro Spallanzani다. 그는 오늘날의 기준에는 잔인해 보이는 일련의 실험을 통해 이를 밝혀냈다. 에밀리아 지방 출신의 이 생물학자는 박쥐를 몇 마리 잡아서 눈을 멀게 했는데, 어두운 연구실 다락방에서도 여전히 완벽하게 방향을 잡을 수 있다는 사실을 발견했다. 그는 스위스인 동료 루이스 유린Louis Jurine의 제안에 따라 이 불쌍한 녀석들에게 또 다른 비인간적인 처치를 감행했다. 뜨거운 밀랍을 떨어뜨려 귀를 막아버린 것이다. 청력을 빼앗긴 박쥐들은 자신의 반향을 들을 수 없어서 즉시 방향 감각을 상실하고 말았다.

박쥐의 육감에 대한 스팔란차니와 유린의 연구는 한 세기가 넘도록 관심을 받지 못했다. 그러다 1930년대 미국의 생태학자 도널드 그리핀Donald Griffin은 곤충 소리를 따라 돌아다니던 중 '초음파 변환기'를 통해 박쥐들이 발산하는 소리를 탐지했다. 오늘날 익수류를 연구하는 사람들 가운데 매우 보편화된 이 도구는 박쥐 탐지기bat detector라 불리며, 초음파를 녹음하여 인간의 귀로 듣고 연구할 수 있도록 그 주파수를 낮추는 장치이다. 도널드 그리핀과 박쥐 탐지기 덕분에 오늘날 우리는 박쥐 종마다 출몰하는 서식지에 따라서 반향정위를 한다는 사실을 알게 된 것이다. 우선 종마다 다양한 방법으로 활용하고, 생성하고 듣는 특정 초음파 음역이 있다. 우리가 들을 수 없는 초음파를 활용하는 박쥐들이 있는 반면, 곤충을 사냥할 때 9~16킬로헤르츠 주파수의 리드미컬한 '집zip' 소리를 발산하는 큰귀박쥐 *Tadarida teniotis*처럼 인간이 들을 수 있는 소리를 사용하는 박쥐들도 있다. 후두를 사용하여 이 소리를 만들어 내는 박쥐가 있고, 이집트과일박쥐*Rousettus aegyptiacus*처럼 입천장에 혀를 부딪치며 소리를 내는 녀석이 있다. 이집트과일박쥐는 아프리카와 중동 지역의 박쥐로 12~70킬로헤르츠 사이의 2개의 펄스를 발산하기 때문에 인간의 귀로도 들을 수 있다. 그리고 관박쥐처럼 귀와 코를 통해 초음파를 발산하는 박쥐가 있는데, 이들의 발달한 코 주름이 메가폰 역할을 하여 소리를 증폭시키고 방향을 잡아줌으로써 소리가 소멸되지 않도록 한다. 끝으로 박쥐의 귀 또한 초음파 반향을 수신하는 데 최적화된 형태로 진화하였다. 창 모양의 작은 귓바퀴 혹은 거대하고 긴 귓바퀴를 갖고 있거나, 이주(귀구슬)tragus가 두껍고 짧은 혹은 길고 가는 형태로 말이다.

초음파에 대해 마지막으로 알아야 할 것은 다른 '형태'를 가질 수 있다는 점이다. 초음파에는 CFConstant Frequency(주파수 일정형)과 FMFrequency Modulated(주파수 변조형)이 있으며, 대부분의 박쥐는 여러 외부 요인에 따라 두 가지 이상의 패턴을 혼합해서 사용하는 경우가 많다. 실제로 어떤 소리를 연구하려면 도표로 나타내는 편이 좋다. 이렇게 스펙토그램으로 보면 좁고 어두운 공간에서 길을 찾는 데 적합한 매우 간결하며(0.002초) 조정된 주파수의 FM 신호를 관찰할 수 있다. 또한 마지막 '음'이 더 오랫동안 울리는 FM-CFFrequency Modulated-Constant Frequency 신호도 볼 수 있는데, 마치 피아니스트들이 서스테인 페달을 밟아서 건반으로 치는 음을 몇 초간 더 길게 지속시키는 것과 같다. 끝으로 FM-CF-FM은 가장 오래 지속되는 신호로(0.01초 정도) 짧고 빠른 상승 주파수에 가운데는 긴 음, 그리고 시작 주파수 지점까지 다시 짧고 빠르게 하강하는 것을 특징으로 한다.

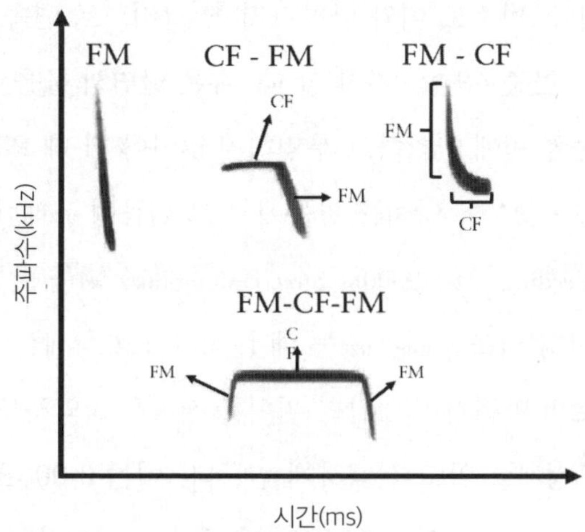

나양한 반향성위 신호 유형 스펙토그램

종마다 자신의 주파수 범위(자신의 '음색')와 선호하는 신호 유형이 있는 건 사실이지만, FM과 CF 신호가 필요에 따라 사용될 수 있는 것도 맞다. 들판에서 숲의 경계 쪽으로 이동하는 박쥐는 FM-CF 신호에서 훨씬 변조되고 점점 더 짧아지는 FM 신호로 넘어갈 것이다. 신호가 점점 변조되고 짧아질수록 신호 사이의 발신 간격 또한 줄어든다. 장애물로 가득한 울창한 숲속으로 날아 들어가면서 박쥐는 최대한 명확한 시야 확보가 필요하기 때문에 계속해서 자기커뮤니케이션을 해야 한다.

클럽에서 사용하는 조명처럼 주기적으로 깜박이는 빛 아래에서 '안녕' 하고 손을 흔드는 친구를 바라본다고 상상해 보자. 점멸하는 이 조명은 모든 것을 스냅샷처럼 보이게 만든다. 불이 10초마다 켜지듯 점멸이 느릴수록 우리는 더 오랫동안 어둠 속에 있게 되고, 친구가 무슨 행동을 하는지 잘 볼 수 없을 것이다. 반면 불이 1초 동안 켜졌다가 1초 동안 꺼지듯 빠르게 점멸할수록 더 잘 보이게 되고 친구가 손을 흔들고 있음을 알게 될 것이다. 박쥐도 이와 마찬가지다. 그러므로 연속으로 빠르게 반복되는 펄스는 곤충 사냥을 가야 할 때, 혹은 날면서 물을 스치듯 마셔야 할 때 또는 동굴 벽에 안착하고 부딪히지 않아야 할 때 최대치로 나타난다. 이러한 모든 경우에 박쥐는 활동에서 그 이름이 유래한 버즈buzz라고 하는 초음파(feeding buzz, drinking buzz, landing buzz 등)를 발산한다.

예를 들어, 피딩 버즈feeding buzz는 매우 정확하고 상세한 사운드 이미지를 제공함으로써 박쥐가 먹잇감의 위치를 정확히 파악하도록 할 뿐 아니라 그 먹이의 정체를 알고 선택하게 만든다. 이는 0.006초 이하 간격으로 이어지는 아주 짧은 연속 펄스로, 각 펄스는 먹잇감에 이르렀다가 다음 신호가 발산되기 전에 다시 되돌아올 만큼 충분한 시간이 있다. 단순히 반향이 되돌아오는 문제라면 버즈는 더욱 촘촘하게 배열된 초음파 형태여도 될 것이다. 그런데 생리적인 한계가 있다. 버즈의 속도는 후두 높이에 위치해 있는 초음파 발산을 담당하는 일부 초고속 근육의 수축 속도에 좌우되기 때문이다. 사냥을 나가는 일이 간단하다고 생각하면 큰 오산이다. 밤의 사냥꾼들이 특히나 좋아하는 밤나방들은 박쥐들이 그들의 위치를 파악하고 다가오는 초음파 소리를 들을 수 있는 장치를 잘 갖추고 있다. 그래서 지그재그로 날거나 갑자기 몸을 땅에 떨어뜨리면서 박쥐를 피할 수 있는 전략을 실행한다. 불나방 같은 어떤 종들은 적을 헷갈리게 만들기 위해 초음파를 발산하며, 그들의 날개 비늘은 박쥐들이 발산하는 초음파를 부분적으로나마 흡수하여 그들의 귀로부터 숨을 수 있다. 그러므로 나방 한 입만 먹는 일은, 아니 비행 중에 날개 또는 꼬리로 낚아챈 다음 입으로 가져오기란 복잡한 일이다. 포식자-피식자 간의 계속되는 싸움, 상대방을 무너뜨릴 수 있는 시스템을 누가 먼저 개발하느냐의 게임이다. 그래서 박쥐들은 수동적 듣기, 절대 고요 속에서 사냥하기를 선택하거나, 나방의 가청 범위를 벗어난 80~110킬로헤르츠 사이의 아주 높은 초음파를 발산한다.

그런데 초음파는 반향정위에만 활용되는 것이 아니라 동종들과 소통하는 데에도 쓰인다. 대부분의 박쥐는 일부다처제로, 수컷은 여러 암컷과 짝짓기를 한다. 그렇다고 암컷이 관계에 충실하다고 장담할 수는 없다. 한 번씩 바람을 피울지도 모르니 말이다. 새끼들을 돌보는 쪽은 늘 암컷이므로 암컷은 가장 뛰어나다고 판단되는 파트너와 짝짓기를 하는 편이 유리하다. 그도 그럴 것이 암컷 박쥐는 여러 수컷의 정자를 품고 보관할 수 있기 때문에 난자를 수정시킬 수 있는 정자들 사이의 건전한 경쟁을 창출할 수 있다.

암컷 박쥐를 사로잡는 데는 세레나데보다 좋은 것이 없다. 그렇다. 박쥐들도 노래를 한다. 초음파 발성법을 기본으로 하고 가청음으로 풍미를 더한 노래를 활용한다. 작은멧박쥐뿐 아니라 유럽집박쥐*P. pipistrellus*나 나투지우스집박쥐*P. nathusii*처럼 집박쥐속*Pipistrellus*의 많은 종들을 포함하는 애기박쥐과 수컷들은 그들이 선택한 은신처에서 얼굴을 내밀거나 주변을 날면서 구애 활동을 하며 노래를 부른다. 이처럼 가족을 만들어 살집을 지키며 암컷들과의 공유를 허락하면서 다른 수컷들이 접근하지 못하도록 한다. 사하라 이남 아프리카에 서식하며 크기는 약 30센티미터, 날개를 펼쳤을 때의 길이는 75센티미터, 무게는 약 400그램인 망치머리박쥐*Hypsignathus monstrosus*의 울음소리는 몹시 독특하다. 아프리카에서 가장 큰 박쥐로, 망고를 비롯한 과일류를 좋아하고 습한 평원 열대 우림, 늪지대 숲, 맹그로브 습지에 서식하는데, 그리 보기 좋게 생기지는 않았다. 수컷들은 거대한 머리에 돌출된 눈을 갖고 있는데다 길고 커다란 코는 이빨을 드러내는 윗입술 주름까지 뻗어 있다. 그야말로 진화의 불가사의이자 '귀여운 동물'과는 거리가 먼 녀석이다. 이 박쥐에게서 조화롭지 못한 건 주둥이뿐만이 아니다. 수컷은 척추 길이의 절반 정도에 달하는 후두를 가지고 있으며, 후두는 흉강의 대부분을 차지한다. 또한 인두 주머니 두 쌍과 상악동 공기주머니 한 쌍이 있어서 이런 독특한 구조는 망치머리박쥐에게 강한 발성을 가능케 하고, 그 소리가 머리에서 울리도록 해 준다. 그리고 보아하니 암컷들은 이 세레나데를 굉장히 매력적으로 여기는 것 같다.

수컷들은 번식기가 되면 물이 흐르는 곳을 따라 렉lek이라 불리는 특정 지역 나무 위에 무리를 짓는데, 이는 일종의 무대로 다른 기능은 없다. 여기서 최소 20마리, 많게는 130마리 이상까지 이르는 무리가 날개 치는 소리와 강한 울음소리로 대결하기 위해 모여 암컷들에게 잊지 못할 공연을 선사한다. 암컷들은 이런 방식으로 다양한 개체를 비교하며 짧은 시간 동안 자신을 소개해야 하는 스피드 데이트 같은 만남처럼 가장 마음에 드는 수컷을 선택하는 것이다. 여기서 끝이 아니다. 관심을 보이는 암컷을 완전히 사로잡기 위해 수컷은 간헐적으로 윙윙거리기 시작한다. 이 모든 것이 이상해 보이지만 그들은 이런 방법을 좋아하며, 이 독특한 발성과 윙윙거림 또한 사랑을 위해 노래하는 망치머리박쥐의 건강 상태와 체격에 대한 정보를 제공하는 정직한 신호이다.

그러므로 박쥐의 노랫소리는 새들과 같은 기능을 한다. 암컷들을 유혹하는 강력한 도구이자 경쟁자 수컷들을 막기 위한 무기인 셈이다. 어쩌면 박쥐와 새 모두 하늘을 정복했기 때문에 이 또한 수렴 진화의 한 형태일 수 있겠다.[1] 그럼에도 불구하고 박쥐들의 이러한 노랫소리와 사회적 의사소통에 대해 우리가 아는 바는 아직까지 미미하다. 1960년대 초에 이르러서야 그들을 연구할 방법을 찾게 되었고, 박쥐들이 활용하는 소리와 초음파의 종류를 이해하게 되었다. 그러나 연구는 빠르게 발전하지 않았고 이 어둠의 존재에 대해 알아갈 정보는 아직 한참 남아 있다.

익수류는 사회적 포유류이기 때문에 수만 가지 형태의 의사소통을 하기 위해서는 초음파가 필요하다. 멕시코자유꼬리박쥐*Tadarida brasiliensis*의 군집을 지배하는 혼돈을 한번 떠올려 보자. 미국 텍사스 브랙큰 동굴에는 4천만 마리의 개체가 집계되었다. 이는 5월에서 6월 말까지 젖을 먹여야 할 새끼들이 약 2천만 마리가 태어난다는 뜻인데, 이들은 열기를 보존하기 위해 모두 가까이 유치원처럼 모여 있다. 또한 다들 배가 고프다고 큰 소리로 외친다. 그래서 군집으로 돌아오는 암컷 박쥐들은 2천만 마리의 새끼 박쥐 중, 엉뚱한 아이에게 젖을 먹여 헛되이 고생하지 않도록 자신의 새끼를 찾아야 한다. 그러나 83%의 경우는 어미들이 자기 새끼를 다시 만나게 된다. 이들은 새끼를 두었던 군집의 위치를 어느 정도 알아보도록 도움을 주는 공간 기억력만 사용하지 않는다. 이웃의 새끼가 아닌 진짜 자기 새끼인 것을 확인하기 위해 가까운 거리에서 격리호출isolation call이라 부르는, 새끼가 발산하는 특별한 소리에 귀를 기울인다.[2] 새끼 박쥐들은 태어난 지 몇 분 만에 어른들의 주의를 끌기 위해 반향정위보다 낮은 주파수와 정형화된 순서의 부르는 소리와 호출음을 낸다. 어미와 새끼 사이의 이 특별한 의사소통은 새끼들이 나는 법을 배우는 동안에도 계속될 것이다. 새끼들은 그때 휴식처roost, 즉 그들의 보금자리와 군집 혹은 먹이 공급원의 위치를 알아내는 법을 배울 것이다.

박쥐들은 스스로 위협을 느낄 때 SOS 신호를 보낸다. 이는 구조신호 distress call로, 다른 사회적 의사소통 대비 더 강하고 멀리까지 이르는 소리다. 그 이유는 명확하다. 사회적 메시지는 보통 평화로운, 가까운 반경에서 이루어지는 소통이다. 그리고 듣는 개체가 적을수록 본의 아니게 포식자들의 주의를 끄는 일도 적을 것이다. 소통하는 데에는 비용이 들기 때문에 일반적으로 짧은 소리를 사용하면 두 배로 유리하다. 에너지가 적게 들고 대화가 사적으로 유지되기 때문이다. 반면 구조신호의 목적은 포식자나 다른 방해꾼들로 인해 위험에 처했을 때 도움을 요청하는 것이기에, 다른 개체들의 주의를 끌어야 하므로 멀리서도 들려야 한다.[3]

서로 소통할 수 없다면 천막박쥐들은 어떻게 자신의 은신처를 만들 수 있을까? 이들은 중남미에 분포하고 있는 20여 종의 박쥐로 80여 종의 식물 잎을 변형시킬 수 있다. 나뭇잎을 잘라 돌돌 말아서 텐트를 만드는데, 그 밑에 1마리 이상의 수컷과 여러 마리의 암컷으로 구성된 집단이 대피한다. 대피 텐트는 영구적이지 않고 4~5주 동안만 온전하게 보존되기에, 시간이 지나면 다시 새로 만들어야 한다. 이 대피소가 약할수록 이를 만드는 집단의 결속력은 시간이 지남에 따라 강해지고 안정화된다. 바로 온두라스흰박쥐*Ectophylla alba*가 이러한 경우인데, 이들은 완전히 흰 털로 이루어진 몸통에 노란색의 코와 귀가 꽃잎처럼 피어난 모습이다. 정말 놀랍지 않은가?

과일을 주식으로 하는 이 작은 박쥐들은 무게가 7그램이며, 매우 긴밀한 집단을 이루어 살아간다. 5~15마리의 암컷과 수컷 몇 마리로 무리를 이루는데,[4] 이들은 1년 중 122일은 헬리코니아*Heliconia* 식물 잎을 다듬고 말기에 분주하다. 잎의 가운데 잎맥을 따라 잘라 잎을 기울여 천

막을 만들고 45일 동안 사용한다. 밤새 사냥을 나가고 난 뒤 다음날 아침, 약 4시 30분에서 6시 사이에 나타나지 않으면 큰일 난다. 무리에서 점호에 빠진 구성원들이 나타날 때까지 큰 소리로 부르기 때문이다.[5]

박쥐는 반향정위를 사용해 집단의 다른 구성원들과 소통하기도 한다. 예를 들어, 중앙아메리카와 남아메리카의 수컷 큰주머니날개박쥐 *Saccopteryx bilineata*는 누가 접근하는지 파악하기 위해서 동종들의 반향정위 신호를 활용한다. 만약 또 다른 수컷이라면 공격적인 발성으로 대답할 것이고, 암컷이라면—주파수가 약간 높은 간결한 신호를 발산— 구애의 노래로 화답할 것이다.[6] 어쨌든 같은 군집의 익수류들 사이에서 일어나는 일은 우리 인간의 삶에서 매일 일어나는 바와 크게 다르지 않다. 목소리를 듣는 것만으로도 누군가를 알아볼 때가 얼마나 많은가? 우리가 아는 바는 아직 많지 않지만 박쥐들도 마찬가지다.

이러한 방식으로 박쥐들은 상대와 그의 나이, 성별, 심지어 같은 군집에 속해 있는 구성원인지의 여부도 구별할 수 있다. 방향을 잡거나 사냥하는 데 주로 사용하는 반향정위 신호도 개체의 '개인' 정보를 전달하는 일종의 신분증이며, 여기에는 개괄적인 건강 상태를 나타내는 의료 기록까지 첨부되어 있다고 보면 된다. 이는 자기커뮤니케이션과 종 내 의사소통 간의 경계를 정말로 모호하게 만들어 버린다.[7]

이 어둠의 왕자들은 매우 짜임새 있는 언어로 소통하는데, 우리는 이에 대해 아직 모르는 부분이 훨씬 많다. 예를 들어 관박쥐*Rhinolophus ferrumequinum*는 17가지 유형의 음절을 만들어 낸다. 단순한 유형 10개와 혼합형 7개, 그리고 이를 다시 6가지 유형의 단순한 문장과 4가지의 복합 문장으로 배열하며, 그 주파수는 보통 20킬로헤르츠 이상이다.[8] 반면 도시 방수관과 기와 사이에서 어김없이 만날 수 있는 큰집박쥐*Hypsugo savii*는 서로 다른 5가지 사회적 신호를 사용하는데, 대체로 FM 신호이고 일부 신호는 FM-CF이다. 하지만 그 용도는 아직 밝혀지지 않았다. 예를 들어, 번식기에만 진동음을 발산한다는 사실은 알려져 있지만 이 소리들이 어미-새끼 간의 의사소통에서 구조신호의 기능을 할 수 있고, 암컷들을 유혹하는 수컷들의 노랫소리로 쓰일 수도 있다.[9]

이러한 대화 가운데 각각의 음절과 문장이 무엇을 의미하는지 이해하려면 아직 갈 길이 멀다. 지금으로서 스펙토그램으로 얻게 된 신호들은 수많은 익수목을 대상으로 해독해야 할 난제로 남아 있다. 그들의 의사소통이 어떻게 발달하는지, 그리고 어느 정도로 습득이 되는지에 대해 아직 많은 것이 밝혀지지 않았다. 가령 격리호출은 어느 정도 타고난 것이지만 노랫소리는 어떤가? 그리고 다른 초음파 속삭임은? 현재까지 우리는 3종에 대한 음성 학습 증거만 갖고 있으며, 이들은 전부 미국 종이다. 창코박쥐속*Phyllostomus* 2종과 주머니날개박쥐속*Saccopteryx* 1종이다.[10] 큰주머니날개박쥐 새끼들은 수컷 성체를 따라하면서 자기 지역의 노래를 배운다. 먼저 그들의 노랫소리를 듣고, 생후 2주가 되면 작은 소리로 더듬거리며 연습을 하기 시작한다. 그리고 생후 10주 만에 이미 완전한 노래를 부를 줄 안다. 새들과 마찬가지로 진짜 노래로 결정화되기 전에, 성체의 소리를 듣고 작은 소리로 부르는, 인간의 옹알이와 비슷한 단계가 있다. 새들의 경우에는 이것이 어떻게 작동하는지 파악되었지만 박쥐의 경우 아직 듣기와 학습을 암시하는 신경 메커니즘이 어떤 것인지 알아내지 못했다. 한편 새들과 마찬가지로 박쥐들도 소음 공해와 인간의 활동 소리로 방해 받을 때 대안을 찾을 수밖에 없다는 점을 우리는 알고 있다. 그들은 발산하는 소리의 복잡성을 줄이고 단일 펄스를 연속으로 보내거나, 보다 단순한 문장을 선택한다. 그리고 단순화시킨 문장을 여러 번 반복함으로써 이 메시지가 감지될 가능성을 높이는데, 이런 행동은 자신이 수신자인 반향정위를 할 때에도 해당된다. 이런 자기커뮤니케이션에서도 익수류는 롬바드 효과의 희생자가 된다.[11] 안주애기박쥐 *Vespertilio sinensis*는 배경에 교통잡음이 있을 때 반향정위 음절과 펄스를 단순화시키고, 하루에 생성하는 펄스 횟수를 90% 이상 증가시킨다.[12]

박쥐가 가까운 반경에서 소통할 때 초음파로 충분하다면, 코끼리는 그 반대의 문제를 안고 있다. 이들은 멀리서 서로의 소리를 듣고 정보를 주고받아야 한다. 그렇기 때문에 코끼리들은 박쥐들과 정반대의 해결책을 찾았다. 적당한 조건에서는 왜곡되거나 약화되지 않고 몇 백 제곱킬로미터를 가로지를 수 있는 초저주파를 활용하는 것이다.

비록 드넓은 숲이나 사바나에 흩어져 살긴 하지만 코끼리는 사회적 동물이다. 이것은 아시아코끼리*Elephas maximus*와 둥근귀코끼리*Loxodonta cyclotis*, 그리고 그 소통법에 대해 우리가 좀 더 알고 있는 아프리카코끼리 *Loxodonta africana*와 같은 모든 후피동물 종에게 해당된다.

아프리카코끼리는 인척 관계인 여러 마리의 암컷과 그 새끼들로 이루어진 큰 무리를 이루고 산다. 보통 가장 나이가 많고 경험이 많은 코끼리가 암컷 우두머리 역할을 하며, 무리를 인도하고 필요할 경우에는 단합시킨다. 반면 수컷들은 어릴 때는 암컷들과 같이 지내다가 10~19세가 되면 가족으로부터 독립하여 혼자 살거나 작은 무리를 이루어 산다. 발정기에만 암컷들에게 접근하는데, 이는 앞으로 살펴보겠지만 매우 드문 일이다.

이 정도 정보만으로 이미 수많은 질문이 쏟아져 나올 것이다. 무리의 개체들이 먹이를 찾아 여기 저기 몇 킬로미터씩 흩어진다면, 어떻게 다시 모여 함께 물을 마실 수 있는 수원지에 이를 수 있을까? 서로를 알아볼 수 있을까? 혹시 모를 외부인을 알아볼 수 있을까? 수컷들은 짝짓기의 적합한 시기를 어떻게 알고, 파트너는 어디서 찾을까? 간단하다. 이들은 초저주파로 서로 이야기한다. 20헤르츠 이하의 주파수를 지닌 음역대의 소리로 말이다. 물론 코끼리들이 소통할 때 초저주파만 사용하는 것은 아니지만 그들의 대화는 최소 5헤르츠에서 최대 10,000헤르츠 사이라고만 말해 두겠다.

1980년대까지 우리는 코끼리의 의사소통에 대해 아는 바가 전혀 없었다. 코끼리의 코로 만들어 낸 울음소리만 알고 있을 뿐이었다. 그런데 사실 이 거대한 후피동물들은 대단한 투덜쟁이들이다. 이들은 투덜거리는 소리, 툴툴대는 소리, 꽥 지르는 소리, 으르렁거리는 소리로 서로 소통한다. 하지만 이렇게 낮은 소리를 만들어 내려면 역설적으로 굉장히 큰 울림통이 필요한데 코끼리의 머리(그리고 아마 이들의 귀도)는 그 역할에 안성맞춤이다. 7센티미터 길이의 후두(인간의 후두는 1센티미터에 불과하다)와 기다란 코, 일련의 조절 기능 덕분에 코끼리는 소통하는 데 사용되는 폭넓은 소리와 초저주파를 만들고 조정할 수 있다.

우리는 이 광대한 레퍼토리를 코로 만들어 낸 소리와 후두로 만들어 낸 소리로 분류할 수 있다. 어린 코끼리들끼리 놀이를 할 때, 놀라거나 공포를 느낄 때 혹은 공격성을 드러낼 때, 코끼리는 코로 숨을 크게 내쉬면서 '공기 폭탄'을 쏜다. 이런 식으로 아이들도 아는 그 특유의 날카로운 트럼펫 소리와 비음이 더 강한 깊은 콧바람 소리snort를 만들 수 있다.

후두로 만들어 내는 소리 중에는 놀랍게도 으르렁거리는 소리roar, 짖는 소리bark 그리고 꿀꿀거리는 소리grunt가 있다. 마지막의 두 소리는 어리고 미숙한 개체들이 종종 사용하는데,[13] 녹음하기가 매우 어렵다. 짖거나 꿀꿀거리는 소리는 먹이를 요구할 때 사용하는 소리다. 짖는 소리는 으르렁거리는 소리보다 더 간결하고 꿀꿀거리는 소리는 겨우 들을 수 있을 정도인데 새끼들이 생후 두 달 동안 어미의 젖을 찾을 때에만 내는 소리다. 모든 새끼들과 마찬가지로 아기 코끼리도 칭얼거린다. 4개월 때까지는 두렵거나 불안할 때, 놀랄 때, 갑자기 깨거나 똑바로 일어서지 못할 때, 어미로부터 분리될 때면 쉰 소리로 부르짖는다husky-cry. 반면 5살까지는 먹는 것을 제지당할 때, 넘어질 때 혹은 어른이 방해할 때 0.5초간 지속되는 매우 짧은 칭얼거리는 소리cry를 낸다. 이런 소리를 낼 때마다 어미와 다른 암컷들이 달려와 소리로 응답하고 새끼를 돕는다.[14]

그런데 코끼리가 가장 많이 사용하는 소리—모든 의사소통의 70~80%—는 럼블rumble이라는 그르렁거리는 소리다.[15] 이렇게 불린 이유는 연구원들이 오랫동안 이 소리의 출처를 자문하다가 동물들의 위에서 나오는 소리가 아닌가 생각했기 때문이다. 하지만 아니었다. 거의 모든 상황에서(하지만 달리 변형되어) 사용되는 진짜 신호들이었다. 포식자에게 잡히지 않기 위한 전략부터 교미 후의 애정 표현, 사랑스러운 어미와 새끼 사이의 돌봄부터 무리의 모든 사회적 상호작용까지 말이다. 인간은 상아를 얻기 위한 자원 정도로 이들을 취급했지만, 이 놀라운 후피동물들은 럼블을 통해 대부분의 의사소통을 해결한다.

럼블이 어떤 소리인지 설명하자면 꾸르륵거리는 소리와 비슷한데, 슬로우 버전의 가글소리보다 다소 날카롭고 느리다. 다만 코끼리들은 후두만 사용해서 이 소리를 만들고, 두개골과 코에서 다시 울리게 만들어 입을 열거나 닫은 상태로 내뱉는다. 일반적으로 럼블의 평균 주파수는 초저주파 범위의 중간인 약 12~13헤르츠이지만, 30헤르츠대 소리에 이르는 훨씬 높은 소리도 있고 보통은 0.5~12초 동안 지속된다. 앞서 말한 것처럼 이것은 코끼리들이 가장 많이 변형하여 사용하는 '문장'이다. 수컷과 암컷, 성체와 새끼 그리고 젊은 코끼리 모두 각자 자기 능력대로, 온갖 상황에서 럼블 소리를 낸다.

일반적인 조건에서 이 초저주파 럼블은 약 10제곱킬로미터 범위에서 2킬로미터 거리까지 이르러 암컷과 멀리 떨어진 수컷들 귀에, 다른 암컷 코끼리 무리, 심지어 멀리 떨어진 같은 무리의 암컷들에게까지 닿을 수 있다. 하지만 어둠이 내리면서 기온과 습도가 낮아지면 럼블은 300제곱킬로미터 범위에서 10킬로미터 거리까지도 들릴 수 있다.[16] 예를 들어 암보셀리 국립공원 코끼리가 내는 럼블은 케냐 보호구역 전체에 들린다.

이 사실을 훤히 꿰뚫고 있는 코끼리들은 사랑의 선언이나 넓은 범위의 소통을 할 때 완벽한 타이밍을 기다린다. 밤을 포함하여 해돋이 전이나 해넘이 이후 시간이 가장 좋다. 실제로 매일 이루어지는 소통의 70%는 기온과 습도가 가장 최적인 해가 뜨기 두세 시간 전, 혹은 해가 지고 난 후 두 시간 동안 이루어진다. 나머지 24%의 소통은 밤에 이루어지고, 대화의 6%만이 낮에 이루어진다.[17] 말하자면 해돋이와 해넘이는 더 높은 공유share 횟수를 기록하는, 즉 청취율이 높은 시간대이다. 그 이유는 소리가 전파되는 데에는 기온과 습도가 많은 영향을 미치기 때문이다. 덥고 상대습도가 낮을수록 소리가 약해지고, 반대로 춥고 습할수록 소리는 더 잘 퍼져 나갈 것이다. 메마른 사바나 지역, 특히 건기의 밤 중에는 놀라운 역전층을 볼 수 있다. 뜨거운 공기가 빠르게 상승하는 동안 차가운 공기가 지표면으로 하강하면서 높은 습도를 형성한다. 그 결과 지표면 바로 위에 확성기 역할을 하는 일종의 터널 같은 것이 만들어져서 코끼리들이 이를 적극 활용하는 것이다.

오랫동안 만나지 못한 절친처럼, 무리의 암컷들은 저녁부터 늦은 밤까지 수다를 떨며 시간을 보낸다. 짝짓기 계절이 왔다면 근처에 있는 수컷들과도 시시덕거리면서 말이다. 코끼리는 사회적인 결속력을 유지하고 먹이를 찾는 동안 서로의 위치를 알리기 위해, 주변에 포식자가 있는지를 공유하고 침입자로부터 영역을 보호하기 위해 럼블을 사용한다. 심지어 서로 인사할 때greeting rumble, '사랑을 찾기' 위해 혹은 짝짓기 후 서로 작별인사를 할 때에도 활용한다. 물론 이동을 조율할 때도 쓰인다. 그렇다. 레츠고 럼블Let's go rumble도 있다.

무리를 이끄는 일은 어느 정도의 책임이 따르는 일로, 가장 경험이 많고 수원지를 찾는 데에도 능한 암컷 우두머리가 담당한다. 바로 이 럼블 덕분에 우두머리 코끼리는 물을 마시러 가는 길을 안내하기 전에 무리를 불러 모을 수 있다. 이어서 물웅덩이를 떠나 다른 무리에게 자리를 비켜 줘야 할 때가 오면, 또 다른 레츠고 럼블로 다 같이 이동하는 것이다. 우두머리 코끼리는 지역을 속속들이 알고 있어서 언제 어디에 물이 고이는지를 알고, 적당한 때를 계산하기 위해 동물들이 만들어 낸 것이 아닌, 무생물의 초저주파에 귀를 기울인다. 물가에 밀려오는 파도는 태풍이나 비처럼 아무런 방해 없이 수백 킬로미터를 가로지를 수 있는 매우 낮은 초저주파—1헤르츠 정도—를 만들어 낸다. 그러므로 사바나 코끼리들에게 공기란, 이들에게 길을 안내하는 속삭임이다.

번식기에는 수컷 코끼리에게도 이와 비슷한 일이 일어난다. 아름다운 노래를 부르는 '세이렌'과 같은 암컷 코끼리의 목소리를 따라 나서는 것이다. 1년에 한 번 수컷들은 머스트musth라 부르는 발정기 단계에 들어가는데, 이 시기가 되면 테스토스테론의 수치가 증가하면서 매우 광포해진다. 계속해서 오줌으로 영역 표시를 하고 다른 수컷들에게 도전하며 짝짓기할 암컷들을 찾는다. 그러면서 언제나 머스트 럼블musth rumble이라는 매우 길고 깊은 배수관에 물이 내려가는 것과 비슷한 소리를 낸다. 이들은 멀리 있는 암컷들을 향해 사랑의 노래를 부르는 동안 다른 수컷들에게는 자신의 신체적인 우월함을 뽐내며 오줌을 누고 귀를 펄럭인다. 이 시기의 수컷들이 얼마나 흥분 상태인가 하면 큰 소리나 비행기가 지나가는 것만으로 머스트 럼블을 유발할 수 있다. 어떤 경우에는 실제로 공격성이 증가했다. 1992년~1997년에는 남아프리카 필라네스버그에 유입된 17마리의 수컷 코끼리 고아 무리가 머스트 기간 동안 흰코뿔소 40마리 이상을 죽인 사례가 있다. 크루거 국립공원에서 온 수컷 성체 6마리가 등장하여 위계질서를 세움으로써 마침내 그 무익하고 위험한 힘자랑을 끝낼 수 있었다.[18]

머스트 기간 동안의 코끼리들은 6~8톤의 테스토스테론을 적재한 거대한 화물로 변신하여 암컷과 짝짓기를 할 수 있는 그 짧은 찰나를 찾아 사바나를 돌아다닌다. 암컷 코끼리의 가임 주기는 약 4개월마다 2~6일 정도밖에 되지 않는다. 그것도 포유류 중에 가장 긴 22달의 임신기간 중이 아닐 때, 혹은 3살이 되어서야 자립이 가능한, 신생아를 돌보느라 분주한 어미 코끼리가 아니라는 가정하에 말이다. 쉽게 말해 암컷들은 지구가 태양 주위를 5번 공전할 때마다 짝짓기를 할 수 있기에, 수컷들이

196

이토록 예민해지는 것이다. 그렇기 때문에 번식기 중에 사바나는 럼블과 구시렁거리는 소리로 가득하다. 수컷들만 난리를 치는 것이 아니라 암컷들도 나름대로 멀리 떨어진 수컷들에게 자신의 위치와 짝짓기 가능 여부를 알린다. 심지어 정확히 가임 주기의 중간에 이르렀을 때 럼블 발산을 증가시켜 근처에 있는 수컷들이 서로 전투하도록 자극함으로써 가장 뛰어난 개체를 고른다.[19] 수컷의 등장은 암컷 코끼리 무리에게는 축제와도 같아서, 그가 암컷 후보들의 생식기를 감별하는 동안 그들은 모두 함께 럼블 화음을 넣어 그야말로 합창을 한다. 짝짓기에 응할 수 있는 암컷은 각자 자신을 뽐내며 일련의 행동과 자세로 자신을 선택하도록 유혹한다. 교미가 끝나고 수컷이 자신의 등에서 내려오자마자 암컷은 또 다른 굉음과 진동음을 내기 시작하는데, 마치 제사 의식처럼 무려 45분 동안 불규칙적인 간격으로 반복한다. 때로는 무리 전체가(우두머리와 모든 암컷, 그리고 새끼들까지) 연구원들이 메이팅-판데모니움mating-pandemonium, 즉 '교미 아수라장'이라 부르는 합창을 한다. 도를 넘는 결혼식 피로연과 비슷한 풍경이라고 보면 된다. 무리의 구성원마다 럼블, 트럼펫 소리와 으르렁거림으로 동참한다. 이들에게는 진정한 축제인 셈이다. 코끼리들은 종종 이런 식의 축하를 즐긴다. 교미가 끝나거나 머스트 상태인 수컷을 암컷들이 환대할 때, 그뿐 아니라 새 생명이 태어날 때, 무리의 구성원에게 인사할 때 그리고 심지어 방어나 공격 작전 시에도 말이다. 이러한 방식으로 그들은 뉴질랜드 국가대표 럭비팀, 올 블랙스All Blacks가 경기에 앞서 마오리족의 전통 의식과 같은 하카haka를 부르면서 춤추는 것처럼 적을 위협한다.

코끼리들의 삶에서 사회성이 얼마나 중요하냐면, 이들이 서로를 '이름으로 부른다'고 말할 수 있을 정도다. 코끼리들은 서로를 알아본다. 거대한 암컷 무리는 무리에 몰래 침투한 낯선 개체의 목소리를 단번에 알아차릴 수 있으며, 목소리를 듣는 것만으로 최소 백 마리 이상의 동료를 식별할 수 있다.[20] 이 후피동물의 청력은 어찌나 발달했는지 인간의 목소리도 구별할 수 있다. 2014년에 케냐의 암보셀리 국립공원에서 일하던 한 연구팀은 이 후피동물이 사람의 목소리로 성별, 나이, 그리고 심지어 민족까지 추론할 수 있다는 사실을 발견했다. 특히 캄바족 남자와 마사이족 남자를 확실히 구별할 수 있었다. 캄바족을 비롯해 마사이족 여자와 아이들은 두려워할 필요가 없다. 하지만 마사이족 남자들은 다르다. 그들은 코끼리 사냥꾼들이기 때문에 그들의 목소리와 냄새, 의복은 두려워할 필요가 있다. 마사이족 남자들의 목소리를 변형시켜도 코끼리들은 여전히 그들을 알아봤다. 아마도 우리와 전혀 다른 청각 자극과 특징을 참조하기 때문일 것이다.[21]

코끼리가 의사소통하는 법을 배우는지에 대해 우리는 아직 확실히 알지 못한다.[22] 음성 학습에 관해 기록된 유일한 사례는 감금되어 있거나 반 자유상태의 동물들뿐이다. 몸바사-나이로비 고속도로에서 3킬로미터 떨어진 케냐 차보국립공원에 살고 있는 10살의 암컷 코끼리, 믈라이카처럼 말이다. 믈라이카는 그곳을 지나가는 트럭의 소리를 흉내 내는 법을 배웠는데, 그의 럼블 주파수나 '멜로디'는 매일 고속도로를 지나다니는 자동차 소음의 소리를 닮아 있었다. 믈라이카는 자유롭게 사는 코끼리들과 마찬가지로 저녁이나 해돋이 직전에 노래를 불렀다. 반면 스위스 바젤 동물원에서 아시아코끼리들과 함께 사육된 23살의 아프리카 코끼리 칼리메로는 아시아코끼리처럼 '짹짹거리기' 시작했다. 아프리카 후피동물의 아시아 사촌들은 실제로 새들의 지저귐을 떠올리게 하는 보다 감미롭고 날카로운 소리로 소통한다.

코끼리는 아마 다른 많은 포유류나 새처럼 자기 무리의 어른들을 모방하면서 소통하는 법을 배울 것이다. 그리고 그런 성체들이 부재할 때 이런 '이상'이 발생할 것이다. 어쩌면 학습에 '결정적인' 시기가 있고, 자기만의 음색을 정하여 정체성을 확립하고 무리의 구성원들과 관계를 굳건히 다지기 위한 결정적 시기도 있을 것이다. 우리는 아직 확실히 알지 못하기에 이 사실들이 빠른 시일 내에 밝혀지기를 바랄 뿐이다.

09

꽥꽥거리는 남극밍크고래와 '바다의 카나리아' 흰돌고래

작가 알레산드로 바리코Alessandro Baricco는 《오케아노스 바다》에서 스스로 이런 질문을 던졌다. "바다라고 할 때 우리는 무엇을 가리켜 말하는 걸까? 무엇이든 집어삼킬 수 있는 광대한 괴물일까, 혹은 거품처럼 발끝을 휘감는 파도일까? 손으로 떠 담을 수 있는 물일까, 아니면 누구도 볼 수 없는 심해일까?" 우리는 저마다 어떤 추억과 냄새, 맛과 향기, 감정과 두려움을 동반한 자신만의 바다를 갖고 있다. 프랑스 해양학자이자 다큐멘터리 감독인 자크 이브 쿠스토Jacques-Yves Cousteau에게 바다는 '침묵의 세계'였다. 매혹적이었지만 말이 없었다. 스쿠버 다이빙의 선구자였던 쿠스토는 그의 저서 《침묵의 세계》(1953)와 동명의 다큐멘터리에서 바다 밑에 숨겨진 경이로운 세계를 소개했다. 황금종려상과 오스카상을 수상했음에도 불구하고, 이 다큐멘터리에는 바다거북이 등에 올라타거나 상어와 새끼 향유고래를 죽이는 장면, 다이너마이트로 산호초를 폭파하는 끔찍한 모습이 등장한다. 당시는 지금과는 다른 시대였고 훗날 쿠스토는 바다와 해양 생물을 보호하는 환경 운동가가 되었다. 하지만 바다에 대한 그보다 잘못된 정의는 없었을 것이다.

1950년대까지 사람들에게 바다는 고요가 다스리는 세계였다. 우리는 바로 이러한 편견을 출발점으로 삼을 것이다. 그렇기 때문에 1960년대 오스트레일리아 해군이 오베론 잠수함을 타고 남극해에서 매우 특이한 소리를 녹음했을 때 경험했을 경이로움과 당혹감을 한번 상상해 볼 수 있을 것이다. 정확히 말하면 '꽥' 하고 우는 소리였다. 간결하고 50~300헤르츠 사이의 주파수로 약 3초간 중단되었다가 다시 이어지는 식이었다. 이런 바이오덕bio-duck은 남극해 전역에서 울려 퍼졌는데 수십 년 동안 아무도 그 범인을 찾아내지 못했다. 그러다 2014년에 이르러서야 마침내 바이오덕의 실체가 밝혀졌다. 그것은 다름 아닌 남극밍크고래 *Balaenoptera bonaerensis*가 먹이를 찾아 잠수하기 직전에 발산하는 소리였다.[1]

1960년대에 처음으로 바닷속 소리를 녹음할 수 있는 특별한 마이크인 수중 청음기가 내려진 이후로 우리는 쉬지 않고 해저에서 들려오는 멜로디에 귀를 기울였고, 해양 사운드스케이프를 연구하며 새로운 록 스타 발굴에 매진했다. 푸른 바다의 거인, 이빨 대신 케라틴으로 된 수염판[2]이 있는 수염고래부터 시작해서 말이다. 기나긴 플레이리스트에 마지막으로 추가된 히트곡은 세계에서 가장 희귀한 고래 중 하나인 북태평양참고래(북방긴수염고래)*Eubalaena japonica*의 노래였다. 이들은 개채 수가 100~300마리이며, 일본과 알레스카 해역을 떠돌아다닌다. 길이는 18미터까지 이르며, 아래로 구부러진 입을 가진 '슬픈 고래'는 2017년까지 숨어 지내다가 미국국립해양대기국NOAA 소속 해양생태학자 팀과 워싱턴대학 팀이 17년간 현장에서 노력한 끝에 베링해 남동쪽 구간에서 이들의 노래를 녹음하는 데 성공했다.[3] 하나, 둘 혹은 세 가지 구절이 반복되는 4곡의 노래로, 총소리와 때때로 신음, 복잡한 음계 그리고 다른 울음소리가 한 번씩 등장했다. 광대한 베링해 곳곳에 수중 청음기를 고정시키고, 개체 수가 30마리 이하인 자연 상태의 고래들을 원격으로 연구함으로써 연구진들은 이 울음소리가 번식기에 해당하는 7월~1월 사이에 수컷들에 의해서만 만들어진다는 사실을 발견했다. 그러므로 이 노래는 분명 세레나데일 것이다.

7천만 년 전 고래의 조상은 진화 과정의 여러 도전을 극복해야만 했다. 그중에는 매우 어두운 물속 환경에서 소통하는 일도 있었을 것이다. 어떤 고래는 실제로 매우 깊은 곳까지 잠수할 수 있다. 그래서 이들이 채택한 전략은 바로 소리를 이용한 것이다. 물속, 특히 염분으로 농도가 더 진한 물속에서 소리는 초속 1,500미터의 놀라운 속도로 이동하기 때문이다. 고래류는 깊은 바닷속에서 방향을 찾고 사냥을 하는 데 소리를 사용하지만, 특히 수다를 떨고 정보를 교환하며 서로의 움직임을 조율하고 구애하며 새끼들을 기르기 위해 이용한다. 수염고래는 장거리에서 소통하기 위해 주로 소리와 초저주파를 사용하는 반면, 향유고래부터 돌고래까지 이빨이 있는 이빨고래는 소리와 때로는 초음파도 활용한다.

일반적으로 고래들의 소리는 사냥 도중 반향정위를 하거나 방향을 찾기 위한 클릭음click이라고 하는 딸깍 소리와 일련의 휘파람 소리 및 노랫소리로 구분할 수 있다. 휘파람과 노랫소리는 사회적 의사소통에 사용되며 일부 수염고래에게서만 나타난다.

발산하는 소리 유형 면에서 최고 수다쟁이는 '벨루가'라고도 불리는 흰고래*Delphinapterus leucas*다. 이들은 완전히 하얀색의 이빨고래로, 그린란

드부터 러시아까지 북극해의 차가운 물속에서 산다. 5~6미터 길이에 무게는 1톤을 약간 넘는 녀석들의 발성법은 약 10가지 유형의 소리를 포함하고 있어 흰고래는 '바다의 카나리아'라는 별명을 얻게 되었다. 실제로 흰고래는 클릭 소리click, 단독 혹은 혼합형의 날카롭고도 선율적인 짹짹거리는 소리chirp, 그리고 휘파람 소리whistle, 비명, 회전톱과 비슷한 진동음과 앵앵거리는 소리buzzsaw를 낸다. 게다가 턱뼈를 빠르게 닫으면서 '이빨을 부딪치는 소리jaw clap'까지 낼 수 있다.[4] 하지만 이 넓은 레퍼토리는 성대로 만들어진 것이 아니다. 놀랍게도 고래는 성대를 갖고 있지 않다. 그렇다면 어떻게 이런 소리를 내는 걸까?

이빨고래들이 후두에서 만들어 낸 소리는 공기관을 따라 이동하여 분기공까지 이어진다. 이 과정에서 소리는 움푹 파여서 울림통의 역할을 하는 공기주머니에 이른다. 그리고 음성 입술phonic lips 두 쌍에 의해 조정되는데, 음성 입술은 호흡 기관이 변형된 것으로, 진동시키면 성대와 동일한 역할을 한다. 음성 입술의 진동, 열림과 닫힘은 우리가 입술을 조정하는 것과 같은 방식으로 작동한다. 이때부터 소리는 멜론—지방 조직으로 이루어진 기관으로, 둥글납작하고 말랑하며 고래의 이마쪽에 자리하고 있다—에 전달되는데 여기서 소리를 변형시키고 확장시키며 조절한다. 동시에 소리를 만들어 내는데 사용된 공기는 분기공을 통해 배출되거나 또 다른 소리를 만들기 위해 재활용된다.[5]

흰고래—바다의 유니콘인 일각고래[6]와 함께 외뿔고래에 속한다—는 매우 발달된 멜론 덕분에 독특한 머리 형태를 자랑하며, 이런 소리를 발산하는 동안에는 멜론 모양도 바뀐다. 특히 반향정위를 할 때 말이다.

흰고래에게 반향정위는 사냥하고 북극의 빙하에서 이동하며, 잠수 후 수면 위로 올라와 숨을 쉴 곳을 찾는 데 필요하다. 이를 위해 흰고래는 연속으로 빠르게 이어지기도 하는 클릭음을 만들어 내는데 이 소리는 멜론에서 결집되어 약 초속 1.6킬로미터 속도로 앞으로 방출된다. 그런 다음 물속에 있는 사물에 부딪혀 발신자에게 메아리 형태로 되돌아오고, 이를 듣고 해석하여 '사운드 이미지'를 얻게 된다. 하지만 흰고래—다른 모든 고래류처럼—는 10~20마리 정도 개체가 포드pod라고 부르는 무리를 이루어 사는 사회적 동물이다. 그래서 이들 대부분의 짹짹거림은 동료들을 향한 것이다.

뭐니 뭐니 해도 클릭음 부분의 챔피언은 향유고래*Physeter macrocephalus*다. 이들 수컷은 길이가 16~18미터로 이빨고래 중 가장 크며, 무게는 약 40~50톤 정도다. 암컷은 그보다 조금 더 작고 길이는 보통 12미터를 넘지 않는다.

향유고래의 머리 크기는 정말 어마어마하다. 몸에서 가장 큰 부위가 바로 머리이며, 이곳에는 반액체 상태의 밀랍으로 이루어진 경랍 기관이 있다. 과거에 초를 만들고 기름램프의 연료로 사용되었던 바로 이 액체 때문에 향유고래는 멸종될 위기에 처하기도 했다. 오늘날에 우리는 이 기관이 반향정위에 필요하다는 사실을 알고 있고, 어떤 연구원들에 따르면 부레의 기능도 담당한다. 경랍 기관은 그 형태 덕분에 발산한 소리의 반경을 집중시키거나 확장시킬 뿐 아니라, 응고하고 다시 액화되면서 향유고래가 가라앉거나 다시 떠오르도록 도와준다.

지중해에도 살고 있는 이 '모비딕'은 바다 깊이 서식하는 연체동물을 특히 좋아한다. 갑오징어, 유럽화살오징어, 심지어 대왕오징어*Architeuthis*까지 말이다. 가다랑어, 대구, 꼬치고기와 더불어 먹이를 하루에 자기 몸무게의 3%에 해당하는 1,000킬로그램까지 섭취한다. 20개 정도의 이빨은 각각의 길이가 10~20센티미터, 무게는 1킬로그램으로 5미터 길이의 가느다란 턱뼈를 수놓고 있지만 이 동물들을 잡아먹기에 꼭 필요해 보이지는 않는다. 그러나 심해에 잠수하는 일은 먹이 활동에 필수적이다. 향유고래들은 배불리 먹기 위해 주로 400~700미터 사이에서 사냥하지만 3,000미터 깊이까지도 입수할 수 있으며, 잠수는 약 40~50분간 지속된다. 이 기나긴 잠수 동안 향유고래는 음성 입술 한 쌍만 사용하여 대부분의 시간을 딱딱거리는 소리를 발산하며 보낸다. 다른 이빨고래와 비교했을 때 한 쌍을 적게 갖고 태어났기 때문이다.

이 소리들은 반향정위에 필요하다. 날개 달린 그들의 먼 친척 박쥐처럼 향유고래는 해저를 항해하며 소리를 통해 먹잇감을 찾는다. 이들은 물속에서 보내는 시간의 80%를 맛 좋은 별미를 찾아 클릭음을 내면서 탐지기를 가동한다.[7] 이 클릭음 소리의 평균 주파수는 5,000~7,000헤르츠(하지만 32,000헤르츠까지 이를 수도 있다)로 20킬로미터 거리에서도 들리며 정말 강력한 소리가 될 수도 있다. 근원지로부터 1미터 떨어진 곳에서 측정했을 때 223데시벨에 이를 정도다. 승마에서 말의 주의를 끌기 위해 내는 소리를 닮은 이 연속적인 클릭음 사이에 가끔씩 크리크음creak을 내는데, 이는 박쥐의 버즈와 매우 유사한 딱딱거리는 소리다. 크리크음은 강한 방향성 신호로 초당 50회, 10~30초간 지속되는 아주 빠른 연속적인 클릭음으로 구성되어 있으며, 먹잇감이 근처에 있을 때 이들에 대한 조금 더 선명한 이미지를 얻기 위한 소리다. 쉽게 말해 초점을 맞추기 위한 것이다. 24시간 동안 1톤에 달하는 오징어와 물고기를 먹는 일은 사실 쉬운 일이 아니다. 향유고래는 잠수할 때마다 이런 딱딱거리는 소리를 최소한 40여 차례씩 발산해야 하는데, 연구원들의 청음기는 이렇게 많은 소리를 녹음하지 못했다. 아마도 모든 종류의 먹잇감을 삼키기 전에 자세히 관찰할 필요는 없었기 때문으로 보인다.

피부에 상처와 흉터가 가득한 이 놀라운 이빨고래는 무리 생활을 하며 그들의 '딱딱거리는' 언어는 의사소통의 기초를 이루고 있다. 대부분의 고래가 그렇듯이 향유고래 무리는 다양한 연령의 어른 암컷들과 그들의 새끼들로 구성되어 있다. 수컷들은 '성인'(약 9~10살)이 되자마자 어미를 떠나 수컷들 무리를 형성하는데, 이후 나이가 많은 수컷들은 독립하여 보통 고독한 삶을 꾸려 나가지만, 짝짓기의 계절이 오면 덜 염세주의적으로 변한다. 홀로 있는 것을 좋아할 뿐, 바보는 아니니까 말이다. 하지만 앞서 말한 것처럼 무리 생활을 하려면 때로 메시지를 주고받아야 하는데, 이런 경우 향유고래는 슬로우 클릭slow click이라는 2,000~4,000헤르츠 사이의 주파수가 낮은 딸깍 소리를 활용한다. 이 소리는 60킬로미터 거리에서도 들을 수 있으며, 보통 이동 중인 수컷들이 얕은 수심에서 번식기에 발산하는 소리이거나 그 외의 기간에 수컷 성체 무리 안에서 내는 소리이다.[8]

오랫동안 슬로우 클릭을 반향정위 신호라고 생각해 왔지만, 깊은 곳에서 녹음된 자료가 없었고, 사냥 중에 발산하는 소리와 함께 감지된 것도 없었다. 그보다 슬로우 클릭은 얕은 수심이나 향유고래가 잠수했다가 다시 떠오를 때 매우 흔하게 나타났다. 최근 가설에 따르면 이 신호들은 사회적 결속력을 유지하는 데 필요한 소리로, 범고래와 같은 포식자의 공격을 받았을 때나 무리의 다른 구성원들에게 그 지역에는 이미 오징어 사냥을 하는 누군가가 있음을 알리기 위한 것이다. 쉽게 말해 다른 곳으로 가서 오징어 사냥을 하라는 뜻이다.

다른 모든 소리와 마찬가지로, 슬로우 클릭 또한 측정 가능한 메아리를 갖고 있으며, 이를 발산하는 고래가 어디에 있는지도 알려준다. 아마도 이 소리를 통해 다른 향유고래들은 동료의 크기와 나이까지 추정할 수 있을 것이다.

그런데 향유고래가 바다 표면에서 발산하는 가장 전형적인 소통 신호는 바로 코다coda라는 신호다. 즉, 일정한 형식을 갖춘 연속 클릭음으로, 다른 무리들 사이보다는 같은 무리 안에서 소통하기 위해 사용되며 문화적으로 전승되는 신호들이다. 실제로 어떤 향유고래 무리는 일정한 음향 레퍼토리, 사투리를 공유한다. 비록 이들은 같은 세력권을 공유하는 수천 마리의 대규모 집단으로 연합되어 있지만, 그 속의 각 무리는 다른 억양을 사용하기 때문에 구별할 수 있다. 바로 이런 코다가 여러 암컷과 새끼들로 구성된 작은 가족 단위의 특징이며 같은 사회적 무리 안에서 학습된다. 가령 지중해에서는 세 번의 연속 딸깍 소리를 내고 잠시 멈춘 뒤 딸깍 소리를 내는 코다가 광범위하게 사용되고 있다. 끝으로 아직 많이 밝혀지지 않았지만 향유고래는 스퀼squeals이라는 날카로운 소리를 만들어 내는데, 이는 좁은 대역의 조정된 주파수를 특징으로 하며 무리가 있을 때 녹음되므로 사회적인 신호일 것이다.

또 다른 연쇄 '클리커'들은 바로 돌고래로, 그중에서도 특히 큰돌고래*Tursiops truncatus*가 대표적이다. '돌고래'라는 단어는 보통 알락돌고래속*Stenella sp.*, 큰돌고래속*Turiops* 그리고 안타깝게도 이제 지중해에서 이전처럼 볼 수 없는 짧은부리참돌고래*Delphinus delphis*를 포함한 매우 다양한 종을 지칭한다. 이들은 크기, 색깔, 비율, 그리고 때로는 서식지 또한 다른 종들이다. 연구원들과 고래학자들은 이 차이점을 완벽히 알고 있어서 구별할 줄 알지만, 일반 사람들이 생각하는 돌고래의 이미지는 영화 〈플리퍼Flipper〉의 큰돌고래일 것이다. 이 종은 고래류 중 감금 생활을 참아내는 몇 안 되는 종 중 하나이며, 그의 사회적인 지능과 곡예 능력 때문에 자유를 희생당했다. 큰돌고래는 전 세계 돌고래 수족관에서 가장 많이 볼 수 있는 고래류로 돌고래 쇼에 이용되고 있다.

길이가 4미터 미만인 이들도 약 15마리의 개체로 구성된 포드를 이루어 생활한다. 그런데 먹이를 찾을 때와 같이 특별한 경우에는 수백, 수천 마리의 개체가 슈퍼포드superpod로 연합하기도 한다. 큰돌고래들은 주파수가 수십에서 150,000헤르츠 사이인 간결한 반향정위 클릭음을 사용하여 물고기 떼와 오징어 사냥을 나선다. 소리의 근원지로부터 1미터 떨어진 거리에서는 크기가 220데시벨에 이르는 이 클릭음은 머리에 위치한 3개의 공기주머니에서 만들어진다. 숨구멍 근육의 수축 작용으로 공기는 먼저 위에 있는 주머니를 통과하고 다음으로는 중간 주머니, 그리고 마지막으로는 아래 주머니를 통과하면서 '탁' 소리를 내는데 이는 추후 멜론에 의해 증폭된다. 장애물이나 먹잇감에 부딪힌 반향은 돌고래의 아래턱을 통해 감지되고 내이로 전달된다. 이들도 먹잇감을 혼란에 빠뜨리기 위해 버스트 펄스burst pulse라고 부르는 연속 클릭음을 발산할 수 있다.

하지만 우리가 흔히 돌고래와 연관시키는 소리는 영화나 텔레비전 시리즈에 등장하는 돌고래의 날카로운 휘파람 같은 소리이다. 큰돌고래들이 서로 소통할 수 있는 건 바로 이러한 휘슬음 덕분이다. 이 소리는 주파수가 2,000~25,000헤르츠이며, 짧게는 수십 분의 1초, 길게는 몇 초간 지속된다. 그보다 더 재미있는 것이 있는데, 바로 시그니처 휘슬 signature whistle이다. 돌고래는 각 개체마다 동료들이 알아볼 수 있는 고유의 시그니처 휘슬이 있는 것으로 보인다. 그렇다면 우리는 돌고래들이 이름이 있다고 말할 수 있지 않을까?[9] 현실은 늘 그렇듯 이렇게 단순하지만은 않다.

큰돌고래들이 자신의 신원을 증명하고 무리 구성원들에게 자신의 존재를 알리기 위해 시그니처 휘슬을 발산한다는 가설을 최초로 세운 사람들은 1968년 콜드웰 부부였다.[10] 그리고 50년이 넘는 시간 동안 우리는 이러한 신호를 이해하는 데 많은 진보를 이루었다. 그 예로 휘슬의 구조가 밝혀졌는데, 이 신호는 보통 4초까지 지속되며 주파수는 1,000~30,000헤르츠이고,[11] 0.25초 간격으로 반복될 수 있는 요소를 포함하고 있다.[12] 또한 갇혀 있는 큰돌고래들은 컴퓨터가 만들어 낸 '휘슬 모델' 소리를 충실하게 흉내 낼 수 있으며, 이 소리를 공이나 훌라후프 같은 사물과 연관시킬 수 있다는 사실도 금세 알 수 있었다.[13] 다시 말해 큰돌고래는 '공-시그니처 휘슬'과 '훌라후프-시그니처 휘슬'을 배우고 따라할 수 있다는 뜻이다.

한편 이러한 소리들의 기능을 이해하게 됨으로써 이 소리가 돌고래의 사회적인 결속력을 유지하는 데 유용하다는 사실을 깨닫게 되었다.[14] 갇혀 지내는 상태에서 의학적인 검사를 위해 잠시 차출된 경우든, 야생에서든, 무리에서 떨어진 개체는 분리되어 있는 기간의 최소 80% 동안 자신의 시그니처 휘슬 소리를 반복해서 낸다는 점이 밝혀졌다. 반면 무리의 모든 구성원이 가까이 있을 때에는 이러한 특별한 신호의 재생 빈도가 기간의 40~70% 정도로 현저히 줄어들었다.[15] 그러므로 이 시그니처 휘슬은 아마도 큰돌고래들이 멀리 떨어져서 서로를 볼 수 없을 때 연락을 유지하기 위해 필요한 것으로 보인다. 마치 "난 여기 있어. 넌 어디 있니?"처럼 말이다.

무엇보다도 우리는 돌고래들이 집단 문화를 가진 종들의 전형적인 음성 학습 방식으로 이 신호들을 습득한다는 점을 발견했다. 생후 3개월 동안 새끼 돌고래들은 어미를 시작으로 무리 구성원들의 시그니처 휘슬에 귀를 기울인다. 이는 새들과 매우 유사한 방법이기도 하다. 그리고 이러한 청각 경험을 바탕으로 자신의 고유한 시그니처 휘슬을 만들어 낸다.[16] 수컷 돌고래 새끼들의 시그니처 휘슬은 암컷 새끼들에 비해 어미의 것과 더 유사한 것으로 나타났다.[17] 주목해야 할 점은 그들의 행동이 단순한 모방이 아닌 창의력이 포함된 행위라는 것이다. 새들처럼 '유전학적인 틀'이 있고, 이를 바탕으로 시그니처 휘슬의 모방을 통해 배우는 과정이 개발되고 개인화가 이루어진다. 그러므로 돌고래마다 자신만의 시그널을 개발하여 구체화시킬 것이다. 암컷은 시그니처 휘슬이 변하지 않고 수십 년 동안 그대로 유지되는 반면, 수컷들은 모계 무리를 떠나 새로운 동맹을 맺고 무리를 이루어 살아갈 성인기 동안 약간 변형될 수도 있다. 그러므로 우리가 지금 마주하고 있는 돌고래의 시그니처 휘슬은 새들의 노랫소리처럼 습득되지만, 새와는 달리 창작되고 개인화되는 의사소통 신호이다.

보다 최근인 2011년에서 2013년 사이에 돌고래 연구에 관한 또 다른 핵심 퍼즐 조각 2개가 추가되었다. 첫 번째로는 큰돌고래가 자신의 시그니처 휘슬을 내며 무리의 다른 구성원들이 내는 시그니처 휘슬에 응답한다는 사실이 밝혀진 것이다.[18] 마치 "난 여기 있어. 넌 어디 있니?"

라는 질문에 "나 여기 있어."라고 대답하는 것과 같다. 또한 시그니처 휘슬이 서로 다른 무리 간의 의사소통에도 중요한 역할을 한다는 점이 드러났다. 실제로 대규모 사냥과 같은 행사로 인해 여러 무리가 함께 모일 때 돌고래들은 시그니처 휘슬을 내는 일종의 인사식을 갖는다.[19] 마치 큰돌고래들이 서로 자기소개를 하는 것과 같다. 하지만 실제로 각 무리에서 자신을 소개하는 개체는 1마리뿐이다. 독특하고 매우 실용적인 방법으로, 여러 사람을 동시에 만나는 자리에서 세 번째 악수를 할 때면 이미 처음 인사한 사람의 이름은 잊어 버리고 마는 우리 인간들보다 확실히 효율적인 방법이다. 큰돌고래들은 이런 방법으로 문제를 근본적으로 해결한 것이다. 농담은 이쯤에서 그만하기로 하고, 큰돌고래들 사이에서 예의를 갖추러 나서는 개체가 1마리뿐이라면, 아마 각 무리마다 중요한 결정을 내리는 그룹 리더가 있기 때문일 것이다. 이것이 지나치게 섣부른 가설이 아닌 근거는 무리로 사냥을 할 때 각자가 맡은 역할이 있다는 것이 증명되었기 때문이다. 예를 들면, 물고기 떼를 동료들이 있는 쪽으로 몰아가는 타자가 있고, 장벽을 만들어 물고기 떼를 가두어 모두가 먹을 수 있도록 하는 구성원들이 있다.[20]

끝으로 큰돌고래들이 방금 들은 소리를 모방하여 시그니처 휘슬에 응답하는 모습도 관찰되었다. 이런 반응은 보통 그 시그니처 휘슬이 아주 가까운 무리 구성원의 것일 때 일어난다. 가령 어미와 아들 혹은 같은 무리에 속한 수컷끼리 말이다. 그리고 이러한 행동은 580미터 내에서만 일어난다.[21] 반대로 큰돌고래들이 휘슬의 주인을 겨냥하여 다른 개체의 시그니처 휘슬을 일부러 모방할 때가 있는데, 그러면 휘슬의 주인 또한 부름에 응답한다. 물론 모방된 소리는 진짜 주인의 휘슬과 구별할 수 있고, 이러한 경우에 시그니처 휘슬은 일종의 인식표 역할을 한다. 한 개체를 분명하게 가리키는 것이다. 그러므로 주인이 그 소리를 낼 때에는 자신을 소개하는 용도로 사용할 수 있다. 하지만 동료가 모방해서 그 소리를 낸다면 해당 개체의 주의를 끌기 위한 방법일 수 있다.[22]

그렇다면 돌고래들이 이름을 짓는다고 말할 수 있을까? 꼭 그렇지만은 않다. 무언가 혹은 누구에게 이름을 붙인다는 말은 추상화 활동을 한다는 뜻이다. 어떤 단어나 소리가 한 집단에서 공유되어 모두에게 같은 의미를 지니거나 같은 사람을 가리킨다는 것이다. 이는 참조적 의사소통이며 우리가 매일 사물이나 친구들을 가리킬 때 하는 활동이다. 큰돌고래에게도 이 개념이 동일하게 적용되는지는 아직 완전히 밝혀지지 않았다. 일부 연구원들에 따르면 시그니처 휘슬이 사실은 여러 개체가 공유하는 대안적인 소통 신호로, 음향 변수에 개별적인 변수를 포함하고 있으며[23] 음향기반 인식이 가능한 신호인 셈이다. 물론 시그니처 휘슬의 생성은 사회화나 포식 활동을 할 때 현저히 증가한다.[24] 그리고 이런 신호들은 분명 무리 사이의 소통, 특히 같은 포드 내에서의 소통에 필요하다.

한편 진정한 멜로디, 노래를 만들어 내는 이들은 바로 수염고래들이다. 지금부터 제일 유명한 록 스타, 혹등고래를 시작으로 바닷속 가수들의 세계로 뛰어들어 보자. 혹등고래*Megaptera novaeangliae*는 매우 길고 하얀 가슴지느러미와 36개의 움푹 파인 목주름을 통해 알아볼 수 있다. 이 주름은 더 많은 양의 물을 삼켜 수염으로 거를 수 있도록 해 준다. 그 전에 우선 하나의 세부사항을 짚고 넘어가야 한다. 수염고래들 또한 성대가 없으며, 음성 입술은 아예 없다. 이들은 후두 옆에 공기주머니만 갖고 있기에, 어떻게 그런 가창 능력을 가질 수 있는지는 아직 수수께끼로 남아 있다.

길이는 15미터에 몸무게는 30톤에 이르는 혹등고래는 몇 시간 동안이나 쉬지 않고 어려운 창법을 선보일 수 있는 심해의 프레디 머큐리다. 1967년 로저 페인Roger Payne과 스콧 맥베이Scott McVay에 의해 그 재능이 알려졌고,[25] 그 이후로 이 생명체들의 노래는 많은 예술가와 가수에게 영감을 주었으며, 심지어는 어떤 광고의 배경음악이 되기도 했다. 그도 그럴 것이, 보통 100~4,000헤르츠의 주파수를 갖는 이 멜로디는[26] (하지만 혹등고래의 발성은 20헤르츠~24킬로헤르츠를 오르내린다[27]) 놀랍도록 아름답기 때문이다. 혹등고래는 몇 시간 동안이나 무대를 활보할 수 있다. 그리고 공연 순서는 대략 이런 식이다. 하나의 '콘서트' 안에서 노래 시리즈를 만들어 내는데, 각각은 5~20분까지 소요될 수 있으며, 정확한 순서로 반복되는 3~9개의 주제 혹은 구절로 구성되어 있고, 각각의 구절은 다시 최대 15초까지 지속되는 소리와 음표 단위로 이루어져 있다. 그렇기에 이 콘서트의 소노그램을 살펴보는 연구원들의 눈앞에는 작곡가의 걸작품과도 같은 악보가 펼쳐진다.

혹등고래는 먹이를 섭취하는 곳, 즉 색이장feeding ground에서 노래를 부르는데 공연의 진수는 짝짓기 철에 번식 구역에서 수컷들이 만들어 내는 소리다. 아마 이 세레나데는 경쟁자들이 접근하지 못하도록 막고, 귀를 기울이고 있는 암컷들에게 자신의 성량과 풍채를 뽐내기 위함일 것이다. 사랑을 노래하는 이들은 성적으로 성숙한 수컷뿐만이 아니다. 아직 미성숙한 젊은 수컷 고래들도 노래를 한다. 물론 여기서는 아주 어린 새끼들—어쨌든 길이는 6미터에 이르지만—을 지칭하는 건 아니고, 어른들과 연합함으로써 단체 공연을 펼치는 청소년을 말하는 것이다. 이 젊은 '사기꾼'들은 여러 가지 사유로 짝짓기를 할 수 없으면서도 노래를 한다. 우선은 수컷 어른들로부터 그 어떤 조직적인 방해도 받지 않아 노래를 할 수 있기 때문이다. 그렇기 때문에 약 10미터(고래류의 경우, 크기와 나이가 매우 밀접한 관계가 있기에 12미터 이상부터 어른이 된다) 정도 되는 이 소년들은 연습을 하는 것이다. 단체로 노래하는 건 이들에게 체육관에 온 것과 마찬가지다. 듣고, 관찰하고, 훈련하며 어른 혹등고래의 삶이 어떻게 돌아가는지 배운다. 그리고 수컷 어른들은 이 '견습생'들을 너그럽게 봐주는 듯하다. 결국 견습생들을 쉰 목소리로 말하게 내버려두면, 자신들의 용맹함이 암컷들의 귀에는 더욱 돋보일 테니 말이다.[28] 실제로 젊은 수컷 고래들은 구절을 빼먹거나 순서가 뒤바뀐, 어딘가 어설픈 구석이 있는 노래를 부른다. 쉽게 말해 리얼리티 방송 〈디 엑스 팩터The X Factor〉의 오디션 같은 것이다. 별 볼일 없는 이들에게 둘러싸여 있으면 분명 무리에서 가장 돋보일 것이다.

게다가 암컷들은 세레나데를 평가하는 데 있어 굉장히 깐깐하다. 그러므로 수컷들은 나이팅게일처럼 노래를 부르고 다양한 구절을 섞어 보면서 새로운 요소를 추가하는 수밖에 없다. 그 결과 이 노래들은 해가 갈수록 바뀔 뿐 아니라 번식기 중에도 변형된다. 절대로 혹등고래 숙녀들이 매번 같은 노래를 듣는 것을 지겨워하기 때문은 아니다. 어쨌든 중요한 건 수컷 혹등고래가 나이팅게일처럼 노래한다는 사실이다.

솔직히 말하면 나이팅게일, 오리, 카나리아 그리고 더 일반적으로 새에 비유한 점은 아주 터무니없는 표현이 아니다. 전 세계 바다에 분포하며 한 번씩 지중해에도 모습을 드러내는 이 사랑스러운 고래들의 노래를 이용한 소통에는 사투리가 나타나기 때문이다. 각 바다에는 집단마다 고유의 '고래어'가 있다. 그리고 인간은 이러한 사실을 1980년 초에 이미 알아냈다. 하와이부터 멕시코 해안까지, 북태평양에 사는 고래들은 이런 저런 모양으로 같은 노래를 부르는데, 이 노래는 북대서양에서 유행하는 노래와 완전히 다르며, 남반구의 바다와 인도양에서 울려 퍼지는 것과도 다르다.[29] 총 5개의 서로 다른 사투리가 있는데, 혹등고래만 이처럼 세련된 문화를 가졌다고 자랑할 수는 없다. 왜냐하면 사투리의 증거, 즉 지역에 따른 발성이나 노래의 변화는 향유고래[30]와 범고래[31]가 사용하는 신호에서도 발견되었기 때문이다.

새들과 마찬가지로 이 지느러미를 가진 카나리아들도 모방 학습을 통해 무르익은 음향 문화가 있다. 그리고 이 거인들 사이에서는 멜로디에 새로운 것을 도입하면 종종 포상이 이루어진다.

혹등고래는 출산이나 먹이를 위해 적도와 남북극, 반구 사이를 이동하는 대단한 이주자들이다.[32] 이러한 이주 과정에서 누군가가 무리에 슬쩍 끼어들어 자기가 알고 있는 노래를 흥얼거리는 일이 생길 수 있는데, 이 노래는 몰래 끼어든 무리의 노래와 완전히 다를 것이다. 하지만 이 고래들에게 문화적 다양성은 일종의 부가가치 같아서, 노래의 일부나 전체가 너무나 마음에 든 나머지 지배적인 노래가 되는 경우도 있다. 혹등고래가 새 노래를 배우기 위해 옛날 노래를 버리는 것이다. 사랑에 있어서 놀라움과 참신함은 늘 높이 평가되기도 하니 말이다.

오스트레일리아 해안을 따라 태평양을 헤엄쳐 다니는 혹등고래 주민들—'시드니 집단'이라고 부르기로 하자—에게 이런 일이 일어났다. 일부 서쪽 개체가 동쪽에 도달하자 3~4년 만에 그들의 노래는 인도양 서쪽 해안 혹등고래—'퍼스 집단'이라 부르기로 하자—의 노래로 완전히 대체되었다. 1995년에 시드니 집단은 우리의 겨울에 해당하는 남극의 여름 동안 먹이를 찾아 평소처럼 극지방으로 향했고, 자신의 잘 정리된 플레이 리스트를 갖고 있었다. 하지만 1996년에 번식 구역, 즉 그레이트 배리어 리프Great Barrier Reef로 돌아왔을 때 퍼스 집단 출신의 침입자를 발견하게 되었다. 집으로 돌아가는 길에 분기점을 잘못 들어선, 전혀 다른 노래를 부르는 단 1마리의 개체였다.

최신 유행에 항상 민감한 혹등고래 숙녀들과 수컷들 사이에서 퍼스의 노래가 어찌나 큰 인기를 얻었는지 이듬해(1997년)에는 이미 10마리의 개체가 새로운 노래를 흥얼거렸고, 누군가는 올드스타일과 뉴스타일의 리믹스를 시도했다. 번식기가 끝날 무렵, 대부분의 수컷들은 현재의 히트곡인 퍼스 노래에 주파수를 맞추게 되었고, 1998년에는 이미 대부분의 고래가 최신 유행가에 적응해 있었다. 그러므로 이것은 문화적인 습득과 혼합이지 새로운 창작이 아니다. 따라서 혹등고래의 노래는 시간이 지남에 따라 같은 집단 내에서도 모방되고 널리 퍼짐으로써 바뀔 수도 있지만, 새로운 가수의 등장으로 매우 빠르게 완전히 바뀌어 버릴 수도 있다. 그리고 이것은 드문 현상이 아니다. 1998년과 2008년 사이에도 같은 일이 일어났다. 태평양의 오스트레일리아 집단은, 남태평양의 다른 지역에서 온 구절들을 노래에 포함시켰고 때로는 완전히 대체하기까지 했다.

흥미로운 사실은 특히 혼합된 노래, 다시 말해 리믹스 곡에서 새로운 구절은 옛 노래 중에서 그와 비슷한 음을 갖고 있었던 지점에 '연결'되었다는 점이다.[33] 그리고 이것은 매시업mash up, 즉 2개의 노래를 조합하는 일을 직업으로 하는 사람들이 사용하는 것과 똑같은 원리이다.

마치 이 두 집단 사이에서 사투리가 서쪽에서 동쪽으로, 인도양에서 프랑스령 폴리네시아로 1년 동안 6,000킬로미터를 횡단하여 옮겨가는 것 같다. 그리고 항상 굴러온 돌이 박힌 돌을 빼내는 식이지 그 반대의 경우는 일어나지 않는다. 그러나 노래 교체가 왜 오직 서쪽에서 동쪽 방향으로만 이루어지는지는 아직 명확하게 밝혀지지 않았다. 어쩌면 서쪽 집단이든 동쪽 집단이든 오스트레일리아의 여름 동안 같은 구역에서 먹이를 찾기에 서로의 소리를 엿듣고 무언가를 모방했기 때문일지도 모른다. 아니면 좀 더 대담한 서쪽 집단의 수컷이 새로운 한계를 넘을 의도가 없는 동쪽 집단으로 이동해서일지도 모른다. 실제로 사투리 노래에 대한 연구는 혹등고래의 이주 경로를 추적하는 데에도 도움이 될 수 있다.[34] 뉴질랜드 북동쪽에 위치한 케르마데크 제도는 고래들의 다양한 노래를 녹음할 수 있는 촘촘한 교차로인 것처럼 보인다. 노래의 대부분은 더 북쪽에 위치한 섬—뉴칼레도니아, 니우에, 쿡 제도—들 출신이고 어떤 노래는 좀 더 먼 프랑스령 폴리네시아에서 왔다. 이러한 문화적 이동을 어떻게 추적해야 할지 아직은 잘 모르지만, 고래들이, 적어도 혹등고래와 큰돌고래는 음성학습 능력이 있다는 사실은 확실히 알 수 있다.[35]

30미터 길이에 170톤의 무게를 자랑하는, 지구상에 존재하는 가장 큰 동물인 대왕고래(흰긴수염고래)*Balaenoptera musculus*도 사투리를 사용한다. 약 9~13개의 노래가 존재하는 것으로 추정되는데, 이는 여러 해저 분지 분포와 일치하고,[36] 대왕고래의 네 아종이 만들어 내는 울음소리다. 각각의 노래—혹등고래의 노래보다 덜 선율적이고 깊은—는 12~15분간 지속되며 여러 구절의 반복으로 구성되어 있다. 또한 각 구절은 강한 리듬의 A타입 또는 높낮이가 있는 B타입의 호출음(calls)으로 이루어져 있다. 이는 각각 15~20초간 지속될 수 있으며 14~36헤르츠의 초저주파로[37] 불가청음 경계에 걸쳐 있어서 인간은 부분적으로만 들을 수 있다. 이 바다의 거인들은 사실 세상에서 가장 낮고 큰 소리를 낼 수 있는데, 주파수는 8~222헤르츠이며 소리의 근원지로부터 1미터 떨어진 거리에서 측정한 크기는 190데시벨에 이른다.[38]

앞서 소개한 노래는 수컷들만 부르는데 대왕고래는 초음파 주파수 사이의 D호출음(D-call)이라 불리는 웅얼거리는 소리, 꿍꿍거리는 소리, 자극적인 소리도 만들어 낸다. 수컷과 암컷 모두 사회적인 기능을 갖고 있는 D호출음을 사용한다. 이는 서로를 알아보고, 거리를 유지하며, 식량원(크릴)의 위치를 알아내고 자신의 위치와 상황에 대한 정보를 주고받기 위해, 혹은 포식자의 등장(특히 새끼들이 출생하는 계절에)을 알리는 것은 물론, 방향을 잡기 위해서 필요할 것으로 보인다.[39]

끝으로 다양한 고래들이 만들어 내는 소리는 무리 내에서 종 간 소통에 사용될 뿐 아니라, 그 신호의 수신자가 아닌 '엿듣는' 포식자에게 도청당할 수도 있다. 가장 무서운 포식자 중에는 범고래*Orcinus orca*가 있다. 사회적이고 지능적인 이빨고래로 생태형, 즉 특정 유형의 먹잇감 사냥에 전문화된 집단으로 나뉜다. 놀라운 사냥 기술을 자랑하는 이들은 서커스 곡예사들에 준하는 탁월한 협동심을 갖고 있다. 피로 가득한 현장의 모습들은 이 고래들의 총명함과 협동심이 도달할 수 있는 수준을 잘 나타내며, 해양 포유류를 사냥하는 기간에 남극해에서 목격할 수 있다. 이곳의 일부 범고래는 커다란 빙상 위에 앉아 쉬는 습성을 가진 웨들바다표범*Leptonychotes weddellii*을 잡아먹는 일에 특화되었다. 범고래들은 다 같이 힘을 모아 이 바다표범들을 몰아내서 잡아먹기 위해 바다로 빠트린다.[40]

일단 목표물을 결정하고 나면 다 함께 수십 미터 물러난 다음, 모두 옆으로 줄지어 대열을 형성한 후 수면 높이로 같은 속도를 유지하며 위협적으로 전진한다. 유빙을 몇 센티미터 남겨둔 상태에서 재빠르게 입수한 후, 꼬리로 파도를 만들어 유빙이 기울어지게 하여 불쌍한 바다표범을 물에 떨어뜨리고 만다.

한편 지구 반대편 알래스카 심해, 베링해와 알류샨 열도 사이에는 세계에서 가장 많이 연구되고 있는 북아메리카 범고래가 살고 있다. 이들은 주로 출몰하는 구역과 식습관 유형을 바탕으로 보통 3개의 생태형으로 분류된다. 첫 번째 유형은 반향정위를 사용하여 연어 사냥에 특화된 정주성 범고래, 두 번째는 아직 알려진 바가 별로 없지만 '빅Bigg' 범고래로 불리며 물고기를 주식으로 하는 심해 범고래, 그리고 마지막으로 바다표범과 강치, 돌고래, 민부리고래 그리고 수염고래 새끼들 같은 포유류를 주로 잡아먹는 '이동성 범고래'가 있다. 하지만 이 포유류들은 전부 물고기보다 훨씬 뛰어난 청력을 갖고 있어서 범고래에게는 더 어려운 피식자이다. 그렇기 때문에 협동은 필수이며, 사냥에 성공하려면 들키지 않고 몰래 접근하는 것도 중요하다. 그리고 이동성 범고래는 이 점을 잘 알고 있다. 그래서 해양 포유동물을 찾을 때에는 모두가 대화 볼륨을 낮추며 만을 정찰한다. 들키지 않고 기습 효과를 노리기 위해 속삭이고, 사냥이 끝나면 이들의 수다 소리는 다시 정상으로 돌아온다.[41]

민부리고래*Ziphius cavirostris*와 혹부리고래*Mesoplodon densirostris*—이동성 범고래가 가장 선호하는 먹잇감에 속한다—는 이 끔찍한 포식자들에게 최대한 들키지 않기 위해 매우 독특한 방법을 채택했다. 오징어 사냥 중에는 서로 조율하여 바다 깊은 곳까지 모두 함께 내려가는데, 450미터 깊이에 이르러서야 소리를 내고 반향정위를 한다. 배를 채우고 나면 수심 750 미터에서 다시 모여, 각자 마지막 클릭 소리를 발산한 지점으로부터 1킬 로미터 반경 이내로, 절대 침묵 속에서 올라온다. 이 극도의 동시다발적 인 동작과 소리를 이끌어내는 것은 두려움이지만, 덕분에 범고래가 자신 들의 의사소통을 가로채는 일을 막을 수 있다.[42]

끝으로 모든 고래류는 다양한 소리를 만들어 내는 일 외에도 해수면 에서 일련의 특별한 행동을 선보인다. 혹등고래가 완흉류(따개비, 거위목따 개비 등)로 뒤덮인 30톤에 이르는 거친 피부를 거의 다 드러내며 빠른 속 도로 물에서 튀어 오르는 모습을 본 적이 있는지 모르겠다. 수십억 개의 물방울을 분출한 후 등이나 옆구리로, 거대한 파도를 만들며 다시 바다 로 풍덩 떨어지는 광경이다. 나는 이 장면을 볼 기회가 있었는데, 정말 웅장함과 초현실 사이를 오가는, 숭엄한 광경이었다. 브리칭breaching이라 부르는 이 행동은 다른 많은 고래 종들에서도 나타나는데, 그중에는 훨씬 귀여운 방식으로 바다에 뛰어들기 전에 비틀기와 공중제비 같은 묘기를 선 보이는 돌고래도 있다. 또한 그냥 낮고 길게 뛰는 점프(포퍼싱)porpoising가 있고, 고래와 수염고래의 특징인 슬래핑slapping이 있는데, 슬래핑은 꼬리 나 배지느러미로 수면을 강하게 철썩 치는 행동이다. 이러한 행동의 목 적이 무엇 때문인지는 아직 확실히 밝혀지지 않았지만, 어떤 사람들은 기생충을 쫓거나 고착성 갑각류인 완흉류를 털어내려는 행동이라고 한 다. 또 어떤 이들은 충돌 시 파도의 진동, 풍덩거림과 철썩거림으로 파생 된 소리가 동종에게 자신의 존재를 알리는 신호로 보기도 한다. 하지만 자신의 공격성을 입증하는 행동일 수도 혹은 어떤 상황에서 더 잘 소통 하는 데 필요한 행동일 수도 있다.

혹등고래의 브리칭
플리퍼 슬래핑Flipper slapping
테일 슬래핑Tail slapping 혹은
롭테일링lobtailing
포퍼싱

고래류의 수면 행동

자크 쿠스토가 묘사한 바와 달리 바다는 전혀 고요하지 않다. 자연적인 소리와 고래류의 시끌벅적한 메시지 소리(그리고 다른 동물들도)로 가득할 뿐 아니라 우리 인간들 때문에 더 시끄러워지고 있다. 선박 교통, 해저 지형을 측량하기 위해 압축된 공기로 작동하는 에어건airgun, 탄화수소와 군사 탐지기를 찾기 위한 탄성파 탐사로 인해 고래와 수염고래 같은 거대 동물들에게도 바다에서 수다를 떨기란 점점 어려워졌다.

불과 100년 전만 해도 수염고래의 노랫소리는 아무런 장애물 없이 1,600킬로미터를 이동할 수 있었다. 하지만 지난 세기에, 특히 북반구에서 소음 공해는 10배에서 100배까지 증가했고, 오늘날에는 같은 수염고래의 노래가 160킬로미터 거리까지만 들린다.

인류가 만들어 내는 소리들은 주파수의 상당 부분이 고래들이 소통하는 소리와 겹치므로 이들은 같은 메시지를 여러 번 반복하거나 목소리를 높이는 수밖에 없게 되었다. 때문에 50년 만에 북대서양긴수염고래 *Eubalaena glacialis*와 남방긴수염고래*Eubalaena australis*는 목소리를 높여야만 했다. 1970년대에 70헤르츠 주파수로 시작했던 남방긴수염고래의 노래는 오늘날 약 80헤르츠로 시작한다. 반면 북대서양긴수염고래는 100헤르츠 이상에서 노래하기 시작한다.[43]

배경 소음이 있을 때 수면에서 보이는 행동이 소통에 도움이 될 수 있는 이유가 바로 여기에 있다. 혹등고래는 음성 신호에 의존하기보다—그럴 경우 반복해야 하고, 진폭이나 주파수를 변경해야 한다—담고 있는 정보는 적지만 어쨌든 목적지까지 잘 도착하는 메시지를 차선책으로 삼는다. 음성 신호에서 브리칭과 슬래핑으로 넘어가는 것이다.[44] 첨벙거림과 철썩거림은 빠르게 사라지는 멜로디나 조화로운 소리를 만들지 않으므로 수신자에게 더 잘 도달할 수 있고, 자신의 존재를 알릴 수 있으며, 자신의 위치와 크기까지 전달할 수 있다. 그런데 이것은 혹등고래들이 자신의 발성으로 낮은 방해음에도 대처할 수 없으므로 다른 전략을 실행해야 함을 의미한다. 예를 들어, 이런 의사소통 유형의 변화는 자연 상태에서 강풍이 일었을 때 관찰된 적이 있다. 하지만 선박들이 만들어 내는 소음 앞에서 혹등고래는 무력해 보였다.[45] 때로는 간섭이 얼마나 심했는지, 고래들은 에너지를 낭비하기보다 아예 소통을 중단하는 편을 선택했다. 하루에 한 번 도쿄에서 출발해 오가사와라 제도에 이르는 선박이 지나다닐 때 소음이 그 지역의 혹등고래에게 어찌나 큰 방해였는지 이들은 노래를 멈출 정도였다. 혹등고래들은 선박이 자기들에게서 500미터 이내에 있는 동안에는 계속해서 침묵했고, 배가 더 멀어지면 그제서야 다시 노래하기 시작했다.[46] 웨일 와칭whale watching, 즉 고래관람에 사용되는 배조차도 방해가 될 수 있다. 2001년부터 2003년까지 워싱턴 앞바다의 범고래들은 관광 선박의 왕래가 빈번했던 시기가 지나자 1977년 이후 처음으로 사회적 신호음의 길이를 15% 증가시켰다. 이는 인위적인 소음 공해를 상쇄시키기 위해 범고래 또한 일정 기준 이상으로 소통 방식을 변형시킨다는 명확한 증거다.[47]

더욱이 탄성파 탐사는 고래류의 의사소통에 끔찍한 영향을 미친다. 고작 선박 한 대로 입을 다무는 혹등고래들은 이런 경우 침묵 상태에 빠지며,[48] 번식기에도 노래 부르는 것을 멈추기 때문이다. 대왕고래도 어려움을 겪지만 포기하지는 않는다. 오히려 계속해서 노래한다. 목적지에 이르도록 자신의 세레나데를 여러 번 반복할 수밖에 없는 것이다.[49] 이미 언급한 적 있지만 우리도 세탁기 돌아가는 소리나 헤어드라이기 소리처럼 배경에 소음이 있을 때 목소리를 높일 수밖에 없다. 소리는 왜곡되어 전달되기 때문에 만약 상대가 멀리 있으면 분명 "뭐라고?"라며 다시 말해달라고 할 것이다. 한편 대규모의 고래 표류 현상과 종종 결부되는 군사용 초음파 방향 탐지기는 대왕고래들이 깊은 곳에서 먹이를 찾는 활동을 중단하게 만들고 그 지역을 떠나도록 만들었다.[50]

바다는 고래와 그들의 의사소통뿐 아니라 다른 해양 생물들에게도 너무 시끄러운 곳이 되고 있다. 소음으로 인해 유럽 꽃게*Carcinus maenas*는 성장기 동안 딱지 색깔을 올바르게 바꾸지 못해 해저의 일부처럼 위장하는 능력이 약화되고 있다.[51] 최근 〈사이언스〉 지는 10,000개 이상의 연구 자료를 분석한 결과를 발표하며 '인간이 만들어 내는 소리가 점점 커지고 지배적이 되면서 인류세(Anthropocene, 인류로 인한 기후 변화, 생태계 침범을 특징으로 하는 지질 시대- 옮긴이) 바다의 사운드스케이프는 소란스러워졌다. 이제는 이러한 소리의 발생을 억제하고 악영향을 줄일 때가 왔다'고 호소했다.[52]

하지만 인간이 만들어 낸 소리가 수백만 년 동안 지구에 존재했던 이 생명체들의 소통을 간섭해 온 유일한 소리인 것은 아니다. 1960년대부터 오늘날까지 대왕고래의 노래 주파수는 저하되어 왔다. 지난 70년 동안 전 세계에서 실시된 수천 개의 녹음 작업에서 대왕고래들이 그들의 선조에 비해 31% 저하된 주파수로 노래한다는 것이 명확히 드러났다.[53] 같은 현상이 최근 인도양과 남태평양에서 큰고래*Balaenoptera physalus*와 대왕고래의 세 아종인 남극대왕고래*Balaenoptera musculus intermedia*, 피그미대왕고래*Balaenoptera musculus brevicauda* 그리고 북인도양대왕고래*Balaenoptera musculus indica*에게서도 관측되었다. 2002년부터 그들의 노래 주파수는

계절에 따라 약간의 차이는 있었지만, 해마다 지속적으로 줄어들었다.[54]

그 이유를 우리는 아직 명확히 알 수 없지만, 인간의 소음 공해보다 다수의 의심을 받고 있는 용의자는 바로 기후 변화다. 특히 해양의 산성화와 빙하의 용해를 그 원인으로 지목하고 있다. 지구의 온도가 높아지고 대기 중 이산화탄소 농도가 증가할수록, 이산화탄소는 바다로 더욱 흡수되어 그 속에 녹아서 탄산으로 변하고, 이로 인해 보통 pH 7.5에서 pH 8.5 사이를 오가는 바닷물의 pH를 낮춘다.

물이 따뜻해지고 더 산성화될수록 저주파 소리의 흡수율은 감소하기 때문에 고래의 노래가 점점 더 멀리 이를 수 있다. 하지만 주파수가 낮은 다른 모든 소리 또한 이전처럼 흡수되지 않고 더 멀리까지 나아간다. 그리고 여기에는 빙산이나 유빙 또는 해빙이 무너지면서 나는 소리도 포함된다. 그러므로 1960년대에 나타났던 전반적인 주파수 저하의 주범은 해양의 산성화일 수도 있다. 반면 2002년부터 인도양에서 녹음된 계절에 따른 차이는, 계속되는 빙하의 부서지는 소리에도 불구하고 자신의 목소리를 내려는 고래들의 시도로 인한 것이라 추정된다.

당신의 음료수 안에서 딱딱 소리를 내며 금이 가는 얼음조각을 생각해 보라. 그리고 이제 고래와 수염고래가 남극과 북극에서 이 지구온난화 시대에 어떤 소리를 들어야 하는지를 상상해 보라. 기후 위기는 동물들의 의사소통에도 분명 영향을 미칠 것이다. 그러나 우리는 아직 이것이 어떠한 형태로 나타날지 모른다는 것이 문제다. 그리고 이를 해결할 방법도 말이다.

늑대는 이유 없이 울부짖지 않는다

숲을 즐겨 찾는 사람이라면 이건 매우 익숙한 일이다. 태양이 지평선 아래로, 너도밤나무 가지 사이로 숨어들기 시작할 때면 이미 어둑해진 뒤다. 어둠이 내리고, 너도밤나무 숲의 암흑 속에서 달빛을 받은 나뭇잎은 은화처럼 반짝인다. 운이 좋다면 하늘을 향한 어떤 울음소리를 들을 수도 있다. 이 울음소리의 주인공은 아펜니노 산맥에 서식하는 이탈리아 늑대*Canis lupus italicus*다. 순수 이탈리아 아종으로 인간의 밀렵 활동으로 멸종 위기에 처하기도 했던 동물이다.

1971년에는 이탈리아 반도 전역에 약 100마리의 개체가 소수 지역을 중심으로 남아 있었다. 그해 여름인 1971년 7월 23일, 장관령으로 말미암아 이탈리아 늑대는 다행히 유해종 목록에서 제외되어 보호종이 되었으며, 50년에 걸쳐 자신의 서식지와 먹이 사슬 최상위 포식자로서의 위치를 다시 점령하게 되었다. 이탈리아 숲의 왕이 귀환하는 데에는 먹잇감이 되어 준 멧돼지 개체 수가 증가한 것이 큰 몫을 했다.

늘대들의 하울링은 분명 이들의 가장 상징적인 소리다. 발음을 해 보는 것만으로도 그 소리를 상상할 수 있기 때문이다. 물론 하울링이 늑대들이 내는 유일한 '소리'는 아니다. 우선 늑대는 사회적 동물로 5~10마리(이탈리아 늑대 무리는 이상적인 경우에 6~7마리까지 이른다)로 이루어진 무리 생활을 한다. 무리는 보통 알파alfa라고 하는 번식 활동을 하는 1쌍과 새끼 및 생후 3살까지의 청소년을 포함한 자식들로 구성되어 있다. 그러므로 이들에게 소통은 필수다. 늑대들은 매우 광범위한 소리로 서로 수다를 떠는데, 복종이나 사회화 상황에서 주로 사용되는 조화로운 소리를 비롯하여, 으르렁대거나 짖는 소리처럼 공격이나 경계 상황에서 사용하는 거칠고 시끄러운 소리도 있다. 신음 소리나 징징거리는 소리, 슬픈 울음소리처럼 새끼들이 내는 전형적인 소리가 있고, 조금 더 자란 늑대들이 내는 가장 유명한 신호인 하울링이 있다.

1960년대부터 캐나다인 더글라스 H. 핌롯Douglas Humphreys Pimlott 덕분에 울프 하울링wolf-howling 기술을 사용하여 늑대들을 연구하고 조사하기 시작했다. 이는 목소리로 하울링을 따라하거나, 녹음한 소리를 확성기로 재생한 다음 응답을 기다리는 방법이다. 매우 단순한 방법이나 그 효과는 앞으로 살펴보겠지만 연중 시기에 따라 다르게 나타난다. 바로 이 기술 덕분에 우리는 하울링을 통한 늑대들의 의사소통이 어떻게 작동하는지를 발견할 수 있었다. 이 조화로운 소리들의 주파수는 대략 300~1,800헤르츠이며, 먼 거리까지 이를 수 있다. 숲과 같은 환경에서는 10킬로미터 떨어진 곳까지 들리며, 툰드라에서는 16킬로미터까지도 울려 퍼진다.[1]

그런데 하울링에도 몇 가지 종류가 있다. 일명 플랫flat이라 부르는 단조롭고 단일에 가까운 것은 소리가 작고 주파수도 낮다. 반면 브레이킹 하울breaking howl―영화에서 우리가 모두 한 번쯤은 들어 봤을 하울링―은 조정된 소리이며 불규칙적이고 높은 음으로 구성되어 있다.[2] 우리는 하울링이 상승하거나 하강하는, 서로 연결된 음이라 상상해서는 안 된다. 종종 같은 하울링 안에서도 다른 상황에서 사용되는 6가지의 다른 소리가 식별되는데, 그중에는 낮은 주파수의 짖는 소리bark, 조화롭고 간결한 낑낑거리는 소리whimper, 그리고 으르렁거리는 소리growl가 있다.[3] 게다가 하울링 소리는 개체마다 달라서, 음향 스펙트럼을 분석해 보면 귀에 들리지 않은 다른 차이를 발견할 수도 있다. 우리 인간의 음색과 비슷하다고 보면 된다. 각각의 개체는 후두 구조와 성대뿐 아니라 흉곽에 따라서도 서로 다른 음색을 갖고 있다. 그러므로 늑대들은 하울링의 형태와 그 음향구조로 무리의 개체를 구별한다. 하지만 주의할 점은 늑대들이 익숙한 하울링과 낯선 하울링을 구별한다는 뜻이지, 익숙한 하울링을 특정 개체와 연관 짓는지는 정확히 알 수 없다.[4] 더 자세히 설명해 보겠다. 우리가 익숙한 목소리를 들었는데 누구 목소리인지 알 수 없을 때, 특정 친구나 가족과 연결 짓지 못하는 상황이 있지 않은가? 늑대들이 바로 이런 단계에서 멈추었고, 코끼리들과는 달리 그 이상을 넘어서지 못할 수도 있다는 뜻이다.

그러므로 각각의 하울링은 신체 구조와 연령에 따라서도 달라진다.[5] 생각해 보면 신생아의 목소리는 매우 높고, 성장함에 따라 톤이 점점 낮아진다. 늑대들의 하울링도 마찬가지다. 생후 몇 주 동안 새끼 늑대는 약 1,100헤르츠의 최소 주파수로 하울링―작게 나마―을 하지만, 6~7개월이 되면 가장 낮은 음의 주파수는 350헤르츠가 될 것이다. 그렇기 때문에 '달을 보고 우는' 늑대 무리의 소리를 유심히 들어 보면 그 구성원들을 파악할 수 있다. 우리가 녹음한 소리의 스펙트럼을 확인하기만 하면 된다. x축은 시간, y축은 주파수를 나타내는 그래프에서 하울링은 밑에서 위로 차곡차곡 쌓아올린, 회색 음영이 진 검은 선들로 보인다. 만약 이 그래프를 동일하게 나누는 평균 주파수가 낮으면(약 600헤르츠), 녹음된 무리에는 새끼들이 속해 있지 않을 것이다. 반면 850헤르츠 이상의 그래프가 나타난다면, 어린 개체들이 있을 것이다. 그렇기 때문에 늑대들의 하울링은 무리를 조사하고 그 분포를 파악하는 데 유용한 기술일 뿐 아니라, 무리에 새끼들이 포함되어 있는지를 확인하고 번식 비율을 추정하는 데에도 도움이 될 수 있다.[6]

또한 늑대들은 하루 종일 혹은 1년 내내 하울링을 하지 않는다. 무리 생활 또는 홀로 생활하는 개체들이 그만큼 하울링에 대답하는 경향을 보이지도 않는다. 먼저 홀로 생활하는 개체라면 무리의 하울링에 대답하는 행위는 위험에 노출되는 일이므로 침묵을 지키면서 상황을 파악하기 위해 접근하는 편을 선택한다. 반면 무리에 속해 있을 경우, 다른 하울링에 응답할지에 대한 여부는 새끼들의 수와 나이에 따라 달라진다. 4개월 정도로 새끼들이 이미 어느 정도 자란 작은 무리가 4개월 미만의 새끼들이 있는 큰 무리보다 더 빨리 응답한다. 아마도 전자가 사냥을 나간 동료를 더 불안한 마음으로 기다리기 때문일 것이다.[7] 이쯤에서 신화 한 편을 불식시켜 보자. 늑대들은 달을 향해 하울링을 하지 않는다. 단지 밤에, 해가 지고 난 후 몇 시간 동안 혹은 해가 뜰 때 늑대들의 소리를 듣기가 더 쉬울 뿐이다. 왜냐하면 이 두 시간대는 이들이 사냥을 나가고 돌아오는 시간과 일치하기 때문이다.[8] 그러므로 늑대들의 하울링을 듣고 싶다면 일몰을 충분히 즐기되, 연중 적절한 시기와 장소를 선택해야 한다는 것을 잊지 말라. 하울링에 대한 응답 비율과 자발적인 하울링의 빈도는 새끼들을 랑데부rendez-vous로 옮기는 시기인 늦여름과 초가을 사이에 가장 높다. 랑데부는 '유치원'으로 선정되는 장소로, 새끼들이 놀면서 성체들이 사냥을 나간 사이에 주변에서 일어나는 일들에 대한 넓은 시야를 확보할 수 있는 곳이다. 예를 들어, 이탈리아 아펜니노 산맥 중심에 자리한 카센티노 숲에서는 7월에서 10월 사이, 특히 8월에 어린 늑대들이 합창하는 하울링 소리를 들을 기회가 더 많을 것이다. 유럽의 다른 지역 또한 마찬가지다. 폴란드의 비아워비에자 숲에는 고독한 늑대들이 약 40초 동안만 하울링을 하는 반면, 5~7마리로 구성된 무리는 약 1분 30초에서 최대 4분 동안 하울링을 한다.[9] 게다가 하울링은 스트레스 수치와는 전혀 무관한 소리다. 다시 말해, 한탄하거나 어떤 감정에 대한 반응, 혹은 흔히 생각하는 것처럼 불안해서 내는 소리가 아니다. 이러한 사실을 오스트리아의 늑대과학센터Wolf Science Center에서 보여 주었다. 늑대들의 배설물과 대조한 스트레스 호르몬인 코르티솔 수치는 하울링 빈도와 아무런 연관이 없었다. 하울링은 완전히 의도적이며 특정 수취인을 겨냥한 신호다.[10]

하울링은 하나 이상의 개체가 사냥을 위해 멀리 떠날 때나 그들의 복귀를 알리기 위해, 즉 무리의 다른 구성원들과 소통하기 위한 것이다. 사냥을 하거나 이동 시에 서로 조율하기 위해서도 하울링을 하며, 번식기에는 서로의 위치를 공유하기 위해 활용한다. 쉽게 말해 서로 연락을 취하고 무리의 결속력을 강화시키기 위해 하울링을 하는 것이다. 그러나 하울링은 특히 이웃에 있는 무리와 소통하기 위한 수단이다. 영역 표시를 하거나 몇 주 동안 사용되지 않은 구역을 되찾기 위해, 새끼들을 보호하기 위해, 그리고 그날 저녁 사냥에 나설 구역이 다른 무리와 겹치는 것을 피하기 위해서 말이다.[11]

늦대의 하울링에 대해 한 가지 더 알아야 할 점이 있다. 아마도 우리가 상상하는 이 소리는 소설을 원작으로 하는 영화에 등장하는 미국 회색늑대의 하울링과 일치할 것이다. 아메리카 회색늑대의 하울링 소리는 덩치가 훨씬 작고 털 색깔도 다른 이탈리아 늑대의 소리와 크게 다르지 않다. 하지만 히말라야부터 로키산맥까지, 세계 곳곳에 살고 있는 회색늑대의 여러 아종은 조금씩 다른 언어를 사용한다. 하울링마다 억양이 있는데, 이것은 작은 유전적, 환경적 차이뿐 아니라 다양한 몸집도 반영한다. 인도늑대 *Canis lupus pallipes* 및 아라비아늑대 *Canis lupus arabs*와 같은 19~25킬로그램의 가장 작은 아종은 유럽이나 북아메리카 늑대에 비해 하울링의 길이가 더 짧고, 최저 주파수는 평균적으로 더 높다. 반면 무게가 25킬로그램이며 히말라야에 사는 몽골늑대 *Canis lupus chanco*는 더 낮고 덜 조정된 하울링을 한다.[12]

늑대들이 사용하는 진짜 사투리를 엿듣고 싶다면 이탈리아의 아레초 Arezzo 지역으로 가면 된다. 이 지역에서 서식하는 다섯 늑대 무리는 최소 3개의 사투리를 채택했다. 아레초보다 북쪽에 위치한 카말돌리 Camaldoli 의 하울링은 주파수가 더 높고 더 조정되어 있는 반면, 아레초 남쪽에서는 낮은 주파수와 덜 조정된 하울링을 채택했다. 그리고 중부 지역의 하울링은 마치 북쪽과 남쪽 사투리의 혼종 같아 보인다. 하지만 이런 억양들이 전통문화로 학습되는 것인지 혹은 유전적으로 물려받는 것인지, 그렇지 않다면 두 가지가 혼재하는 것인지는 아직까지 밝혀지지 않았다.[13]

넓은 초목지가 있는 숲의 또 다른 유명한 가수는 바로 붉은사슴*Cervus elaphus*이다. 특히 수컷은 몸무게가 200킬로그램에 이르며, 번식기에 들어서면 새 뿔인 대각이 발달한다(머리에 달렸다고 다 같은 뿔이 아니다[14]). 가지처럼 뻗은 뿔은 1미터 이상 자라기도 하며, 무게는 8~10킬로그램이고, 사명을 이루고 나면 몇 달 뒤에 탈각하게 된다. 그 사명은 사랑을 쟁취하기 위한 경쟁자들과의 싸움인데, 사슴은 그런 충돌을 피하기 위해 우렁찬 울음소리를 낸다.

그럼 이 과정을 순서대로 살펴보기로 하자. 8월 말이 되면 수컷의 혈액 속 테스토스테론 수치에는 일련의 변화가 일어난다. 봄과 여름 동안 뿔을 덮고 잘 자라나도록 보호해 준 부드러운 벨벳 같은 털은 더 이상 나지 않고 죽어서 조각으로 떨어지면서 밑에 있는 뼈 조직이 드러난다. 그동안 테스토스테론 수치의 증가로 생식기가 확장되고, 목 근육이 비대해지고, 후두도 커지며 혀는 변형된다. 이렇게 사슴들은 그들을 기다리는 힘든 번식기를 준비한다. 9월과 10월 사이가 되면 이들은 아주 적은 양만 먹으면서, 명백한 의식과 신호를 통해 5~15마리의 암컷을 사로잡고 그 관계를 유지하는 데 그들의 모든 에너지를 바칠 것이다.

9월이 되면 가장 먼저 해야 할 일은 암컷들이 풀을 뜯는 구역으로 가서 후궁들을 사로잡기 위한 공연을 펼치는 것이다. 이를 통해 세력 표시를 하게 되는데, 소변과 다른 배설물로 영역 표시를 하면 다른 수컷들은 자기 나름대로 울음소리를 내며 방어할 것이다. 아주 깊고 큰, 소 울음소리와 비슷한 사슴의 울음소리는 1분에 8회까지 반복된다. 사슴들은 돌아가며 몇 시간씩 울음소리를 내면서 서로 대결을 펼치기도 한다. 그리고 울음소리만으로 승부가 나지 않는다면 서로를 직접 평가하기 시작한다. 어림잡아 상대의 몸집과 위험을 평가할 수 있을 만한 거리에서 나란히 걷는 것이다. 이 엄격한 의식을 치른 후에도 경쟁자 중 아무도 물러나지 않는다면 접전이 시작된다. 아니, 정확히 말하면 뿔 대 뿔의 싸움이다. 둘은 요란하게 머리를 맞대며 가지 모양의 빗장을 들이대고, 서로 밀어대며 상대방에게 상처를 입혀 넘어뜨린다. 상대방을 도망치게 만든 승자는 다시 울음소리를 내기 시작함으로써 암컷들과 근처의 다른 수컷들에게 자신의 승리를 알린다. 감히 누구도 자신에게 도전장을 내밀지 못하도록 말이다. 평균적으로 번식기의 절정기인 9월 중순에서 10월 중순 사이 수컷은 적어도 다섯 차례 싸우게 된다. 따지고 보면 많은 횟수는 아니지만 이들 중 23%는 상처를 입고 6%는 뼈가 부러지거나 한쪽 눈이 실명하는 등 영구적인 부상을 입기에는 충분하다.

그러므로 사슴의 울음소리는 이들의 의사소통에 핵심적인 역할을 담당한다. 수컷들은 대결의 참가 여부를 결정하기 전에 상대편의 발성 정도 및 포먼트(소리의 진폭이 최고조에 달하는 공명 주파수)의 개수와 간격을 주의 깊게 평가한다. 이런 변수들은 실제로 울음소리를 낼 때 후두가 흉골쪽으로 얼마나 내려오는지에 따라 좌우되며, 이는 다시 개체의 목과 머리 길이에 따라 달라지므로, 경쟁자들의 실제적인 신체 지표를 제공한다.[15] 사슴의 울음소리는 조작하기 어려운 신호로, 대결을 시도하고 경쟁자의 암컷들을 낚아챌지를 결정하는 데 근거로 삼을 만한 정직한 신호이다.[16]

암컷 사슴도 이들의 소리를 귀담아 듣는다. 최저 주파수가 더 높은 울음소리를 내는 수컷을 선호하고,[17] 위에서 언급한 기준들을 살펴보면서 수컷들의 능력을 평가한 후 선택하며,[18] 좀 더 탁월한 후보가 등장하

번식기에 수컷 붉은사슴은 울음소리로 자신의 암컷 무리를 보호하며, 필요할 경우 물리적인 충돌까지 감행한다.

면 선택을 바꿀 수도 있다.

암컷 사슴은 자신이 속한 무리를 이끄는 수컷의 울음소리를 알아들을 뿐 아니라,[19] 어떤 수컷이 내는 울음소리의 리듬에도 매우 주의를 기울인다. 울음소리를 내는 데 쏟는 시간은 그 순간의 건강 상태를 나타내는 좋은 지표이며, 계절에 따라 달라진다. 일반적으로 울음소리의 리듬은 9월에 증가하며, 혈액 속 테스토스테론 수치가 밀리리터당 9나노그램이 되는 9월 말이나 10월 초에 정점에 달한다. 그 이후로는 다시 감소하기 시작한다.[20]

그런데 사슴들의 울음소리에는 또 다른 중요한 기능이 있다. 바로 암컷의 발정기를 앞당기는 데 사용되는 것이다. 1987년에 이 사실이 밝혀지면서 〈네이처〉 지를 통해 발표되었다. 이 사랑의 울음소리를 듣는 암컷 사슴들은 이런 세레나데를 통해 구애를 받고 있지 않는 암컷들에 비해 더 빨리 배란을 했다. 그러므로 암컷들을 정복하는 데 성공한 수컷의 울음소리 비율은 번식 성공도를 높이는 데 기여하고,[21] 이 모든 수고가 헛되지 않도록 하는 데 필요하다. 암컷들의 가임기는 18일마다 약 24시간이기 때문에 적절한 순간에 교미를 하는 것은 매우 중요하다. 하지만 암컷들의 가임기에 비해 암컷 무리가 너무 빨리 혹은 늦게 정복되면, 대기 시간을 줄이는 방법을 시도해봄으로써 다른 수컷에게 자리를 빼앗기는 일을 피할 수 있다. 실제로 하나의 하렘이 평생 지속되는 것은 아니다. 번식기는 6주 내외로 유지되나 수컷들은 자신의 하렘을 짧으면 몇 분에서 길면 15일 정도만 곁에 둘 수 있기 때문이다. 그래서 수컷들은 기회를 얻기 위해 최선을 다한다. 울음소리를 더 자주, 규칙적으로 낼 뿐 아니라 보통의 울음소리에 기침과 비슷한 쉰 소리를 섞는데, 이는 암컷들의 주의를 끌기 위한 행동일 가능성이 매우 높다. 암컷 사슴들이 주의를 다른 곳으로 돌리지 않게끔 말이다.[22]

우리는 사슴을 당당하고 우아하며 신화적인 존재로 상상하는 편에 익숙하다. 또한 강인함과 기품의 결정체라고 생각한다. 하지만 수컷들이 고상함을 모조리 잃고 혀를 쭉 늘어뜨린 채 이상한 표정으로 암컷들을 따라다니는 순간이 있다. 이처럼 별난 행동을 하는 데에는 이유가 있다. 발정기에 더 가까워진 암컷의 질 점막에서는 곰팡이 냄새가 발생하는데, 수컷은 이를 최대한 빨리 탐지하려고 한다. 그래서 보습코기관(또는 야콥슨기관이라고도 한다)을 공중에 노출시키기 위해 혀를 길게 빼고, 코와 윗입술을 실룩거리며 혀를 사용하여 암컷 사슴이 남긴 흔적 속에서 페로몬을 포착한다.

이렇게 수컷 사슴은 9월과 10월 사이에 최대한 많은 암컷과 짝짓기에 성공하기 위해 분주하다. 게다가 울음소리를 내는 일은 가슴 근육을 시험하는 상당히 피곤한 활동으로, 이 가슴 근육은 혹시 닥칠지 모를 격투에도 필요하다. 계절이 끝날 때 쯤에는 몇 주간의 반半단식과 긴 울음소리, 짝짓기와 결투 등 시험을 통과한 수컷 성체들은 몸무게의 약 1/5인 40킬로그램이 빠져 있을 것이다. 바로 그때 싸움에 참여하지 않은 젊거나 몸집이 작은 수컷들은 아직 울음소리를 낼 힘이 남아 있다. 때문에 그때까지는 이길 수 없었던 경쟁자들이 취약해진 틈을 타 더 늦게 발정기에 들어간 암컷들과 교미를 시도한다. 겨울이 되면 뿔은 다시 떨어질 것이고, 그 모든 대소동, 이끼와 흙냄새 그리고 골짜기 사이로 울려 퍼지는 사슴들의 울음소리와 싸움은 아득한 기억이 될 것이다.

한편 유럽의 활엽수 숲에는 짖는 누군가 숨어 살고 있다. 바로 갯과 동물이 아닌, 유제류 중에서 가장 귀여운 녀석일지도 모를 유럽노루 *Capreolus capreolus*다. 가느다란 다리를 가진 이 노루는 80센티미터 키에 몸무게는 30킬로그램에 못 미친다. 사슴보다 훨씬 작고 이상한 울음소리를 내는데, 울창한 초목 사이에서 이 소리는 정말 짖는 소리—개 짖는 소리보다 짧고 약하며 쉰 소리가 나서 분명 유쾌한 소리는 아니다—처럼 들리고, 이 짖음은 히스테릭하게 분당 14회까지 반복된다. 반점으로 수놓인 가죽옷을 입고 태어나는 이 자그마한 숲의 생명체는 한순간에 자신의 귀여움을 모조리 잃어 버리고 만다.

유럽노루는 수컷과 암컷 모두 짖는데, 성별과 나이에 따라 약간의 차이를 보인다. 수컷의 짖음bark이 더 낮은데 200헤르츠에서 시작하여 2,500헤르츠에 멈춘다. 반면 암컷이 내는 소리는 더 높고, 약 500헤르츠에서 시작하여 3,000헤르츠 정도에서 끝난다.[23] 그리고 성장기가 거의 끝난 수컷들의 소리는 수컷보다 암컷의 주파수에 더 가까워진다. 분명한 건 모든 개체가 번식기뿐 아니라 1년 내내 짖기 때문에 이것이 구애 행위는 아니라는 점이다.

대체로 유럽노루는 무리에 있을 때보다 혼자 있을 때 더 많이 짖는다. 암컷보다는 수컷이 더 많이 짖고, 암컷 유럽노루는 옆에 새끼들이 있을 경우에 더 많이 짖는다. 유럽노루의 이상한 짖는 소리는 시야 확보가 어려운 밤 시간, 특히 초목이 우거져 먼 곳까지 바라보기 힘든 2월에서 9월 사이에 더 빈번하게 들을 수 있다.

이러한 단서들은 유럽노루가 스스로 취약하다고 느낄 때, 혼자 있거나 새끼들과 함께 있을 때, 혹은 잘 볼 수 없을 때 짖는다는 사실을 알려준다. 그런데 만약 유럽노루가 무리로 있을 때 그중 1마리가 이미 가까이 다가온 위험을 감지한 경우에는 짖지 않는다. 경계 태세에 돌입하여 둔부의 털을 바짝 세움으로써 동료들에게 순백의 엉덩이를 내보인다. '당도한 위험'을 가리킴으로써 무리 전체를 경계 태세로 만드는, 조용하고 명확한 신호다. 다른 유제류처럼 엉덩이 반점을 사용하는 것이다. 반면 포식자가 멀리 떨어져 있고 도망갈 시간이 있다면 유럽노루는 짖을 것이다.

그러므로 유럽노루의 짖는 소리는 주로 포식자에게 대항하는 신호라 할 수 있다. 종 간 메시지로, 포식자에게 '너 딱 걸렸어'라고 알리고, 충분히 다가오지 못했기 때문에 공격이 실패로 돌아간 것임을 경고하는 것이다. 포식자는 그 순간 '무궁화 꽃이… 피었습니다!' 게임에 진 것이고, 유럽노루는 짖는 행위로 그 사실을 분명하게 알려준다. 마치 퀴즈 프로그램에서 오답이 나왔을 때 들리는 소리처럼 말이다. 짖음은 엉덩이 반점의 청각 신호 버전으로, 안전한 거리가 확보되었을 때만 사용되며 유럽노루는 이런 방식으로 포식자에게 자신의 위치를 알린다.

그런데 유럽노루의 짖는 소리는 또 다른 역할도 한다. 봄이 되면 수컷 유럽노루들은 서로를 견디지 못하고 텃세를 부리기 시작한다. 암컷들보다 자주 짖고, 특히 수컷 성체 노루는 성장기가 거의 끝난 수컷들의 짖는 소리에 항상 응답하는데, 그 소리는 주파수로 구별할 수 있다. 치고 반응하는 일의 연속이다. 번식기가 다가오면서 성장기가 끝나가고 영역을 정복해야 하는 젊은 수컷들은 처음으로 단속을 당하게 된다. 때문에 수컷 유럽노루의 짖는 소리는 자신의 영역을 지키는 역할을 하는 것으로도 볼 수 있다. 마치 "여긴 주인이 있어!"라고 말하는 것과 같다.[24]

이번에는 알프스에서 들을 수 있는 경계 신호음에 귀를 기울여 보자.

봄이 오면 이곳에는 작은 귀와 커다란 눈, 회갈색 빛의 털로 덮여 있는 통통한 설치류인 알프스마멋*Marmota marmota*이 등장한다. 이들은 꽃을 특히 좋아해서 바위와 초목 사이에서 알피누스황기*alpine milkvetch*나 하얗게 피어난 톱풀*Achillea*을 열심히 먹고 있을 것이다. 그리고 위험의 징조가 조금이라도 보일 시 이들의 휘파람 부는 소리를 들을 수 있고, 은신처 가까이로 달려가거나 아예 굴속으로 들어가 버리는 모습을 포착할 수 있을 것이다.

마멋은 무리를 이끄는 한 쌍과 그 해에 태어난 새끼들, 그리고 준성체로 이루어진 대가족 무리로 구성된 군집을 이루고 살아간다. 가족마다 2.5헥타르에 걸친 지하도와 터널을 소유하고 있는데, 주요 입구와 보조 입구가 있는 굴로, 서로 연결된 여러 개의 방과 공간을 갖고 있다. 그리고 그 주변에는 대피소들이 있는데, 굴과 연결되지 않은 단순한 구덩이로, 최대 깊이는 2미터이고 출입구는 하나뿐이다.

봄이나 여름에 알프스를 거닌 적이 있다면 분명 보고 들은 적이 있을 것이다. 무리 중에는 늘 뒷발로 일어서서 주변을 경계하며, 의심스러운 동작을 감지하면 즉시 경보를 울리는 구성원이 반드시 있다. 이 경보음은 비교적 오래 지속되는 휘파람 소리이다. 때로는 단일 음이고 때로는 몇 개가 섞여 있다. 그러면 모두가 조심하고 경계하면서 굴이나 대피소로 들어간다.

알프스마멋은 우리의 가까운 이웃이며 소풍 친구이지만 그들의 휘파람 소리에 대해서는 아직 확실히 이야기할 수 있는 것이 없다. 한동안은 그들을 노리는 포식자나 방해꾼마다 경계 소리가 있을 것이라고 여겨졌다. 하지만 전혀 사실이 아니다. 마멋은 검독수리*Aquila chrysaetos*나 까마귀가 있을 때에는 짧고 단조로운 휘파람 소리Short Whistle, SW를 낸 다음, 굴이나 가장 가까운 대피소로 달려간다. 반면에 여우, 담비, 오소리나 인간이 있을 때에는 짧거나 긴 변형된 휘파람 소리Brief or Long Multiple Whistle, BMW 또는 LMW를 낸다.

하지만 이런 차이는 포식자의 유형보다는 그 순간의 위협 정도, 즉 위험이 가까이 있는지 혹은 멀리 있는지에 따른 것이다. 포식자가 멀리 있다면 마멋은 긴 휘파람 소리LMW를 낼 것이고, 가까이 있다면 짧고 반복적인 휘파람BMW을 불 것이다. 가령 어느 군집의 마멋 무리가 맞은편 무리에서 내는 짧은 휘파람 소리를 들었다 해도 그리 신경쓰지 않는다. 위협은 그 가족 가까이에 있는 것이지 그들 가까이 있는 것이 아니기 때문이다.[25] 그러므로 마멋의 의사소통 시스템은 위협의 정도를 근거로 하며, 포식자의 정체를 분류하여 참조하는 소통방식이 아니다.[26] 그리고 이 전략은 이탈리아와 프랑스 알프스, 피레네 산맥에 살고 있는 다양한 마멋에게서 모두 동일하게 나타난다. 비록 이들이 조금씩 다른 사투리를 구사하지만 말이다. 다시 말해 마멋은 음성 변수가 약간 다른 휘파람 소리를 낸다.[27]

이와 동일하지만 조금 더 정제된 신호 기술을 사용하는 녀석이 있다. 바로 알프스마멋의 미국 친척인 노란배마멋*Marmota flaviventris*이다. 이들은 로키산맥과 시에라네바다산맥을 포함한 미국 서부에 서식하고 있다. 위험이나 경계 상황이 되면 노란배마멋은 세 가지 유형의 소리를 만들어낸다. 가장 일반적인 단일음의 짧은 휘파람 소리, 여러 번의 빠른 휘파람으로 이루어진 진동음, 그리고 척chuck이라 하는 낮은 휘파람 소리다. 이 소리는 모두 신호 발신자의 나이, 성별, 상태 그리고 위치에 대한 정보를 제공하지만 포식자의 정체와는 관련이 없다. 그보다는 동종에게 자신이 처한 위험 정도를 알리고 그에 따라 반응하도록 하기 위한 것이다.[28] 척은 실제 위험보다는 불편한 상황을 알리기 위해 사용된다. 마치 "누군가 나를 방해하고 있어."라고 말하는 셈이다. 반면 휘파람 소리는 공중과 땅에 존재하는 실제 위험을 가리킨다. 그리고 진동음은 극도로 불안한 상태를 가리키며, 개나 아메리카오소리에게 추격당할 때 내는 소리이다.

하지만 북아메리카 마멋은 매우 교활하다. 자신이 어떻게 해야 할지 잘 알고 있을 뿐 아니라, 신호를 보내는 주체에 따라 경계 신호가 어느 정도 믿을 만한지도 간파할 수 있다.[29] 예를 들어, 경험이 적고 겁이 많은 젊은 개체들은 걱정할 만한 진짜 이유가 없는데도 종종 휘파람을 분다. 그럼에도 불구하고 이런 '늑대다, 늑대가 나타났다' 경고 신호는 양치기 소년에게 마을 사람들이 보였던 무반응을 일으키지 않는다. 노란배마멋은 실제로 이 신호가 별로 믿을 만하지 못하다는 것을 알고 있으면서도 도망갈지, 아니면 계속 식사를 이어갈지 결정하기 전에 어떤 상황인지 직접 확인하는 편을 선호한다.

한편 설치류 중에는 미국과 멕시코 고유종인 프레리도그*Cynomys sp.*라는 신호의 달인이 있다. 군집을 이루어 사는 이 작은 다람쥐과 동물들은 최대 몸무게가 1.5킬로그램이며, 동물의 세계에서 가장 복잡한 언어를 사용하는 녀석 중 하나다. 프레리도그야말로 포식자에게 '이름을 붙여' 줄 수 있어서 동료들에게 들이닥치고 있는 이가 누구인지를 예고한다.

거니슨프레리도그*Cynomys gunnisoni*는 다양한 포식자를 식별하고 군집의 다른 구성원들에게 그들의 접근을 알릴 수 있다. 자기들을 공격하는 이가 누구인지 식별할 뿐 아니라 그 크기와 색깔, 포식자가 다가오는 방향과 속도를 분별할 줄 아는데, 대부분의 경우 85~96%의 정확도를 자랑한다.[30] 프레리도그의 삶은 마냥 쉽지가 않다. 검독수리, 붉은꼬리말똥가리*Buteo jamaicensis*, 북아메리카대초원매*Falco mexicanus*와 같은 다양한 종류의 맹금류를 늘 경계해야 하고 여우, 코요테, 아메리카오소리, 방울뱀, 심지어 개와 인간도 조심해야 한다.

그래서 프레리도그는 삶의 1/3을 땅굴 경계에서, 즉 입구를 가리키는 흙더미 위에서 지평선을 살피는 데 보낸다. 그리고 침입자를 발견하면 경계 신호를 울린다. 날카로운 딸꾹질 같은 소리로, 복화술을 쓰듯 이 소리를 발산한다.

신호마다 위험 종류에 따라 다른 반응이 따라온다. 경계 신호가 인간의 접근을 알리는 거라면 모두가 당장 땅굴로 뛰어 들어간다. 한편 군락지로 매가 쏜살같이 접근하고 있다면 매의 궤도에 자리한 프레리도그는 굴속으로 숨어들고, 나머지는 돌아가면서 경비를 선다. 코요테가 접근하고 있을 경우에는 그가 다가오는 속도에 따라 모든 프레리도그가 땅굴 입구까지 가서 주위를 살피고 굴속에 있던 개체는 상황을 보다 면밀히 확인하기 위해 밖으로 나온다.[31]

이들의 가장 가까운 친척인 검은꼬리프레리도그*Cynomys ludovicianus*는 매우 비슷한 신호 체계를 갖고 있는데, 경비 시스템에 특이한 확인 작업이 추가된 버전이라고 할 수 있다. 하루에도 여러 번, 특히 포식자의 공격 후, 보초는 불쑥 일어나 두 발을 앞으로 뻗고 위를 향해 흐느끼는 듯한 휘파람 소리를 낸다. 이것은 '점프 압*Jump-yip*'이라 부르는 행동이다. '이봐'라고 말하는 것 같은 이 몸짓에 군집 전체가 대답한다. 갑자기 모두가 자신의 땅굴 입구에서 미친 듯이 점프 압을 하기 시작한다. 녀석들

검은꼬리프레리도그는 군집을 이루어 살며, 적절한 음성 메시지를 통해 동료들에게 여러 유형의 포식자가 다가오고 있음을 알린다.

은 실제로 미쳐가는 것은 아니고, 모두가 주의하며 필요할 경우 동료들에게 알릴 준비가 되어 있는지 테스트하는 중일 뿐이다.

검은꼬리프레리도그는 경계 신호 외에도 서로 털에 붙은 기생충을 떼어 줄 때, 땅굴의 흙더미를 다듬을 때, 건초더미를 모아 지하땅굴에서 새끼들을 위한 침상을 만들어 줄 때 사용하는 최소 11가지 발성법을 가지고 있다.[32]

수천 마리 개체가 군집 생활을 하는 이 다람쥐과 동물들에게 소통하는 것, 그리고 제대로 소통하는 것은 문자 그대로 필수적이다. 진화적인 관점에서 얘기하면 이 신호들은 결코 그냥 생겨나지 않았다. 그렇다면 경계 신호는 같은 핏줄의 개체들에게만 보내는 것일까? 혹은 모두에게 보내는 완전히 이타적인 신호일까? 경계 신호는 군집 내에 공포를 일으켜서 자신의 핏줄을 살릴 기회를 얻기 위해서도 필요할까? 이에 관한 대답은 다소 뻔하다. 암수 모두 친족 중심으로 행동하는데 암컷들은 젊은 개체들이 굴에서 나오자마자 경계 신호를 발산하는 빈도수를 높이고, 수컷들은 친족들이 있는지 없는지에 따라 신호를 조절한다. 모두가 이런 신속한 경계 시스템의 덕을 보는데, 여기에는 침입자도 포함되어 있다. 사실 군집의 모든 구성원이 항상 친족 관계인 것은 아니다. 가까운 군집에서 이주해 왔거나 다른 가족 단위에 속해 있던 개체가 일정 비율 늘 존재하기 때문이다.[33]

연구진들을 괴롭혔던 마지막 딜레마는 이 검은꼬리프레리도그의 의사소통 시스템이 타고난 것인지, 혹은 학습된 것인지에 대한 것이었다. 어린 개체들이 다양한 포식자를 금방 식별하고 정확한 경계 신호를 보낼 수 있는지, 아니면 그들에게 이런 경우에 어떻게 행동해야 하는지 가르처 줄 지도 교사가 필요한지 말이다. 관찰 결과 어린 개체들은 훈련이 필요한 것으로 드러났다. 감금된 환경에서 혼자 자란 개체들은 다시 풀어주자 당황스러워했다. 반면, 감금된 환경에서 자랐지만 교사 역할을 해 줄 개체가 있었던 프레리도그는 자연으로 돌아간 지 1년이 지나자, 자연에서 자란 어린 검은꼬리프레리도그 개체와 동일한 생존 확률을 나타냈다.[34]

몽구스도 구별된 신호를 비롯한 유사한 의사소통망을 가지고 있다. 그중에서 가장 많이 연구되고 있는 동물은 미어캣*Suricata suricatta*이다. 만화영화 〈라이언킹〉에 등장하는 멧돼지 품바의 든든한 친구, 티몬 말이다.

미어캣은 5~30마리의 개체로 구성된 군집을 이루어 약 5킬로미터의 구역을 차지하며 산다. 이들은 주로 곤충을 잡아먹고 살지만, 먹음직스러운 지렁이, 알, 작은 포유류, 심지어 전갈도 마다하지 않는다. 전갈을 잡아먹을 때는 부모 미어캣이 새끼들에게 독침을 제거하는 법을 가르친다. 미어캣은 땅굴 주위에 뒷발로 똑바로 일어서서 먹잇감을 찾아 지평선을 훑어본다. 마치 스모키 메이크업을 한 듯한 눈의 검은 테두리는 선글라스 역할을 하여 눈부신 칼라하리 사막에서도 잘 볼 수 있도록 해준다. 혹시 이 녀석들을 연구하는 연구진들의 삶이 단조롭고 통계 수치로만 가득할 것이라고 상상하면 큰 오산이다.

이 몽구스의 의사소통 시스템을 보다 잘 이해하기 위해서, 취리히 대학 소속 생태학자 마르타 만세르*Marta Manser*는 헬륨으로 가득한 풍선과 박제된 승냥이, 각종 장치로 무장한 채 칼라하리 사막에 뛰어들었다. 그녀의 목적은 지상 또는 공중의 포식자… 다른 말로 헬륨 풍선에 매달린 승냥이가 조수의 도움을 받아 접근했을 때 미어캣이 어떻게 반응하는지 실험하는 것이었다. 만세르와 동료들은 몇 년간의 연구를 통해 미어캣들이 매우 폭넓은 '어휘' 레퍼토리를 갖고 있음을 발견했다. 12가지 서로 다른 조합으로 섞어 쓸 수 있으며, 일상에서도 다양하게 사용된다. 땅굴을 정돈하고, 먹잇감을 모으고, 영역을 방어하며 무리지어 이동하고 심지어 아이돌봄 시스템에도 활용된다.[35]

하지만 미어캣은 특히 복잡한 경보 시스템을 갖고 있다. 그러나 포식자 유형—지상 포식자인지, 공중 포식자인지—에 따라, 그리고 얼마나 가까이 위치해 있고 어떤 속도로 접근하는지와 같이 위험 수준에 따라 활용하는 어휘와 신호가 다르다.[36] 만약 보초를 서던 미어캣이 멀리서 승냥이를 포착하면, 그가 보내는 신호는 느린 리듬의 금속성 소리일 것이다. 그러나 포식자가 가까이 다가오면 리듬이 점점 빨라지고 마침내 짖는 소리, 필사적으로 울부짖는 소리로 변한다.

일정한 속도로 공중에서 나타나는 포식자에 관한 신호는 훨씬 변조되어 있고 고뇌에 차 있다. 마치 '알아서 살아남아!'라는 외침 같아서 모두가 죽자고 땅굴 속으로 튀어 들어간다. 실제로 각 신호마다 짝을 이루는 반응이 있지만, 극도로 위험한 상황에서는 모두가 바로 굴로 도망가고 말 것이다. 그러나 위협의 종류와 경계 신호, 그리고 적절한 반응을 올바로 연결 짓는 법을 배우기 위해서는 많은 시간이 걸린다. 미어캣은 생후 몇 개월 동안은 경험을 통해, 이런 경우 어떻게 행동해야 하는지를 간접적인 모델이 되는 무리의 성체를 통해 배우는 듯하다.[37]

이처럼 미어캣의 경비 그리고 신호 시스템은 매우 효과적이어서, 그들보다 조금 더 교활한 누군가는 자신의 유익을 위해 이 시스템을 이용하는 법을 터득하기도 했다. 바로 두갈래꼬리바람까마귀*Dicrurus adsimilis*

처럼 말이다. 이 커다란 새는 윤기가 흐르는 검은 깃털에 루비처럼 빨간 눈을 갖고 있다. 이 참새목은 아주 유능하고 영악한 도둑이다. 전갈이나 통통한 지렁이처럼 먹음직스러운 먹잇감을 사냥하려는 미어캣을 발견하면, 그들의 경고음을 흉내 내어 공짜 식사를 남기고 도망가게 만들기 때문이다. 이들이 괜히 세상에서 가장 똑똑한 바람까마귀과에 속한 것이 아니다. 물론 교활한 바람까마귀가 늘 거짓말만 하며 시간을 보내는 것은 아니다. 때로는 진짜 보초 서비스를 제공하기도 하니 말이다. 그렇지 않다면 머지않아 미어캣들도 거짓말쟁이 두갈래꼬리바람까마귀를 기억하고 그의 속임수에 더 이상 넘어가지 않을 것이다.[38]

이런 행동들이 너무 '인간적'으로 보인다면 그리 틀린 생각도 아니다. 우리의 가장 가까운 친척 쪽에서도 매우 흔하게 나타나는 현상이기 때문이다. 많은 원숭이들은 다양한 유형의 포식자를 식별하고, 무리의 동료들에게 적이 다가오고 있음을 알리며 다양한 대피 전략을 실행한다. 그리고 그들 중 다수는 계략과 속임수도 사용한다.

버빗원숭이*Chlorocebus pygerythrus*가 바로 그 대표적인 예다. 동아프리카에 분포하며 70마리까지 이르는 커다란 무리 단위로 생활하는 이 협비원류 원숭이들은 표범, 독수리, 뱀 그리고 개코원숭이의 출현을 알리는 매우 복잡한 경보 시스템을 갖고 있다. 1980년대부터 이미 이 원숭이들이 포식자별로 각기 다른 경고음과 반응을 일으킨다는 사실이 알려져 있었다.[39] 200~1,000헤르츠의 짧고 낮은 빠르게 반복되는 비명을 말하는 샷유닛shot unit은 독수리의 출현을 뜻해서 모두가 나무에서 뛰어 내려와 덤불 사이로 숨는다. 한편 1,500~2,000헤르츠 사이의 8번의 길고 날카로운 외침이 순서대로 배열되어 형성된 문장은 표범의 출현을 의미하므로, 다 같이 최대한 빨리 나무 위로 올라가야 한다.

나무를 오르락내리락 해야만 하는 이 스트레스 가득한 삶에 젊은 개체들은 금세 적응하며, 과외 교사 없이도 어른들을 관찰하는 것만으로 어떻게 대처해야 하는지 배운다. 비록 실습 기간 초반에는 경고 신호를 틀리거나 도망쳐야 하는 방향이 틀릴 수도 있지만 말이다.[40]

현재까지 긴꼬리원숭이들의 참조적 의사소통에는 30가지 이상의 발성법이 있다는 사실이 알려졌다. 하지만 모두가 공동의 유익을 추구하는 경향이 있는 것은 아니다. 어떤 개체는 거짓말을 하고, 그보다 심할 경우에는 포식자가 다가오고 있다는 정보를 숨기기도 한다. 맹금류나 매복한 육식동물을 발견할 수 있는 동일 조건에서, 서열이 낮은 긴꼬리원숭이들은 서열이 높은 개체들에 비해 경고 신호를 늦게 보내는 경향을 보였다. 이들은 특히 주변에 같은 성별의 동료들이 있으면 정보를 공유하지 않았는데, 이는 아마도 같은 성별끼리의 경쟁 때문일 것으로 추정된다. 가령 경고 신호를 늦게 보내어 포식자의 공격에 다른 계급의 암컷이 죽으면, 낮은 서열의 암컷에게는 그 사회적 위치를 차지하기가 더 쉬울 것이다. 수컷들도 마찬가지다. 다른 수컷들로 둘러싸여 있을 경우 보초 활동에 덜 성실하게 임할 것이다. 이것은 매우 예리한 전략임에 틀림없다. 포식자를 포착하는 데 실패한 것과 신호를 주기 싫어하는 마음을 실제로 어떻게 구별할 수 있을까? "못 봤어."와 "일부러 경고 신호를 늦게 줬어." 사이 말이다.[41] 진실은 당사자만이 알고 있다.

반면 어떤 원숭이들은 먹이를 조금 더 확보하기 위해 이와 비슷한 기술을 사용한다. 우리의 가까운 친척인 침팬지*Pan troglodytes*는 식량 자원의 위치와 풍족한 정도를 다른 무리 구성원들에게 일부러 숨길 수 있다.[42]

콜롬비아와 브라질 사이, 남아메리카 열대 우림에 서식하는 검은머리카푸친*Sapajus apella*도 이와 비슷한 행동을 보인다. 식탐이 많고 자기중심적인 이 원숭이들은 식량원을 독차지하기 위해 속임수를 쓴다.

검은머리카푸친 중에서 먹이 우선권을 가진 개체는 수컷 우두머리이며, 이어서 그의 암컷들과 새끼들이 먹이 우선권을 갖는다. 하지만 먹이를 찾아 다녀야 하는 그의 부하들은 이러한 엄격한 위계질서를 잘 견디지 못하기 때문에, 과일이 가득 열린 나무를 발견하면 무리 동료들에게 알리기 전에 몇 개를 따 먹곤 한다. 특히 갈수기 때나 식량이 부족할 때, 동족들이 충분히 멀리 있어서 이 속임수를 들킬 만큼 빨리 올 수 없는 경우에 말이다.[43] 이들은 배고픔이나 식탐 때문에 그보다 더 파렴치한 거짓말을 할 수도 있다. 식량원을 발견하면 "이봐, 여기 먹을 것이 있으니 와봐."라고 모두에게 알리는 대신, 경고 신호를 외쳐서 무리 구성원들을 모두 쫓아내고 평화롭게 식사를 즐기는 것이다. 그런데 우리가 아는 바는 이 신호들이 기능적으로 기만적이라는 점뿐이다. 다시 말해, 속임수를 한번 실험하고 동료들의 반응을 관찰하고 난 거짓말쟁이들은 자신의 행동을 먹이 보상과 연관 짓는 법을 배운다는 뜻이다. 특별한 인지 능력이 수반되지 않는 긍정적 강화가 촉발되는 것이다. 반면 검은머리카푸친 사이에서 우리 인간이 말하는 의도성, 즉 모의가 이루어지는지는 증명하지 못했다. 이는 속임수를 알아채지 못할 만큼 다른 동료들이 얼마나 속기 쉬운지를 상당한 근사치로 계산한다는 뜻이기 때문이다.[44] 그리고 이 두 가지는 엄연히 다르다.

11

악어는 어떤 소리를 낼까?

지금까지 이 질문에 대한 속 시원한 이야기를 듣지 못했다면 드디어 답을 찾을 때가 왔다. "악어는 무슨 소리를 낼까? 아는 사람이 아무도 없네."라는 이탈리아 노래 가사도 있지만, 사실 틀린 이야기이고 과학자들은 이를 잘 알고 있다. 지금부터 몇 페이지를 읽고 나면, 마침내 당신도 몇 년간 미제 사건처럼 남아 있었던 이 질문에 대한 답을 얻을 수 있을 것이다.

한 가지를 분명히 하고 시작하도록 하자. 흔히 '악어'라고 말할 때 우리는 악어목*Crocodylia*을 지칭하는 것인데, 이는 다시 앨리게이터류와 카이만류를 포함하는 앨리게이터과, 그리고 크로커다일과 및 가비알과로 나뉜다. 이들을 쉽게 구별할 수 있는 방법은 주둥이 모양을 관찰하고 뼈 드렁니가 있는지 보는 것이다. 앨리게이터와 카이만은 넓고 둥글둥글한 주둥이를 가지고 있고, 위에서 바라봤을 때 U자 형태이며, 입을 다물고 있는 상태일 때 이빨이 보이지 않는다. 특히 아래턱의 네 번째 이빨—보통 가장 길고 밖으로 나와 있다—은 위턱에 있는 홈으로 쏙 들어간다. 반면 크로커다일은 V 형태의 보다 좁고 뾰족한 주둥이를 갖고 있으며, 입을 다물고 있는 상태에서도 이빨이 입 바깥쪽으로 위치하는데, 특히 아래턱의 네 번째 이빨이 그렇다. 한편 상대적으로 덜 알려진 가비알은 길고 가느다란 독특한 주둥이를 갖고 있는데, 콧구멍이 자리한 끝부분에서 다시 넓어진다.[1] 크로커다일과 앨리게이터의 또 다른 작은 차이점은 바로 크기다. 크로커다일이 보통 더 크고 무거우며, 길이가 6~7미터까지 이를 수 있고 바다악어*Crocodylus porosus*의 경우, 무게가 1톤에 달한다. 반면 텔레비전과 영화에 자주 등장하는 앨리게이터의 가장 유명한 미시시피악어*Alligator mississippiensis*는 길이가 5미터를 넘지 않는다.

그런데 알아두어야 할 두 가지 차이점이 또 있다. 중국 악어*Alligator sinensis*만 제외하고 앨리게이터와 카이만은 민물 파충류이고 미국 최남단에 있는 주부터 멕시코만에 인접한 주까지 남아메리카에 서식한다. 반면 크로커다일은 민물종과 해양종 모두를 포함하는데 이들은 과다한 염분을 배출하며 항상성을 조절하는 변형된 침샘을 갖고 있기 때문이다. 앨리게이터와 카이만 역시 이런 침샘을 갖고 있지만 아무래도 이를 사용하는 능력을 잃어 버린 것 같다. 중앙아메리카의 일부 종을 제외하고 크로커다일은 주로 아프리카와 인도-태평양 지역부터 오스트레일리아 북부 해안까지 분포하고 있다. 반면 가비알과는 인도와 미얀마의 인더스강과 갠지스강 사이에 서식하는 인도가비알*Gavialis gangeticus* 1종 뿐이다.

무뚝뚝하고 조용하다는 세간의 소문과는 달리 악어는 매우 사교적이며, 비조류 파충류 중에 가장 수다스럽고, 매우 풍성한 사회적 울음소리 레퍼토리를 갖고 있다. 20가지 발성법을 구사하며 이른 나이에 말을 뗀다. 이들의 사회 생활은 알 속에서부터 시작된다. 새끼들은 그들의 첫 '보채는 소리'를 아직 부드럽고 하얀 알 속에 있을 때 내며, 이런 식으로 부화하기 며칠 전에 자신을 드러내고 다 함께 알에서 나오기 위해 서로 조율한다. 부화 후에 이 레퍼토리는 점점 무성해진다. 끙끙 앓는 소리, 웅얼거리는 소리 그리고 으르렁거리는 소리는 형제들 간에 부르는 호출음, 새끼들이 도움을 요청하는 간청음, 경고음, 그리고 어른들의 구애 소리 등 다양한 목적에 사용될 수 있다.[2] 이 파충류의 발성법은 종, 나이에 따라 많이 좌우되지만 크기와 성별에 따라서도 달라진다. 재밌는 점은 놀리는 소리(혀를 입술 사이로 진동시켜 내는 야유 소리) 같이 들리는 울음소리를 내는 종이 있는가 하면 심지어 1980년대 비디오게임에 등장하는 레이저 총 소리로 도움을 요청하는 녀석들도 있다. 레이저 악어와 빈정대는 악어라니, 누가 감히 상상이나 했을까?

가장 수다스럽고 많이 연구되고 있는 악어는 단연코 미시시피악어다. 앞으로 살펴보겠지만 이 동물의 전형적인 언어는 특별한 이름과 의미를 지닌, 매우 낮은 으르렁거림에 가깝지만 그가 내는 공격음은 입김이나 날카로운 피리소리 같다. 같은 의사소통 유형 안에도 다양한 발성법이 존재할 수 있으므로 다채로운 메시지가 있을 수 있다. 예를 들어, 첫 번째 위협 단계는 "날 좀 가만히 내버려 둬!"에 비유할 수 있다. 기침소리처럼 입으로 부는 짧은 소리이며, 협박 대상을 향해 고개를 옆으로 휙 돌리면서 내쉬는 거친 숨 소리다. 반면 또 다른 위협 신호는 두 번의 깊은 삑 소리로 구성되어 있는데, 한 번은 날숨에 그리고 다른 한 번은 들숨에 내는 소리다. 이 음은 약 2초간 지속되는데, 날숨과 들숨 사이에 짧은 멈춤이 있고, 볼륨이 크거나 작을 수도 있으며, 여러 차례 연속으로 호흡하는 동안 반복될 수 있다. 만약 이런 소리를 직접 듣게 된다면 당장 도망치는 것이 좋다. 앨리게이터는 숨을 크게 쉬고 있는 것이 아니라 직접적으로 위협하고 있으며, 곧 공격으로 넘어갈 것이다. 실제로 앨리게이터는 숨을 쉴 때 소리를 내지 않기 때문에 날카로운 삑 소리나 한숨 소리가 들린다면 이는 명확한 경고 신호다. 때로는 자신의 의지를 강조하기 위해 이 파충류는 입을 쩍 벌려 이빨을 보이기도 한다. 만약 그를 걱정하게 만들거나 성가시게 하는 이유가 계속되면, 앨리게이터는 가짜 공격이나 심각한 공격으로 넘어갈 수도 있다. 하지만 운을 시험하지 않는 편이 낫다. 이런 두 번의 삑 소리는 "가까이 와보기만 해 봐, 본때를 보여주지." 혹은 "확 물어 버린다." 정도로 번역할 수 있으니 말이다.

미시시피악어 입에서 나오는 가장 어처구니없는 소리는 레이저 총을 떠올리게 하는 '피유' 소리이다. 도대체 누가, 왜 이런 소리를 내는 걸까? 이 기괴한 소리의 주인공은 바로 앨리게이터 새끼들이다. 알에서 나오려고 할 때, 부화하고 나서 몇 분간, 입을 다문 상태로 내뱉는 레이저 울음소리는 여러 번 반복될 수도 있고, 매우 집요해질 수도 있다. 이와 같은 소리는 크로커다일 사이에서도 들을 수 있다. 드래건우드 야생동물 보호 구역Dragonwood Wildlife Conservancy의 인기 있는 영상에 등장한 쿠바악어Crocodylus rhombifer 새끼들처럼 말이다. 이 '레이저 전투'—1980년대에 출시된, 우주전투를 주제로 한 비디오게임 '갤러그'처럼—울음소리는 형제들끼리 소통하며, 부모, 대개 엄마(하지만 친족 관계가 아닌 성체도 응답한다[3])의 주의를 끌기 위함이다. 이 소리는 수신자의 마음을 '녹이는' 메시지로, 새끼들을 물이 있는 곳으로 데려가는 것처럼 부모의 보살핌을 재촉하는 신호다.[4] 게다가 암컷 크로커다일이 새끼들을 입에 물고 물로 옮기는 이 행동에서 '악어의 눈물'이라는 말이 탄생했다. 하지만 실제로는 암컷들이 자신의 새끼를 잡아먹는 것이 아니라 가장 안전한 곳인 자신의 입을 활용해서 옮겨주는 것일 뿐이다. 다만 이들이 물 밖으로 나오면 눈물을 흘리는데, 눈물이 눈을 촉촉하게 하고 윤활 상태를 유지하여, 두 번째 눈꺼풀을 움직여 눈을 깨끗하게 유지하는 것이다.

'피우우'와 매우 비슷하지만, 더 낮고 떨리는 이 소리는 나이가 들면서는 구조신호distress call, 즉 도움을 요청하는 신호로 사용될 것이다. 반면 중국 앨리게이터의 소리는 놀리는 소리를 연상케 하며, 아프리카 서부에 사는 긴코악어*Mecistops cataphractus*가 보내는 구조신호는 레이저 총과 놀리는 소리를 반씩 섞어 놓은 것 같다. 그리고 오스트레일리아민물악어 *Crocodylus johnsoni*의 소리는 '꽥'과 비슷하다.[5]

나일악어*Crocodylus niloticus* 새끼들도 아직 알 속에 있을 때부터 중얼거리기 시작하고, 부화한 뒤에는 시간이 지날수록 내는 소리의 기본 주파수가 점점 낮아진다. 생후 첫 4일 동안 기본 주파수는 아예 절반으로 감소한다.[6] 어린 악어들의 신호와 소리 가운데, 검정카이만*Melanosuchus niger* 새끼는 어미와 형제들에게 다른 반응을 일으키는 두 가지 유형의 신호를 사용한다. 하나는 "야, 난 여기 있어. 넌 어디 있니?"와 같은 단순한 호출음인데, 조정된 주파수로 3,000헤르츠까지 이른다. 그리고 다른 하나는 진짜 경고음인데, 이것 또한 매우 조정되어 있지만 조금 더 높은 주파수로 5,000헤르츠까지 이른다.[7]

결국 "악어는 어떤 소리를 낼까?"라는 질문에는 한 가지로 대답할 수 없다. 크로커다일과 앨리게이터 사이에는 레이저 소리, 놀리는 소리, 꽥을 포함하여 사회적 의사소통에 사용되는 소리의 범위가 굉장히 넓기 때문이다. 하지만 깊고 떨리는 포효 소리bellow, 즉 일정 부분은 코끼리나 사자의 으르렁거림과 비슷한 악어가 내는 전형적인 소리가 있다. 바로… 영화에 나오는 공룡 소리다! 그렇다. 미시시피악어는 1년 내내 공룡 소리를 내는데, 특히 구애 기간에는 매일 같이 합창하며 소리를 낸다. 매우 강하고 포효하는 듯한 굉장한 사랑 노래로, 사슴과 마찬가지로 듣는 이에게 포효하는 이의 정확한 체급 정보를 제공한다.[8]

그런데 미시시피악어의 경우 "시작"을 외치는 쪽은 암컷이고, 수컷은 이를 이어가는 식이다.[9] 한마디로 '파충류식 포효'를 하도록 자극하는 이가 암컷인 것이다. 그렇게 번식기가 찾아오는 봄밤이 되면 플로리다주 에버글레이즈 국립공원의 늪지에서는 '물의 춤'이 포함된 황홀한 광경이 펼쳐진다. 수컷 앨리게이터는 큰 무리로 모여서 암컷들을 유혹하기 시작한다. 그들은 약 58헤르츠 주파수에서 시 플랫(이 부분은 매우 정확하게 지키는 것 같다. 그리고 이런 공룡 소리를 이끌어 내기 위해 악기를 이용한 실험도 진행됐다)으로 포효하기 시작한다. 이들의 노랫소리는 낮은 주파수의 울림인데, 사람의 귀로 들을 수 있지만 종종 19헤르츠에서 초음파의 경계를 넘나든다. 파충류식 포효를 할 때 이들은 '머리는 비스듬히, 꼬리는 활 모양으로'라고 하는, 영어로 HOTA라고 하는 자세를 취한다. 몸통의 반은 물속에, 반은 물 밖에 둔 상태인데, 이 거대한 도마뱀 녀석들은 요가를 하듯 머리는 들고 꼬리는 활처럼 올린 상태를 유지한다. 선사 시대 바다괴물처럼 보이도록 하는 자세다. 이 같은 자세와 포효에 수컷들은 '머리치기'라는 과시 행위를 겸하기도 한다. HOTA 자세로 기나긴 포효를 하고 난 뒤 앨리게이터들은 턱을 이용해 물을 치고, 이를 통해 초저주파 신호를 보낸다. 이것은 수컷들이 이른 아침에 하는 전형적인 행동인데, 자신의 존재를 알림으로써 '숙녀'들의 주의를 끌고, 다른 수컷들을 경계하게 만든다.[10] 한편 구애 활동은 물의 춤을 통해 정점에 도달한다.[11] 포효하는 동안 수컷들은 머리는 밖으로 고정한 채, 물 밖으로 조금 나왔다가 다시 들어가기를 반복하면서 상반신 위쪽을 진동시킨다. 이들의 동작 중 상반신이 위아래로 진동하는 모습은 맨눈으로 감지할 수 없지만, 그 효과는 상당하다. 앨리게이터 등에 있는 물이 분수에 엔진을 켠 것 마냥 뿜어져 나오기 시작한다. 이러한 물의 춤으로 악어들은 서로 구애하며 사랑의 메시지를 주고받는다.

크로커다일과 앨리게이터들이 주고받는 메시지가 그리 친숙하지 않다면, 영화나 다큐멘터리를 통해 우리 머릿속에 각인된 어떤 파충류가 만들어 낸 소리가 있다. 일명 방울뱀의 치직거리는 소리 혹은 우리가 늘 뱀과 연관시키는, 이들이 만들어 내는 쉭쉭거리는 소리가 있다.

뱀목에 속하는 뱀류에는 크기, 형태, 색깔, 습성 그리고 서식지가 극명하게 다른 3,600종 이상이 포함되어 있다. 공기와 주변의 땅을 두 가닥으로 갈라진 혀로 탐색하면서 내는 특유의 소리는 이 동물 그룹의 가장 전형적인 소리일 것이다. 공기의 양과 공기를 구강 밖으로 밀어 내는 힘에 따라 이 쉭쉭거리는 소리는 3,000~13,000헤르츠의 주파수를 지니고, 주로 7,500헤르츠 내외의 주파수에 머문다.

피투오피스속*Pituophis* 뱀들은 유독 얇고 유연한 후두개 덕분에 강한 쉰 소리의 짧은 '쉭쉭' 소리를 만들어 낼 수 있다. 한편 맹렬한 독을 품은 킹코브라*Ophiophagus hannah*는 다른 뱀들에 비해 어찌나 낮은 소리를 내는지 뱀이 내는 소리라기보다는 성난 퓨마의 숨소리 같은 으르렁거리는 듯한 소리growling hiss를 낸다. 2,500헤르츠 이하의 주파수, 주로 600헤르

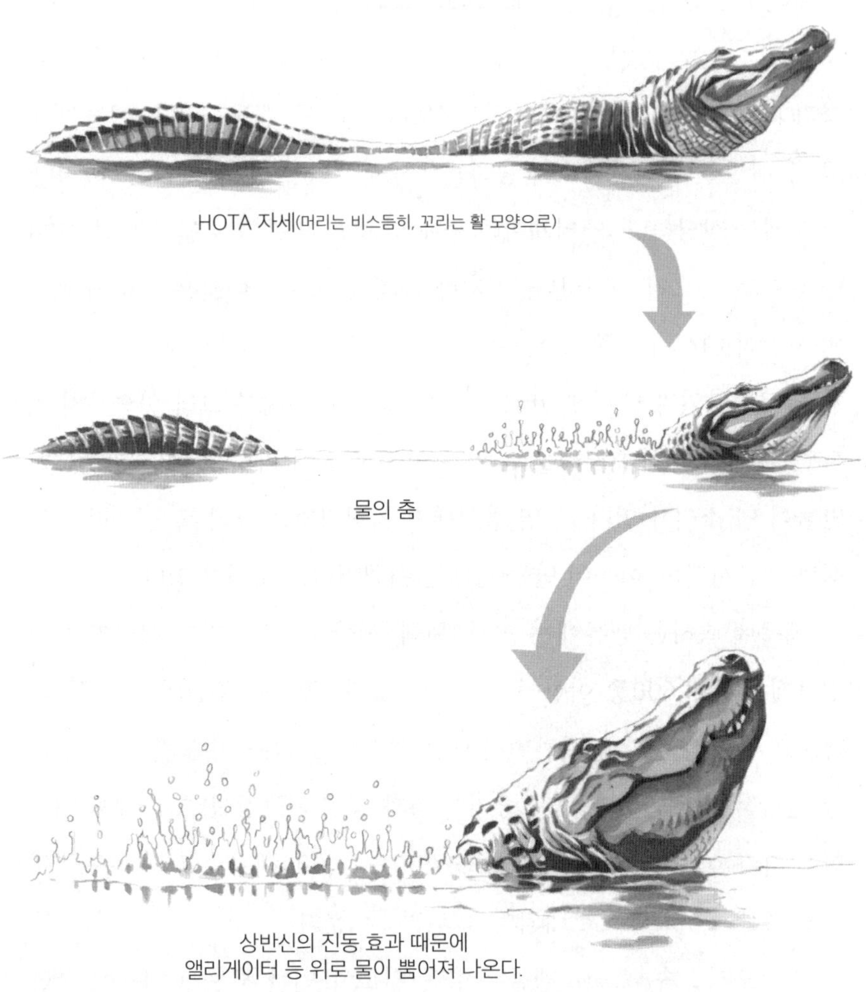

수컷 미시시피악어들이 선보이는 구애 의식은 HOTA 자세에서 시 플랫에 맞춘
'포효'와 물의 춤으로 구성되어 있다.

츠에 가까운 주파수이며, 울림통 역할을 하는 기관게실 때문에 나오는 아주 낮고 깊은 소리다.[12]

또 다른 방대한 뱀 무리로는 에키스속*Echis*의 가시북살무사를 비롯하여, '몸으로 소리를 내는' 아프리카알뱀속*Dasypeltis*이 있는데,[13] 이 개체들은 일부러 비늘을 문지른다. 어떤 비늘은 두껍고 기울어져 있으며 변형되어 있다. 아프리카와 아시아 열대 사막과 건조한 지역에 서식하는 가시북살무사에는 맹독성의 뱀 8종이 포함되어 있는데, 한쪽으로 기울어진 등 비늘을 갖고 있고, 옆구리 비늘도 마찬가지로 45도 각도로 돌출되어 있으며 가운데 용골은 톱니 모양이다. 이 살무사는 겁을 먹고 위협 당한다고 느끼면 몸을 휘감아서 최면을 거는 듯한 나선 형태를 만든다. 머리는 고정시킨 채, 몸통은 동심원을 그리듯 C자로 접고, 앞뒤로 움직인다. 이런 식으로 비늘이 서로 스치면서 특유의 날카로운 소리를 내는데, 이는 다가오는 생명체에게 자신의 치명적인 힘을 드러내는, 가시북살무사의 경고 신호다. 그리고 당연히 방울뱀 특유의 소리가 있다. '방울'을 흔들어 만드는, 2,500~19,000헤르츠 사이의 소리로 주요 주파수는 9,000헤르츠다. 이 모든 소리의 가장 놀라운 점은 정작 원작자인 뱀들은 듣지 못한다는 점이다. 실제 그들의 청력은 300~600헤르츠 사이를 넘나들기 때문이다.[14] 그렇다면 왜 동종들이 대부분 듣지 못하는 소리를 내는 것일까? 청각을 이용한 의사소통은 뱀이 동종이나 친족에게 메시지를 보낼 때 선호하는 채널이 아니기 때문이다. 그들이 내는 소리는 종 내 소통이 아닌 종 간 소통 신호로, 포유류 혹은 그들의 포식자인 커다란 새를 겨냥한 소리들이다. 이들은 대부분 소리를 아주 잘 듣는 속屬으로, 뱀들이 오디오 메시지를 보내는 주파수의 음역대만큼은 확실히 잘 듣는 동물

들이다.[15]

살무사과의 방울뱀속*Crotalus*(일부 종 제외)과 꼬마방울뱀속*Sistrurus*이 속한 미대륙에 서식하는 30종 이상의 독사들의 '방울'은 속이 비어 있는 딸랑이와 같은데, 약 10개의 각질로 구성된 마디들이 고리 모양으로 연결되어 있다. 한 번 탈피를 할 때마다 방울이 하나씩 눈금처럼 추가된다. 태어난 후 몇 번의 탈피를 하기 전까지 이 방울들은 그 전형적인 소리를 낼 수 없을 것이다. 하지만 방울을 구성하는 각질 고리의 개수로 개체의 나이를 추정할 수 있다는 말은 금물이다. 그건 이상적인 세계에서나 가능한 일이고, 실제로 방울은 소모품이기 때문에 그 끝은 자연적으로 쉽게 부러지기 때문이다.

방울뱀은 위협을 느끼면, 멈추지 않고 몇 시간이나 계속 진동할 수 있는 특별한 근육 덕분에 꼬리를 아주 빠르게 흔든다. 서부다이아몬드방울뱀*Crotalus atrox*의 경우에는 그 진동수가 초당 90회를 넘는다.[16] 이때 방울을 구성하고 있는 여러 각질 고리가 서로 마찰을 일으키면서 소리를 낸다. 그런데 방울이 똑바로 잘 보이도록 하는 것도 중요하다. 이들의 신호는 청각뿐 아니라 시각적 과시 행위이기도 하기 때문이다. 이들은 실제로 방울을 흔들기 위해 위로 들어 올리는 유일한 뱀으로, 다른 방울뱀들은 소리를 만들기 위해 수평으로 흔들고 종종 표면에 비비기도 한다. 또한 방울뱀의 진동 속도는 기온에 따라 달라지는데, 특히 온도가 더 높을수록 빨라지고 16℃ 이하부터는 급속도로 떨어진다.[17]

그러므로 방울 소리는 다른 이들을 향한, 종 간 경고 메시지다. 또한 잠재적인 포식자에게 방울뱀의 유독성을 경계하도록 만드는 반포식자 신호다. 이를 입증하기라도 하듯 실제로 방울 밑에 하얀색과 검은색의 경계색을 띠는 줄무늬를 종종 찾아볼 수 있다. 하지만 이들이 주로 잡아먹는 피식자들이 이 소리 신호를 역이용하는 경우도 있다. 바로 프레리도그*Cynomys rafinesque*의 친척인, 미국 설치류 캘리포니아땅다람쥐*Spermophilus beecheyi*처럼 말이다. 군집을 이루고 땅을 파는 습성이 있는 이 다람쥐과 동물들의 천적은 초원방울뱀*Crotalus viridis*으로, 이들은 땅다람쥐 새끼들을 잡아먹는 것을 좋아하며 단순히 몸을 숨기거나 체온 조절을 하기 위해 종종 그들의 굴에 기어 들어간다. 방울뱀을 포착한 캘리포니아땅다람쥐들은 자기 나름대로 모래를 던지기 시작하고, 털을 곤두세우며 경고 자세로 꼬리를 세워서 움직인다. 공격을 받은 방울뱀은 특히 히기를 채우려는 것이 아닌 피신을 위해 그곳에 있다면—방울을 울리기 시작할 수 있는데, 이는 땅다람쥐들에게 눈앞에 있는 천적에 대한 많은 정보를 제공한다. 실제로 이 설치류들은 방울 소리의 강도와 주파수에 귀를 기울이면서 뱀의 몸집을 파악하고 그들이 직면한 위험을 보다 잘 평가할 수 있다. 강도와 주파수가 높은 방울 소리의 경우 몸집이 큰 성체(이런 방울뱀은 길이가 1~1.2미터에 이른다)를 가리킨다. 반면 그보다 높은 주파수의 소리는 주변에 좀 더 작은 개체가 있다는 뜻이다. 또한 방울뱀의 방울 소리rattle는 방반포식자 메시지인 만큼, 해당 동물이 방어 자세를 갖추고 있음을 알리는 것이며, 이런 경우 독에 물릴 가능성은 적다. 그리고 방울뱀을 계속 쫓아내려 한다면 도망가게 만들 가능성은 증가한다. 이런 식으로 방울뱀으로부터 위기에서 벗어날 수 있다. 실제로 초반의 공포가 지나고 나자 이 종 간 반포식자 메시지가 캘리포니아땅다람쥐에게 특별한 효과를 나타내는 것으로 드러났다. 일단 소리의 유형을 평가하고 난 뒤, 눈앞에 있는 대상이 쉽게 이길 수 있는 약한 녀석임을 알게 되면, 집요하게 계속

협박하면서 더 큰 방울뱀이나 잡아먹을 의도로 방울을 울리지 않고 접근하는 뱀에게 하는 것보다 더 자주, 더 많은 모래를 뿌린다.[18] 발신자와 수신자 사이의 의사소통이 늘 그렇듯, 일이 항상 예상했던 대로만 흘러가지는 않는다. 그래서 어떤 포식자를 멀리하도록 방어하며 자신을 더 위협적으로 보이게 하는 신호가 실제로는 오히려 피식자에게 이용당할 수도 있다.

이제 발신자에게 잘못하면 해가 될 수 있는 신호에 대해 알아보기 위해 중앙아메리카와 남아메리카의 열대우림 및 아열대우림으로 가보도록 하자. 이곳에는 퉁가라개구리*Engystomops pustulosus*들이 살고 있는데, 크기는 2~3.5센티미터에 색깔은 연한 갈색이며, 수컷들은 암컷을 사로잡기 위해 자신의 목숨마저 거는 대단한 사랑꾼들이다. 번식기의 밤이 되면, 수컷들은 물웅덩이에 모여 서로 음을 맞추어 사랑의 노래를 부른다. 이때 매우 높은 '피웅' 소리를 내는데, 후두 안에 자리한 섬유질의 덩어리를 진동시킴으로써 만들어 낸 금속성의 울리는 소리가 최대 7회까지 이어진다.[19] 사랑의 메시지는 목과 배 밑에 있는 매우 큰 울음주머니를 부풀렸다가 수축시킴으로써 증폭된다. 순전히 청각적인 요소에 시각적인 요소가 더해지는 것인데, 이를 통해 비의도적인 신호가 파생된다. 수면에 연속적인 미세한 잔물결이 만들어지게 되는데, 이는 나름의 중요한 기능을 갖고 있다.

동종의 수컷들이 부르는 사랑의 노래를 완벽히 식별할 줄 아는 암컷들은 매우 까다로운 취향을 갖고 있다. 복잡하고, 진동음이 많으면서도 자주 반복되는 낮은 주파수의 노래를 선호하는데, 대게 이런 노래를 부르는 수컷은 다부진 몸매를 가져서, 더 많은 알을 수정할 수 있기 때문이다. 하지만 이 작은 개구리도 '미끼 효과'라고 하는 마케팅 전략에 빠지기 쉽다. 두 경쟁자 A와 B 중— 더 크고 깊지만 떨림이 적은 노래를 부르는 A, 그리고 떨림이 많고 빈번하게 노래를 부르는 B—암컷들은 떨림이 더 많은 수컷인 후자를 선호한다. 그런데 여기에 앞선 두 경쟁자들이 가진 특징의 중간 정도를 지닌, A보다 주파수는 훨씬 낮지만 떨림이 거의 없는 세 번째 C가 추가될 경우, 암컷들은 처음에는 깔보았던 A 유형의 수컷들을 선호할 것이다.[20] 중간 정도 특징을 가진 세 번째 수컷은 암컷들이 선택의 근거로 삼는 순서를 완전히 뒤바꿔 버릴 수 있다. C의 등장에 퉁가라개구리 암컷들이 왜 이론저으로 덜 뛰어난 수컷들을 선택했는지는 아직 밝혀지지 않았지만, 한번 왕자님을 선택하고 나면, 개굴개굴 울어대는 수컷을 찾아 짝짓기하기 위해 그가 수면 위에 만들어 놓은 잔물결을 따라 갈 것이다.[21]

이미 복잡한 소통 상황에서 노래하는 수컷이 만든 잔물결은 곧 커다란 약점이 된다. 불청객 기회주의자이며, 개구리들의 포식자인 사마귀입술박쥐*Trachops cirrhosus*에게 활주로를 깔아주는 셈이기 때문이다. 사마귀입술박쥐는 7~8센티미터의 크기에 턱에는 뾰족한 가시가 가득하며 독특한 비엽, 즉 둥근잎 모양의 뾰족한 콧마루를 갖고 있다. 번식기가 오면 이 박쥐는 귀를 기울인다. 매우 예민한 그의 귀는 노래하는 수컷 개구리들이 만들어 낸 잔물결의 낮은 주파수 소리를 감지할 수 있기 때문이다. 믿기 힘들지만 이 비의도적인 신호가 정당한 수취인인 암컷 퉁가라개구리들에게 촉각 자극으로 수신되는 동안, 박쥐는 반향정위를 이용하여 청각적으로 감지한다. 그리하여 사마귀입술박쥐는 먹음직스러운 먹잇감을 찾아내어 물 위를 날아서 낚아챈다. 그는 영어로 eavesdropper라고 하는 완벽한 '연쇄 도청꾼'으로, 자신에게 향하지 않은 메시지를 가로채어 이를 이용함으로써 누군가의 사랑을 산산조각내 버린다. 사마귀입술박쥐는 분류학적으로도 퉁가라개구리들이 만들어 낸 잔물결의 약한 소리를 식별할 수 있는 사마귀입술박쥐속 *Trachops*의 유일한 종이며—지금까지 밝혀진 정보로는—이 개구리들은 적의 출현을 눈치 채면 울기를 멈추고 물속으로 들어간다. 때로는 너무 늦을 때도 있지만 말이다.[22]

개구리, 두꺼비, 청개구리가 번식기에 내는 울음소리는 가장 많이 알려진 자연의 소리 중 하나일 것이다. 개구리목, 즉 꼬리가 없는 양서류에는 7,200종 이상의 개구리가 포함되어 있다.[23] 종마다 갖고 있는 특유의 울음소리는 번식을 위한 종 내 의사소통에 쓰이며, 귀를 기울이고 있는 포식자뿐만 아니라 이들을 연구하기 위해 종종 이 파충류들의 수다를 활용하는 파충류학자에게도 유용하다. 한 가지 예를 들자면, 오스트레일리아—기후 변화로 인해 서식지 파괴와 각종 질병으로 위협받는 240종 이상의 개구들이 살고 있는—처럼 넓은 지역에서는 지속적인 모니터링을 진행하기가 어려울 수 있다. 이런 이유로 환경부와 호주박물관은 시민과학citizen science 프로그램을 시작했고, 그 프로그램의 일환으로 FrogID[24]라고 하는 개구리 울음 식별 애플리케이션을 개발했다. 무료로 다운로드할 수 있는 이 애플리케이션은, 스마트폰을 통해 개구리의 울음소리를 녹음하여 어떤 종인지 찾아볼 수 있고, 사진 자료뿐 아니라 어떤 위험에 처해 있는지도 알 수 있다. 이렇게 울음소리를 집단으로 조사하며 수집한 데이터는 연구진들로 하여금 정확한 지도를 갖게 하여 개구리들이 어떤 상태인지, 어떤 종이 줄어들고 어떤 종이 그렇지 않은지를 파악하는 데 도움이 될 것이다.

그러면 다시 7,200여 종이 부르는 7,200여 가지 로맨틱한 개구리 울음소리로 돌아가 보자. 세레나데에 사용되는 이 울음주머니는 보통 목 아래쪽이나 입 구석에 위치한 특별한 피부막이다. 헬레이오포루스속 *Heleioporus*이나 네오바트라쿠스속*Neobatrachus*처럼 이런 특별한 울림통이 없는 개구리들도 있다. 대신 이들은 그 목적을 완벽하게 수행해 내는, 돔 형태의 확대된 구강 구멍을 갖고 있다. 퉁가라개구리처럼 이 울음소리는 수컷들이 번식기에 암컷을 유인하기 위해 만들어 내는 사랑의 메시지이자—동물의 세계에서 다른 노래와 울음소리처럼—개체의 크기, 건강 상태, 알을 수정시킬 수 있는 능력과 같이 자신의 파트너를 선택하는 데 기준으로 삼을 만한 정보를 제공하는 정직한 신호들이다.[25] 일반적으로 수컷들이 만들어 내는 첫 울음소리는 암컷이 수컷의 종을 확인하고 짝짓기에 대한 의지와 그의 크기를 파악하는 데 필요한 광고성 호출이다. 암컷이 관심을 보이면 수컷들은 그제서야 진짜 구애의 노래로 넘어간다. 때로는 이런 노래가 호출 빈도를 높인 버전에 불과하며 다양한 발성과 진동이 추가되면서 복잡한 형태를 띨 수도 있다.[26] 물론 개구리, 청개구리 그리고 두꺼비들은 개굴개굴하는 울음소리만 내는 것이 아니다. 영역 표시를 위해 사용하는 특정 울음소리가 있고, 위험에 처한 개구리가 입을 연 상태(개구리들은 입을 닫은 채로 개굴거린다는 사실을 알고 있는가?)로 날카롭게 내뱉는 경보음도 있다. 그런데 개구리들이 이미 암살자의 입속에 있으면서도 이런 소리를 내는 이유에 대해서는 아직 명확하게 밝혀지지 않았다. 어쩌면 무서워서일 수도 있고 또는 포식자의 주의를 돌려서 당황스럽게 만들기 위해서, 혹은 주변에 있는 모두에게 불청객의 출현을 알리기 위함일 수도 있다.

여기까지는 모든 것이 정상적으로 보일 것이다. 그리고 당연히 개구리나 두꺼비가 소처럼 음메 하는 소리를 내거나 하울링을 하리라고는 기대하지 않을 것이다. 하지만 진화는 우리를 꾸준히 놀라게 만드는 재주가 있다. 봄과 여름 사이에 유럽에서는 간헐적으로 하울링이 들려 온다. "우우, 우우, 우우" 같은 소리인데, 1분에 40회까지도 반복된다. 이 소리는 수컷 무당개구리*Bombina sp.*들의 구애 노래로, 이들은 돌기가 많은 등에 배에는 노랑-주황 혹은 빨간 반점이 있고 하트 모양의 눈동자를 가진 작은 개구리다. 그렇다. 우리가 소위 '하트 눈'이라고 말하는 것을 이들은 갖고 있다. 사랑에 빠진 눈빛과 울부짖는 세레나데 사이에서, 암컷 무당개구리는 구혼자들의 섹시한 매력에 못 이겨 마음을 열고 만다. 이렇게 아펜니노 산맥을 따라 노란배무당개구리*Bombina variegata*의 아종이자 이탈리아 고유종인 아펜니노 무당개구리*Bombina variegata pachypus*의 울음소리가 울려 퍼진다. 반면 노란배무당개구리는 알프스 이북 프랑스, 독일 그리고 발칸 반도 서쪽에 서식한다. 끝으로 유럽 중동 쪽부터 러시아까지는 붉은 배를 가진 유럽무당개구리*Bombina bombina*의 서식지가 펼쳐진다. 무당개구리의 노랑, 주황 혹은 빨간색의 배는 명확한 경계색 신호인데, 이들은 운켄 반사unkenreflex라고 하는 독특한 자세로 포식자에게 이 경계색을 보인다. 마돈나의 히트곡 '보그Vouge'를 흥얼거리며 '포즈를 취해 봐(stike a pose)'를 외치듯, 갑자기 등과 팔다리를 활 모양으로 구부린다. 그러나 서식지 파괴와 키트리디오미코시스 같은 전염병, 그리고 기후 변화로 인해 이 개구리들의 세레나데를 보고 듣는 일은 점점 어려워지고 있다.

캐나다와 미국 태생으로 이후 세계 여러 지역으로 유입된 커다란 황소개구리*Lithobates catesbeianus*는 수컷의 울음이 황소의 울음소리를 닮아서 이 같은 이름을 얻었다. 길이는 15센티미터에 몸무게는 500그램 정도인 이 양서류의 번식기는 2~3개월간 지속된다. 수컷들은 어떤 장소에 모여 서로 3~6미터의 간격을 유지한 채 단체로 황소 울음소리를 내기 시작하는데, 이런 구애 행위와 장소를 렉lek이라 한다. 이 단계에서 내는 이들의 발성은 단지 미래의 동반자에게만 향하지 않는다. 다른 경쟁자들에게 위협적으로 발산하는, 서로의 구역을 명확히 하기 위한 영역 표시의 신호도 있다. 또한 필요할 경우 직접적인 싸움도 감행하는데, 이때에도 싸움에 앞서 특정 소리를 낸다. 렉 안에서 좋은 위치를 차지하는 것은 후손을 확보하는 데 매우 중요하다. 사회적인 지배력은 도전, 위협, 전투를 통해 확립되며, 더 강한 수컷 성체들은 중앙을 차지하려는 경향이 있는 반면, 불리한 어린 수컷들은 렉의 주변부로 물러나게 된다. 물론 폴 포지션을 확보하고 유지하는 일은 쉽지 않다. 잡아먹힐 위험이 증가하고, 먹이를 확보할 가능성은 줄어들며, 울음소리에 에너지를 소진하는 것은 물론, 1인자를 무너뜨리고 그 자리를 차지하려 드는 이들의 표적이 된다. 이처럼 암컷을 사로잡는 일은 식은 죽 먹기가 아니기에 수컷들의 대결은 유독 힘들 수 있다. 암컷 황소개구리들의 가임기는 때로는 하룻밤 정도로 매우 짧고, 쉽게 자신을 허락하지 않기 때문이다. 반면 수컷 황소개구리들은 다른 난폭한 양서류와는 달리, 무슨 수를 써서라도 짝짓기하려 들지 않고(종종 양서류 중에는 여러 수컷이 암컷 한 마리를 공격하여 익사시키는 일이 발생한다), 암컷이 마음을 열고 먼저 움직이기를 기다린다. 게다가 렉에서 차지한 위치도 나름의 중요한 의미가 있다. 수컷의 밀도가 낮고 이들이 서로 명확한 영역을 갖고 있을 경우, 암컷들은 신중한 평가를 통해 가장 좋은 자리를 차지한 수컷을 선택할 것이다. 반면 렉이 붐비기 시작하면, 암컷들은 합창대 안에서 그들이 차지한 자리에 따라 선택할 것이다. 그리고 가운데 있는 개체들이 더 선호될 것이다.[27]

너무 독특해서 jug-o-rum[28]이라고도 불리는 황소개구리의 울음소리는 양서류의 세계에서 유일하게 이상한 것은 아니다. 실제로 '초음파 개구리'도 존재하기 때문이다. 중국 출신의 오목귀개구리*Odorrana tormota*는 초음파를 만들고 감지하는 능력이 발견된 최초의 척추동물(포유류를 제외하고)이다. 대부분의 개구리가 12킬로헤르츠 이하의 주파수를 듣는다면, 이 종에게서는 매우 특별한 현상이 발생한다. 암컷들은 최대 16킬로헤르츠를 감지할 수 있는 반면, 수컷들은 35킬로헤르츠까지 이르는 예민한 청력을 갖고 있다. 그 이유는 이들의 고막이 매우 얇고, 밖에서는 보이지 않을 정도로 오목하게 들어가 있기 때문이다. 겉으로 봤을 때 수컷들은 무수히 다양한 울음소리를 내는 것으로 보이며, 이처럼 기이한 종내 의사소통은 환경적인 이유로 진화되었을 가능성이 있다. 오목귀개구리는 급류가 흐르는 강과 운하, 개울을 따라 살기 때문에 이들의 서식지는 주파수 범위가 넓고 지속적인 소리원을 포함하고 있다. 쉽게 말해 이개구리들은 강줄기 소리와 혼돈할 만한 메시지를 보내지 않기 위해, 초음파 전략을 채택했다. 늘 그렇듯 이 또한 진화의 과정으로, 한두 마리의 개체가 의식적으로 선택한 것이 아니다. 따라서 시간이 지남에 따라 자연선택과 성선택은 더 민감한 청력과 목젖을 가진 개체를 유리하게 만들었고, 오늘날의 '초음파 개구리'까지 이르게 되었다. 이것은 독립적인 진화의 새로운 사례다. 초음파를 이용한 소통이 진화 과정에서 다양한 이유와 형태로 등장했지만, 어떤 면에서는 고래류나 익수류도 같은 길을

선택하여 서로 메시지를 주고받기 위해 같은 해결책에 이르도록 한 방법
과 유사하다. 다시 말해 수렴 진화의 한 형태라 할 수 있다.[29]

끝으로 양서류의 음악 및 다자간 연애 세계에서는 자신의 메시지를
최대한 멀리 보내고 더 효과적으로 만들기 위해 속임수를 사용하는 이가
있다. 맹꽁이과*Microhylidae*는 대부분 1.5센티미터 미만의 아주 작은 개구
리들(이름에 micro가 괜히 붙은 게 아니다)이 속한 방대한 과로, 16속 680종의
개구리가 포함되어 있다. 숲에서 개굴거리는 스텀피아속*Stumpffia*의 마다
가스카르 토종 개구리나 나무의 움푹 파인 구멍을 구애 울음소리의 울림
통으로 활용하는 플라티펠리스속*Platypelis*, 코필라속*Cophyla* 그리고 안노톤
틸라속*Anodonthyla* 개구리가 맹꽁이과의 대표적인 예다. 이 섬세한 기술을
전문적으로 발전시켜 온 또 다른 맹꽁이과가 있는데, 크기가 2.5센티미
터 이하인 보르네오나무구멍개구리*Metaphrynella sundana*다. 보르네오 고유
종으로 저지대 우림부터 해발 700미터까지 분포하고 있다. 이 수컷 종
의 울음소리는 울창한 초목 사이로 50미터 거리에서도 들을 수 있다. 그
이유는 지면으로부터 1~5미터 높이에 있는 나무줄기의 깊은 구멍 속에
서, 밤에 이루어지는 특별한 울음소리 조율 기술 때문이다.

암컷을 쟁취할 수 있는 확률을 높이기 위해 수컷 보르네오나무구멍
개구리는 나무줄기에 있는 완벽한 구멍을 찾아 나선다. 보통은 빗물이
일부 채워져 있는 구멍을 찾는데, 이는 짝짓기가 이루어지면 알을 낳을
수 있는 공간으로 삼기 위함이다. 하지만 이들은 뻔한 선택을 하지 않는
다. 사랑의 노래를 부르기 전에—실제로는 시끄러운 딸꾹질 같이 매우 날카로
운 소리에 가깝다—이들은 그들이 선택한 구멍에 존재하는 물 양에 따라
좌우되는 공명 주파수에 맞추어 음을 조율한다.

보르네오나무구멍개구리의 이런 놀라운 조음 및 조율 능력을 발견한 사람들은 비에른 라드너Björn Lardner와 맥라린 빈 라킴Maklarin bin Lakim이다. 이들은 실험실에서 이 작은 수컷 개구리들을 대상으로 간단한 실험을 진행했다. 물이 들어 있는 플렉시글라스 실린더에 개체 한 마리를 집어넣자 표본 개구리는 자신의 울음소리를 다양한 음조로 시도해 보았고, 마침내 용기의 공명 특성에 가장 적합하게 증폭되는 주파수를 찾아냈다. 그리고 연구진들이 실린더에 물을 더 첨가하거나 빼기 시작했을 때, 수컷들은 이에 적합한 음조를 새로 찾을 때까지 튜닝 작업을 반복했고, 암컷을 유혹하기 위해 실제로 '딸꾹질 소리'를 내기 시작했다.[30] 이런 식으로 짙은 우림의 꽃들과 향기, 소나기 사이로 이 기괴한 소리가 어둠을 뚫고, 이 작은 개구리 길이의 2,500배에 달하는 거리까지 사랑을 불러들이는 소리를 울려 퍼지게 한다.

이보다는 조금 덜 낭만적이지만 2,500킬로미터 이상 떨어진 대만에서, 더 정확히 말하면 타이베이 북부에 서식하는 사원청개구리*Kurixalus idiootocus*는 같은 목적으로 배수관과 저수조 시설을 활용하는 방법을 터득했다. 2월에서 9월까지, 번식기 동안 이 개구리 종 수컷들은 렉을 형성하여 울음소리를 낸다. 그들은 부르는 노래의 진폭뿐 아니라 음의 지속 시간도 일종의 에코처럼 넓히는, 음향 효과가 최적화된 장소를 고른다.[31] 아무래도 이들에게 맨홀이나 수도관보다 더 좋은 곳은 없는 듯하다.

물고기처럼 말이 없고, 매미처럼 집요한

'물고기처럼 말이 없는'이라는 이탈리아어 표현은 사실 잘못됐다. 물고기들도 말을 할 뿐만 아니라 정말 대단한 수다쟁이들이기 때문이다. 최근 10년간 과학은 해양 생물들이 말이 없다고 생각하게 만드는 이 '침묵에 관한 편견'을 깰 수 있었다. '고래어'가 있다면, '물고기어'도 있다. 그런데 주목할 점은 이들 역시 성대를 사용하지 않는다는 것이다. 경골어류, 갑각류 그리고 이번 장에서 살펴볼 몇몇 곤충들은 사실 소리를 통해 정확하게 소통할 수 있도록, 이상한 방법을 하나 만들어 냈다.

가장 특이한 경우를 살펴보기 전에 자연스럽게 떠오르는 질문이 하나 있다. 물고기도 귀가 있는가? 물론이다. 외부로 드러나는 귓바퀴는 없지만 어쨌든 내이內耳를 갖고 있다. 물속에서는 공기 중에서보다 소리가 빠르게 전달되기 때문에 소리를 모으기 위한 구조가 필요하지 않고, 오히려 그런 것들은 물의 저항을 높일 수 있다. 게다가 일부 종은 내이가 '베버기관'이라 부르는, 인간의 귓속뼈와 유사한 기능을 하는 뼈 구조가 부레에 연결되어 있어서 소리를 부레에 전달하며 증폭시킨다. 끝으로 이 모든 것을 완성하는 매우 특별한 '귀'가 있다. 측선 기관은 물고기만이 갖고 있는 특별한 감각기관으로, 이 기관을 통해 주변 물의 움직임과 진동, 압력의 변화를 감지할 수 있다. 말하자면 물고기 떼가 합심하여 일제히 방향을 바꾸거나 포식자로부터 도망가기 위해 모이거나 흩어지도록 하여 동시에 움직일 수 있도록 해 주는 기관이다.

측선 기관은 피부 아래에 흐르는 관으로 구성되어 있다. 머리 쪽에는 여러 가닥으로 나뉘어 있고, 이름에서 알 수 있듯이 몸의 옆면을 따라서는 하나의 측선관만 있다. 이 관은 비늘 위에 맨눈으로 볼 수 있는 측선공이라는 구멍을 통해 외부와 소통한다. 그리고 이 구멍은 비늘 밑 진피 속의 측선관으로 이어지는데, 이곳에는 '촉감구'라 불리는 자극감지 수용기들이 측선 신경에 연결되어 있다. 그리고 이 촉감구들은 감각모를 가진 세포로 이루어져 있으며 젤라틴질의 캡슐에 싸여 있다.

측선 기관을 통해 물이 들어오면 촉감구를 자극시킨다. 이런 식으로 감각 세포의 섬모가 압력의 차이를 감지하고 그 정보를 신경계에 전달함으로써 물고기가 반응하게 된다. 게다가 소리는 입자에 압력을 가하여 매질을 통해 전파되는 파동이므로, 측선 기관은 아주 특별한 '귀'이자, 훌륭한 압력 감지 기관이다.

그러므로 물고기들은 침묵하는 것이 전혀 아니며 소리를 통해 소통한다. 절벽을 따라 한 번이라도 입수해 본 적이 있거나, 포시도니아 오세아니카*Posidonia oceanica* 군락지에서 수영을 해 보았거나, 산호초의 아름다운 색깔에 마음을 빼앗겨 본 적이 있다면 분명 그 소리에도 주목했을 것이다. 튀김을 만들 때 나는 기름 소리처럼 작은 톡탁거리는 소리 말이다.

우리 귀에는 그다지 다채롭지 않겠지만, 이 소리는 비자발적―움직임이나 먹이 활동으로 초래된―소리와 자발적인 소리로 구성된 콘서트이며, 명확한 신호이다.

만약 운이 따른다면 귀를 기울였을 때 바다 생명체들의 소리를 들을 수 있다. 가장 일반적인 소리는 아마 자리돔과의 담셀피시*Chromis chromis*가 내는 소리일 것이다. 작고 짙은 색상에 두 갈래로 갈라진 꼬리를 가진 물고기로, 수백만 마리의 개체가 떼를 이루고 살기 때문에 해저 난파선과 고고학 유물 사이에서 분명 본 적이 있을 것이다. 6월과 9월 사이의 번식기 동안에 수컷들은 둥지 만들기를 담당하며, 이 단계가 끝나면 시그널 점프*signal jump*라 불리는 구애의 춤을 춘다. 미래의 둥지에서 멀어져서 배지느러미만으로 수영하며 물기둥을 따라 몇 미터를 올라갔다가 다시 방향을 돌려 빠르게 둥지로 돌아오는 것이다. 이때 2,000헤르츠를 넘지 않는 폭넓은 주파수 범위의 맥동음을 낸다.[1] 수영 속도, 춤의 활력, 그리고 특히 수컷이 만들어 내는 소리 자극의 횟수와 주파수는 암컷이 선택의 근거로 삼을 기준들이다. 이러한 기준들은 눈앞에 있는 수컷의 특질과 부모로서의 자질을 나타내는 정직한 신호이다.[2] 이 춤과 '흥얼거림'의 목적은 바로 암컷을 유혹함으로써 알을 낳고 둥지 역할을 해 줄 해저 분지까지 내려가도록 설득하기 위함이다. 10여 분 만에 암컷 담셀피시는 6,000개 이상의 알을 낳을 것이고, 수컷은 이 알을 포식자로부터 보호하고 산소를 공급하면서 전적으로 돌볼 것이다. 이 알에서 푸른빛의 아름다운 치어들이 탄생할 것이고, 약 10일이 지나면 암갈색으로 변할 것이다.

물고기는 말을 할 뿐 아니라 종종 노래도 부르고 심지어 합창까지 한다. 지중해의 포시도니아 초원에는 4월부터 10월까지, 1년 중 7개월 동안 밤새도록 노랫소리가 울려 퍼진다. 연구진들이 '/kwa/'라고 부르는 노래인데, 해가 진 뒤 2시간 후부터 깊어지는 소리이다. 해류를 따라 움직이는 포시도니아의 구불구불한 잎 사이에는 신비로운 인어 대신 물고기, 갑각류, 성게와 불가사리 같은 극피동물 및 핀나 노빌리스*Pinna nobilis* 같은 패류가 숨어 있다. 핀나 노빌리스는 일종의 '거대 홍합'인 지중해의 가장 큰 조개로, 오늘날에는 하플로스포리디움 핀나이*Haplosporidium pinnae*라는 원생기생충 때문에 심각한 멸종 위기에 처해 있다. 포시도니아는 지중해의 '극상군집climax community', 즉 어떤 생태계가 도달할 수 있는 최고 발달 수준과 복잡성을 나타내며, 유럽의 서식지 지침Habitats Directive에 따라 보호 받는다.[3] 그렇다면 이 해저 초원에서 밤새도록 지치지 않고, 750헤르츠 주파수로 노래를 부르는 이는 도대체 누구란 말인가? 우리가 아는 망둑어(망둑엇과), 코비나(민어과), 담셀피시(자리돔과)처럼 지중해에서 소리를 낼 수 있는 38종을 생각하면, 가장 유력한 이는 야행 습성을 가진 양볼락과의 쏨뱅이다.[4] 그리고 오늘부터 이 바닷속 초원이 해변을 보호하고, 평가절하된 쏨뱅이들의 무대라는 걸 알게 된 이상, 물가에 밀려온 죽은 포시도니아 잎을 다른 시선으로 바라보게 될 것이다. 이것은 미관을 해쳐서 제거해야 하는 무언가가 아닌, 바다의 분노로부터 계속해서 해변을 지켜 줄,[5] 그야말로 사랑의 메시지이기 때문이다.

성대가 없는 물고기들이 어떻게 정확한 메시지를 전달하는 소리를 만들어 낼 수 있을까? 어떤 물고기 종은 갑자기 아래턱을 닫으면서 이빨을 부딪힌다. 그리고 잉어과의 잉어와 하스돔과의 포마다시스 잉키수스 *Pomadasys incisus*처럼, 어떤 물고기들은 아가미궁에서 유래한 뼈 조직인, 인

두강에 자리한 목니를 딱딱거리며 소리를 낸다. 또 다른 종들은 울음소리를 내는 기관과 움직일 수 있는 뼈를 부딪쳐서 만든 클릭음을 사용한다. 대부분의 물고기들은 부레를 둘러싸고 있는 근육이나 배지느러미 근육을 빠르게 수축하고 부레를 울림통으로 활용하면서 소리를 낸다. 끝으로 덜 우아하지만 항문으로 소리를 발산함으로써 소통하는 녀석들이 있다. 대서양 청어*Clupea harengus*는 이처럼 독특한 소리를 사용하는 유일한 물고기 종이다. 그리고 이 사실을 발견하기까지는 아주 재미있는 과정이 있었다.

2000년대 초, 스웨덴 총리 칼 빌트Carl Bildt는 국립수산위원회National Board of Fisheries의 과학자 망누스 발베르Magnus Wahlberg와 하칸 베스테르베리Håkan Westerberg에게 스톡홀름 항만에서 이따금씩 들려오는 수수께끼 같은 톡탁거리는 소리가 무엇인지 입증해 달라고 요청했다. 전쟁을 도발하는 가설은 러시아 잠수함일 것이라는 가정이었다. 그러나 2003년, 발베르와 베스테르베리는 이와는 전혀 다른 결론에 이르렀다. 그 소리의 주인공은, 물을 거슬러 올라오거나 더 깊은 물속으로 하강하면서 혹은 스트레스 받는 사건이 생길 때에도 항문을 통해 공기 방울을 방출하는 청어였다.[6] 분석 결과, 이 톡탁거리는 소리는 약 50개의 몹시 빠른 연속적인 펄스로 구성되고, 0.133초까지 지속되며, 감소하는 주파수를 지니고 있었다. 다시 말해 소화하며 나온 가스가 아닌, 고의로 공기를 삼키거나 부레의 공기를 활용하여 만들어 낸 방귀였다. 실제로 청어들의 부레는 소화 기관과 항문 양쪽에 연결되어 있다. 그리고 2004년에 이르러서 캐나다와 스코틀랜드 출신의 연구진 3명이 대서양 청어*C. harengus*와 태평양 청어*C. pallasii*를 비교한 연구 결과를 발표했다.[7] 우선 이 영어권 연구진은 이 품위 없는 신호를 위해 서둘러 세련된 이름을 찾았다. 연발하여 나는 기포 소리는 Fast Repetitive Tick, 즉 '빠르게 반복되는 딱딱거림'으로 줄여서 FRT라 부르게 되었다. 안타깝게도 머리글자가 영어로 '방귀'를 뜻하는 fart와 무섭도록 닮았지만 말이다. 이 이야기에서 가장 재미있는 부분은 태평양 청어들이 그들의 대서양 사촌들보다 더 '방귀쟁이'라는 사실이 밝혀진 점이다. 이들의 FRT는 65차례의 방귀를 포함하며, 7.5초간 지속되고 주파수는 1,700~22,000헤르츠 사이이다.

그리하여 이 희한한 연구로 두각을 나타낸 두 연구의 저자 전원이 이그노벨상Ig Nobel Prize 생물학 부문을 수상했다. 이그노벨상은 해마다 각 분야의 가장 기발한 연구를 선정하는 장난스런 표창으로, 처음에는 웃음을 주지만 나중에는 돌아보게 만들기도 한다. 그런데 청어는 '왜 엉덩이로 트럼펫을 부는 걸까?' 캐나다와 스코틀랜드 출신의 세 연구진은 청어가 실제로 함께 있을 때에만 FRT를 발산한다는 사실을 발견했다. 혼자 있을 때는 그런 일이 전혀 일어나지 않았다. 가장 지지를 많이 받은 가설은 이 '트럼펫 방귀소리'가 호출음 역할, 즉 청어들이 자신의 위치를 서로 공유하고, 파트너를 선택하며, 위험을 알리는 데 사용하는 소리라는 것이다. 다시 말해 FRT는 포식자로부터 자신을 방어하기 위해 무리에 합류하라는 신호로 감지될 수 있다.

대부분의 물고기들은 부레를 울림통처럼 활용하여 서로 소통한다고 앞서 말했다. 캘리포니아의 샌프란시스코만이나 샌타모니카만, 혹은 바하칼리포르니아주의 마그달레나만 같은 곳에서는 여름밤—특히 자정에서 오전 6시 사이—에 물 위로 벌떼나 단조로운 디게리두(오스트레일리아 원주민이 사용하는 목관 악기) 소리를 닮은 집요한 앵앵거리는 소리를 들을 수 있다. 때로는 어찌나 시끄러운지 귀가 먹을 것 같고 그 지역 주민들을 괴롭힐 정도다. 이 성가신 소리는 다름 아닌 사랑의 노래다. 수컷 플레인핀 미드쉽맨*Porichthys notatus*이 애인에게 바치는 세레나데 말이다. 두꺼비고기과에 속하는 이 해양 생명체들은 확실히 미남대회출신은 아니다. 청동 무늬 몇 개를 제외하고는 화려한 색깔도 없고, 머리와 입이 몸집에 비해 거대해서 비율도 시원찮다. 바로 이런 이유 때문에 이들은 좋은 인상을 주기 위해 거의 복화술을 쓰듯 '목소리'를 사용한다.

수컷들은 자신의 영역, 사랑의 둥지—보통은 어떤 바위의 구멍—를 지키고 암컷을 유혹하기 위해 응응거리는데, 암컷들에게 이 노래는 기부할 수 없는 '인어의 노래' 소리와 같다.[8] 이들의 전형적인 응응대는 소리는 부레에 붙어 있는 '소리' 근육을 수축하면서 만드는데, 이때 부레를 진동시키고, 부레는 울림통 역할을 한다. 이 횡문근은 자연에서 볼 수 있는 가장 빠르고 강한 근육이다. 플레인핀 미드쉽맨은 100헤르츠의 주파수로 1시간 연속으로 응응거릴 수 있기 때문에 때로는 이 소리가 정말 참기 힘들 수 있지만, 수컷들은 스스로 음이탈을 하지 않고 노래를 부를 수 있다. 부레 깊은 곳에서 노래의 음을 맞출 때, 내이의 감도는 억제되기 때문이다.[9]

수컷에게 매혹된 암컷은 산란을 하고 난 뒤, 알은 수컷이 돌보도록 두고 떠난다. 그러면 수컷은 산소가 풍부한 신선한 물을 공급하고, 둥지를 깨끗하게 유지하며, 새끼들이 생후 45일이 될 때까지 돌볼 것이다. 이것은 아주 버거운 숙제다. 그 이유는 암컷마다 약 400개의 알을 낳는 데다가 수컷 한 마리가 여러 암컷과 교미할 수 있기에, 한 철에 1,000개의 알을 돌봐야 할 수도 있기 때문이다. 노래하는 플레인핀 미드쉽맨의 삶을 쉽지 않게 만드는 요인이 하나 더 있다.

보통 노래를 잘 부르는 수컷들은 평균보다 8배 크고, '발성 기관'이 더 강하고 발달된 녀석들이다. 이런 수컷들을 유형 I이라 부르는데, 작은 생식 기관을 갖고 있으며 은둔형 기회주의자인 유형 II 수컷들과 맞서야 한다. 유형 II 수컷들은 몸집이 작고, 그 크기가 때로는 암컷보다도 작다. 그러나 그에 비해—그들의 제한된 몸집 때문에—거대한 생식 기관을 갖고 있다. 유형 I 수컷들이 암컷을 사로잡기 위해 몇 날 며칠 밤을 앵앵거리며 애쓰고 있는 동안, 유형 II 수컷들은 인내심을 가지고 구석에서 기다리다가 암컷이 와서 산란을 하면, 둥지의 소유주인 유형 I 수컷보다 빠르게 정자를 방출한다.[10] 완전 범죄처럼 말이다.

반면 지중해를 비롯해 열대 및 아열대 바다에 분포하고 있는 하스돔과의 포마다시스 잉키수스는 0.047초간 지속되며 주요 주파수는 약 700헤르츠인 귀청을 찢는 듯한 소리를 만들어 낸다. 이런 소리를 내는 이유는 아직 밝혀지지 않았다. 어떤 이들은 밤 사냥을 나갔을 때 무리의 구성원을 알아보기 위해서라고 하며, 어떤 이들은 집단 산란처럼 무리에 합류해야 하는 상황에서 쓰일 수 있다고 주장한다. 그러므로 사회적인 활동을 조율하는 데 사용하여 사냥이나 번식의 성공을 보장받기 위한 신호일 수 있겠다. 한편으로는—일부 사람들은 위험 상황에서 이 불쾌한 소리가 만들어진다고 지적하기에—경고 신호로 쓰이거나 종 간 의사소통과 관련되어 있을 가능성을 배제할 수 없다. 이 비명들이 무엇을 의미하든지 이 의사소통 신호를 발산할 때나 먹이를 씹는 과정에서 상악과 하악 이빨의 움직임은 매우 유사하다고 말할 수 있다. 이것이 중요한 이유는 무엇일까? 이 유사성은 쓸모없는 디테일이 아니라 선택적 진화의 한 예를 우리가 마주하고 있다는 뜻이다. 일정한 기능을 위해 진화된 어떠한 특징이 새로운 기능 혹은 종종 이전과는 상관없는 기능을 수행하기 위해 채택되는 진화 과정을 말한다.[11] 쉽게 말해, 일종의 창의적이며 진화적인 재활용인 셈이다. 앞서 말한 것처럼, 의사소통은 섬세한 신호 경제로 관리되고 있고, 소리를 만들어 내는 울림통으로 부레를 활용하는 것은 공동 선택의 또 다른 예시라 할 수 있다.

물고기들은 바다뿐 아니라, 강과 급류의 기수와 담수에서도 수다를 떤다. 못난 주둥이를 가진 피라냐가 바로 그런 경우다. 아마존강 유역에 서식하는 커다랗고 육식을 즐기는 28~50센티미터 길이의 맹렬한 물고기 말이다. 계속해서 교체되는 날카로운 이빨과 호감을 전혀 사지 못하는 자태는 이들의 공격성과 일맥상통한다. 피라냐는 어느새 물에 닿자마자 산 채로 잡아먹혀서 뼈밖에 남지 않는, 인간과 황소를 잡아먹은 전설의 주인공이 되고 말았다. 물론 진실은 그렇지 않다. 이들은 물에 들어가거나 가까이 닿는 것마다 모조리 삼켜 버리는 괴물이 아니라, 매우 조직화된 육식성 물고기일 뿐이다. 그들의 기술을 fullblown이라 부르는데, 먹잇감을 떼로 둘러싸서 반복적으로 위협하는 행동이다. 그러므로 물고기 떼가 더 많고 굶주려 있는 건기에는 특히 조심할 필요가 있다.

사람들이 그토록 두려워하는 피라냐는 굉장한 수다쟁이이기도 하다. 먹잇감을 두고 경쟁할 때, 번식을 위해, 서로 거리를 지키도록 하기 위해 음성 메시지를 주고받는다. 특히 길이는 30센티미터이고, 회색빛깔에 배는 붉은색을 띠는 붉은배피라냐*Pygocentrus nattereri*는 세 가지 유형의 소리를 활용한다. 첫 번째는 조화로운 소리로, 120헤르츠에 0.14초 정도 지속되는 소리인데 개가 짖는 소리와 유사하고 두 개체가 정면으로 마주

보긴 하지만 아직 싸우지 않고 도발할 때와 같은 상황에서 내는 소리다. 두 번째 단음은 더 짧고(0.036초), 더 낮은(약 40헤르츠의 주파수) 북치는 소리와 비슷한데 먹이를 두고 경쟁하는 상황에서 사용된다. 이때 피라냐는 서로의 주위를 돌고 물면서 싸운다. 이 두 유형의 소리는 부레를 진동시키면서 만들어 낸다. 반면 마지막 세 번째 신호는 단 0.003초만 지속되는 매우 짧은 펄스로, 주파수는 훨씬 높고(1,740헤르츠), 피라냐가 동종을 쫓아가 물려고 할 때 사용한다. 이 신호는 최대한 간단한 방법으로 만들어진다. 걸어 다니는 틀니장난감처럼 물속에서 턱을 딱딱 부딪히면서 생성된다.[12]

쉽게 말해 피라냐는 굉장히 수다스럽지만 대단한 말썽꾼이기도 하다. 낭만적인 메콩강의 쓰리스트라이프구라미 *Trichopsis schalleri* 와는 정반대다. 태국에 서식하는 푸른 눈의 이 물고기는 길이가 겨우 4~5센티이며, 특이한 구애 의식을 자랑한다. 버들붕어과만의 메커니즘으로, 자신의 가슴지느러미를 바이올린처럼 연주한다. 솔직히 말하면 이들이 만들어 내는 소리는 바이올린만큼 조화롭지는 않고, 2~30개의 펄스로 구성된 탁탁 치는 소리에 가깝다. 어쨌든 이 작은 물고기들의 악기는 다름 아닌 가슴지느러미인데, 연주에 적합하도록 변형된 힘줄을 지니고 있어서 바이올린 줄처럼 튕길 수 있다. 심지어 암컷들은 수컷이 공기와 침으로 만들어 놓은 거품 둥지에 산란을 시작할 때 개구리 소리처럼 들리기도 하는 가르랑거리는 소리를 낸다. 대단히 낭만적이지 않은가? 그런데 두 마리의 수컷 혹은 두 마리의 암컷이 서로를 향해 교대로 승부를 볼 때에도 이런 개구리 소리와 유사한 소리가 발생한다. 이런 신호는 트리콥시스속 *Trichopsis* 만의 독특한 특징으로 세 종 모두 이러한 방식으로 암컷과 수컷이 소통한다. 펄스 횟수와 리듬, 주파수의 미세한 차이는 있지만 말이다. 하지만 바로 이런 '귀에 거슬리는 바이올린' 소리를 통해 서로 구애하며 육체적인 피해를 입지 않으면서 분쟁을 해결한다. 사슴들의 울음소리와 비슷한 시스템이라고 보면 된다. 시각 신호와 청각 신호가 혼합된 이런 이중주 덕분에 경쟁자와 파트너는 몸무게와 크기처럼 눈앞에 있는 대상의 특징을 평가하는 것이다.[13]

갑각류도 청각 신호를 주고받는 일에 열심이다. 예를 들어, 딱총새우과의 딱총새우는 집게발에 무기를 숨기고 있다. 바다나 수영장에서 주먹을 쥐며 물총 쏠 때를 생각해 보자. 딱총새우도 이와 비슷한데, 이들의 몸집(약 5센티미터)을 감안하면 이들의 발사 실력은 정말 놀라울 따름이다. 이 새우들은 두 집게발 중 한쪽—보통은 오른쪽—이 다른 쪽보다 훨씬 크며 큰 집게발을 재빠르게 여닫으면서 소리가 발생할 정도로 몹시 강력한 물줄기를 만들어 낸다. 이 소리는 수십에서 200,000헤르츠에 이르면서 초음파의 경계를 넘나들고, 종종 강력한 충격파를 동반한다. 이런 딱딱거림은 보통 동종끼리의 의사소통에 활용된다. 빠른 속도의 물줄기는 동종의 새우들이 수신하고 분석하지만, 종종 강력한 공격 무기가 되기도 한다. 영역을 지키고 소리로 먹잇감을 죽이기도 하는 훌륭한 방법이다. 크기가 5센티미터보다 작은 딱총새우*Alpheus heterochaelis*와 핑크플로이드딱총새우*Synalpheus pinkfloydi*는 집게발을 세게 닫으면서 시속 114킬로미터로 발사되는 물줄기를 만들어 낼 수 있다.[14] 그 안에서 공동 현상(캐비테이션)*cavitation*으로 인해 아주 작고 뜨거운 증기 기포가 만들어지는데, 이 기포가 파열될 때 210데시벨에 이르는 특유의 딱총 소리를 내는 것이다.[15]

유럽닭새우*Palinurus elephas*는 그만큼의 음성 폭력은 행사하지 못하는

데, 그건 바로 집게발이 없기 때문이다(바닷가재는 있다). 하지만 이들이 반포식자 신호 역할을 하는 종 간 음성 신호를 만들어 사용한다는 사실을 우리는 알고 있다. 이탈리아에서 진행된 한 연구에서는 약 20마리의 닭새우를 수조에 넣고 붕장어와 문어를 보여주며 그 반응을 관찰했다.[16] 그 결과 불쌍한 이 닭새우들은 'rasp'라고 하는 금속성의 짧은 쉰 소리를 내는 모습이 관찰되었는데, 이는 낡은 카리용(23개 이상의 조율된 종들로 이루어진 악기— 옮긴이)이 내는 소리와 매우 비슷했다. 게다가 이 거대한 갑각류는 빠른 꼬리 반동을 이용하여 움직였는데, 뒷발로 일어서서 앞발을 수직으로 뻗고, 서로 가까이 다가가며 가시가 잔뜩 박힌 긴 더듬이를 포식자들을 향해 겨누었다. 한마디로 이런 음성 메시지는 기본적으로 포식자를 향한 경고이지만, 무리에 합류하기 위해 동종에게 사용될 수도 있다. 그렇다면 집게발이 없는 새우들이 어떻게 이런 방어용 'rasp'를 만들어 낼 수 있는 걸까? 바로 더듬이를 활용한 울음소리 생성 원리를 통해서다. 더듬이 기저부에는 일종의 피크, 부드러운 조직으로 된 돌기가 있는데 이것을 더듬이 기저부에서 눈 밑에까지, 양쪽으로 뻗어 있는 작은 줄—매끄러워 보이지만 사실은 두툴두툴하다—에 문지른다. 이렇게 줄을 따라 피크를 위아래로 밀어서 특유의 소리를 만드는 것이다. 마찰음은 조류부터 어류까지 그리고 수많은 절지동물에서도 찾아볼 수 있는 소리 생성 메커니즘이다. 딱정벌레부터 개미, 갑각류, 지네와 거미까지 말이다.

그런데 소리로 이루어진 세계에서 소음은 끔찍한 적이다. 다른 동물종과 마찬가지로, 소음 공해는 물고기들에게도 일련의 문제들을 초래한다. 우선 꼬리의 검은 점이 특징인 북아메리카에 서식하는 작은 민물고기, 잉어과 검은꼬리물고기*Cyprinella venusta*와 같은 일부 종은 배경에 소음이 있을 경우, 서로 주고받는 메시지의 볼륨을 높이는 모습이 관찰되었기 때문에 롬바드 효과의 희생자라 할 수 있다.[17] 또한 투 스폿티드고비*Gobiusculus flavescens*와 페인티드 고비*Pomatoschistus pictus*와 같은 일부 망둑엇과 종의 경우, 소음 공해가 번식과 구애, 산란에 해를 끼친다. 이 수컷 종은 음성을 통해서든, 시각적인 과시 행동을 통해서든 암컷에게 하는 구애 행위가 줄었고, 이런 스트레스 상황에 처한 암컷들은 산란하는 경향이 줄어들었다.[18] 상업용 또는 유람용 항해나 해저탐사처럼 일반적으로 인간이 만들어 낸 인위적인 소음은 일부 지역에서 해양 사운드스케이프를 심각하게 변형시켰다. 수백만 년 동안 소리를 이용한 의사소통은 자연의 소리가 점유하지 않은 주파수의 '틈'을 이용하여 진화했다. 하지만 인간이 만들어 낸 소음이 지금까지 해양 동물들이 이용해 온 이 틈과 겹치면서 결국 많은 종들의 의사소통 효과를 훼손하고 있다. 뿐만 아니라 '단순한' 스트레스 증가에서 점점 소리를 지르거나, 시각 신호와 같은 다른 유형의 신호로 소통방식을 바꾸어야 하는 지경까지 이르렀고, 번식 성공 여부와 개체의 적합도fitness[19]에 직접적인 영향을 미치기까지 했다. 하지만 여기서 기억해야 할 점은, 조류와 같은 다른 동물강에 비해 물고기들에게는 소란스러운 환경에 적응하는 일이 더 어렵게 느껴진다는 사실이다.[20] 많은 종들은 자신들이 사용하는 신호의 음향 패턴을 살짝 바꾸거나 볼륨을 조금 키울 수 있겠지만, 점점 증가하는 소음 속도에 발맞추어 소리를 이용한 효과적인 의사소통을 유지할 가능성은 어떤 종이 소리를 어떻게 만들어 내는지에 달려 있다. 근육과 부레를 진동시켜 소리를 내는지, 혹은 지느러미와 더듬이를 통해서 내는지 말이다. 끝으로 기후변화와 해양의 산성화 시대에 탄산 형태로 물에 녹아 있는 이산화탄소

양이 세계에서 가장 시끄러운 딱총새우 같은 갑각류에게도 끔찍한 결과를 불러일으킬 수 있음을 기억해야 한다. 산성화된 해양—이번 세기가 끝날 때쯤의 바닷물과 같이—에 장기간(두세 달이면 충분하다) 노출될 경우, 갑각류가 만들어 내는 딱총 소리의 크기뿐 아니라 횟수도 감소시킬 수 있다.[21]

지금까지 우리는 수중 세계가 고요와는 거리와 멀다는 사실을 입증했다. 그러니 이제는 물 밖으로 나가볼 때가 되었다. 물고기는 말이 없다고 주장하던 그 인간들이 보기에, 말하는 귀뚜라미가 있는 곳으로 말이다. 하지만 이들도 메뚜기와 마찬가지로, 성대가 없는데 어떻게 말을 하고 노래를 한다는 걸까? 그리고 귀는 어디에 있을까? 귀뚜라미와 메뚜기는 모두 메뚜기목에 속하지만, 서로 다른 아목을 이루고 있다. 귀뚜라미는 여치아목*Ensifera*으로, 암컷들이 가진 칼 모양의 산란관—알을 보관하는 기관—때문에 소위 '칼을 차고 다니는'('칼'을 뜻하는 라틴어 ensis와 '운반하다'를 뜻하는 그리스 동사 fero에서 유래함) 이들이라 불린다. 반면 메뚜기는 풀무치와 더불어 메뚜기아목*Caelifera*을 이루고 있다.

수컷 귀뚜라미와 메뚜기는 그들의 사랑 노래로 여름밤과 낮의 리듬을 물들인다. 이때 노래는 두 가지 방식으로 만들어지며, 그 소리를 몸 곳곳에 배치된 귀를 통해 듣는다. 귀뚜라미의 귀는 앞다리 종아리 마디 아래에 위치해 있고 막으로 덮인 틈처럼 생겼으며, 청각 신경과 연결되어 있다. 반면 메뚜기의 귀는 첫 번째 복부 마디에 자리 잡고 있다.

여치아목에서는 주로 수컷들이 노래하며, 대개 밤에 노래를 부른다. 이들의 전형적인 '귀뚤-귀뚤' 소리를 만들어 내기 위해 수컷 귀뚜라미는 가죽날개(두텁날개)tegmina라고 하는 두터운 가죽질의 작은 앞날개를 들어 올려, 두 날개를 서로 가위 날처럼 교차시켜 비빈다. 한쪽 날개의 튼튼한 톱날 같은 줄을 다른 날개의 마찰편에 비비면서 생성된 '귀뚤-귀뚤' 소리는 울기 위해 들어 올린 날개와 귀뚜리미 등 사이에 형성되는 울림통에 의해 증폭된다. 반면 메뚜기는 훨씬 빠른 진동음을 내는데, 수컷과 암컷이 모두 소리를 낸다. 대게 낮 시간에 날개를 울퉁불퉁한 뒷다리에 비비면서 말이다.

한편 '여름의 소리' 하면 바로 매미의 우는 소리를 빼놓을 수 없다. 줄기찬 노래로, 낭만적인만큼이나 집요하다. 적어도 이탈리아에서는 7월과 8월 중에는 계속해서 듣게 되는 소리다. 그리고 가을이 다가올수록 이 소리는 점점 지쳐서 약해지다, 결국 무성한 숲에서 올라왔을 때와 같이 다시 무無로 사라지고 만다. 매미(매미과, 노린재와 같은 노린재목)는 항상 수컷만 복화술을 쓰듯 노래한다. 첫 번째 복부 마디에 자리한 진동막이라 부르는 두 개의 볼록한 막을 수축했다가 이완시키면서 소리를 낸다. 복부 근육을 수축시킴으로써 진동막을 진동시켜 만들어진 이 소리는 복부에 자리하여 울림통의 역할을 하는 커다란 공기주머니에 의해 증폭된다.[22] 매미를 가까이서 본 적이 있는가? 그 외계인 같은 눈빛을 말이다. 이들은 몸통—크고 뾰족하며, 짧고 넓다—보다 길고 맥으로 가득한 유리 같은 날개와 둥근 머리, 그리고 몸통 양측으로 돌출된 눈을 지니고 있다. 울고 있는 수컷 매미를 본 적이 있다면, 아마도 나무줄기나 관목에 매달려 배를 움직이고 있었을 것이다.

매미의 울음소리는 분명 암컷들을 유혹하기 위한 강력한 사랑의 묘약이다. 매미과에는 전 세계 3,200종 이상의 매미가 포함되어 있는데 소리 발생 메커니즘은 모든 개체에게 유효하나, 종마다 고유의 주파수와 리듬이 있는 전형적인 울음소리를 갖고 있다.

이탈리아에 가장 많이 분포된 종은 시카다 오르니*Cicada orni*와 뤼리스테스 플레베유스*Lyristes plebejus*이다. 시카다 오르니의 울음소리는 가장 전형적으로 알려진 소리다. 단음의 긁힌 듯한 소리로 몇 분 동안 같은 운율로 반복되는, 우리가 '매미'라는 단어를 떠올렸을 때 생각하는 그 소리이다. 반면 뤼리스테스 플레베유스의 울음소리는 반복되는 긴 문장 같고, 세 부분으로 구성되어 있다. 볼륨과 진폭이 상승하는 부분, 일정한 부분, 그리고 하강하는 부분이다. 또한 이 두 종은 서로 조금 다른 습성을 갖고 있다. 시카다 오르니 수컷들은 무리를 이루어 울음소리를 내는 반면, 좀 더 고독한 뤼리스테스 플레베유스는 서로 최소한 10미터 간격을 유지한다.[23]

이러한 모든 울음소리는 한 달에서 한 달 반 동안 지속되는데, 오로지 짝짓기를 하는 데에만 필요하다. 암컷들이 수컷에게 다가가면 '포옹'과 발로 만지는 구애 활동이 시작된다. 교미가 이루어지고 나면 암컷들은 흙 속에 알을 낳고, 열렬한 사랑을 하며 여름을 보낸 쇠약해진 수컷과 암컷은 모두 죽고 만다. 그러므로 그 어떤 매미도 여름 한철을 넘기며 울지 않는다. 당신이 마지막으로 소리를 들은 매미들의 새끼는 몇 년 후에나 울음소리를 낼 것이다.

매미는 실제로 지구에서 가장 이상하고, 신비로우며, 매력적인 생명체 중 하나다. 성체가 그 긴 울음소리 끝에 산란한 알은 늦여름에서 초가을 사이에 부화한다. 그러나 매미 유충들은 바깥세상으로 나오기 전 몇 년을, 어떤 경우에는 10년 정도를 땅속에서 보낼 것이다. 매미의 유충은 우리 발아래에서 흙을 파고 나무뿌리의 수액을 양분으로 삼으며 살아간다. 그리고 어느새 마법처럼 다 함께 밖으로 나와 나무와 관목에 매달려서 힘겹게 껍데기를 벗고 새로운 옷을 입고 나올 것이다. 탈피를 하고, 날개가 돋치고, 흙을 파기에 적합한, 두더지 같던 커다란 발 대신 얇은 발을 얻을 것이다. 이렇게 성체가 된 매미는 노래를 부르며 여름을 보내고, 짝짓기를 한 뒤 생을 마친다. 숲이 다시금 고요해지면, 그들의 흔적이라고는 유령밖에 없을 것이다. 탈피 전에 그를 감싸고 있었던 낡은 키틴질의 껍질, 즉 허물 말이다.

이탈리아 매미 종들은 이러한 전체 주기가 몇 년 정도밖에 걸리지 않는다. 하지만 북아메리카에 서식하는 주기매미속*Magicicada*은 13년 혹은 17년간 지속되는 놀라운 생애주기를 갖고 있다. 이처럼 기나긴 주기 현상에 대해 과학적인 원인을 최초로 규명한 사람은 미국을 방문한 스웨덴 자연과학자 페르 칼름Pehr Kalm이었다. 1749년에 칼름은 일부 주민들이 알아차린 것처럼 5월 말에 펜실베이니아 뉴저지 숲에 전에 본 적 없는 수백만 마리의 매미가 갑자기 제곱미터당 무려 300마리에 달하는 높은 밀도로 등장한 점에 주목했다. 이 매미들—전부 검은색에 붉은 눈을 가진 성체—은 울기 시작했고, 몇 주 후에 산란을 했으며 7월 말에는 이미 사라지고 없었다. 하지만 이 스웨덴의 자연과학자를 놀라게 만든 것은 아주 혼란스러운 현상이었다. 그 매미 종은 거의 20년 동안 무無로 사라진다는 점 말이다. 실제로 이들은 같은 숲에서 17년이 지나서야 다시 모습을 드러냈다. 그들의 유충 생활은 땅속에서 진행되었으며 이미 알려진 다른 매미 종에 비해 훨씬 길었다. 고국으로 돌아간 칼름은 자신의 경험을 같은 스웨덴 사람인 칼 폰 린네Karl von Linné에게 이야기했고, 이 매미 표본도 몇 개 건넸다. 린네는 이를 시카다 셉텐데심*Cicada septendecim*이라는 학명으로《자연의 체계》에 추가했다. 오늘날 이 종은 17년매미*Magicicada septendecim*로 명명되었고, 미국에서 불리는 주기매미periodical cicadas라는 이름처럼 계속해서 이 놀라운 광경을 선사하고 있다. 다행히도 이 매미들은 미국 전역에 동시에 나타나지는 않아서, 이들을 보거나 그 소리를 듣기 위해 17년을 기다릴 필요는 없다. 적절한 순간에 적절한 장소에 있기만 하면 된다. 미국 북동쪽에 위치한 주에는 브루드brood라 불리는 약 30개의 집단이 살고 있다. 각 집단은 서로 다른 해에 출현하지만 늘 5월 말에 나타난다. 17년매미들이 보내는 사랑의 메시지를 직접 듣고 싶다면, 이들이 미국의 어떤 주의 어느 숲에서 주기를 완성하는지 알아 두도록 하자.

지구 반대편, 마다가스카르섬 주민들에게는 또 다른 친숙한 소리가 있다. 쉬-쉬 하는 가느다란 휘파람 소리인데, 마다가스카르휘파람바퀴 *Gromphadorhina portentosa*는 바로 이런 휘파람 소리를 통해 의사소통을 한다. 이 소리는 네 번째 복부 마디에 자리한 기문으로 공기를 힘껏 밀어내면서 생성된다. 곤충의 복부 측면에는 여러 개의 기문이 나 있는데, 폐가 없는 이 생명체들이 호흡할 수 있도록 적합하게 구성된 구멍이다. 마다가스카르휘파람바퀴—많은 이들이 '반려동물'로 키우는—의 네 번째 기문은 공기가 통과하면서 소리를 만들어 내는 데 유용한 작은 통로를 갖게끔 변형되었다. 네 번째 탈피 후에는 수컷과 암컷 모두 방해를 받을 경우 이 휘파람 소리를 낼 수 있고, 수컷은 다른 두 가지 유형의 소리도 낸다. 그중 하나는 암컷을 사로잡기 위한 '유혹적인' 울음소리이고, 다른 하나는 싸울 때 내는 공격음으로, 승리한 지배종과 뒤로 물러나는 굴복한 개체 사이에 승패가 가려질 때까지 싸우는 대결에 사용된다.[24]

매미 이야기가 나왔으니 물벌레과*Corixidae*를 언급하지 않고 지나갈 수 없다. 매우 귀여운 아주 조그마한 수생 곤충과로—가장 큰 개체가 1.5센 티미터 정도이다—아주 큰 머리와 눈, 그리고 털로 덮인 납작하고 뻣뻣한 넓은 발목마디가 있는 2개의 작은 앞다리와 수영에 적합한 뒷다리를 갖고 있다. 물벌레들은 생물의 사체 조각을 먹고, 주로 민물이나 정수에 살며, 배영을 즐기는 그들의 큰 친척, 송장헤엄치게*Notonectidae*와는 반대로 배를 밑으로 한 상태로 수면 위에서 수영을 한다.

혼자 자문하고 있을 것 같아서 설명하자면, 물벌레들은 인간에게 완전히 무해하다. 그리고 이들 중에는 몸 크기에 비해 세계에서 가장 소란스러운 곤충, 바로 꼬마물벌레*Micronecta scholtzi*가 숨어 있다. 겨우 2밀리미터 길이의 이 작은 곤충은 눈에 띄지 않고, 아니 귀에 띄지 않고 조용히 지나갈 수가 없다. 여름에 저수지나 연못 근처를 지나다 보면 쇳소리에 가까운, 약 10,000헤르츠 주파수의 '츠, 츠'를 들을 수 있다. 이 소리는 바로 수컷 꼬마물벌레의 놀라운 사랑의 노래다. 이 노래는 두 가지 특성 때문에 특히 더 놀랍다. 첫 번째는 이 노래의 강렬함인데, 이 작은 곤충이 있는 곳으로부터 1미터 떨어진 거리에 자리를 잡으면, 그 소리는 99.2데시벨에 이른다. 마치 옆에 기차가 지나가는 셈이다. 어느 정도의 강렬함이냐면, 과학자들이 수중 마이크를 사용하여 처음으로 이 소리를 녹음했을 때, 기기 오작동이라고 생각했을 정도였다. 그도 그럴 것이, 꼬마물벌레가 내는 소리의 99%는 물에서 손실되고 1%만 마이크에 도달하기 때문이다. 하지만 이것만으로도 이 곤충을 크기 대비 세계에서 가장 소란스런 동물로 기네스 세계 기록에 등재하기에는 충분했다. 두 번째 특징은 이 모든 것을 더욱 황당하게 만들 수 있는 것으로, 음향 생성 방식에 관한 것이다. 암컷들을 유혹하고 사로잡기 위해서 수컷 꼬마물벌레들은 몸에 있는 두 부분을 비벼서 울음소리를 낸다. 더 정확히 말하면 이 모든 시끄러운 소리는, 50마이크로미터밖에 안 되는 생식기를 배에 문지르며 내는 소리다.[25] 이게 최선의 낭만인지 섬세함의 끝판왕인지는 모르겠지만, 꼬마물벌레의 눈에는 이것이 좋은 거다.

PART 3

뛰어난 후각, 섬세한 터치

고약한 냄새

동물들의 의사소통은 울음소리, 노랫소리, 자세 그리고 행진으로만 구성된 것이 아니다. 고약한 냄새나 향기와 같은 후각적 요소도 중요한 일부를 담당하고 있다. 작은 분자나 화합물로 된 메시지로 영역의 경계를 표시하고, 한 군집의 구성원들을 불러 모으며, 개체들 간의 상호식별을 보장하거나 '향기'의 흔적을 따라 두 파트너를 만나게 한다.

이것은 아주 오래된 종 간 그리고 종 내 의사소통 유형이다. 화학 신호는 사실 지구에서 진화한 최초의 '메신저' 또는 '채팅' 형태이다. 최초의 단세포 생물들은 이미 다양한 화합물을 구별할 수 있었다. 쉽게 말해 '먹이' 화합물과 동종이나 다른 생물의 신진대사에서 유래한 '배설' 화합물을 구별할 수 있는 능력이 발달했을 때, 이미 화학적 소통을 위한 기반이 마련된 셈이었다.

오늘날에도 인간의 세포를 비롯하여 모든 생명체의 세포는 대체로 화학 신호를 통해 소통한다. 호르몬처럼 샘에서 생성되어, 성장을 비롯한 신체 대부분의 활동을 조절하는 데 중요한 역할을 담당하고 있다. 수백만 년 전부터 지구에 살고 있는 많은 동물들은 생식 세포 방출 시기를 맞추기 위해서도 화학 신호를 활용해 왔다. 이와 같이 화학적 의사소통은 수십억 년 전부터 우리와 함께하고 있으며, 지금까지 살펴본 시스템과는 몇 가지 차이점을 갖고 있다.

우선 화학적 신호는 맛보거나 만졌을 때(모든 동물이 미뢰가 있는 혀를 가진 것은 아니다) 바로 알아볼 수 있는 맛, 또는 냄새로 구성되어 있다. 즉 공기 중이나 물속에서 퍼지는 휘발성 분자로 구성되어 있다. 화학적 신호가 유리한 이유는 경제적으로 생성할 수 있고, 어둠 속이나 먼 거리(몇 킬로미터)까지도 퍼지며, 천천히 지속적으로 확산되기 때문이다. 냄새는 기류의 도움을 받아야만 공기나 물속을 통과할 수 있다. 소리나 빛과는 비교도 할 수 없는 속도지만, 한 번 확산되고 나면 사라지기까지, 즉 이 냄새 입자가 더 이상 감지할 수 없을 정도로 희석될 때까지는 시간이 제법 필요할 것이다. 게다가 화학적 신호는 조절이 가능하다. '훅' 하는 냄새, 즉 개별적인 분사로 이루어질 수 있고, 변화하는 강도를 따라 계속 추적해야 하는 연속적인 자취가 있다.

여기서 명시해야 할 점은 다른 종으로부터 발견될 수 있고 어쩌면 억제책으로 사용될 수 있는(가령 반포식자 신호처럼) '공적인' 화학적 신호가 있고, '사적인' 화학적 신호가 있다는 것이다. 후자는 일명 '페로몬'으로 어떤 동물이 동종에게만 신호를 보내기 위해 만들어 낸 화합물이다.

세계에서 가장 유명한 포식자 퇴치 신호 중 하나는 저명한 만화 영화에서 만나 볼 수 있다. 1950년, 그때까지 최우수 단편 애니메이션 오스카상은 제작자 프레드 큄비, 윌리엄 해나 그리고 조지프 바버라가 점령했다고 해도 과언이 아니다. 이들은 〈요기 베어〉부터 〈프린스톤 가족〉, 〈톰과 제리〉까지 역사적인 만화 영화의 아버지들이다. 서로 못 잡아먹어 안달인 고양이와 쥐의 모험 이야기로, 1943년부터 이 삼인방을 멈출 수 있는 건 없어 보였다. 7번 중 무려 6번을 수상했으니 말이다. 그렇게 독점된 것처럼 보이던 판이 특별한 만화 영화에 의해 일시적으로 멈추어 버렸다. 바로 〈그대 향기 때문에For Scent-imental Reasons〉라는 작품이다. 원제목은 영어 단어 scent(냄새)와 sentimental(감성적인)을 활용한 언어유희인데, 각 나라 언어로 번역하게 되면 그 의미를 살릴 수 없는 문장이다. 상을 받은 이 만화 영화는 비로 고약한 냄새 때문에 짝사랑으로 전락하고 만 주인공의 사랑 이야기를 보여 준다.

파리의 한 향수 가게에서 이야기가 시작된다. 이곳에는 프랑스 억양을 가진, 페페 르 퓨Pepé Le Pew라는 이름의 수컷 스컹크가 비상이 걸린 가게 주인 앞에서 다양한 코롱과 오드 뚜왈렛을 뿌려 보며 시향을 하고 있다. 냄새나는 스컹크를 쫓아 버릴 의도로 남자는 아무것도 모르는 자신의 검은 고양이, 페넬로페 푸시캣을 방패막이로 내던져 버린다. 고양이는 그 충격으로 탁자에 부딪히고 흰색 염색약이 머리와 등 그리고 꼬리 위로 쏟아진다. 바로 이때 큐피드가 화살을 쏜다. 페페는 등을 따라 생긴 하얀 줄무늬 덕분에 누가 봐도 암컷 스컹크처럼 보이는 페넬로페를 바라본다. 그리고 그 순간부터 불쌍한 고양이의 마음을 사로잡기 위해 갖은 노력을 다 할 것이다. 황당하고 뻔뻔한 온갖 방법으로 페페가 그녀를 유혹하는 동안 페넬로페는 그의 냄새에 속이 울렁거린다. 페페는 사실 줄무늬스컹크Mephitis mephitis[1]로, 캐나다와 멕시코 북부에 서식하는 스컹크과Mephitidae의 육식성 동물이다. 위험에 처한 상황에서 포식자를 쫓아내기 위해 불쾌한 냄새를 발산한다는 공통점이 있지만, 족제비나 담비처럼 족제비과에 속하는 긴털족제비와 혼돈해서는 안 된다.

모든 스컹크는 아주 강력한 화학무기를 지니고 있다. 냄새가 고약한 액체인데, 필요할 때 내뿜으면 썩은 달걀, 마늘, 고무 타는 냄새를 풍겨서 섬세한 후각과는 거리가 먼 미국수리부엉이를 제외하면 그 어떤 포식자도 쫓아 버릴 수 있다. 페페 르 퓨 같은 줄무늬스컹크가 분사하는 액체는 주로 황, 정확히 말하면 저분자량의 싸이올thiol이 함유된 세 가지 유기 합성물로 구성되어 있다.[2] 1억분의 1의 최소 농도로도 인간의 코로 감지할 수 있다. 주방에서 사용되는 무취의 가스에 싸이올을 첨가하는 것도 단순한 우연이 아니다. 바람을 타고 1킬로미터 이상 떨어진 곳에서까지 감지할 수 있는 불쾌한 냄새와는 별개로, 만약 스컹크의 액체가 눈과 코, 입 점막에 닿으면 자극을 일으키고 심지어 일시적으로 앞이 보이지 않을 수 있다.

스컹크의 이런 냄새나는 액체 폭탄 제조를 담당하는 기관은 바로 항문 양쪽에 자리한 2개의 항문샘인데, 족제비보다 훨씬 발달했다. 위험을 감지한 스컹크는 먼저 경고하는 위협 과시 행동—단지 꼬리를 들어 올려 풍성한 털을 과시하며 앞발을 구르는 스컹크가 있는가 하면, 동부얼룩스컹크*Spilogale putorius*처럼 앞다리로 서서 자신의 경계색을 보이게끔 하는 개체도 있다—을 시작한다. 그리고 침입자의 눈을 응시하며 조준을 한 다음 3미터 거리까지 액체를 분사한다. 항문샘 옆에 있는 특별한 근육 덕분에 스컹크는 자신의 냄새나는 액체를 분사할 거리와 각도를 완벽하게 측정할 수 있고 표적을 빗나가는 경우는 매우 드물다. 하지만 이 매력적인 동물이 상대방을 속이는 경우도 발생한다. 항문샘에는 최대 15밀리리터의 액체가 담겨 있는데, 이는 잘 조준된 5~6번의 발사에 적합한 양이다. 한 번 비우고 나면 다시 '채우기'까지는 10일 정도가 필요하기 때문에 스컹크는 자신의 고약한 액체를 알뜰하게 사용한다.

한편 대부분의 화학적 의사소통은 같은 종 구성원 사이에서 일어나며, 군집 동료나 친족을 향한 메시지이다. 그리고 앞으로 살펴보겠지만 미래의 파트너나 사랑의 라이벌을 향한 메시지이기도 하다. 자신을 발견하게 만들거나 유혹하기 위해, 영역 표시를 하기 위해 공기나 물에 자취, 가스살포, 배설물 형태로 퍼뜨린 다양한 냄새들이다. 이런 경우 냄새를 이용한 영역 표시는 지속력이 최대한 길어야 하는데, 에너지 소모가 너무 많고 작업이 번거롭지 않으려면, 냄새를 씻어 낼 수 있는 비와 높은 온도에서 증발되는 것을 견딜 수 있어야 한다. 따라서 이러한 목적에 사용되는 화합물은 대체로 분자량이 크고, 소변이나 배설물과 결합된다.

주목할 만한 배설물 중에는 웜뱃의 정육면체 똥이 있다. 이들은 오스트레일리아에 서식하는 초식 유대류로 귀여운 모습에 반해 유독 전투적이다. 무모한 포식자가 그들의 굴에 숨어들 경우, 웜뱃은 그들을 등지고 강력한 발로 발길질을 가하며, 두개골을 굴 천장에 으깨 버리려고 한다. 어쨌든 웜뱃이 정육면체 똥으로 유명하다고 이야기했는데, 그것은 시력이 매우 좋지 않아 이 약점을 극복하기 위해 냄새에 올인하는 이 묘한 야행성 포유류가 사용하는 대표적인 의사소통 수단이기 때문이다. 따라서 이 정육면체 똥은 그들의 삶에 아주 핵심적인 역할을 담당하고 있다. 웜뱃은 단 하룻밤 만에 100개의 정육면체 '기념품'을 생산할 수 있으며, 이를 터널 입구와 대피소로 사용하는 광대한 지하도마다 배치한다. 때로는 수 헥타르에 이르는 자신들의 영역을 표시하기 위해 레고 벽돌처럼 배설물을 쌓아 두기도 한다. 이미 이런 큐브로 덮인 지역은 다른 수컷들이 피하게 된다.

이 큐브의 전형적인 냄새는 잠재적인 파트너에 대한 소중한 정보를 제공할 수 있다. 예를 들어 번식기인 8월부터 9월까지 수컷의 배설물에는 더 높은 수치의 테스토스테론이 들어 있으며, 암컷들이 남겨 둔 큐빅 냄새를 맡음으로써 수컷들은 그 속에 든 프로게스테론 대사물질 덕분에 암컷들의 가임기를 파악할 수 있다.[3] 이 유대류에게는 큐빅의 내용물뿐 아니라 모양도 상당히 중요하다. 바로 이 큐빅 형태 덕분에 배설물이 굴러가지 않고 그곳에 남아 자신의 임무를 수행할 수 있기 때문이다.

그런데 웜뱃의 똥은 그들의 항문이 네모 형태여서 정육면체인 것이 아니라 장의 구조 때문이다. 2019년에 이 비밀을 밝혀낸 이들은 패트리샤 양Patricia Yang과 데이비드 후David Hu로, 이 연구 덕에 이그노벨상 물리학상을 받았다. 두 사람은 웜뱃이 매우 긴 장을 갖고 있다는 사실과 함께 풀, 줄기, 나무껍질 및 다양한 식물을 소화시키며 영양분과 수분을 흡수하는 데 14일~18일 정도 걸린다는 점을 발견했다. 결국 건조하고 단단해진 변만 남게 되는데 장의 마지막 구간에서 장이 느슨해졌다가 팽팽해지는 것을 반복하면서 빚어진 배설물은 그토록 독특한 형태를 띠게 된다.[4]

웜뱃에게 배설물이 제자리에 남아 있는 편이 중요하다면, 하마들은 생각이 좀 다르다. 자유자재로 움직이는 작은 귀를 비롯하여, 겉보기에는 착하고 온순해 보이는 하마들은 무리 내에서의 위계질서가 지켜지지 않을 경우, 크고 날카로운 송곳니로 물고 상처를 내어 죽음에 이르는 싸움도 불사한다. 이 후피동물들은 호수, 강 그리고 아프리카의 맹그로브 습지에 서식하며, 보통 5~30마리의 암컷으로 구성된 하렘을 이끄는 우두머리 수컷과 빠른 속도로 상당한 크기에 도달하는 어린 하마들이 함께 무리를 이루어 생활한다. 모두 제자리를 지키도록 만들기 위해 수컷들은 똥으로 화학적 메시지를 주고받는다.

수컷 우두머리 '왕국'의 경계는 매우 확실하게 표시된다. 수컷 하마는 후진하여 강가나 호수에 다가가서 똥을 누는 동안 솔 모양의 작은 꼬리를 와이퍼처럼 작동시켜, 반경 2미터 내 어디든 배설물을 흩뿌린다. 대장 하마가 일종의 '똥 소화기'로 변신하는 동안(동물원을 방문하게 되면 명심하라), 모든 어린 부하들은 이 광경을 바라보며 대장의 배설물 냄새를 맡으러 달려간다. 그리고 때로는… 맛을 보기도 한다. 안타깝게도 이것은 유일한 '똥 신호'가 아니다. 하마의 전형적인 사회적 행동 중 또 다른 하나는 우두머리에게 자신의 충성을 증명하기 위한 복종의 배변이다. 부하 하마들은 우두머리와 동일한 배변 기술을 실행하는데, 문자 그대로 우두머리 얼굴에 대고 배변을 한다. 이런 식으로 부하마다 우두머리에게 자신의 존경을 표하며 그의 지위를 인정한다. 인간의 관점에서는 모욕적인 행동이라 볼 수 있지만, 하마들 사이에서는 평화를 유지하거나 회복하는 데 필요한 의식이다.

암컷 파타고니아마라*Dolichotis patagonum*에게는 그보다 더한 것이 기다리고 있다. 파타고니아마라는 약 70센티미터의 길이에 몸무게는 15킬로그램인 엄격한 일부일처제의 거대한 설치류로, 평생 함께 사는 일부일처로 구성된 커플들이 군집을 이루어 산다. 이들에게 파트너가 바뀌는 경우는 사별밖에 없다.

수컷은 대체로 암컷을 어디든 따라다니며 한 번 사로잡고 나면 암컷에게 '소변을 본다.' 그리고 대변과 함께 암컷 주위에 영역 표시를 할 때에도 소변을 활용한다.[5] 쉽게 말해 다이아몬드를 선물하는 것과는 조금 다르지만, 이 경우에도 전하고자 하는 메시지는 '죽음이 우리를 갈라놓을 때까지'이다.

대변이나 소변 혹은 항문낭 분비물을 통한 냄새 표시는 영역을 표시하고 동종에게 신원과 성별을 알리는 데 필요하다. 또한 나무줄기에 그 것을 '뿌린' 개체가 무시무시한 수마트라 호랑이*Panthera tigris sumatrae*든지 혹은 유럽과 이탈리아 숲의 유령인 들고양이*Felis silvestris*든지 이는 그 개체의 번식 능력을 나타낸다. 집에서 고양이를 키워 본 적이 있는 사람이라면 이런 일이 실제로 어떻게 일어나는지 알고 있을 것이다. 이 같은 현상은 다른 포유류에게서도 관찰할 수 있다. 뿔이 시작되는 지점에 냄새샘을 갖고 있는 사슴과 동물들은 이를 나무와 관목에 마구 비빈다. 번식기에도 물론 이러한 냄새 남기기는 습관처럼 하루에도 여러 번 반복된다. 그리고 그쪽으로 지나가는 개체는 그 냄새를 맡거나 냄새나는 분비물을 핥고서 얼굴을 찡그리는데, 이는 '윗니 드러내기'를 의미하는 독일어 flehmen에서 유래한 플레멘 반응*flehmen response*이다.

플레멘 반응을 보일 때 동물은 윗입술을 말아 올려 윗니와 잇몸을 드러내며, 때로는 혀를 밖으로 뺀 상태로 몇 초간 숨을 들이마신다. 이러한 행동을 하는 포유류는 굉장히 많다. 말과 사슴, 들소와 염소, 심지어 라마, 고라니, 기린과 영양, 맥에 이르기까지 거의 모든 종류의 유제류를 비롯해 호랑이, 고양이 같은 고양잇과 동물에게서도 나타난다. 흔히 생각하는 것과는 달리 이 찡그리는 표정은 신맛이나 코를 찌르는 냄새에 대한 몸서리치는 반응이 아니다. 소변, 대변 혹은 분비물에 들어 있는 휘

다양한 종에서 나타나는 플레멘 반응

발성의 페로몬 냄새를 보다 잘 맡고 음미할 수 있는 방법이다. 실제로 페로몬이 없을 경우 플레멘 반응은 나타나지 않는다.

이 독특한 찡그림은 명확한 목적을 갖고 있다. 입을 닫은 상태에서는 덮여 있을 돌기나 미뢰를 노출시킴으로써 입천장 위, 서골 양측에 위치한 서골비기관(야콥슨 기관)까지 페로몬을 보내는 것이다. 또한 서골비기관은 신경 신호를 부후각신경구에 전송하고, 이는 다시 편도체로, 그리고 마침내 시상하부로 전달되어 일련의 호르몬 반응을 일으킨다. 그러므로 플레멘 반응은 포유류가 그 냄새를 남긴 동물의 생리적 상태, 성별, 발정기 여부를 확인할 수 있도록 해 주며, 심지어 그들이 언제 그곳을 지나갔는지도 파악할 수 있도록 한다.[6]

이러한 화학적 메시지는 그것을 이해할 수 있는 이에게, 특히나 파트너를 찾고 있는 이에게 정확하고 믿을 만한 정보를 잔뜩 제공한다. 흔히 말하듯이 사랑은 케미스트리의 문제이고, 이는 우리의 먼 친척들에게도 마찬가지다. 마다가스카르 고유종인 알락꼬리여우원숭이*Lemur catta*는 커다란 호박색 눈, 그리고 흰색과 검은색 줄무늬가 무성한 꼬리 덕분에 가장 호감을 사는 유명한 영장류 중 하나다. 알락꼬리여우원숭이는 이름 그대로 '구부러진 코를 가진' 곡비원아목에 속한 종으로, 인간을 비롯해 다른 모든 원숭이가 포함된 영장류 아목인 직비원아목('단순한 코를 가진')에 비해 발달한 후각을 갖고 있다. 알락꼬리여우원숭이들의 후각적 의사소통 중 상당 부분은 비뇨생식기나 겨드랑이에서 분비된 화합물을 기반으로 하며, 이는 영역을 표시하거나 서열을 강화할 때 사용된다. 이 영장류는 큐피드의 화살을 쏘기 위해 '향기'에 의존하는 듯하다. 수컷들은 한 가지 특별한 냄새에 모든 것을 거는데, 이는 손목에 있는 분비샘에서 만들어 내는 무색의 액체를 통해 풍기는 향이다. 시트러스 향 두 방울, 배즙 한 방울, 고수와 오이 향 약간, 이것이 알락꼬리여우원숭이만의 특별한 향수, 말하자면 '오드 레무르(eau de Lémur)'라 할 수 있겠다. 사랑의 계절이 다가오면 수컷들은 이 향을 부드럽고 털이 가득한 꼬리에 문지른 후 암컷의 코 밑에서 흔든다. 이와 같이 냄새를 풍기며 암컷을 유혹하는데, '냄새 플러팅stink flirting'이라 불리는 접근 시도법이다.

수컷 알락꼬리여우원숭이들이 꼬리에 바르는 이 무색 액체에서 풍기는 냄새 성분은 매우 단순하다. 무취의 자극적인 아세트아마이드와 세 가지 알데하이드인 두데카날dodecanal, 테트라데카날tetradecanal, 12-메틸트라이데카날12-methyltridecanal로 구성되어 있다. 그리고 이 화합물들은 각각 시트러스향, 사향이 살짝 느껴지는 달콤한 배 향기, 고수와 오이 향이 난다. 바로 이 세 개의 휘발성 화합물이 아마도 영장류에게서 발견된 최초의 페로몬일 것이다. 여기서 '아마도'라고 말한 이유는 아직은 이것이 종 특이적이며 정말 교미 가능성을 증대시키는 것인지, 다시 말해 성적 페로몬 역할을 하는 것인지 확신할 수 없기 때문이다. 어쨌든 이 네 가지 냄새 화합물의 비율은 한 해 동안 변화하는데, 다른 비율로 생성되고 혼합되어 서로 다른 종류의 오드 레무르를 얻게 된다. 인간의 관점에서 봤을 때, 연중 대부분의 시간 동안 발산되는 냄새는 짙은 가죽 향의 악취에 가까운 반면, 테스토스테론 수치가 급격하게 증가하는 번식기에는 테트라데카날의 생성량이 증가하여 오드 레무르는 달콤하고, 과일 향과 꽃향기가 나는 향으로 변신한다. 정확한 배합으로 만들어진 이 향은 암컷 알락꼬리여우원숭이들이 도저히 뿌리칠 수 없을 만큼 매혹적인 향이다. 하지만 이들에게 각각의 재료를 따로 맡게 하면 같은 효과가 나타

나지 않을 것이다.[7]

별난 추파와 특이한 냄새 이야기가 나와서 말인데, 중앙아메리카와 남아메리카 사이에 살고 있는 수컷 큰주머니날개박쥐는 자신의 겨드랑이 냄새를 무기로 삼는다. 이 종은 앞서 '노래하는' 박쥐 편에서 이미 만나 보았는데, 전완골과 중수골 사이에—우리 눈에는 날개에 팔꿈치가 있는 것처럼 보이는 곳[8]—귀 모양을 연상케 만드는 주머니가 있다. 이들의 학문명도 이 이상한 주머니에서 유래했다. 일상적인 그루밍을 하면서—익수류는 털의 청결을 중요시하므로—수컷은 자신의 주머니에 소변 10방울 정도, 그리고 생식기와 목에서 나온 분비물 몇 방울을 채운다. 이 냄새나는 혼합물은 보기에는 메스껍지만 암컷 큰주머니날개박쥐에게는 아주 매혹적이다. 이들은 그 혼합물을 매일 오후 수컷이 정성스럽게 만들어 주머니에 곱게 담아둔, 기분 좋은 환경 친화적 방향제로 인식한다.

방향제가 준비되면 대개 다음날 아침 수컷은 벽에 가만히 매달려 있는 하렘의 암컷들 앞에 나타난다. 그리고 암컷에게 5~10센티미터 거리까지 루프비행으로 다가가는데 이는 벽에 날개를 부딪쳐서 흉하게 떨어질 염려 없이 암컷과 충분히 가까운 거리이다. 자리를 잡고 난 수컷들은 날개를 매우 빠르게 움직이면서 같은 높이와 자리를 유지하는 공중 정지비행hover flight을 시작한다. 이렇게 15초 동안 머물며 날개를 펄럭일 때마다 주머니가 열렸다 닫히고, 7번 펄럭일 때마다 수컷은 자기만의 향기를 퍼뜨리기 위해 더 강한 힘을 주어 암컷들을 쓰러지게 만든다. 하렘에서는 원하는 파트너를 자유롭게 선택할 수 있지만, 암컷들은 얼굴 앞에서 부채질 당하며 맡는 이 향기(우리에겐 소름끼치지만)를 기반으로 결정하는 것 같다. 아마도 눈앞에 있는 수컷의 건강 상태와 기생충의 양에 대한

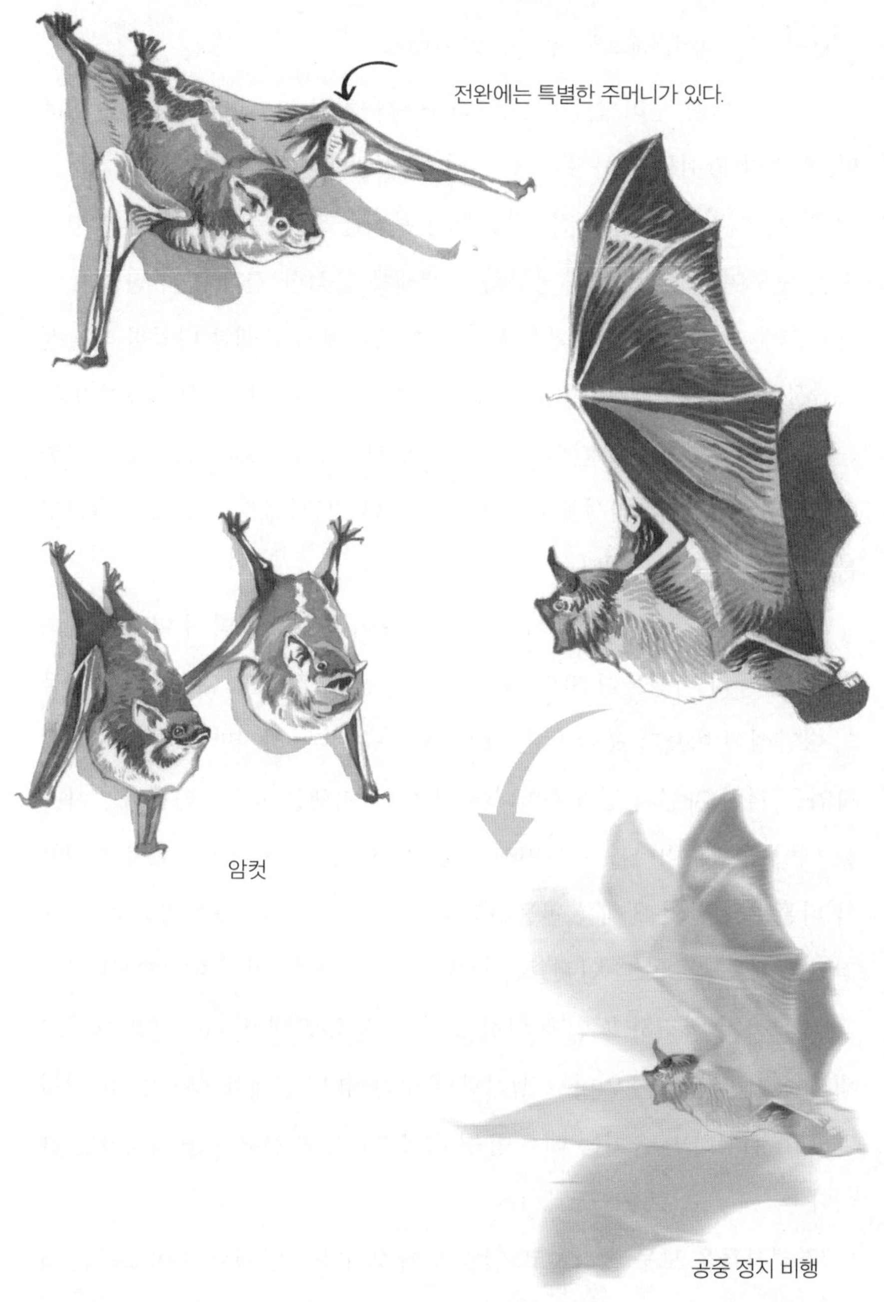

수컷 큰주머니날개박쥐는 자신의 '겨드랑이' 냄새로 암컷을 유혹한다.

정보를 제공 받기 때문인 것으로 추정된다.[9]

이 주머니는 우리 인간이 사용하는 향수처럼 작용한다고 볼 수 있겠다. 하지만 박쥐들은 사향이 조금 더 섞인 냄새를 풍기는 편을 선호하는 것 같다. 이건 단순히 소변과 몇 가지 분비물을 섞은 혼합물이 아니다. 수컷 큰주머니날개박쥐가 발산하는 냄새를 분석한 결과, 연구진들은 인돌유도체나 아미노아세토페논과 같은 미생물에서 유래한 다양한 휘발성 화합물을 발견했다. 이 박쥐 종의 날개주머니에는 어딜 가나 빠지지 않는 대장균*Escherichia coli*, 칸디다파라프실로시스*Candida parapsilosis* 및 다양한 포도상구균과 같은 미생물군집이 살고 있다. 개체별로 거의 고유하다고 볼 수 있는 미생물상이다.

눈에 겨우 띄고 특별한 기능은 없어 보이는 암컷들의 주머니에는 최소 50여 종의 미생물이 자리 잡고 있는 반면, 수컷들의 경우에는 미생물의 다양성이 이보다 조금 낮은 40여 종 수준이다. 하지만 수컷들은 선별 작업을 거쳐 자신의 날개주머니에 한 쌍의 미생물 종만 '기른다'. 아마도 매일 날개주머니를 채우면서 특정 미생물군을 선택함으로써 수컷마다 다른 자기만의 냄새를 만들려고 하는 듯하다. 그리고 어쩌면 이 차별적인 냄새를 기반으로 암컷들은 파트너를 선택하는 것인지도 모른다.[10]

지금까지 정직하고 믿을 만한 화학적 신호에 대한 이야기만 했다고 해서 속이는 신호는 없다고 생각하면 오산이다. 냄새와 향기 또한 거짓말하고, 변장하며 속이는 데 사용될 수 있다. 특히 포유류를 제외하면 말이다.

경쟁자들을 모두 물리치고, 암컷과 짝짓기하는 단계까지 이르려면 때로는 내가 아닌 누군가인 척을 해야 한다. 가터뱀*Thamnophis sp.*의 화학적인 속임수는 번식 전략의 비밀병기라 할 수 있다. 가터얼룩뱀 *Thamnophis sirtalis*은 플로리다부터 캐나다 북서 지역까지 북아메리카의 들판이나 초원, 습지에 서식하는 뱀으로, 평균 길이는 1미터 이하이며 다양한 아종이 있다. 가장 추운 계절이나 서늘한 날에는 공동 은신처에서 수십 마리의 개체가 함께 지내며 숨어 겨울을 보내는데, 이러한 장소를 동면처 hibernacula라고 한다. 번식기인 따뜻한 계절이 다가오면, 수컷들은 가장 먼저 은신처에서 나와 일명 '짝짓기 공mating ball'을 이루기 위해 암컷들이 깨어나기를 기다린다. 이것은 암컷 한두 마리가 그들과 짝짓기하려고 하는 열 마리 이상의 수컷에게 둘러싸인 형태의 번식 방법이다.

이 종은 성비sex ratio가 불균형을 이루고, 암컷에 비해 수컷이 훨씬 많다. 그렇다면 수컷들의 무리 속에서 어떻게 암컷을 찾을 수 있을까? 바로 페로몬을 통해서다.

이 미국 뱀속은 화학을 기반으로 한 복잡한 소통 시스템을 갖고 있다. 암컷과 수컷이 분출하는 페로몬은 서로 완전히 달라서 즉시 구별할 수 있다. 바로 이런 점 덕분에 번식기에 수컷과 암컷이 서로를 발견할 수 있는 것이다. 두 갈래로 나뉜 진동하는 혀를 사용하여 뱀들은 공기와 지면을 탐색하며 자기 종 특유의 페로몬을 감지한 후 입과 서골비기관으로 가져온다. 그런데 1985년에 일부 수컷들은 번식기 초반에 특정한 향기를 사용하여 암컷으로 둔갑할 수 있다는 사실이 밝혀졌다. 다시 말해, 다른 수컷들을 유인하는 페로몬을 발산함으로써 성전환뱀she-male으로 변신하는 것이다. 이들은 정신이 나간 것이 아니다. 오히려 진화적인 관점에서 보면 무척 교활한 것이다. 왜냐하면 이런 위장은 독보적일 뿐 아니라 이들에게 적어도 세 가지 이점을 가져다주기 때문이다.

　봄이 되어 동면처에서 나오는 뱀의 체온은 매우 낮기 때문에 그들의 주 포식자인 까마귀의 공격에 더욱 취약하다. 동면에서 깨어난 뒤 이틀 동안, 이런 '여성' 페로몬을 발산하는 수컷들은 다른 동료들의 서골비기관에 굉장히 아름다운 암컷 뱀들로 지각된다. 그렇게 자신의 페로몬을 내뿜으며 굴에서 멀어지면서 함정에 빠진 다른 수컷들이 따라오도록 만든다. 이 수컷들은 짝짓기 공 형태로 도망가는 뱀을 덮쳐 감싸려고 드는데, 이런 식으로 성전환뱀은 까마귀의 공격으로부터 보호받을 뿐 아니라 훨씬 빠르게 체온을 높일 수 있다.

　두 번째 이점은 2001년이 되어서야 발견되었는데, 암컷으로 위장할 줄 아는 수컷들은 동료들로부터 흡수한 열 덕분에 더 빨리 활동할 수 있게 되고, 여성 페로몬 생산을 중단한 후에는 그 사이 동면에서 깨어난 암컷들이 있을 동면처로 황급히 돌아갈 수 있다. 세 번째 이점은 이들이 대부분의 경쟁자들을 이미 쫓아냈고, 굴에 남아 있던 다른 수컷들보다 훨씬 활력이 넘쳐서 더 많은 암컷들과 짝짓기를 하게 된다는 사실이다. 그리하여 이들은 7월부터 10월까지, 12~40마리의 새끼들을 낳게 될 것이다(난태생종이다). 이처럼 성전환뱀들은 대단한 전략가들이다. 물론 이런 기만적인 소통 전략은 진화 과정에서 자연선택으로 더 유리해졌지만 말이다. 위장을 하는 개체는 잡아먹힐 확률이 줄어들고, 더 많은 자손을 남길 가능성이 있으며, 그 자손은 또 뛰어난 번식 능력을 물려받을 수도 있다. 그러므로 암컷인 척하는 일은 번식 성공도와 이 변신하는 수컷들의 적합도를 증대시킨다.[11]

　위장술은 여러 상황에서 적용되는 극단적인 조치이다. 위험 앞에서 죽은 척하는 동물들은 정말 많다. 그럴 때는 몸이 마비된 것처럼 꿈적도

하지 않고, 혀를 길게 늘어뜨릴 뿐 아니라, 부패한 사체 같은 역겨운 냄새를 내뿜어 연출에 현실감을 더한다. 가터뱀도 이런 무리에 속하기에 방해를 받거나 포식자에 의해 궁지에 몰리게 되면, 똬리를 틀고, 배설강 옆에 위치한 분비샘에서 사향이 들어간 악취가 나는 액체를 분비한다.[12] 이런 행동을 가사상태thanatosis라고 부르는데, '죽음'을 뜻하는 그리스어 'thanatos'에서 유래했다. 풀뱀*Natrix natrix*도 같은 행동을 보인다. 배를 뒤집어 하늘로 향하게 눕고, 두 갈래의 혀를 밖으로 내밀며 때로는 자기 출혈, 즉 입에서 피까지 흘리고,[13] 그렇게 정지한 상태로 날카로운 이빨에서 마늘 냄새가 나는 액체를 분비한다. 이는 달리 해석될 여지가 없는 청각 및 후각 메시지이다. "무슨 심한 열병 때문인지 몰라도, 나는 죽었어. 그러니까 날 잡아먹지 않는 게 좋을 거야." 이와 같은 역겨운 장면을 보고 냄새를 맡은 포식자가 스스로 멀어지거나, 잠시 방심하여 당황해하는 순간을 노려 뱀은 도망칠 수 있다.

하지만 가사상태의 오스카상을 수상할 주인공은 따로 있다. 바로 버지니아주머니쥐*Didelphis virginiana*인데, 오죽하면 영어로 '죽은 척하다'라는 표현으로 'playing possum'이 쓰일 정도다(주머니쥐를 영어로 opossum 혹은 possum이라 한다—옮긴이). 실제로 버지니아주머니쥐는 위협을 느끼면 아예 코마에 가까운 상태에 들어갈 수 있다. 옆으로 누워 입과 눈을 완전히 벌리고 혀를 축 늘어뜨리며, 심박수는 반으로 낮추고, 호흡은 거의 감지할 수 없을 정도로 얕고 느리게 바뀐다. 이미 완벽한 연기를 더욱 실감 나게 만들기 위해 주머니쥐는 여기에 향을 첨가한다. 항문에서 악취가 나는 초록색 액체를 분비함으로써 대부분의 침략자들을 의기소침하게 만든다.

영역을 구분하고, 서열을 정하고, 사랑을 찾거나 포식자로부터 도망치기 위해 남겨진 다양한 후각 메시지 중에는 이주 과정에서 길을 잃지 않기 위해 남긴 냄새 자취도 있다. 특별하고 '향기로운' 도로 표지판인 셈이다.

케냐에 있는 마사이마라 국립공원과 탄자니아의 세렝게티 공원 사이에서는 세계에서 가장 유명하고 장엄한, 검은꼬리누*Connochaetes taurinus*의 이주가 펼쳐진다. 백만 마리 이상의 이 숫과 동물들은 세렝게티 남쪽에서 우기를 보내고, 물이 풍성한 세렝게티 북쪽의 마사이마라의 푸른 목초지에서 건기를 보낸다. 1,500킬로미터에 이르는 여정 가운데 이들은 하마와 악어 떼가 몰려드는 맹렬한 강을 건너고 인류의 요람을 통과한다. 인류의 잔해가 대량 발견된 올두바이 유적지나 세계에서 가장 유명한 우리 선조들의 발자국, 무려 365만 년 전에 진흙에 새겨진 일부 오스트랄로피테쿠스 아파렌시스*Australopithecus afarensis*의 발자국을 보존하는 라에톨리 유적 말이다.

주기적이며 순환적인 검은꼬리누의 이주는 해마다 반복되는데, 강우의 움직임과 계절의 변화, 고갈된 식물과 잔디가 새로 싹트는 데 필요한 시간에 따라 경로가 조금씩 변경된다. 400백만 개의 발굽은 지나가면서 강력한 자취를 남기는데, 바로 이들의 발자국이 아프리카의 황폐한 사바나와 초원에서 길을 잃지 않고 이주를 완성할 수 있도록 하는 데 핵심적인 역할을 한다. 검은꼬리누는 우리 인간과는 달리, 그들보다 먼저 그곳을 지나간 동종들의 발자국을 따라가지 않는다. 이주하는 수만 마리의 검은꼬리누 종대와 그 자취는 스티그머지(간접협동)Stigmergy의 한 형태다.[14] 개미가 식량원에 도달하기 위해 다 같이 줄을 지어 동료들에게 어떤 길로 가야 하는지를 알려주는 페로몬 자취를 남기듯 검은꼬리누들도 동료들에게 길을 알려주기 위해 이 같은 행동을 한다. 다른 유제동물과 마찬가지로, 검은꼬리누 수컷과 암컷 모두 앞발 발굽에 일종의 '향기로운' 연한 기름을 분비하는 냄새샘을 갖고 있다. 일반적으로 다른 종들처럼 이런 냄새샘은 배설물과 함께 자신의 영역을 표시하기 위해 수컷들이 특히 많이 사용한다. 하지만 이주하는 동안에 이 냄새는 따라가야 할 중요한 후각 자취이며, 엄지동자가 남긴 돌멩이처럼, 너무 멀리 떨어져 서로를 볼 수 없을 때 다시금 길을 찾게 해 주는 메시지 같은 것이다.[15]

14

치명적인 향기

1875년 봄, 곤충학의 아버지로 불리는 프랑스인 장 앙리 파브르Jean Henri Fabre는 집 안에 있는 자신의 실험실에서 깜짝 놀랄 만한 광경을 마주했다. 그날 아침, 암컷 큰공작나방Saturnia pyri 한 마리가 갈색 고치에서 나와 막 훨훨 날아다니기 시작한 것이다.

날개를 펼쳤을 때의 길이가 15센티미터에 달하며, 날개 위에는 포식자들에게 공포감을 불러일으키는 두 개의 홑눈 무늬를 갖고 있는 이 놀라운 나방은 파브르의 관찰 상자 중 하나에 갇혀 있었다. 그런데 다음날 아침, 이 곤충학자의 실험실은 40마리의 수컷 큰공작나방에게 점령당해 있었다. 누가 그 수컷들의 관심을 불러일으켰는지는 명백했으나, 그 이유에 대해서는 전혀 알 수 없었다. 결국 파브르는 그 수컷 무리가 어떤 휘발성 물질에 이끌려 그곳에 나타났다는 사실을 어느 정도 직감할 수 있었다. 그가 명명한 것처럼, 암컷 나방의 '정수' 말이다.

하지만 그의 주장은 이론으로만 남아 있었고, 이러한 정수의 실체를 제대로 파악하기까지는 조금 더 기다려야 했다. 성호르몬에 관한 연구로 1939년 노벨 화학상을 수상한 독일의 생화학자 아돌프 부테난트Adolf Butenandt의 과업이 완성되었던 1959년까지 말이다. 그동안 부테난트는 큰공작나방보다 훨씬 작고 세계적으로 유명한 누에나방*Bombyx mori*에 대해 연구하고 있었다. 누에고치에서 나왔을 때 이 상앗빛 나방은 아직 날지 못할 뿐더러 번식이라는 과제를 안고 있었다.[1] 그리고 큰공작나방과 마찬가지로 수컷들을 유혹하는 물질을 발산하는 이들은 바로 암컷들이다. 1959년에 부테난트는 50만 마리의 암컷 누에나방으로부터 몇 밀리그램의 물질을 채취하는 데 성공했다. 이는 탄소 원자 16개, 수소 원자 30개, 산소 원자 1개로 구성된 휘발성 화합물로, 2개의 이중 결합으로 연결된 긴 사슬 구조였다. 이것이 바로 역사상 최초로 발견된 페로몬인 봄비콜bombykol이다. 이처럼 단번에 동물 간 화학적 의사소통 형태에 관한 직접적인 첫 번째 증거를 얻게 되었으며, 화학자 피터 칼슨Peter Karlson과 마틴 뤼셔Martin Lüscher는 '운반하다'라는 뜻의 그리스어 'pherein'과 '자극하다'라는 의미의 'hormon'을 합성하여 '페로몬pheromone'이라 이름 지었다.

오늘날 우리는 단 1세제곱센티미터의 공기 중에도 부테난트가 발견한 봄비콜 분자가 14,000개까지 들어 있을 수 있다는 사실을 알고 있다. 또한 수컷 누에나방은 코처럼 작동하는 자신의 더듬이로 단 하나의 분자도 감지할 수 있지만, 암컷에게 향하려면 방향을 잡기 위해 수백 개 정도의 분자를 감지할 필요가 있다.

더듬이는 놀라운 화학 수용기들(많은 곤충의 발 그리고 구기와 마찬가지로)이다. 현미경으로 더듬이를 관찰해 보면 아주 미세한 털로 된 감각기로 덮여 있는데, 그 사이에 냄새 분자들이 들어갈 수 있는 구멍들이 숨어 있다. 이 분자들은 다시 냄새결합단백질Odorant Binding Protein, OBP에 포획되어 뇌에 신호를 전달하는 신경회로로 옮겨진다.[2] 큰공작나방이 속해 있는 산누에나방과처럼 매우 예민한 후각을 지닌 일부 종들은 수컷의 더듬이가 공기를 더 잘 '맛보고' 페로몬 분자를 감지할 수 있도록 훨씬 더 발달되어 있다. 가령 산누에나방과의 암컷은 실처럼 가늘고 긴 모양의 더듬이를 갖는 반면, 수컷의 더듬이는 가운데 축을 따라 2개 혹은 4개의 미세한 줄기가 나뉜 빗 모양이다. 이러한 형태의 더듬이는 암컷이 뿜어내는 페로몬을 수컷들이 감지할 수 있게 해 주고, 이들을 스쳐 지나가는 분자의 80%를 인식할 수 있도록 해 준다.

이쯤 되면 눈치챘겠지만, 페로몬의 주된 기능 중 하나는 '성의 전령'이다. 페로몬 발신자의 종이나 속, 수용성, 그리고 위치를 알려야 하는 분자 혹은 여러 가지 분자의 혼합에 관한 매우 복잡한 작업이다. 그리고 이번에도 역시 진화 과정에서 발신자에게는 위험을 최소화하는 동시에 수신자에게는 메시지 도착을 보장하는 가장 효율적인 신호가 채택됐다. 그 결과가 바로 가임기인 암컷만 종 특이 성페로몬을 방출하는 것이다.

한편 동물들 사이의 화학적 의사소통은 페로몬으로만 이루어지지 않는다. 이것은 동물들의 의사소통을 중개하는 방대한 화학 물질 신호 중 몇 가지 예시에 불과하다. '페로몬'이란 표현은 보통 사적인 화학적 메시지를 가리키는데, 이는 같은 종의 개체들끼리만 감지할 수 있다. 반면 다른 종끼리 혹은 전혀 다른 계통 간의 의사소통에 사용되는 화합물을 지칭할 때는 세 가지 정의가 있다. 복숭아혹진딧물*Myzus persicae*이 방출하는 베타-파르네센*β-farnesene*은 동종을 향한 경고 신호로 사용되는 페로몬이다. 하지만 일부 감자종은 진드기를 퇴치하기 위해 동일한 베타-파르네센을 방출하는데, 이런 경우에는 '알로몬', 즉 이를 방출하는 주체에게 이익이 되는 화학 물질로 정의한다.[3] 파리와 파리목 곤충을 유인하기 위해 일부 식충 식물이 방출하는 썩은 냄새는 알로몬이다. 그리고 중국의 하이난 섬 고유종인 덴드로비움 크리스티아눔(후홍석곡)*Dendrobium sinense* 난초처럼 자신의 꽃가루매개체―검은방패말벌―를 유인하기 위해 벌들이 위험 상황이나 벌집이 습격당했음을 알릴 때 사용하는 것과 동일한 휘발성 혼합물을 방출하는 경우도 있다.[4] 이런 경우는 진짜 화학적 속임수를 사용한 것이다. 하지만 거짓말쟁이가 난입했다고 해서 의사소통의 유형 하나를 제거할 수 있다고 생각해서는 안 된다. 알로몬은 발신자를 유리하게 만드는 신호인 반면, '카이로몬'은 수신자를 유리하게 만드는 화학 신호이다. 그 대표적인 예가 바로 고양잇과 동물의 소변에 들어 있는 페닐에틸아민으로, 쥐는 이를 감지하자마자 즉시 공포에 빠져 도망간다. 한편 화학 신호가 발신자와 수신자 모두를 이롭게 하는 물질은 '시노몬'으로, 꽃가루매개 곤충을 유인해야 하는 꽃들이 발산하는 향기가 바로 그런 경우다. 이때 한쪽은 꽃가루를 묻히게 되고 다른 쪽은 벌집에 가져갈 꿀과 화분을 얻게 되므로 상호 유익하다고 할 수 있다.

페로몬은 물이나 기름, 피지, 지방과 분비물에 용해될 수 있으므로 지용성이며, 어떤 것들은 단백질과 결합한다. 또 봄비콜처럼 가볍고 휘발성인 것도 있는 반면, 접촉하거나 문질러서 옮겨야 할 정도로 무거운 것도 있다. 어떤 나비 종에 일어나는 일처럼 말이다. 암컷들은 수컷을 유인하기 위해 휘발성 페로몬을 분비한다. 수컷은 구애 활동 중에 무거운 페로몬을 생성하여 복부에서 밖으로 뻗어 나와 다양한 형태를 띠는 발향총

coremata을 이용하여 암컷의 더듬이에 옮긴다. 이 발향총은 보통 작은 칫솔 모양의 선모이지만, 동남아시아와 오스트레일리아에 서식하며 복부에서 네 개의 팔을 '펴는' 것처럼 보이는 크리토노토스 갠지스*Creatonotos gangis*와 같은 일부 종은 화려한 모양을 띨 수 있다.

곤충들 사이에서 가장 유명한 성페로몬 중 하나는 제왕나비속*Danaus* 나비에서 그 이름이 유래한 다나이돈이다. 제왕나비속 나비는 이 물질이 발견된 최초의 동물이지만, 모든 개체가 이 페로몬을 활용하는 것은 아니다. 여왕나비*Danaus gilippus*에게 다나이돈C_8H_9NO은 강력한 사랑의 묘약 같아 보인다. 더 많은 다나이돈을 생성하는 수컷들은 못 말리는 카사노바인 반면, 적게 생성하는 수컷들은 더 낮은 번식 성공도를 보인다. 한편 여러 세대가 미국에서 멕시코 사이를 이주하는 유명한 수컷 제왕나비*Danaus plexippus*는,[5] 그 어떤 페로몬도 만들어 내지 않지만 계속해서 발향총을 암컷들의 더듬이에 비비는데, 어쩌면 단순한 촉감 자극 때문일 수도 있다.[6]

다나이돈은 제왕나비속 유충이 먹는 식물에서 발견되는 피롤리지딘 알칼로이드를 비롯한 몇 가지 독성 물질로부터 합성된다. 유충은 독성 알칼로이드를 먹고 이를 흡수하여 두 가지 용도로 사용한다. 유충일 때는 포식자로부터 방어하기 위해 경계색으로써 자신의 불쾌한 맛을 표현한다. 그리고 성체 단계로 넘어가면, 흡수한 알칼로이드를 성페로몬을 생성하기 위해 재활용한다.

이는 매우 효율적이고 유리한 전략으로, 우테테이사 오르나트릭스*Utetheisa ornatrix* 같은 나방도 사용하는 방법이다. 흰색과 빨간색, 검은색 날개를 가지고 아름다운 만큼 독성이 강한 이 나방의 유혹무기는 하이드록시다나이달hydroxydanaidal($C_8H_9NO_2$)이며, 활나물속*Crotalaria* 식물에 들어 있는 알칼로이드를 합성한 물질이다. 암컷 나방은 4~5마리의 수컷과 짝짓기를 하지만 몹시 까다로워서 하이드록시다나이달의 양을 기반으로 하여 자신의 짝을 선택한다. 이 물질을 더 많이 생성하는 개체가 더 많은 독성 알칼로이드를 흡수하였으므로, 길고 복잡한 구애 과정 동안 암컷에게도 조금 선물하여 그녀와 알을 포식자로부터 보호할 수 있도록 한다. 쉽게 말해, '향이 강한' 수컷일수록 더욱 완벽한 아버지이자 배우자가 될 것이다.

이 나방들의 사랑 이야기는 이렇게 시작된다. 번식기가 되면 암컷 나방은 먼 거리에서도 수컷들이 감지할 수 있는 휘발성 성페로몬을 분비한다. 이때 여러 암컷이 서로 모여 페로몬을 뿜어내는데, 그야말로 '후각 합창'이 이루어지는 셈이다. 수컷 나방이 도착하면 평소처럼 암컷의 더듬이에 발향총을 문질러 하이드록시다나이달을 옮기는 구애 의식을 실행할 것이다. 이 순서가 끝나면, 12시간까지 지속될 수 있는 본격적인 짝짓기가 시작된다. 수컷은 처음 두 시간을 소중한 선물인 정포(정협)를 전달하는 데 사용한다. 이것은 정자와 영양분으로 가득한 꾸러미인데, 여기에는 암컷이 그토록 바라는 알칼로이드도 들어 있다. 정포를 받고 나면 암컷은 30개 정도의 알을 수정하게 되는데, 수컷에게 선물로 받은 물질 덕분에 알은 불쾌한 맛을 가질 것이다. 암컷들이 '향이 강한' 수컷들을 선호하는 첫 번째 이유가 바로 이것이다. 하이드록시다나이달을 더 많이 생성하는 개체가 알칼로이드의 양이 많은 정포를 선물할 것이고, 따라서 알을 더 잘 지켜줄 것이다. 두 번째 이유는 간단하다. 수컷은 나머지 10시간 동안 암컷을 포식자로부터 보호하기 위해 다른 독성 알칼

로이드 물질을 묻힐 것이다. 이는 암컷들에게 매우 친절하고 높이 평가되는 행위이다.[7]

페로몬은 반드시 단일 분자나 화합물인 것은 아니다. 오히려 다양한 물질로 만든 부케에 가까우며, 특히나 성페로몬의 경우에는 올바른 종의 파트너와 결합하는 것이 정말 중요하다. 그래서 화학은 같은 서식지를 공유하는 이웃 중 너무 다르거나 비슷한 종을 헷갈리지 않도록 하기 위해 맞춤형 화학 신호와 같이 다양한 해결책을 제공한다.

보통 기본이 되는 분자에 다양한 작용기, 이중 결합, 나선형 구조나 가지친 구조가 추가된다. 그리고 때로는 메시지가 사적인 것으로 남아 있도록 신호화되고, 맞는 종만 이를 해독할 수 있도록 하기 위해 그 차이는 점점 더 미묘해질 수 있다. 그 예로 이성질체 페로몬을 들 수 있다. 즉 분자식은 같아서 탄소, 수소, 산소 원자의 수는 같지만, 원자가 약간 다르거나 대칭적인 3차원 구조로 배열되어, 특징과 냄새가 달라지게 되는 구조식이 다른 형태이다. 그래서 해당하는 종만 그것을 감지하고 수용할 수 있도록 말이다. 이것은 매우 일반적인 해결책으로, 가령 브리오트로파속*Bryotropha*의 갈색빛의 작은 나방에도 나타난다. 유럽과 이탈리아에 서식하는 드라이아델라*B. dryadella*와 북유럽에 서식하는 문델라*B. mundella*는 16개의 탄소 원자, 30개의 수소 원자, 2개의 산소 원자로 구성된 분자인 테트라데세닐 아세테이트tetradecenyl acetate($C_{16}H_{30}O_2$)의 두 가지 이성질체를 사용한다. 각각의 나방은 자신만의 구조식을 갖고 있으며, 두 이성질체 사이의 유일한 차이는 탄소 원자 2개의 이중 결합 위치뿐이다.[8] 이 작은 차이는 두 종이 함께 있는 공간에서도 분리된 번식 활동을 보장하기에 충분하다.

때로는 같은 성분의 화합물이지만 다른 비율로 혼합되는 경우도 있다. 잎말이나방과의 나방들은 테트라데세닐 아세테이트 이성질체가 같은, 동일한 성페로몬 꾸러미를 활용하는데, 다른 비율로 섞어서 서로 다른 향수를 얻는다. 남아메리카부터 미국까지 분포하고 있는 헬리코니우스속*Heliconius* 나방들도 마찬가지다. 비슷하지만 다른 색깔을 띠고 있는 이들은 베이츠 의태와 뮐러 의태의 훌륭한 예시다.[9] 서로 모방하는 종들은 대체로 같은 화합물을 사용하는데, 전문 조향사처럼 향기 노트가 다른 부케를 만든다. 반면 같은 지역에 서식하는 서로 다른 종들은 파트너를 잘못 선택하는 일을 방지하기 위해, 자신의 페로몬 부케의 '재료'부터 차별화시키는 경향을 보인다.[10]

페로몬은 '이성을 호출하는' 과제 외에도 다양한 책임을 수행하며 수신자에게 공격, 도망 혹은 경계 반응을 불러일으킬 수 있다. 심지어 부모의 돌봄을 유발하고, 어떤 손님에게 표시를 남기며, 어떤 자취를 따라가자고 동종을 설득하거나 집합시킬 수도 있다.

집합 페로몬은 주로 안전 문제로 동종의 암수를 모두 불러 모으는 화합물이다. 많은 개체가 모이면 얻을 수 있는 이점이 적지 않다. 포식자에게 잡아먹힐 확률이 줄어들고 번식을 하기 위한 파트너를 더 쉽게 찾을 수 있다. 그래서인지 집합 페로몬은 문자 그대로 바다부터 사막까지 두루두루 활용되고 있다. 일명 완흉류라 불리는 따개비 유생, 즉 바위와 선박의 용골을 비롯해 심지어 바다거북이 딱지나 커다란 고래류의 지느러미까지 덮고 있는 갑각류도 집합 페로몬을 활용한다. 유생들은 동종을 찾고 그들 옆에 정착하도록 같은 종의 성체가 방출한 당단백질을 활용한다. 종마다 고유한 집합 화학 신호를 갖고 있는데, 이는 바다에서 이미 다른 개체들이 이용한 안전하고 적절한 장소를 찾아 그곳에서 성장할 수 있도록 안내해 줄 흔적 신호다.[11] 어미가 새끼를 등에 업고 다니는 거미, 전갈과 같은 절지동물이나 무당벌레*Harmonia axyridis* 혹은 사막메뚜기 *Schistocerca gregaria*들도 집합 및 화학적 인식 페로몬을 이용한다.

무당벌레는 아시아 출신의 종이지만 이제는 이탈리아를 포함하여 전 세계에 분포하고 있다. 이탈리아의 칠성무당벌레*Coccinella septempunctata*와는 매우 다르며, 5~8밀리미터로 몸집이 훨씬 크고, 딱지도 아주 다양하다. 노란색, 주황색 혹은 빨간색의 딱지날개에 0~21개의 검은 점을 가진 녀석들도 있고, 검은색 딱지날개에 2개 혹은 4개의 노란색, 주황색, 빨간색의 반점을 가질 수도 있다. 한마디로 무당이란 이름처럼 화려하다. 10월과 11월 사이에 추위가 찾아오면, 이 무당벌레들은 창문 틈이나 주택의 오래된 구석을 포함하여 겨울을 날 수 있는 따뜻한 보금자리가 있는 곳은 어디든, 수십 마리 혹은 수백 마리씩 군집을 이룬다. 이유는 명확하다. 겨울에 살아남을 기회를 더 확보하는 것, 추위를 이기고 잡아먹힐 가능성을 낮추는 것이다. 그들의 화학적 의사소통을 주관하는 것은 바로 피라진이라는 질소가 포함된 방향족 유기 화합물이다. 무당벌레들은 방어 무기로 고농축의 아이소프로필 메톡시피라진을 생성하여 노란색의 액체 형태로 분비하는데, 이 분비물은 직물이나 벽지에 지워지지 않는 얼룩을 남기고 인간에게 알레르기 반응을 일으킬 수도 있다. 아이소프로필 메톡시피라진이 특별히 유해한 물질인 것은 아니다. 높이 평가되는 소비뇽 와인에 특유의 '고양이 오줌' 냄새를 부여하는 두 가지 메톡시피라진 성분 중 하나다. 말하자면 지구에서 가장 향기로운 화합물은 아니라는 뜻이다. 그런데 겨울 은신처에 남겨진 피라진을 기반으로 한 배설물과 혈림프(곤충의 '피') 냄새 흔적은, 해가 지날수록 무당벌레들이 겨울을 함께 나기 위해 따라가는 후각 자취를 형성한다.[12]

한편 무시무시한 사막메뚜기는 수백만 마리의 무리를 이루기 위해 4-비닐아니솔4VA이라는 페로몬을 사용한다. 이 페로몬은 이들이 장거리를 이주하는 거대한 무리를 만들고, 멜라닌 생성을 자극함으로써 메뚜기의 색깔을 초록색에서 노란색과 검은색으로 바꿔주는 집합 페로몬이다. 이 물질이 바로 사막메뚜기를 무리 형태로 바꾸는 성분이다. 건기 동안의 사막메뚜기는 혼자 생활하는 고독한 생명체들이지만, 비가 내리기 시작하여 식물이 자라나면 번식을 하고 떼를 짓는 단계에 들어가서 행동과 모습이 변화한다. 이 단계가 되면 메뚜기 떼는 사정거리에 내에 있는 식물은 무엇이든지 집어 삼키며, 이 곤충의 장내 미생물은 아주 중요한 역할을 담당하게 된다. 유충과 성체의 장 안에 있는 판토에아 아글로메란스*Pantoea agglomerans*라는 미생물 덕분에 집합 페로몬의 핵심 성분인 '과이어콜'이라는 화합물이 생성되며, 배설물 더미에도 방출된다.[13]

페로몬은 알을 안전하게 보관하기에 좋은 장소를 표기하는 용도로도 사용될 수 있다. 포식자로부터 알을 보호할 수 있는 장소, 잔잔한 물이 있는 동종의 암컷들이 낳은 알들 바로 옆 말이다. 이런 사실을 성가시고 몹시 미움 받는 모기들은 잘 알고 있다. 산란 후 24시간 동안 살아남은 알들은 어떤 페로몬을 방출하기 시작하는데, 이는 동종의 다른 암컷들을 유인하여 그 옆에 알을 낳도록 한다. 이런 종류의 페로몬은 일반적으로 MOP(Mosquito Oviposition Pheromone)로 불리지만, 종마다 다른 다양한 성분이 혼합되어 있다.[14] 열대와 아열대 지역에 분포하며, 세인트루이스 뇌염 같은 다양한 질병을 옮기는 열대집모기*Culex quinquefasciatus*의 경우,

6-아세톡시-5-헥사데카놀라이드가 핵심적인 역할을 담당하는 것으로 드러났다.[15] 반면 가장 유명하고 위험한 이집트숲모기*Aedes aegypti*—뎅기열, 치쿤구니야열, 황열, 지카 바이러스의 매개체—에게는 부티르산, 카프로산, 팔미트산 및 팔미톨레산이 더 중요한 것으로 보인다. 그중 카프로산은 물과 테메포스가 들어 있는 죽음의 덫으로 모기들을 유인하기에 완벽한 수단인 것으로 드러났다. 테메포스는 유기인산염(오르가노포스페이트) 살충제로, 곤충으로 가득한 수조를 청소하는 데 사용된다. 카프로산이 들어 있는 덫에 암컷들을 유인하고 나면, 산란된 알의 92%는 부화하지 않는다.[16]

곤충들이 서로 주고받는 화학 신호들 중 농작물이나 인체에 해로운 해충들의 신호를 아는 것은 매우 유용할 수 있다. 성페로몬이든, 집합 페로몬이든 혹은 산란을 위한 것이든 이를 이용해 페로몬 트랩을 만들 수 있기 때문이다. 쉽게 말해, 적합한 페로몬 합성물을 만들어 곤충을 속이는 것이다. 수컷들을 유인함으로써 특정 과실에서 종이 번식하는 것을 막을 수 있고, 암컷 곤충을 유인함으로써 부화를 막을 수 있을 뿐 아니라, 집합 페로몬을 사용하여 수컷과 암컷을 모두 유인할 수도 있다. 살충제와 비교해 보면 페로몬 트랩이 선택적이고, 효과적이며, 친환경적이라는 면에서 장점이다. 국소적으로 유해한 종에게만 작용하므로, 무분별하게 꽃가루 매개체를 비롯한 여러 종을 죽이는 살충제의 살포를 피할 수 있다. 그동안 정작 쫓아내려고 하는 유해 종은 점점 강해지는 위험에 내성이 생길 수 있으니 말이다. 실제로 이런 해결 방법은 농업 분야에서 과실나무의 피해를 막기 위해 이미 널리 사용되고 있다. 가령 잎말이나방과에 속하는 코들링나방*Cydia pomonella*의 유충은 사과, 배, 살구, 서양모과, 벚나무, 밤나무 및 호두나무 열매에 구멍을 파서 먹을 수 없게 만들고 나무에서 떨어지게 하는데, 이를 방지하기 위해 페로몬 트랩을 활용한다.

다시 페로몬으로 돌아가서, 이들의 기능 중 정말 이상하고도 유용한 것은 '비어 있음' 혹은 '사용 중' 상태를 나타내는 기능이다. 이건 화장실 이야기가 아니라, 알이나 유충에게 안에서부터 무자비하게 먹혀버릴 숙주를 가리키는 것이다. 한마디로 폭군을 섬기는 숙주들인 셈이다.

모든 포식기생[17] 곤충들—다른 생물의 몸에 알을 낳고, 그 유충이 자신의 숙주인 절지동물만을 먹이로 삼고 결국 죽인다—에게 숙주를 표시하는 페로몬을 사용하는 일은 매우 중요하다. 포식기생충의 입장에서는 눈앞에 있는 잠재적인 숙주가 동종 혹은 다른 종의 알이나 유충에게 이미 점유당했는지 아는 것은 매우 중요하기 때문이다. 이들은 자식들 사이의 경쟁이 시작되거나 중복기생, 즉 숙주의 몸이 모든 유충을 먹이기에 충분하지 않아 굶어 죽게 만드는 사태를 피해야만 한다. 그러므로 진화 과정에서 어떤 페로몬은 사용 중인 숙주와 비어 있는 숙주를 식별하기 위해서 활용되었으며, 이러한 페로몬을 '숙주 표시 페로몬'이라 한다. 가장 설득력 있는 가설은 이런 화학적인 의사소통이 처음에는 자기커뮤니케이션 형태로 진화했다는 주장인데, 여기서는 화학 신호가 암컷에 의해 같은 개체가 두 번 숙주로 이용됨으로써 자신의 자손들이 경쟁하지 않도록 하는 용도로 사용되었다. 그리고 시간이 지남에 따라 이 시스템은 정제되고 확장되어, 최소한 500종의 파리목과 벌목 종에서 독립적으로 진화했을 것이다.[18]

파리, 각다귀가 속한 파리목에서 대부분의 포식기생충을 포괄하고 있는 것은 기생파리과이다. 말벌, 벌 그리고 개미를 포괄하는 벌목의 포식 기생충은 기생벌류(기생벌하목)*Parasitica*에 많이 분포하고 있으며, 이들은 측계통군(분류의 구성원이 공통 조상을 포함하고 있으나, 그 분류가 그 공통 조상의 모든 자손을 포함하지 않는 생물 분류)에 속한다.

그런데 무서운 녀석들은 여기서 끝이 아니다. 측계통군에는 납작먹 좀벌과*Platygastridae*의 트리솔쿠스 바살리스*Trissolcus basalis*와 같이 노린재의 알들을 포식기생하는 말벌들이 숨어 있기 때문이다. 이들은 노란 발을 제외하고 전부 검은색이다. 큰검정알벌속*Trissolcus*의 말벌들은 노린재와 노린재아목 전체에게 굉장한 골칫거리다. 노린재들에게 이 말벌들이 못 마땅한 이유는 충분하지만, 인간에게는 오히려 생물학적 방제 대리인으 로서 매우 유용하며, 뉴질랜드, 오스트레일리아 그리고 미국의 노린재 개체 수를 억제하는 데 이용된다.

암컷 트리솔쿠스 바살리스는 더듬이로 그들의 주요 숙주인 남쪽풀색 노린재*Nezara viridula*가 낳은 알을 만져 본다. 노린재의 알이 이미 포식기 생되어 사용 중이라면, 탐색은 계속된다. 반대로 비어 있으면, 암컷은 자 신의 얇은 산란관을 꺼내어 노린재의 알에 삽입한 후 자신의 알을 낳는 다. 범행을 마친 말벌은 산란관을 빼내어, 더러워진 칼을 휴지에 닦듯 노 린재의 알에 닦는다. 좀 더 자유롭게 표현하면, 돈 디에고 데 라 베가*Don Diego de la Vega*, 일명 조로가 칼로 자신의 서명을 남기던 것처럼 말이다. 이 작용에는 산란관 아래 위치한 듀포르*Dufor*샘이 숙주의 알에 표시를 새기는 임무를 수행할 것이다. 이 샘에서 생성된 지질 분비물이 산란관 을 타고 흘러서 알 위에 자리 잡고 나면, 숙주 표시 페로몬의 역할을 한 다. 이미 사용 중인 그 알은 더 이상 다른 동종 암컷들에게 선택되지 않을 것이다.

그러나 듀포르샘 덕분에 자기만의 숙주에 표시 페로몬을 남기는 개체가 있다. 이것은 한 차원 높은 굉장한 현상 같아 보일 수 있으나, 사실은 우연한 진화의 산물일 뿐이다.

벤투리아 카네센스*Venturia canescens*는 창고에 쌓아 둔 곡물이나 밀가루에 몰려드는 20여 종의 나비목 유충에 포식기생하는 작고 보편적인 맵시벌과의 기생벌이다. 이 말벌은 숙주에게 완전히 독보적이고 개인적인 화학 지문을 남길 수 있는데, 이를 통해 말벌은 이미 사용 중인 나비 유충과 비어 있는 유충을 구별할 수 있을 뿐 아니라, 유충을 이용하고 있는 개체의 촌수까지 식별할 수 있다. 쉽게 말해 다른 동종 암컷 자손과의 친족 관계가 어떻게 되는지 알아보고 친족 관계가 가깝지 않다면 숙주에게 중복기생할 것인지, 즉 이미 사용 중인 유충에 그래도 자신의 알을 낳을지를 선택하여 더 강한 자가 살아남도록 내버려둘지를 결정한다. 그렇다면 촌수 관계는 어떻게 알 수 있을까? 이는 바로 숙주 표시 페로몬 덕분이다. 서로 친족 관계인 암컷들의 숙주 표시 페로몬은 휘발성 화합물 측면에서 매우 유사한 성분을 가지며, 무시해도 좋을 만큼 약간의 차이만 있는 반면, 친족 관계가 아닌 암컷들은 이런 탄화수소 성분이 매우 다르게 나타난다. 바로 이것이 암컷 맵시벌에게 자신의 선택을 실행에 옮기도록 해 주는 것이다. 다른 유충을 찾을지, 혹은 자신의 자손을 다른 말벌의 자손과 경쟁시킬지를 말이다.[19]

모성애가 강한 방패벌레과의 암컷 가르가피아 솔라니*Gargaphia solani*는 개미들과 무당벌레로부터 새끼들을 보호하기 위해 식물을 오르락내리락하며 대피시킨다. 이러한 과정 동안 형제들에게 위험을 알리기 위해 새끼들은 배와 등 쪽의 샘에서 게라니올과 리나놀이 함유된 페로몬을 방출한다. 그동안 그들의 어미는 레이스 같은 날개를 빠르게 펄럭여서 위험 신호를 빠르게 확산시킬 수 있는 기류를 만들어 낸다.[20]

페로몬은 실제로 또 다른 목적으로도 사용될 수 있다. 성페로몬 다음으로 가장 일반적으로 사용되는 것이 경보 페로몬이다. 결국 생물의 주요 기능은 번식과 생존이기 때문이다. 경보 페로몬은 원래 개인적인 방어를 위해 활용하던 화합물이었을 가능성이 매우 높다. 실제로 이 경보 페로몬은 종종 예리한 침이나 다른 방어 무기와 연결된 분비샘에서 생성된다.

가장 많이 알려진 경보 페로몬은 양봉꿀벌*Apis mellifera*의 침 밑에 자리한 코셰프니코프Koschevnikov샘에서 생성된다. 이 페로몬은 사실 40개 이상의 서로 다른 휘발성 분자 화합물이다. 대부분은 아이소펜틸 아세테이트로, 익은 바나나에서 배출되는 화합물이기도 하다. 이 외에 뷰틸 아세테이트, 벤질 아세테이트, 1-헥산올, 1-뷰탄올, 1-옥탄올, 에틸 아세테이트, 옥틸 아세테이트, 2-노난올이 있다.

이러한 '오 드 알람(eau de allarm)'은 무리에 맹렬한 반응을 불러일으켜서, 벌집 동료들을 불러 모아 누구에게 혹은 무엇을 쏘아야 할지를 알려준다. 또한 각각의 성분마다 정확한 기능을 갖고 있다. 벤질 아세테이트는 비행 행동을 선동하고, 세 가지 물질—1-뷰탄올, 1-옥탄올, 에틸 아세테이트—은 동료들을 불러 모은다. 아이소펜틸 아세테이트, 1-헥산올, 뷰틸 아세테이트, 그리고 2-노난올은 두 가지 상황에서 모두 작용하는 반면, 옥틸 아세테이트는 벌들이 목표물을 식별할 수 있게 해 주는 물질이다. 그 움직임을 기반으로 위치를 알아내기도 하지만 말이다.[21]

특히 사회적 곤충의 경보 페로몬은 정말 강력한 무기다. 지원군을 부르는 데 필요하며, 군집의 동료들에게 위험을 알리고 그곳으로 불러 모아 적에게 공격을 퍼붓도록 부추긴다. 이처럼 작은 휘발성 분자가 어떻게 수십, 수백 마리의 수신자에게 그토록 많은 정보를 전달할 수 있는지 정말 놀라울 따름이다. '도움이 필요해', '여기로 와', '싸워야 할 거야', '상대는 어떤 놈이야' 등과 같은 정보 말이다. 하지만 바로 이런 사회적 곤충 안에서 페로몬은 최상의 실력을 발휘한다.

우리 집 냄새

전투 중에 부상을 입는 것은 모든 동물에게 상당히 큰 문제이다. 하지만 마타벨레 개미*Megaponera analis*라면 이야기가 달라진다. 이들은 부상자들을 책임지며 진짜 구조 요원처럼 출동하여 동료들을 안전하게 구조하고 심지어 치료까지 한다.

길이는 약 2센티미터에, 사하라 이남 아프리카 전역에 분포하고 있는 이 개미들은 '평온한 삶'과는 거리가 먼 녀석들이다. 이들은 매일 2~4회 흰개미를 찾아 공격하고 약탈한다. 200~600마리의 개체가 개미집에서 부터 줄을 지어 이동하고, 먹이 장소 근처에 있는 흰개미들에게 다가가 전쟁에 뛰어든다. 원정대의 표적은 흰개미 일개미들로, 이들을 죽여 개미굴로 옮겨가 다 함께 잡아먹는 것이다. 하지만 승리를 외치기 전에 마타벨레 개미는 흰개미 중 병정개미와 승부를 봐야 한다. 병정흰개미는 덩치도 비슷한 데다 턱이 매우 발달해 있어서 적의 발과 더듬이를 무자비하게 절단하기 때문이다. 10분 이내에 습격이 이루어지고, 더 큰 일개미들이 턱뼈 사이에 이미 굴복한 흰개미들을 물면, 무리는 다시 개미굴로 돌아갈 준비가 되었다는 뜻이다. 바로 이 순간, 상상할 수 없는 일이 벌어진다.

매번 전투가 끝나고 나면, 전장에서 부상을 입은 마타벨레 개미들은 구조를 위해 동료들을 부른다. 턱에 있는 분비샘에서 다이메틸 다이설파이드와 다이메틸 트라이설파이드로 구성된 페로몬을 분비하여 동료들의 주의를 끈다. 그러면 동료는 부상을 당한 일개미에게 다가가 살피고 들어 올려 개미집으로 데려가 치료를 받게 한다.

하지만 응급 처치 서비스는 누구나 받을 수 있는 것이 아니다. 흰개미에게 다리를 3개 이상 잘려 부상이 심한 개미들은 그곳에 남겨진다. 홀로 더 이상 걸을 수 없기 때문에 전장에 남겨지고, 다리가 한두 개만 떨어져 생존 가능성이 더 높은 개미들만 구출된다. 그런데 이런 무자비한 선고를 집행하는 것은 응급 구조원들의 몫이 아니다.

다리를 하나 혹은 두 개 잃은 개미는 즉시 태아 같은 자세를 취한다. 남은 다리를 오므려서 옮기는 작업을 더 용이하게 만드는 것이다. 반면 심한 부상을 입은 개미들은 응급 구조원들이 도착했을 때 남은 다리를 흔들어 치료 거부 의사를 밝힘으로써 전장에 남겨진다. 이와 같이 전장에서 부상자를 가리는 일은 보기에는 잔인해 보일 수 있으나, 개체들의 생존 확률을 극대화하며, 생존 가능성이 없는 환자에 불필요한 에너지를 소모하는 일을 방지한다. 부상자들을 구조하여 개미굴로 옮기고 나면, '치료'가 시작된다. 간호사 개미는 아직 걸려 있을 수 있는 흰개미들의 턱을 제거하고, 상처 부위를 몇 분 동안이나 계속해서 핥는다. 개미의 흉부에 있는 후늑막분비샘에서 항생 물질을 분비해 치료에 이용하는데, 이 분비물에는 112가지 성분이 포함되어 있고, 그중 절반이 항균, 상처 회복에 효과가 있다. 부상당한 개미가 치료를 받지 못한다면 그중 80%는 24시간 안에 죽지만, 치료를 받을 경우 사망률은 10%에 그친다.[1]

이것만으로 모든 개미들이 구조 요원이라고 생각해서는 안 된다. 이들 중에는 사회생물학의 아버지 찰스 다윈과 에드워드 윌슨이 이미 직감한 대로, 노예잡이 개미를 발견할 가능성이 훨씬 높기 때문이다.[2] 이들은 강력한 턱 덕분에 진짜 전쟁 무기 같은 병정개미이지만, 군집을 유지하는 데 필요한 가장 쉬운 작업조차 전혀 수행하지 못한다. 새끼를 돌보거나 스스로 먹이를 찾아 먹지도 못한다. 이러한 필요에 대응하기 위해 개미들은 인간의 관점에서 봤을 때 별로 독창적이지는 않지만 분명히 효과적인 해결책을 찾았다. 다른 종의 개미들을 노예로 삼아서, 자신들을 위해 개미집과 군집을 유지하는 데 필요한 모든 일을 시키는 것이다. 달리 말하면 절대 사회 기생충으로, 노예공생, 즉 노예제를 실천하는 개체들이다.

60여 종의 노예잡이 개미 중에는 아마존개미 *Polyergus rufescens*도 있다. 벽돌색에 길이는 거의 1센티미터로, 포르미카 쿠니쿨라리아 *Formica cunicularia*와 같은 불개미속 *Formica*의 둥지를 노리는 약탈자다. 수천 마리의 아마존 병정개미들은 단 몇 분 만에 불개미의 둥지를 습격하여 약탈한다. 그리고 턱 사이로 마치 작은 쌀알 같은 순백의 애벌레 고치와 유충들을 물고 다시 모습을 드러낸다. 급습이 끝나면 아마존개미들은 각자 전리품을 먹지 않고 개미집으로 가져간다. 그리고 알에서 부화한 유충들은 노예 일개미가 되어 모든 집안일을 도맡아 할 것이다. 자신을 납치한 아마존개미의 새끼와 여왕개미를 돌보고, 노예잡이 개미들의 둥지를 지키며 먹이를 모으면서 말이다. 아마존개미의 개미집에는 노예잡이 개미와 노예개미 두 종이 비교적 평화롭게 함께 산다. 그러나 항상 그런 것은 아니다. 실제로 아마존개미의 학명 폴리에르구스*Polyergus*는 이들과 동거하는 노예개미들의 다양한 임무를 참조하였고, '많은 일거리'를 뜻한다.

이런 놀라운 습격과 정복 활동은 매우 촘촘한 종 간 및 종 내 화학적 의사소통을 통해 조정된다. 다른 개미집을 습격하기 위해 자신의 집에서 출발한 아마존개미들은 뒤에 기나긴 자취를 남긴다. 엄지동자가 돌멩이와 빵부스러기를 흘렸듯이, 이들은 흙에 길잡이 페로몬 방울을 떨어뜨려서 집으로 돌아갈 때 지도로 삼을 것이다. 그리고 습격의 순간, 노예잡이 개미들은 '선전 물질'을 남기는데, 이 물질은 턱 아래에 자리한 샘에서 분비된 화합물로 습격한 개미집에 공황 상태를 불러일으킨다. 그래서 습격받은 개미들이 앞다투어 도망치면 이들은 싸울 필요도 없이 개미집을 편하게 약탈할 수 있다. 결국 '납치당한' 개미들은 이른 나이에 노예잡이 개미군집의 냄새를 기억하게 되고, 완전히 자기 집으로 생각하게 된다. 또한 복종을 표하게 될 약탈자들을 자매와 동급으로 여기게 된다.

한편 아마존개미 여왕개미들은 교미 후에 다른 개미굴에 들어가서 색다른 전략을 취한다. 선전 물질이 아닌 듀포르샘에서 생성된 '화해 물질'을 방출하는 것이다. 이 물질은 피격 당한 개미들을 굴복시키고 덜 공격적으로 만드는 효과가 있다. 이런 식으로 정통 여왕개미를 쫓아내고 죽일 시간을 벌며, 그때부터 그 개미 군집은 장악되었다고 볼 수 있다. 몇 시간 내에 찬탈자 여왕개미가 받아들여져 일개미들에게 둘러싸이고, 그들은 새로운 여왕개미를 돌보고 먹일 뿐 아니라, 새로운 노예잡이 군단이 부화할 알도 돌볼 것이다.[3]

그런데 한 번씩 노예들이 반란을 일으키기도 한다. 그들은 간수의 목을 베고, 둥지 밖으로 그들의 알을 던져 버리며, 그 자리에 반수체 수컷들이 태어날 수정되지 않은 알을 낳아 그들의 폭동을 도울 새끼들을 확보한다. 이런 반란을 일으키는 개미 중 가장 많이 연구되고 있는 종은 폭군 템노토락스 아메리카누스*Temnothorax americanus*에 대항하는 템노토락스 롱기스피노수스*Temnothorax longispinosus* 노예개미다. 한 번의 폭동 후에는 평균적으로 노예잡이 개미의 30%가 살아남는데, 이는 어쨌든 새로운 기습이 일어나기에는 충분한 숫자이다. 따라서 반란으로 노예가 해방되거나 노예잡이 군집이 붕괴되는 것도 아니지만, 적어도 일시적으로는 약탈자들의 수와 번식 성공도를 감소시킨다. 실제로 이들의 목표는 노예에서 해방되는 아니라 그들과 친족 관계일 가능성이 높은 주변에 있는 잠재적인 노예의 개미집을 잠시나마 보호하는 것이다. 이것은 대안적인 방어 전략으로, 개별 개체가 아닌 노예 종의 유전자를 보호하기 위한 적응행동이다.[4]

개체 이야기가 나온 김에 설명하자면 개미들은 초개체처럼 행동한다. 한 개미집은 다양한 계급, 역할, 직무를 지닌 수천 마리의 개체들로 이루어져 있는데, 마치 하나의 몸에 속한 여러 세포와 같다. 번식을 담당하는 개미가 있고, 둥지를 관리하는 개미, 새끼들을 양육하는 개미와 군집 전체를 위해 먹이를 마련하는 개미가 있다. 모든 과정은 화학적-촉각적 의사소통의 지배를 받는다.[5] 흙에 남기는 길잡이 페로몬, 더듬이를 통해 맛보거나 영양교환되는 페로몬, 즉 입에서 입으로 옮겨지는 먹이나눔을 통해 주고받는 것 말이다. 일부 계급의 개미들은 다른 기능에 과도하게 특화된 턱 구조 때문에, 영양교환만이 유일하게 영양분을 섭취할 수 있는 방법이다. 특히 영양교환을 통해서는 목구멍 뒤편에 자리한 분비샘에서 생성된 군집의 냄새를 전달하며, 막 태어난 일개미들은 그들을 먹이는 성체 일개미를 통해 이를 획득하게 된다.

어릴 적 우리의 마음을 사로잡았던 일렬종대로 길게 늘어선 개미들의 비밀도 바로 화학에 숨어 있다. 노예사냥을 떠나는 아마존개미와 비슷한 방식이다. 정탐 일개미들은 군집에 필요한 식량원을 찾아다니는 임무를 맡고 있으며, 그 임무를 성공적으로 해낸 개미는 경로를 따라가는 데 도움이 될 만한 화학 단서를 땅에 떨어뜨린다는 사실이 1960년대에 이미 밝혀졌다. 이 길잡이 페로몬은 듀포르샘, 독 분비샘, 그리고 특히 가슴부위 혹은 다리에 위치한 다른 분비샘에서 분비될 수 있다. 여러 개미 종은 길잡이 페로몬을 방출할 수 있는 분비샘을 최소 열 개 이상 갖고 있는데, 이 체계는 독립적으로 여러 차례 진화하여 높은 완성도에 도달했다. 이 화학 신호를 통해서 동료들은 자매 일개미가 발견한 먹이의 양과 질도 추정할 수 있을 정도이니 말이다. 물론 예외는 있다. 템노토락스 알비펜니스*Temnothorax albipennis* 군집처럼 더 작은 집단의 경우에는 발견한 식량원에 이르는 가장 좋은 길을 직접 보여주는 편이 더 빠르다. 이는 직접적인 지도를 통한 습득 방식으로 '병렬 주행tandem running'이라 부른다. 먹이를 발견한 개미는 집으로 달려가 자신의 더듬이로 동료의 더듬이를 만진다.[6] 그리고 자신을 따라오도록 설득하여 한 걸음 한 걸음씩 길을 보여준다. '교사' 개미는 '제자'의 머뭇거림이나 반응에 따라 기다리거나 속도를 높인다. 어쨌든 다리 열 두 개가 여섯 개보다는 항상 낮기에 인내심을 가져야 한다.

하지만 백만 마리의 개체로 이루어진 큰 군집의 경우에는 다음과 같은 방식으로 돌아간다고 보면 된다. 정찰개미 두 마리가 각기 다른 경로로 같은 식량원을 발견했다고 치자. 한쪽 경로는 직선이면서 더 짧고, 다른 경로는 굽어 있고 더 길다. 직선을 따라 간 개체는 개미굴로 더 빨리 돌아오고, 굽어진 경로로 간 개체는 더 늦게 도착할 것이다. 이쯤 되면 첫 번째 정탐꾼 무리가 꾸려져 더 짧은 직선 경로를 따라 이미 출발했다. 그리고 그 구성원들 역시 각자 길잡이 페로몬을 방출하면서 그 경로를 다시 밟을 것이다. 그러므로 더 짧은 경로에 점점 더 많은 흔적이 남고 이 길을 개체들이 지나갈 것이며, 다른 경로는 버림받을 것이다. 개미들이 더 적게 이용하는 경로는 다시 밟지 않게 되므로, 남겨두었던 페로몬이 증발함에 따라 자취도 점점 사라질 것이다. 일렬로 서서 직선 경로를 따라 움직이는 개미떼를 볼 때, 종종 가는 줄과 돌아오는 줄을 보게 되는 이유가 바로 여기에 있다. 그리고 식량의 풍족함에 따라 페로몬의 지속력은 몇 분에서 몇 년까지 달라진다.

가장 지속력이 긴 흔적 중에는 미국 대륙, 특히 텍사스, 멕시코 및 남아메리카 북부에 분포하는 일명 아타속*Atta sp.* 개미의 것이 있다. 습한 산림지대에서 전형적으로 볼 수 있는 이 개미들은 오로지 균사체, 즉 담자균 버섯의 균사만 먹고 사는데, 개미굴 속에 나뭇잎 조각과 기타 식물 잔해로 만든 기질 위에 재배한다. 버섯의 배양토가 될 나뭇잎을 모으는 일은 더 큰 일개미의 몫이다. 이들은 턱으로 자기 무게의 3배에 이르는 활엽수의 잎을 커다랗고 무거운 조각으로 잘라 개미굴로 옮겨온다. 개미 종마다 자신의 버섯을 재배하며, 균사가 너무 자라지 않도록 다발로 묶어둔다. 그리고 군집의 규모는 그 개체 수가 수백만 마리까지 이를 수 있어, 농작물에도 큰 골칫거리가 될 수 있다. 이 개미들은 까다롭게 굴지 않고 어떤 활엽수 잎도 잘 먹으며, 수확할 나무를 향한 길을 표시하기 위해 당연히 길잡이 페로몬을 남긴다. 텍사스 잎꾼개미*Atta texana* 및 아타 세팔로테스*Atta cephalotes*와 같은 많은 종들의 경우, 길잡이 페로몬은 메틸-4-메틸피롤-2-카복실레이트로 구성되어 있고 아타 섹스덴스 루브로필로사*Atta sexdens rubropilosa*를 비롯한 일부 종은 이 화합물이 메틸과 페닐아세트산에틸과 함께 소량만 들어 있으며, 주성분은 3-에틸-2,5-다이메틸피라진이다.[7]

노예상이든, 간호사든, 혹은 농부든 간에 본질은 변하지 않는다. 각 개미군집 근간에는 치밀한 조직력이 있다. 이것이 진사회성 곤충의 비밀이다. 단순히 같이 사는 것만으로 충분하지 않다. 개체들은 서로 협동하여 새끼들을 기르고, 정확한 역할 분담이 이루어져야 하며, 번식을 담당하는 여왕개미와 한 마리 이상의 불임 계급 일개미가 한 생물에 속한 다양한 세포인 듯, 여러 일과 기능을 수행해야 한다. 그리고 한 군집 안에는 최소한 두 세대가 공존해야 한다. 그렇기 때문에 진사회성 곤충 안에는 흰개미, 그리고 개미, 꿀벌, 말벌과 같은 침벌류가 포함되어 있다. 시계처럼 작동하는 군집의 밑바탕에는 완벽한 의사소통, 때로는 일방적이고 때로는 양방향의 지속적인 정보 교환이 있다.

이러한 사회구조 속에서 사는 이들에게 의사소통은 필수적이다. 우선 자기 군집의 동료들을 알아보기 위해 그리고 외부인이 숨어들어 사회적인 혜택을 누리는 일을 방지하기 위해 필요하다. 뿐만 아니라 먹이를 공급받고 올바른 종의 파트너를 찾아 번식하기 위해서도 필요하다. 그리고 미숙한 새끼들을 돌보는 일부터 개미굴을 만들고 유지하는 일까지, 군집 활동의 질서를 조정하는 촘촘한 '전보' 교환도 있다.

동시에 수많은 개체와 소통하는 데 있어 시각적인 메시지는 그리 바람직하지 않다. 단방향이고, 일정 거리를 벗어나면 볼 수 없으며, 무엇보다 개미집, 흰개미집, 벌집의 90%는 어둡고 굴도 많기 때문이다. 청각 신호도 왜곡될 수 있기에 권할 만한 것은 못된다. 그리하여 화학적 의사소통이 최종적으로 선택된 것이다.

서로를 알아보고, 상대방이 같은 종과 군집에 속해 있는지, 따라서 같은 가문의 개체인지 식별하기 위해서는 어떤 계급에 속해 있는지, 성별과 나이, 건강 상태, 친족 관계가 아닌 동종을 구별할 수 있어야 한다. 또한 군집에 발을 들인 기생충 혹은 포식자인지 분별하기 위해서는 곤충의 껍질, 특히 외피에 숨겨진 냄새와 특별한 화합물을 단서로 삼아야 한다.

곤충들은 내부에 골격이 없고, 내부 장기들을 보호해 주는 외골격만 갖고 있다. 가장 바깥층은 세포가 없는 키틴질―셀룰로스 또는 한천 같은 다당류―로 된 연속적인 성장이 어려운 외피이며, 지질, 단백질 그리고 기타 유기 화합물로 구성되어 있다. 두께가 몇 마이크로미터에 불과한 외표피층의 성분은 개체에 특정한 냄새를 부여하여 종 특이 식별과 같은 군집 동료를 구별할 수 있도록 해 준다. 특히 탄화수소, 즉 지질이 이 과정에서 핵심적인 역할을 한다. 아마 진화 과정에서 지질은 탈수와 건조를 방지하는 방수층으로써 자신의 생리적인 역할을 먼저 수행하고, 이후 의사소통 기능을 위해 선발된 것으로 보인다.[8]

사회적 곤충 군집은 큐티클 프로필에 기록된 '암호'를 통해서만 그 구성원들에게 출입이 허용되는 요새와 같다. 그들의 큐티클 프로필인 탄화수소, 지질 및 단백질의 유형과 각각의 비율 속에 적힌 암호 말이다. 이는 종 특이성이자 군집 특이 레시피로, 기체 크로마토그래피 질량분석법(GC-MS) 덕분에 그 성분과 양을 알 수 있다. 이것은 어떤 샘플에 들어 있는 유기 화합물을 식별하고 정량화할 수 있는 분석법이다.

가장 많이 연구되고 있는 쌍살벌속*Polistes*에 속한 206종의 말벌 중 우리는 광범위하게 분포되어 있는 유럽쌍살벌을 비롯해 10여 종의 미국과 유럽 종에 대한 큐티클 프로필을 알고 있다. 일반적으로 하나의 긴 탄소 원자 사슬로 구성되어 있지만, 알데하이드처럼 다른 유기 화합물로도 구성된 다양한 탄화수소도 존재한다.[9] 가령 미국 중동부 지역의 빨갛고 검은 폴리스테스 안눌라리스*Polistes annularis*라는 쌍살벌의 큐티클 프로필은 주로 13,17-다이메틸렌트라이아콘테인, 3-메틸-노나코산 및 3-메틸헵타코산으로 구성되어 있다.[10] 군집마다 고유의 큐티클 프로필을 갖고 있으므로 다양한 군집과 종 중에서도 식별이 가능하다. 이탈리아의 예를 하나 들어 보자면, 카프라이아섬에 서식하는 유럽쌍살벌은 코르시카섬의 벌들과 매우 비슷한 프로필을 갖고 있다. 반면에 엘바섬과 질리오섬에 사는 세 개의 군집은 육지에 서식하는 벌들과 더 유사해서 토스카나 해변에 있는 군집의 큐티클 프로필과 닮아 있다.[11]

하지만 외피에 존재하는 탄화수소는 서로 다른 종과 집단, 같은 군집의 동료와 외부 개체를 구별할 수 있게 해 줄 뿐 아니라, 같은 군집 구성원의 성별과 나이에 대한 정보도 제공한다. 유충과 성체는 각기 다른 냄새를 갖고 있으며,[12] 서로 다른 계급에 속한 개체, 번식을 하는 개체와 그렇지 않은 개체 또한 마찬가지다. 유럽쌍살벌 군집에는 번식을 하는 여왕벌인 알파 암컷, 난소가 발달된 한 개체 이상의 하급 베타 암컷, 그리고 궂은일을 모두 처리하는 단순 일벌들이 많이 있다. 이 세 계급 중에서도 번식을 하는 개체와 그렇지 않은 개체를 구별하려면 큐티클 프로필 냄새만 슬쩍 맡는 것으로 충분하다. 갓 만들어진 신 군집에서는 알파 여왕의 프로필이 베타 암컷들과 거의 겹쳐질 정도로 닮았다. 하지만 일벌들이 날기 시작하자마자 여왕과 난소를 가진 하급 암컷들, 그리고 일벌 사이의 '화학적' 차이는 금세 명확해진다. 벌집의 여왕이 제거되거나 죽으면, 2인자였던 베타 여왕이 새로운 여왕이 될 것이고, 원래 여왕의 것과 비슷한 화학적 프로필을 갖게 되어, 자매 모두에게 새로운 '대관식'을 알릴 것이다.[13]

한 군집의 입구에 올바른 암호 없이, 특히 알케인과 알켄으로 구성된 식별할 수 있는 완벽한 레시피 없이 나타난다면, 큰 위험을 감수해아 한다.[14] 무자비한 습격을 당할 수 있기 때문이다. 반면 비극성 용매로 큐티클의 탄화수소가 씻겨나간다면, '침입한' 말벌은 눈에 띄지 않고 지나갈 수 있을 것이다. 마치 만능 열쇠를 지닌 것처럼 아무 냄새가 나지 않기 때문이다.

하지만 어떤 냄새를 알아보는 일은 그리 간단하지 않다. 예를 들어, 인간은 빵을 보지 않고서도 빵 냄새를 알아차릴 수 있고, 어떻게 만들어졌는지 머리로 잘 알고 있다. 말하자면 그것을 초콜릿 냄새와 헷갈릴 일은 없을 것이다. 말벌들도 우리와 마찬가지다. 그들도 생후 첫 몇 시간 동안에 혹은 번데기일 때 자기 군집의 냄새를 배운다. 번데기에서 나오고 나면, 이들의 큐티클은 주로 긴 사슬 형태의 탄화수소로 풍부해진다. 그러면 큐티클이 방수성을 띠게 되면서 다른 냄새가 스며들지 않도록 한다. 이런 식으로 새로 태어난 새끼들은 유전적, 환경적인 성분에 의한 군집의 냄새를 자신에게 각인시켜 이를 친숙한 냄새로 인식하고, 친숙하지 않은 냄새에 대해서 일종의 불내성을 발달시킨다. 이런 방식으로 '템플릿template'이라는 것이 만들어지는데, 이는 자신 그리고 군집과 일치하는 냄새 모델로, 군집 입구를 통과할 때마다 비교 기준이 되는 냄새다. 만약 이런 습득 과정이 없으면, 새끼들은 어떤 말벌이든 똑같이, 친족 관계와 상관없이 자매처럼 대할 것이다.[15]

매우 조직적이고 항상 분주한 양봉꿀벌*Apis mellifera*들의 벌집 앞에는 일명 경비벌이 있다. 이들은 입구에 오는 모든 일벌들을 더듬이로 살피고, 그들의 냄새를 자신의 템플릿과 비교하는 막중한 임무를 맡은 일벌들이다. 템플릿 제작은 자가점검self inspection, 즉 태어나면 벌들이 서로 '냄새를 맡고' 자기 자신 위에 모델을 만드는 식으로 일어난다. 이런 꽃가루매개체들의 놀라운 점은 군집 냄새의 규정에는 유전적, 환경적 요인보다 미생물총, 즉 그들의 소화기에 살고 있으며 영양교환trophallaxis을 통해 문자 그대로 입에서 입으로, 위에서 위로 주고받는 미생물총이 결정적인 역할을 하는 것이다. 그러므로 한 군집에 속한 벌들은 미생물총이 같고, 군집마다 미생물총이 다르기 때문에 이는 서로 다른 식별 페로몬을 생산하기에 충분할 것이다. 미생물총은 탄화수소와 큐티클 지질의 특정 전구물질을 제공하거나 제거함으로써, 혹은 이런 유기 화합물의 합성과 관련된 유전인자들의 발현이나 활동을 조정함으로써, 큐티클 프로필의 양적인 측면과 질적인 측면에 영향을 미칠 것이다.[16]

한편 세상은 늘 진실을 이야기하는 이들만 사는 곳이 아니다. 이는 앞에서 개미들의 '조작' 능력을 통해 이미 살펴본 바 있다. 타인의 마음을 상하게 하면 반드시 그 대가를 치르게 된다는 속담처럼 개미를 잡아먹는 어떤 유충 종은 개미굴에 슬며시 들어가 아무런 방해 없이 대접을 받으며 개미 유충을 먹는다. 어떻게 그럴 수 있을까? 간단하다. 개미로

'변장'하여 속임수로 그들을 조종하는 것이다. 부전나비과*Lycaenidae*에 속하는 큰파란나비*Phengaris rebeli*는 크기가 3~4센티미터에 불과하며, 해발 1,000~2,000미터의 산과 고산지대 초원에서 드물게 발견되는 멸종 위기종이다. 실제로 이 나비 종은 국제자연보전연맹IUCN의 적색목록에 '취약' 종으로 등록되어 있다. 큰파란나비는 자신의 하얀 알을 별용담*Gentiana cruciata*이라는 식물에 낳는데, 이 식물을 먹고 자란 유충은 이후 땅으로 내려와 종종 미르미카 스켄키*Myrmica schencki* 뿔개미로 변장한다. 그리고 화학 물질을 방출하여 유인함으로써 자신을 개미집으로 데려가게끔 만든다. 화하 암호를 사용하여 개미집에 숨어든 이 유충을 개미들은 직접 먹여 키우고 정작 자신들의 새끼는 소홀히 하면서 심지어 기생 유충에게 먹이로 내어준다. 이 유충은 번데기로 변신하여 개미굴에서 파란 날개의 나비가 되어 날아오를 때까지 이렇게 자신의 삶을 이어갈 것이다.

화학 마법사인 큰파란나비 유충은 숙주의 식별 암호와 완벽하게 일치하는 화학 물질을 분비함으로써 개미군집에 받아들여진다. 이 같은 속임수는 다른 어떤 개미 종에게도 먹히지 않을 것이다. 그래서 이 나비목 녀석들은 이 뿔개미속*Myrmica* 개미들을 속이는 데에만 특화되어 있다. 한 번 숨어들고 나면 이 교활한 나비 유충은 개미 유충인 척 행동할 것이고, 그에 걸맞은 대우와 먹이 제공, 돌봄을 받으며 무조건적인 사랑 속에서 자랄 것이다.[17]

사회적 곤충들의 화학적 의사소통은 물론 여기서 끝나지 않는다. 그리고 이번 장이나 이 책에서 모두 다룰 수 있는 것도 아니다. 그러나 사회적 곤충 사이에서 가장 강력하고 교묘한 화학성분 중 하나인 여왕들의 페로몬을 언급하지 않고 지나갈 수 없다. 어쨌든 동물들의 의사소통이란 건 신호를 통해 다른 이들의 행동을 변화시키는 것이니 말이다. 이처럼 여왕의 페로몬은 자신이 죽거나 잔인한 싸움 끝에 누군가 그 자리를 차지하기 전까지, 딸들의 난소 발달을 제지한다.

불 켜진 성냥개비 같은 침을 가진 붉은불개미*Solenopsis invicta*는 원래 브라질 우림에 서식하던 종이었는데, 유럽을 제외한 다른 많은 나라에도 우연히 유입되었다. 이 개미는 종종 자연 다큐멘터리에 등장하여 유명세를 탔는데, 바로 개미 뗏목을 만드는 그들의 능력 때문이다. 폭우로 인해 개미집이 물에 잠기면, 수천 마리의 개체로 이루어진 군집 전체가 연합하여 수면 위로 떠오를 만큼 자기 몸에 충분한 공기를 가둔다. 그렇게 해서 다시 육지에 닿을 때까지 알과 유충, 여왕개미를 며칠 혹은 몇 주 동안이나 옮기는 것이다. 여왕개미가 방출하는 페로몬은 6-E1-펜테닐-2-피라논—탄소 원자 10개, 수소 원자 12개, 산소 원자 2개로 구성된 분자—인데, 이는 여러 분비샘에서 동시에 생성되며 다양한 작용을 한다. 일개미들이 여왕개미를 알아보고, 불임 일개미들을 생산할 자신의 알을 돌보도록 만든다. 그리고 미래의 여왕이 될지도 모를 암컷들의 수컷 알 생산과 날개 탈락을 억제하여, 편안한 왕족으로서의 삶을 탐내지 않도록 만든다.[18]

한편 여왕벌의 경우, 턱에 있는 분비샘에서 여왕 하악 페로몬Queen Mandibular Pheromone, QMP을 만들어 낸다. 이 페로몬은 최소 17가지 주성분과 기타 성분으로 구성되어 있으며, 그중에는 9-옥소-2-데센산9ODA, 시스 및 트랜스 9-하이드록시-2-데센산9HDA, 메틸-하이드록시-벤조에이트HOB, 그리고 4-하이드록시-3-메톡시페닐에탄올HVA이 있다. 그다지 휘발성이 강하지 않은 이 페로몬은 일벌들이 여왕벌을 핥고 더듬이로 만지도록 유도하며 영양교환을 통해 다른 벌들에게로 옮겨진다. 여왕보다는 폭군에 가까운 여왕벌의 페로몬―군집생활을 하는 다른 곤충들처럼 벌들에게도―은 억제효과를 지녀서 주로 일벌들을 복종시키고, 자신을 섬기고 우러러 보도록 만들며,[19] 특히 다른 어떤 암컷도 번식할 수 없도록, 새로운 여왕이 탄생하지 않도록 단속하는 일에 필요하다. 페로몬의 두 번째 기능은 당연히 수벌들을 유인하는 것이다. 수정되지 않은 알에서 태어나는 반수체 벌들 말이다. 쉽게 말해, 만약 여왕벌이 페로몬 생산을 중단하거나 죽게 될 경우, 일벌들은 난소를 다시 활성화시켜 24시간 내에 벌집 안에 새로운 여왕의 방을 만들 것이다. 이는 여왕이 점점 늙어갈수록 생성되는 페로몬에 변화가 생겨 새로 군림할 개체가 길러지기 때문이다. 여왕벌이 죽으면 새로운 여왕벌이 탄생한다.[20]

흰개미들도 큐티클의 탄화수소 성분으로 서로를 알아본다. 군집마다 유전적, 환경적 요인과 식물의 소화를 돕는 장내 공생박테리아에 의해 결정되는 고유한 냄새가 있다.[21] 흰개미 여왕은 어쩌면《이상한 나라의 앨리스》에 나오는 하트 여왕을 더 닮았는지도 모르겠다. 막대기로 모두에게 명령을 내리는 것을 좋아하고, 거의 꼼짝도 하지 않으며, 흰개미집의 공간 배치마저 최소한의 화학 지시로 바꾼다. 여왕 흰개미의 탄성 있고 유연한 복부는 난소가 발달할 수 있도록, 여왕이 몸을 움직이지 못할 정도로 거대하게 팽창할 수 있다. 그래서 누군가 꾸준히 여왕을 씻기고 먹여야 한다. 혼자서는 아무것도, 움직이는 것조차 할 수 없지만 자신의 페로몬으로 군집 전체를 통치한다. 이때 페로몬은 입을 통한 일반적인 영양교환으로 옮겨지는 것이 아니라, 항문을 통해 배설된 후에 영양교환 방식으로 일개미들이나 병정개미들에게 전달된다.[22]

이 경우에도 흰개미집 구석구석마다 퍼지는 냄새는 고압적인 힘을 행사하여, 새로운 여왕개미들의 성장을 억제한다. 이들은 어미 여왕개미가 죽었을 때에만 '대관식'을 치를 것이다. 왕이 새로운 배우자를 찾기 위해 일부러 또 다른 페로몬을 방출할 때 말이다. 흰개미는 여왕과 왕이 함께 군집을 다스리는데, 군림하는 부부는 전용 혼인 방에 살며, 그 건축은 여왕 페로몬의 지도에 따라 이루어진다. 일개미들은 침으로 반죽한 흙과 배설물 덩어리를 페로몬의 확산 기울기를 따라가며 쌓는다. 그리고 마침내 완벽한 구형의 방이 완성되면, 그 속에는 꼼짝도 하지 않는 여왕 흰개미가 머문다. 만약 여왕흰개미의 몸집이 커지면, 여왕의 몸과 벽 사이에 충분한 공간이 확보되도록 방을 확장하고 벽을 옮긴다.

사실 흰개미집의 모든 건축 과정은 페로몬의 지휘를 따른다. 1959년, 프랑스인 동물학자 피에르 폴 그라세Pierre-Paul Grassé는 개미집을 어떻게 만드는지 관찰하면서 흰개미들의 행동을 연구하기 시작했다. 처음에는 모든 일개미들이 흙덩어리, 썩은 나무, 침 그리고 배설물을 턱에 꽉 문 채로 다니다 아무 곳에나 내려두면서 겉으로 보기에는 무질서하게 돌아다녔다.

운명이 정한 설계도에 따라, 그들 중 누군가는 자신의 '벽돌'을 다른 벽돌 옆에 내려놓음으로써, 그 지점을 매력적이게 만들 것이다. 나란히 놓인 흙덩이가 많아질수록 그 지점은 더욱 근사해질 것이고, 그렇게 군집의 기초가 만들어질 것이다. 이처럼 완전한 혼돈에서 자기조직화self organization 단계로 넘어가는데, 이때 미리 정해진 프로젝트 없이, 여러 개체들의 단순한 상호작용을 통해 개미집이 형성되기 시작한다.

흰개미들이 정확한 건축 계획을 따르는 것은 아니지만, 모든 것이 스티그머지에 의해서 조정된다. 이는 페로몬이라는 후각 신호에 대한 특별한 반응이다. 그 공간에 처음 세워진 기둥들은 페로몬의 흐름을 만들어낸다. 어떤 기둥 뒤에 있을 때 페로몬은 더욱 농축될 것이고, 일개미들은 계속해서 그곳에 흙덩어리를 쌓아 마침내 벽이 세워질 것이다.[23] 이런 방식으로 흰개미집이 진화하며 한 세대가 넘어갈 동안 지어진다. 오직 '코'로 냄새를 따라가면서 말이다.

진동 문제

1973년 12월 12일, 수요일. 스톡홀름에서 노벨 의학상과 물리학상 시상식이 열리는 날이다. 여기에 세 명의 생태학 및 동물행동학 개척자들이 수상자 명단에 올랐다. 니콜라스 틴베르헌Nikolaas Tinbergen 그리고 콘라트 로렌츠Konrad Lorenz와 함께 상을 받은 사람은 오스트리아 출신의 카를 폰 프리슈Karl von Frisch다. 여든일곱 살의 그는 백발에 동그란 안경을 쓰고 '벌들의 언어를 해독하면서' 정도로 옮길 수 있는 'lecture Decoding the Language of the Bee'를 낭독할 준비를 마쳤다.[1]

프리슈는 60년 동안 벌을 연구해 왔다. 그는 이 곤충의 후각과 시각을 조사하여 벌들이 색깔을 볼 수 있고 자외선을 감지할 수 있음을—찰스 헨리 터너 이후—다시 증명했다. 벌집 내에서는 사회질서를 유지하고, 밖에서는 수벌을 유인하며, 성페로몬으로도 기능하는 여왕벌의 페로몬 효과를 연구했다. 하지만 무엇보다 카를 폰 프리슈는 일벌들이 벌집으로 돌아가서 선보이는 춤이 동료들을 모으고 그들에게 길을 알려주기 위한 의사소통의 한 형태라는 사실을 최초로 증명한 사람이다. 그리고 그는 매우 우아한 실험을 통해 이 일을 해냈다. 어떤 벌들이 특정 지점에서 먹이를 찾도록 습관을 들였고, 벌집으로 돌아간 일벌들이 춤을 추는 동안 그는 꽃꿀이 있는 접시를 옮기거나 치워 버렸다. 쉽게 말해 벌들을 속인 것이다. 일벌들에게 알림을 받은 벌집 동료들은 원래 먹을 것이 있었지만, 이제는 아무것도 없는 곳으로 찾아왔다. 하지만 이를 통해 프리슈는 모집된 일벌들이 지시를 따르고 정보 교환이 이루어진다는 사실, 그리고 '냄새로' 먹이를 찾지 않는다는 점을 증명해내는 데 성공했고, 수백 년 동안 풀리지 않았던 딜레마를 해결했다.

프리슈보다 100년 앞서 니콜라스 언하츠Nicholas Unhoch는 벌들의 춤을 묘사한 바 있으나, 그 의미에 대해서는 완전히 무지했다고 인정했다. 반면 에른스트 스피츠너Ernst Spitzner는 벌들이 방문했던 꽃들의 향기를 벌집 동료들에게 옮기기 위한 복잡하고 과한 방식일 뿐이라고 생각했다. 하지만 프리슈는 노벨상을 받기 수십 년 전인 1927년에 발표한 《벌들의 생애Aus dem Leben der Bienen》[2]에서 그 의미를 이미 해독하는 데 성공했다. 그에 의하면 춤은 꿀벌들이 단계적으로 동료들에게 자신들이 어떤 먹이 장소를 방문했는지, 어떤 꽃들이 있는지, 위치는 어디인지, 벌집과는 얼마나 떨어져 있는지, 그리고 어느 방향인지를 알려주는 방식이다.

첫 번째 정보를 얻기 위해서는 킁킁거리며 냄새를 맡는 것으로 충분하다. 실제로 벌집으로 가지고 돌아온 꽃가루의 향기와 꿀벌에게 잔뜩 스며든 냄새는 동료들에게 바로 어떤 꽃인지를 말해 준다. 그러나 식량원의 거리와 정확한 위치를 알기 위해서는 춤이 개입되어야 한다.

카니올란벌Apis mellifera carnica을 집중적으로 연구했던 프리슈가 보기에는 목표 지점의 거리에 따라 두 가지 유형의 춤을 식별할 수 있었다.[3] 첫 번째 유형—식량원이 50~70미터 이내에 있을 때—은 원형 춤round dance인데, 원형 춤을 추는 벌은 빠르게 번갈아서 시계 방향과 반시계 방향으로 원을 그렸다. 두 번째 유형—70미터 이상의 거리—은 8자 춤(또는 배춤)waggle dance이었는데, 이 춤을 통해 일벌은 동료들에게 따라가야 할 방향과 거리를 알려준다.

식량원으로부터 돌아온 일벌은 특정한 지점에 멈추었는데, 그곳은 벌집 입구에 자리한 '춤 무대'로, 겨우 2~5센티미터의 크기에 냄새를 풍기는 화학 신호로 경계가 구분되어 있었다. 벌은 날개와 배를 진동시키며 그곳에 동료들을 불러 모았고, 그들의 주의를 끌고 난 뒤에는 탁발승처럼 공연을 펼치기 시작했다. 벌은 직선을 따라 앞으로 걸어가는 것처럼 보였고, 이때 마치 꼬리를 흔들듯 배를 초당 15회 정도 흔들었으며, 오른쪽으로 돌아서 반원을 그리며 시작 위치로 돌아갔다. 그런 다음 또다시 꼬리를 흔들면서 왼쪽으로 돌아 다시 시작 위치로 돌아갔다. 이렇게 계속 여러 번 반복하면서, 8자 모양을 그렸다.

프리슈는 이 복잡한 안무의 '스텝'과 그 순서를 완벽하게 설명했을 뿐 아니라, 각각의 안무는 명확한 메시지에 해당한다는 사실을 밝혀냈다. 프리슈가 보기에 춤의 반복 횟수와 벌이 직선 스텝을 밟을 때 실행한 흔들기 횟수로 거리를 나타내고, 흔들기 춤이 이루어지는 방향은 식량원을 찾기 위해 따라가야 할 방향을 가리켰다.

카를 폰 프리슈는 벌들의 의사소통에 관한 연구에 혁명을 일으켰고, 그의 발견과 직관은 대부분 사실로 드러났다. 하지만 오늘날 우리는 프리슈가 발견한 것보다 훨씬 많은 것을 알고 있다. 예를 들어, 프리슈가 말했듯이 두 유형의 춤을 구분해서 생각하기보다, 동료들을 소집하는 춤이나 배춤은 사실상 다양하게 변형시킬 수 있는 하나의 춤이고, 이때 원형 춤과 8자 춤은 연속적으로 변환되는 춤의 양극단일 뿐이다.[4] 즉, 식량원과 벌집의 거리가 멀어질수록, 원형 춤은 과도기 춤으로 변하고, 거리가 그보다 멀 경우 진짜 8자 춤이 되는 것이다. 예를 들어 이탈리안벌*Apis mellifera ligustica*의 경우에는 20미터 내에서는 원형 춤을, 그 이상에서는 과도기 춤을 추며 거리가 40미터 이상일 때 일벌은 8자 춤을 춘다. 이미 스스로 이런 질문을 던지는 중이었다면, 어떤 춤에서 다른 춤으로 넘어가는 거리에 대한 기준은 벌의 종마다 다르며, 아종마다 진동 단계 혹은 8자를 그리는 각도에 약간의 차이가 있다. 프리슈의 시대부터 우리는 새와 고래뿐 아니라 벌들도 사투리를 사용한다는 사실을 발견했다. 하지만 이것이 서로 이해하는 데 장애물이 되는 것 같지 않고, 적어도 소통을 가로막는 벽은 아닌 것으로 드러났다. 가령 2008년에 진행된 한 연구는 재래꿀벌*Apis cerana cerana*과 이탈리안벌이 섞여 지내는 한 군집에서 점진적으로 서로의 사투리를 이해하게 되었다는 사실을 강조했다. 이는 벌들의 춤에서 밝혀져야 할 의사소통 요소가 아직 더 남아 있다는 증거다.[5]

또한 프리슈가 주장했던 바는—벌들의 춤이 찾아야 할 식량원의 종류, 위치, 꿀의 풍성한 정도와 이용 가능성에 대한 정보를 제공한다는 점[6]—대부분 사실로 증명되었지만, 미세한 차이는 있었다. 프리슈는 벌들이 동료들에게 식량원의 방향과 거리를 가리키는 척도에 대해서 많은 것을 이해하고 있었지만, 그것이 전부는 아니었다.[7] 해당 위치와의 거리를 동료 벌들에게 알리는 데에는 일정한 간격을 두고 선보이는 원형 춤의 횟수와 엉덩이를 흔드는 지속 시간이 관련이 있을 거라고 프리슈는 추정했다. 그런데 최근 엉덩이춤 단계의 지속 시간만이 관련이 있다는 사실이 밝혀졌다. 다시 말해 엉덩이춤의 단계가 길어질수록, 식량원의 거리는 멀 것이다. 하지만 벌들은 처음 몇 백 미터만 매우 정확하게 알려준다. 예를 들어 0.5초의 엉덩이춤은 약 300미터 거리에 해당하지만 벌집으로부터의 거리가 점점 멀어질수록 지시 내용의 정확도는 떨어졌다.

그런데 벌들은 거리를 어떻게 측정할까? 날개 진동으로? 프리슈는 벌들의 언어를 해독할 때, 이 곤충들이 주행한 거리를 에너지 소모량을 기반으로 계산한다고 예상했다. 분명 흥미로운 가설이지만, 정교한 결과물을 보장해 주지는 못했다. 소모된 에너지는 어떻게 계산할까? 피로두에 기반해서? 하지만 바람만 한번 반대로 불어도 감각이 왜곡될 수 있고, 더 강하고 젊은, 혹은 민첩한 벌들은 에너지를 더 적게 소모하여 같은 경로를 주행해도 덜 지칠 수 있다. 실제로 프리슈의 가설에는 오류가 있었다. 오늘날 우리는 벌들이 정교한 시각 거리측정기 덕분에 벌집과 식량원 간의 거리를 문자 그대로 '눈으로' 측정한다는 사실을 알고 있다. 쉽게 말해 그들의 겹눈을 이루고 있는 수많은 낱눈으로 앞을 지나가는 다양한 이미지의 광학 흐름을 기록함으로써, 그 속도를 계산하여 비행 거리를 얻는 식이다. 마치 우리가 달리는 기차 창문으로 바깥 풍경을 바라볼 때, 전면에 있는 나무가 우리의 시야를 지나치는 속도를 통해 달리는 속도를 깨닫는 것과 같다.

우선 이 거리측정기는 식사 후, 즉 벌집으로 돌아오는 길에만 활성화된다. 이때가 바로 주행거리의 암기가 이루어지는 순간이다. 벌집으로 돌아가는 비행이 직선으로 더 짧기 때문에, 아주 현명하고 정확한 방법이다. 식량원으로 가는 길은 정찰비행이므로, 가는 동안 거리를 외우게 되면, 잘못된 값을 도출하게 되어 동료 일벌들을 상당히 먼 거리까지 가도록 만들 수 있기 때문이다.

그러므로 엉덩이춤 단계의 지속 시간은 돌아오는 여정에서 벌들이 주행했다고 여기는 거리를 가리킨다. 그런데 한 가지 단점이 있다. 벌들의 시각 거리측정기는 이들이 지나가는 환경의 유형에 영향을 받는다는 사실이다. 예를 들어, 거리가 200미터로 동일한 두 가지 경로를 비교했을 때, 풍경이 다르면 서로 다르게 계산된다. 경작지와 나무, 주택, 축사 및 도로가 있는 농촌 풍경은 경로는 동일하지만 들판만 있는 단일한 풍경에 비해 꿀벌의 눈에는 훨씬 길게 느껴질 것이다. 따라서 전자는 훨씬 긴 엉덩이춤으로 '통역'될 것이다. 비행한 풍경이 구조화되고 다채로울수록 꿀벌이 자신의 눈으로 더 많은 사물을 '세는' 순간부터 인지되는 거리는 길어지기 때문이다. 그러므로 지각된 거리는 과도하게 왜곡될 수 있다.

시각 거리측정기의 결함이라고 생각할 수 있는 부분은 사실 벌들에게는 아무런 문제가 되지 않는다. 모든 벌은 같은 시각 거리측정기를 갖고 있기 때문에, 같은 방식으로 환경을 인식하고 거리를 측정한다. 게다가 일벌에게 모집된 벌들은 지시받은 방향을 따라갈 것이므로, 동일한 풍경을 지나고 같은 영상을 보게 될 것이다. 그 결과 춤을 추는 일벌과 그의 동료들은 같은 오차범위로 계산된 거리를 주행할 것이다.

예를 들어, 이탈리안벌에게 엉덩이춤을 추는 0.001초는 겹눈의 이미지가 17.7도 이동하는 것과 같다고 평가되었다.[8] 다시 말해 벌들이 추는 춤에는 아무렇게나 남기는 단서는 단 하나도 없다. 심지어 엉덩이춤 단계에서 전달되는 방향 지시에 관한 정보도 마찬가지다.

벌집 밖에 자리한 평평한 무대에서 춤을 추는 꼬마꿀벌*Apis florea*의 경우처럼, 보다 단순한 상황을 한번 생각해 보자. 이 경우에는 일벌이 엉덩이춤을 추는 순간, 벌침이 향하는 방향이 따라가야 할 방향이다. 기준점은 태양이므로, 만약—벌집에서 바라봤을 때—꽃들이 태양을 기준으로 오른쪽 30도에 위치하면, 일벌은 그와 동일한 각도로 엉덩이춤을 출 것이다. 하지만 이탈리안벌은 나무줄기의 움푹 파진 구멍에 벌집을 짓기 때문에, '춤 무대'는 어둠 속에 수직으로 배치되어 있다. 우리가 보기에는 완전히 실패한 현장일 수도 있지만, 그럼에도 불구하고 벌들은 놀라운 해결책을 찾아냈다. 바로 중력을 기준점으로 삼는 것이다.

태양과 식량원 사이의 각도는 수직으로 작용하는 중력과 일벌이 엉덩이춤을 추는 방향 사이의 각도로 해석된다. 그러므로 식량원이 태양 오른쪽 30도에 위치해 있으면, 일벌은 벌집 안에서 수직으로 춤을 추면서, 머리를 위로 향한 채 수직선에서 30도 각도로 엉덩이춤을 선보일 것이다. 이 개념을 시계로 옮겨 보면, 벌은 1시를 가리키고, 수직인 중력은 12시를 가리키는 분침이다. 하지만 여기서 끝이 아니다. 벌들은 매시간 서쪽으로 15도씩 이동하는 태양의 이동까지 고려한다. 따라서 만약 일벌이 꽃을 방문한 때로부터 많은 시간이 흘렀다면, 춤을 춰야 할 때 현재 태양의 위치에 맞추어 춤의 각도를 수정한다. 마치 항해 중인 선원처럼 벌들은 별자리를 기준으로, 아니 최고의 별을 기준으로 항로를 계산하고, 흐른 시간에 따라 계속 조정함으로써 동료들에게 정확한 방향을 알려줄 수 있는 것이다.

매우 활기찬 춤이 있고, 좀 더 점잖은 춤이 있는 등 그 종류는 매우 다양하다. 일벌들은 어떤 장소의 위치와 꽃의 종류를 알려주는 데 그치지

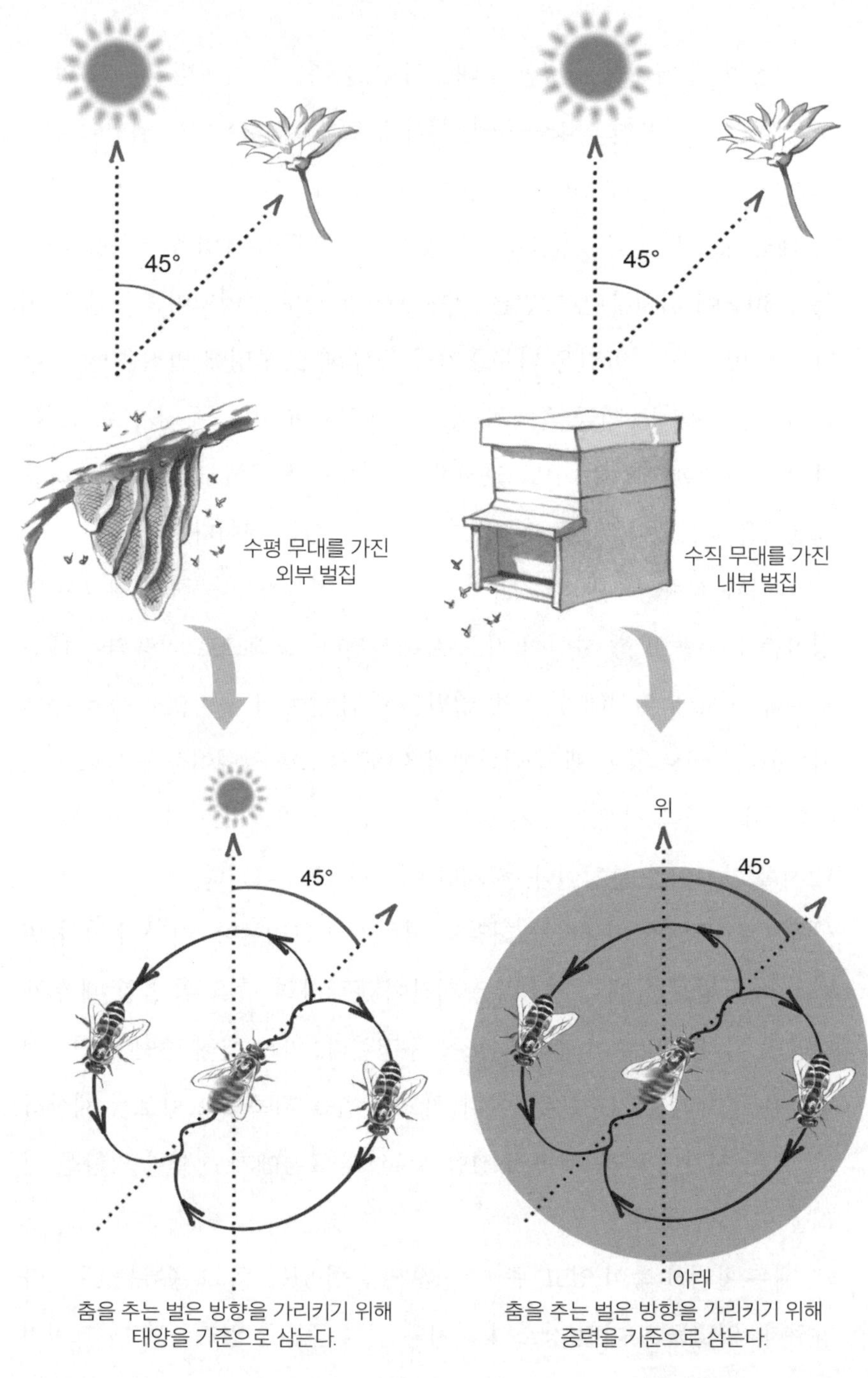

일벌들은 복잡한 춤을 통해 동료들에게 자신이 방문한 식량원의 위치를 알린다.

않고 동료들에게 개인적인 견해도 제공한다. 마치 더 포크TheFork나 트립
어드바이저TripAdvisor의 후기처럼 말이다. 벌들은 음식의 질뿐만 아니라,
휴게 지점에서 겪은 어려움 등의 요소를 포함한 총평을 내린다. 식량원
이 풍성하고, 꿀의 당도가 높을수록, 춤은 활기차진다. 다시 말해, 춤을
더 오래 추고 엉덩이춤의 단계도 많아질 것이다. 춤추는 벌은 더욱 빠르
게 출발점으로 돌아와서 다시 직선을 따라 엉덩이춤을 추기 시작하겠지
만, 그 길이와 지속 시간은 그대로 유지될 것이다. 자신이 발견한 꿀 공
급원이 그만한 가치가 있다면 일벌은 이 발견에 신난 반응을 보이며, 동
료들을 설득하기 위해 최선을 다할 것이다. 반면에 자신이 방문한 식량
원이 그다지 뛰어나지 않거나 그곳에 이르는 경로에 장애물(강한 바람이나
화려한 색의 유럽벌잡이새와 같은 말벌과 꿀벌을 즐겨 먹는 포식자)이 있다면, 춤의
활기찬 정도가 줄어들고 설득력 또한 약할 것이다.[9]

그렇다면 사투리도 있고, 태양의 위치와 중력을 고려한 아주 정확한
정보까지 전달할 수 있는 이토록 복잡하고 조정 가능한 형태의 의사소통
은 어떻게 진화한 것일까?

벌 춤의 진화와 계통발생학에 대한 개념을 최초로 발전시킨 마틴 린
다우어Martin Lindauer가 보기에, 이 춤은 새로운 벌집을 짓기 위한 최적의
장소를 가리키기 위해 탄생했다. 그리고 어느 순간부터 경제성의 원리에
따라 이 춤은 식량원에 대한 질적, 공간적 정보를 실어 나르는 용도로도
채택되었다. 실제로 8자 춤은 새로운 벌집을 짓기 위해 적합한 장소를
선택하기 위한 벌들의 집단 이동에서도 활용된다. 무리의 대다수가 나뭇
가지에 매달려 기다리는 동안, 정찰벌—전체의 5% 정도—들은 집을 짓기
에 적당한 곳을 찾아 나선다. 그리고 그들은 방향과 습도, 크기, 땅에서

부터의 높이, 꽃이 피는 식물이나 들판과의 거리, 안전한 정도 등을 검토할 것이다. 1,000마리의 벌들로 구성된 무리가 있다면 정찰벌 50마리가 정탐을 나간다는 뜻인데, 그들 중 절반만 장소 선택을 마친 후 돌아오더라도 건축 사업에 착수하기 위해서는 어떤 곳이 가장 적합한지 결정할 일이 남아 있다. 정찰벌마다 자신의 장소를 소개하기 위해 춤을 추며, 먹이와 마찬가지로 평가가 좋을수록 춤도 활기찰 것이다. 오늘날에는 커크 비서Kirk Visscher의 연구 덕분에 정찰벌이 동료들이 가리키는 장소를 방문하고, 경우에 따라 '생각을 바꾼다'는 것과 인기가 없는 장소에 대해서는 점점 춤추기를 그만둔다—자기들이 찾은 곳일지라도—는 것, 그리고 정족수의 과반수 이상에 도달하면 벌 무리는 출발한다는 사실까지 밝혀졌다.[10]

어쨌든 우리가 현재 알고 있는 바에 따르면, 진화의 과정에서 나타난 벌들의 최초의 동료 모집 형태는 이처럼 정확하고 세밀한 정보를 제공하는 것이 아니라, 단지 동료들이 날도록 일으켜 세워 꿀을 먹도록 권하기 위해 흔들기, 지그재그로 이동하기, 윙윙거리기와 밀치기 등의 간단한 동작으로 이루어졌을 가능성이 크다. 마치 우리가 옆에 있는 사람에게 무언가를 알려줄 때 팔꿈치로 툭툭 치는 것과 같다. 이렇게 조직적이지 않고 어설픈 단계에서 권면의 단계로 발전되었을 것이다. 즉, "얘들아, 이쪽으로 이륙해 봐!"를 알리기 위해 일벌들은 식량원이 있는 방향으로 배를 흔들면서 뛰어가기 시작한 것이다. 그리고 춤을 추는 벌이 한 자리에서 더 많은 원을 그릴 수 있도록, 그리고 더 많은 동료들이 볼 수 있도록 마침내 8자 형태가 진화된 것으로 보인다. 이어서 방향과 거리에 대한 정확한 정보를 주기 위해 시스템을 개량하고 연마했을 것이다. 8자

춤은 벌집 밖에 자리한, 빛이 잘 드는 평평한 무대에서 탄생했을 것이다. 그리고 나중에서야 어둠 속에서 중력을 기준삼아 수직으로 춤을 출 수 있는 형태로 변형되었을 것이다. 외부에 평평한 무대를 사용하는 꼬마꿀벌이나 작은검정꿀벌*Apis andreniformis*과 같은 종은 가장 원초적인 형태의 8자 춤을 춘다. 반면 양봉꿀벌이나 재래꿀벌처럼 나무 구멍에 수직으로 벌집을 짓는 녀석들이나, 거대아시아꿀벌*Apis dorsata* 혹은 히말라야거대꿀벌*Apis laboriosa*처럼 나뭇가지 아래에 매달린 벌집을 짓는 벌들은 가장 발달된 형태의 춤을 실시한다.[11]

물론 8자 춤은 복잡한 의사소통의 한 형태지만, 이것을 진짜 언어처럼 대하는 편이 적절한지 아닌지 대해서는 여전히 의구심이 남는다. 8자 춤은 꿀 공급원의 위치에 대한 의미를 전달하는 기표, 즉 '기호'일 것이다. 하지만 이런 점들은 제외하더라도 벌들의 춤은 문법과 문장 구조를 지닌 언어로 이해되어서는 안 되고, 어떤 사람들은 춤의 실질적인 유용성에 대해서도 의문을 제기한다.

최근의 비평 중에는 양봉꿀벌의 경우처럼, 동료의 춤을 보게 된 일벌들이 실제로는 받은 정보를 무시하고, 무려 일벌의 93%는 자신이 알고 있는 식량원으로 돌아가 꿀을 조달했다고 강조했다.[12] 또한 어떤 벌들은 50회 이상의 8자 춤을 보고도 지시한 지점을 찾아가 꿀을 찾는데 실패했으며, 일부는 5번만 보고도 성공적으로 꿀이 있는 곳을 찾아냈다. 그리고 어떤 연구에서는 양봉꿀벌이 춤을 추는 일벌에게 얻은 정보를 10%만 활용한다고 강조했다.[13]

그렇다면 프리슈가 틀렸던 걸까? 벌들을 알아보고 그들이 추는 춤에 대한 정보를 기록하기 위해, 끝없는 인내심으로 수백 마리의 벌들의 몸통을 색칠한 린다우어와 비서는 쓸데없는 일을 한 걸까? 이 모든 난리법 석을 떨고도 아무런 의사소통이 없었다고?

물론 그렇지 않다. 의사소통은 정말 있다. 다만 8자 춤은 우리가 생각 하는 만큼 그리 맹목적으로 활용되지 않을 수도 있다는 뜻이다. 일벌 하 나가 벌집으로 돌아와 아주 활기찬 춤을 추면, 나머지 벌들이 아무 말 않 고 따라가는 식이 아니다. 오히려 개인적인 경험이 중요할 수도 있고, 사 적인 정보와 춤을 통해 전달받은 사회적 정보 사이의 충돌이 있을 수도 있다. 게다가 에너지 측면에서 봤을 때, 사회적인 정보를 따르는 편이 독 립적으로 먹이를 찾아나서는 편보다 더 많은 대가를 치러야 할 수도 있 다. 그렇기 때문에 그들의 개인 식량원이 아직 풍족하고 전리품이 충분 하다면, 공급원의 다양화와 경쟁을 일으키지 않기 위해서라도 딱히 바꿀 이유가 없다. 그러나 개인의 식량원이 고갈되기 시작하거나 악천후 혹은 포식자와 같은 새로운 문제가 발생하면, 벌들은 다른 개체의 조언에 더 욱 귀를 기울이고 그것을 실천하는 경향을 보인다.[14]

자주 가는 환경의 유형에 따라서도 동일한 현상이 발생할 수 있다. 먹이를 보다 균등하게 얻을 수 있는 온대 서식지에서는 벌들이 자신의 식량원에 더 머무르려는 경향을 보인다. 반면, 열대 환경에서는 한 나무 에서 나는 꽃이 벌들의 식량원이 될 수도 있지만, 이런 나무들은 꽃이 빨 리 지고 서로 멀리 떨어져 있어 아주 활기찬 춤을 통해 제공받은 정보를 따르는 것은 군집 전체에 생명과도 직결된 일이 된다. 쉽게 말해서 기근 이 닥친 경우에는 8자 춤이 군집의 안전을 보장할 수 있을 것이다. 일벌 하나가 군집 전체가 먹을 만큼의 식량을 찾아서 무익한 지역은 무시하 고, 유익한 지역으로만 안내하면 되기 때문이다.[15]

하지만 카를 폰 프리슈의 주장 중 한 가지는 잘못됐다. 엉덩이춤 단계에서 일벌은 걸어가는 것이 아니라 가만히 있다. 꼬리를 흔들면서 걸어가지 않고, 꼬리를 흔들거나 걷거나 둘 중 하나만 한다. 현대의 슬로모션 촬영 기술을 통해 사실은 배를 진동시키는 그 순간에 일벌은 가만히 있고, 벌집에 다리를 고정한 상태로 앞으로 뻗어 있다는 점을 확인할 수 있었다. 그리고 가슴 근육을 통해—비행에 사용하는 것과 동일한—230~270헤르츠 사이의 주파수로 배를 진동시킨다. 바로 이런 진동이 핵심적인 역할을 한다. 배에서 다리로, 이어서 다리에서 벌집의 방까지 진동이 전달된다. 그리고 방의 가장자리를 타고 흘러, 방과 밀랍을 진동시키고, 대기 중인 '관객' 일벌들의 다리에도 지각된다. 일벌들은 이러한 방식—'바닥'의 진동을 통해—으로 춤추는 일벌이 어디 있는지를 파악하고 춤을 구경하러 가는 것이다. 자리를 잡고 나면, 더듬이로 춤추는 벌의 몸을 만지고 조사하는데, 춤추는 벌은 꼬리를 흔들며 리듬감 있게 그들의 더듬이를 움직인다.[16] 무용수 벌이 춤을 추는 동안 전기장을 발산하는 것으로 보이며, 이는 이러한 복잡한 사회적 소통에 또 다른 역할을 담당할지도 모른다.[17] 그러므로 동료 벌들을 모집하는 일은 눈에 보이는 것과 달리 진동하는 기계적 신호를 통해 이루어지고, 이는 위치에 대한 메시지 또한 신호화시킬 수 있다.

벌들의 사례는 유일하지도 않고, 드문 일도 아니다. 진동 신호를 통해 소통하는 종은 매우 많다. '스케이터' 곤충인 소금쟁이는 표면장력을 이용하여 가운뎃다리와 뒷다리의 발목마디만 기대면서, 가라앉지 않고 물 위를 미끄러져 움직이는 능력을 지녔다. 그들의 의사소통과 구애 행위는 수면 위에 다리로 물결을 만들어 전달한 진동을 기반으로 한다. 수컷과

암컷은 서로 구분된 지역에 생활하며, 암컷에게 접근하기 위해 수컷은
25헤르츠 주파수의 협박성 진동 신호를 먼저 보내고, 암컷이 응답하지
않으면 다시금 3헤르츠 협박성 진동으로 그녀에게 구애하기 시작할 것
이다. 그를 받아들이기로 한 암컷이 배를 낮추고 수컷에게 짝짓기를 허
락할 때까지 말이다.

많은 거미 종의 구애 행위는 특정한 진동을 만들어 낼 때까지 거미줄
을 조심스럽게 튕기는 식으로 이루어진다. 완벽하게 해내야 할 하프 연
주처럼 말이다. 또한 이것은 자신을 포식자가 아닌 동종으로 식별할 수
있도록 해 준다. 농게속*Uca* 바이올리니스트 농게—중앙아메리카와 남아메리
카 고유종—의 경우, 수컷들은 한쪽 집게발이 유난히 발달해 있어서 이를
이용해 싸우기도 하고, 암컷을 유혹하기 위한 독특한 춤도 춘다. 이런 구
애의 춤을 출 때 수컷들은 거대한 집게발을 공중에 흔들며 과시하고, 한
번씩 모래를 두드려서 암컷을 향한 '매혹적인' 진동을 만들어 내기도 한
다. 이 경우에도 진동은 종 특이적이다. 명확한 생식적 격리를 하기에 충
분하므로, 암컷들은 같은 언어를 말하는 이—진동음을 내는 이—를 알아보
고 오직 그 상대하고만 짝짓기할 것이다.[18]

때로는 이런 진동이 '사랑의 소나타'라기보다는 지진과 비슷한 경고
신호가 되기도 한다. 바로 세계에서 가장 큰 길이를 자랑하는 아프리카
흰개미, 마크로테르메스 벨리코수스*Macrotermes bellicosus*의 경우다. 그들의
경고 신호는 개미집의 벽과 바닥을 두드리는 드러밍drumming으로 군집
전체를 요동치게 만든다. 진동을 감지하는 흰개미마다 이 신호를 동일하
게 재생시킴으로써, 진동파가 개미집 전체로 퍼져 나간다.[19]

진동 신호가 무척추동물만의 독점 신호라고 생각하면 큰 오산이다.

이 신호는 모든 동물군에서 사용되고 있는 의사소통 수단으로, 오히려 음성 신호보다 진화적으로 더 오래 되었고, 적어도 절지동물 사이에서는 훨씬 더 널리 퍼진 신호 유형으로 인정받았다. 비록 두 가지 양상—소리와 기계적 진동—이 매우 밀접한 상관관계를 갖고 때로는 아예 동일하기도 하지만 말이다.[20] 기계적 진동이 어떻게 생성되고, 분산되며 수신되는지를 연구하여, 진동 의사소통이 어떻게 이루어지는지를 밝히는 일은 생물진동학Biotremology이 담당하고 있다. 생물진동학은 최근에 생긴 학문 분야로, 처음에는 생물음향학에 속해 있었지만, 진짜 지진파 같은 진동의 특수성과 이것이 발생되고 수신되는 방법의 다양성 때문에 최근에서야 독립 분파로 자리매김하게 되었다.

척추동물에서 발견된 생물진동학의 첫 번째 사례는 밤비의 토끼 친구 덤퍼의 이야기를 떠올리게 하지만, 실은 아주 귀여운 야행성 설치동물과 관련이 있다. 그 주인공은 바로 배너꼬리캥거루쥐*Dipodomys spectabilis*로, 미국 남서부와 멕시코 고유종이며, 길이는 30센티미터 정도다. 이름이 말해주듯이 이 설치류는 뒷다리가—꼬리처럼—매우 길며 뛰어서 움직인다. 하지만 바로 이 발을 통해 매우 특별한 진동 신호를 만들어 낼 수 있다. 밤비의 토끼 친구, 덤퍼가 그랬듯이 이 캥거루쥐도 발로 땅을 두드린다. 이는 가장 두려워하는 포식자인 파인스네이크*Pituophis melanoleucus*에게 발각되었으니 공격 시도가 성공하지 못할 것이라는 신호를 보내기 위함이다. 가젤이 스토팅을 통해 그러하듯 캥거루쥐는 제지하는 진동 신호를 뱀에게 보내며, 이에 뱀은 보통 공격과 조용히 먹잇감을 쫓아가는 행동인 스토킹stalking을 중단한다.[21]

동물의 의사소통을 연구하는 모든 학문 중 생물진동학은 우리가 두 팔 벌려 환영해야 할 분야임에 틀림없다. 지금으로써는 그 세계에 들어가는 문을 열었을 뿐이며, 소통의 수단으로 진동도 함께 사용하는 동물 종의 목록은 나날이 늘어나고 있다. 그러므로 우리는 멈추지 않고 동물들이 서로 주고받는 신호들을 계속해서 찾아나서야 한다.

감사의 글

작가나 과학기자에게 가장 아름답지만 두려운 날은 자신의 책이 세상에 나오는 날일 겁니다. 황홀감과 두려움이 묘한 감정으로 뒤얽히는 날, 영국의 낭만파 시인들이 남기고 간 '숭엄한'이라는 단어가 절로 떠오르는 그런 날이지요. 그날에는 서점 진열대와 이북리더에서 자신의 작업물이 사람들의 마음에 들었는지를 확인해 볼 수 있을 겁니다. 저의 첫 번째 숭엄한 날은 2019년 4월 24일이었습니다. 제가 지금 아직 코디체 출판사와 함께 글을 쓰고 있고, 동물들의 의사소통에 대해 우리가 얼마나 알고 있고, 아직 얼마나 모르는지를 여러분께 들려드릴 기회가 있었던 건, 《경계 없는 세계: 이주하는 동물들의 특별한 이야기》가 여러분께 많은 사랑을 받았기 때문이기도 합니다. 그래서 여러분 모두에게 가장 먼저 감사 인사를 전하고 싶으며, 철새들에 관한 저의 첫 번째 책을 읽어주신 분, 그리고 여러분 중에 지금 《동물들이 서로 주고받는 말》의 맺는말을 읽고 있는 분들에게도 감사 인사를 전하고 싶습니다. 저를 믿어 주시고 지지해 주셔서 감사드립니다.

저의 두 번째 숭엄한 날, 역사적으로도 참 특별한 시기에, 저는 또 다른 작은 꿈을 이룰 수 있었습니다. 자연의 이야기를 아름다운 삽화와 함께 들려주는 책을 발간하는 일이죠. 그렇기 때문에 연필과 붓으로 저의 글과 기꺼이 동행해 준 전문가이자 친구, 그리고 자연과학자 동료인 페데리코 젬마에게 감사를 전합니다.

책을 쓸 수 있도록 지지해 주고, 원고 교정 작업에 자신의 시간을 내어주며, 질문에 답을 해 주고, 논문을 추천해 주며 귀한 조언을 아끼지 않았던 저의 든든한 지원군에게 큰 감사를 전합니다. 동물학자, 연구진, 대학 교수, 자연과학자 그리고 생물학자로 함께해 준 이 멋진 분들을 친구라고 부를 수 있는 저는 정말 행운아입니다. 이분들이 없었다면 여기까지 올 수 없었을 겁니다. 그래서 저는 사비나 아이롤디, 쥬세페 볼리아니, 마르코 콜롬보, 리타 체르보, 로베르토 치게티, 바르바라 프란제티, 로렌조 고르디지아니, 윌리 구아스티, 아드리아노 마르티놀리 그리고 파비오 루소에게 뜨거운 인사를 전하고 싶습니다.

미켈레 벨로네의 의지와 한 집의 기둥과도 같은 코디체 출판사의 엔리코 카사데이가 없었다면 이 책은 빛을 보지 못했을 겁니다. 이분들은 무한한 인내심을 갖고 조타수처럼 목적지까지 저를 이끌어 주었고, 자연과학자의 영혼을 품은 귀한 편집자, 줄리아노 보라소를 곁에 붙여 주었습니다.

저의 가족과 부모님, 먼 거리에도 불구하고 저를 항상 응원하고 또 지지해줄 뿐만 아니라 코로나에 용감하게 맞선 제 동생 다리아에게도 감사를 전하고 싶습니다. 그들의 사랑은 이 힘든 시기에 제가 매달릴 수 있는 가장 굳건한 뿌리가 되어 주었습니다. 끝으로 이 책을 쓰는 동안 훌륭한 요리로 저를 먹이고 지지해 준 로마에 있는 제 가족 미켈레 소프라노, 그리고 신나게 꼬리를 흔들며 제게 무한한 사랑을 주고 컴퓨터로 무엇을 쓰고 있는지 항상 확인하러 오는 미나에게 감사합니다. 책상에 간식을 숨겼는지 이 녀석이 매번 확인하러 오는 이유를 저는 아직 깨닫지 못했답니다.

주

서론

1 K. Francis, *Charles Darwin and The Origin of Species*, Greenwood Publishing Group, Westport (CT) 2007.

2 동물과 인간의 의도성을 비교할 때에는 주의가 필요하다.

3 A. Zahavi, *Mate Selection-A Selection for a Handicap*, in "Journal of Theoretical Biology", 53, 1975, pp. 205-214

4 N.K. Thavarajah et al., *The Peacock Train Does Not Handicap Cursorial Locomotor Performance*, in "Scientific Reports", 6, 2016, https://doi.org/10.1038/srep36512.

5 M.E. Laidre e R.A. Johnstone, *Animal Signals*, in "Current Biology", 23, 2013, pp. 829-833, https://doi.org/10.1016/j.cub.2013.07.070.

6 M.J. Ryan, *Sexual Selection, Sensory Systems and Sensory Exploitation*, http://biology.nekhbet.com/ss_textbook.pdf; M.J. Ryan et al., *Sexual Selection for Sensory Exploitation in the Frog* Physalaemus pustulosus, in "Nature", 343, 1990, pp. 66-67.

7 D. Morris, *"Typical Intensity" and Its Relation to the Problem of Ritualisation*, in "Behaviour", 11, 1957, pp. 1-12, https://doi.org/10.1163/156853956X00057.

8 R. Dakin et al., *Biomechanics of the Peacock's Display: How Feather Structure and Resonance Influence Multimodal Signaling*, in "Plos One", 2016, https://doi.org/10.1371/journal.pone.0152759

9 R. Dawkins e J.R. Krebs, *Animal Signals: Information or Manipulation?*, in J.R. Krebs e N.B. Davies (a cura di), *Behavioural Ecology*, Blackwell Scientific Publications, Oxford, 1978, pp. 282-309; M.S. Dawkins e T. Guilford, *The Corruption of Honest Signalling*, in "Animal Behaviour", 41, 1991, pp. 865-873.

10 M. Gyger e P. Marler, *Food Calling in the Domestic Fowl*, Gallus gallus: *The Role of External Referents and Deception*, in "Animal Behaviour", 36, 1988, pp. 358-365,

https://doi.org/10.1016/S0003-3472(88)80006-X.

01 퍼포먼스 장인

1   N. Ota, M. Gahr e M. Soma, *Tap Dancing Birds: The Multimodal Mutual Courtship Display of Males and Females in a Socially Monogamous Songbird*, in "Scientific Reports", 5, 2015, https://doi.org/10.1038/srep16614.

2   N. Ota, M. Gahr e M. Soma, *Songbird Tap Dancing Produces Non-vocal Sounds*, in "Bioacoustics", 26, 2017, pp. 161-168, https://doi.org/10.1080/09524622.2016.1231080.

3   M. Soma e L.Z. Garamszegi, *Evolution of Courtship Display in Estrildid finches: Dance in Relation to Female Song and Plumage Ornamentation*, in "Frontiers in Ecology and Evolution", 2015, https://doi.org/10.3389/fevo.2015.00004.

4   N. Ota, M. Gahr e M. Soma, *Couples Showing Off: Audience Promotes Both Male and Female Multimodal Courtship Display in a Songbird*, in "Science Advances", 4, 2018, https://doi.org/10.1126/sciadv.aat4779.

5   F.G. Stiles e A.F. Skutch, *A Guide to the Birds of Costa Rica*, Cornell University Press, 1989, pp. 299-300.

6   R.O. Prum, *Phylogenetic Analysis of the Evolution of Display Behavior in the Neotropical Manakins* (Aves, Pipridae), in "Ethology", 84, 1990, pp. 202-231.

7   여섯깃털극락조라고도 부른다.

8   D. McCoy et al., *Structural Absorption by Barbule Microstructures of Super Black Bird of Paradise Feathers*, in "Nature Communications", 9, 2018, https://doi.org/10.1038/s41467-017-02088-w.

9   D.W. Frith e C.B. Frith, *Courtship Display and Mating of the Superb Bird of Paradise Lophorina superba*, in "Emu", 88, 1988, pp. 183-188, https://doi.org/10.1071/MU9880183.

10   B. Beehler, *Frugivory and Polygamy in Birds of Paradise*, in "The Auk", 100, 1983, pp. 1-12.

11   E. Scholes e T.G. Laman, *Distinctive Courtship Phenotype of the Vogelkop Superb Bird-of-Paradise* Lophorina niedda *Mayr, 1930 confirms new species status*, in "PeerJ", 2018, https://doi.org/10.7717/peerj.4621.

12   R.W. Storer, *The Behavior of the Horned Grebe in Spring*, in "The Condor", 71, 1969, pp. 180-205, https://doi.org/10.2307/1366078.

13   G.L. Nuechterlein e R.W. Storer, *The Pair-Formation Displays of the Western Grebe*, in "The Condor", 84, 1982, pp. 351-369, https://doi.org/10.2307/1367437.

14   BirdLife International, Podiceps gallardoi. *The IUCN Red List of Threatened Species 2019*, 2019, https://dx.doi.org/10.2305/IUCN.UK.2019-3.RLTS.T22696628A145837361.en.

15 K.Z. Lorenz, *The Evolution of Behavior*, in "Scientific American", 199, 1958, pp. 67-82, https://www.jstor.org/stable/24944850.

16 M. Kirkpatrick, T. Price e S.J. Arnold, *The Darwin-fisher Theory of Sexual Selection in Monogamous Birds*, in "Evolution", 44, 1990, pp.180-193, https://doi.org/10.1111/j.1558-5646.1990.tb04288.x; S.V. Edwards et al., *Speciation in Birds: Genes, Geography, and Sexual Selection*, in "Proceedings of the National Academy of Sciences", 102, 2005, pp. 6550-6557, https://doi.org/10.1073/ pnas.0501846102; N. Seddon et al., *Sexual Selection Accelerates Signal Evolution During Speciation in Birds*, in "Proceedings of the Royal Society B", 280, 2013, http://doi.org/10.1098/rspb.2013.1065.

17 K.E. Omland, *Female Mallard Mating Preferences for Multiple Male Ornaments*, in "Behavioral Ecology and Sociobiology", 39, 1996, pp. 353-360, https://doi.org/10.1007/s002650050300.

18 새의 깃털 색깔은 부분적으로 유전적인 요인에 의한 것이기도 하고, 부분적으로 (특히 금속성 반사가 있는 경우) 구조색, 즉 특정 깃털의 짜임새와 미세 구조 및 이것이 빛을 반사하는 방식으로 인한 것일 수 있다. 끝으로 색깔은 올바른 영양섭취와 관련이 있을 수 있다. 깃털이 바르게 자라도록 하기 위해, 영양섭취는 늘 중요하다. 특히 털갈이 시기에는 더욱 그렇다. 하지만 깃털의 색깔이 카로티노이드 같은 색소의 축적에 달려 있다면 더욱 중요하다. 명백한 예시가 바로 홍학이다. 태어날 때는 흰색과 회색인 홍학은 카로티노이드가 풍부한 식단 덕에 전형적인 색깔을 띠기까지는 최소한 3년이란 기간이 필요하다. 홍학은 그들의 커다란 부리로 서식하고 있는 늪이나 연못의 물을 걸러서 작은 연체동물, 수생곤충, 갑각류를 얻는다. 그리고 카로티노이드를 얻는 것은 갑각류, 특히 아르테미아 살리나(*Artemia salina*)라는 작은 분홍색 새우를 통해서이다.

19 K.P. Johnson, *The Evolution of Bill Coloration and Plumage Dimorphism Supports the Transference Hypothesis in Dabbling Ducks*, in "Behavioral Ecology", 10, 1999, pp. 63-67, https://doi.org/10.1093/beheco/10.1.63; A. Peters et al., *Trade-Offs Between Immune Investment and Sexual Signaling in Male Mallards*, in "The American Naturalist", 164, 2004, https://doi.org/10.1086/421302; G. Hegyi, L.Z. Garamszegi e M. Eens, *The Roles of Ecological Factors and Sexual Selection in the Evolution of White Wing Patches in Ducks*, in "Behavioral Ecology", 19, 2008, pp. 1208-1216, https://doi.org/10.1093/beheco/arn085.

20 C.M. Eliason, R. Maia e M.D. Shawkey, *Modular Color Evolution Facilitated by a Complex Nanostructure in Birds*, in "Evolution", 69, 2014, pp. 357-367, https://doi.org/10.1111/evo.12575.

21 A.P. Møller, *Variation in Badge Size in Male House Sparrows* Passer domesticus: *Evidence for Status Signalling*, in "Animal Behaviour", 35, 1987, pp. 1637-1644, https://doi.org/10.1016/S0003-3472(87)80056-8; A.P. Møller, *Social Control of Deception Among Status Signalling House Sparrows* Passer domesticus, in "Behavioral

Ecology and Sociobiology", 20, 1987, pp. 307-311, https://doi.org/10.1007/BF00300675.

22 J.P. Veiga e M. Puerta, *Nutritional Constraints Determine the Expression of a Sexual Trait in the House Sparrow*, Passer domesticus, in "Proceedings of the Royal Society B", 263, 1996, https://doi.org/10.1098/rspb.1996.0036; J.P. Veiga, *Badge Size, Phenotypic Quality and Reproductive Success in the House Sparrow: A Study on Honest Advertisement*, in "Evolution", 47, 1993, pp. 1161-1170, https://doi.org/10.1111/j.1558-5646.1993.tb02143.x.

23 A.P. Møller, *Badge Size in the House Sparrow Passer domesticus: Effects of Intra-and Intersexual Selection*, in "Behavioral Ecology and Sociobiology", 22, 1988, pp. 373-378, https://www.jstor.org/stable/4600164.

24 A.P. Møller, *Sexual Behavior is Related to Badge Size in the House Sparrow* Passer domesticus, in "Behavioral Ecology and Sociobiology", 27, 1990, pp. 23-29, https://doi.org/10.1007/BF00183309; J.P. Veiga, *Honest Signaling and the Survival Cost of Badges in the House Sparrow*, in "Evolution", 49, 1995, pp. 570-572, https://www.jstor.org/stable/2410281.

25 R.R. Whitekiller et al., *Badge Size and Extra-Pair Fertilizations in the House Sparrow*, in "The Condor", 102, 2000, pp. 342-348, https://doi.org/10.1093/condor/102.2.342.

26 R. Václav e H. Hoi, *Different Reproductive Tactics in House Sparrows Signalled by Badge Size: Is There a Benefit to Being Average?*, in "Ethology", 108, 2002, pp. 569-582, https://doi.org/10.1046/j.1439-0310.2002.00799.x.

27 S. Nakagawa et al., *Assessing the Function of House Sparrows' Bib Size Using a Flexible Meta-analysis Method*, in "Behavioral Ecology", 18, 2007, pp. 831-840, https://doi.org/10.1093/beheco/arm050.

28 A.R. Mora et al., *Badge Size Reflects Sperm Oxidative Status Within Social Groups in the House Sparrow* Passer domesticus, in "Frontiers in Ecology and Evolution", 2016, https://doi.org/10.3389/fevo.2016.00067.

29 S. Laucht, B. Kempenaers e J. Dale, *Bill Color, Not Badge Size, Indicates Testosterone-related Information in House Sparrows*, in "Behavioral Ecology and Sociobiology", 64, 2010, pp. 1461-1471, https://doi.org/10.1007/s00265-010-0961-9.

30 A. Sánchez-Tójar et al., *Meta-analysis Challenges a Textbook Example of Status Signalling and Demonstrates Publication Bias*, in "eLife", 2018, https://doi.org/10.7554/eLife.37385.

31 A. Bertin et al., *Facial Display and Blushing: Means of Visual Communication in Blue-and-yellow Macaws* (Ara ararauna)?, in "Plos One", 2018, https://doi.org/10.1371/journal.pone.0201762.

02 경계 태세 유지

1 F. Alvarez et al., *The Use of the Rump Patch in the Fallow Deer* (D. dama), in "Behaviour",
   56, 1976, pp. 298-308.

2 발굽동물의 크기는 1킬로그램 내외의 동남아시아의 애기사슴(*Tragulus sp.*)부터 700킬로
   그램에 달하는 말코손바닥사슴이나 900킬로그램에 육박하는 수컷 아메리카 들소까지
   다양하다.

3 T. Caro, H. Raees e T. Stankowich, *Flash behavior in mammals?*, in "Behavioral
   Ecology and Sociobiology", 74, 2020, https://doi.org/10.1007/s00265-020-2819-0.

4 아프리칸스어는 17세기 네덜란드 식민지에서 사용된 네덜란드어의 파생어이다. 이것
   은 세월이 지나면서 포르투갈어, 영어 그리고 아프리카의 다양한 언어의 영향을 받았
   다. 아프리칸스어는 afrikaan hollands의 준말로 남아프리카네덜란드어라고도 한다. 오
   늘날에도 남아프리카공화국, 나미비아, 보츠와나 그리고 짐바브웨에서 사용되고 있다.

5 2000년대까지는 치타가 시속 120킬로미터로 달릴 수 있다고 알려져 있었다. 그러나
   200미터 동안 시속 100킬로미터 이상 달릴 수 있는 초기 스퍼트 외에는 추격 속도가
   시속 80킬로미터대로 조정되며, 이 중에는 시속 90킬로미터 이상으로 높아지는 지점
   도 있다.

6 T. Caro, *The Functions of Stotting in Thomson's Gazelles: Some Tests of the Predictions*,
   in "Animal Behaviour", 34, 1986, pp. 663-684, https://doi.org/10.1016/S0003-
   3472(86)80052-5; T. Caro, *The Functions of Stotting: A Review of the Hypotheses*,
   in "Animal Behaviour", 34, 1986, pp. 649-662, https://doi.org/10.1016/S0003-
   3472(86)80051-3; C.D. FitzGibbon e J.H. Fanshawe, *Stotting in Thomson's Gazelles:
   An Honest Signal of Condition*, in "Behavioral Ecology and Sociobiology", 23, 1988,
   pp. 69-74.

7 D.A. Blank, *The Use of Tail-flagging and White Rump-patch in Alarm Behavior of
   Goitered Gazelles*, in "Behavioural Processes", 151, 2018, pp. 44-53, https://doi.
   org/10.1016/j.beproc.2018.03.011; D.A. Blank, *Alarm Signals in Goitered Gazelle
   With Special Reference to Stotting, Hissing and Alarm Urination-defecation*, in "Zoology",
   131, 2018, pp. 29-35, https://doi.org/10.1016/j.zool.2018.05.007; D.A. Blank,
   Behavioral Responses of Goitered Gazelles to Potential Threats, in "Mammal Research",
   65, 2020, pp. 141-149, https://doi.org/10.1007/s13364-019-00457-y.

8 R. Swaisgood et al., *Assessment of Rattlesnake Dangerousness by California Ground
   Squirrels: Exploitation of Cues from Rattling Sounds*, in "Animal Behaviour", 57, 1999,
   pp. 1301-1310.

9 B. Clucas et al., *Snake Scent Application in Ground Squirrels*, Spermophilus spp.: *A
   Novel Form of Antipredator Behaviour?*, in "Animal Behaviour", 75, 2008, pp. 299-
   307, https://doi.org/10.1016/j.anbehav.2007.05.024.

10 H.L. Gibbs et al., *The Molecular Basis of Venom Resistance in a Rattlesnake-squirrel
   Predator-prey System*, in "Molecular Ecology", 29, 2020, https://doi.org/10.1111/

mec.15529; M. Holding et al., *Coevolution of Venom Function and Venom Resistance in a Rattlesnake Predator and its Squirrel Prey*, in "Proceedings of the Royal Society B", 2016, https://doi.org/10.1098/rspb.2015.2841.

11 M. Barbour e R.W. Clark, *Ground Squirrel Tail-flag Displays Alter Both Predatory Strike and Ambush Site Selection Behaviours of Rattlesnakes*, in "Proceedings of the Royal Society B", 279, 2012, pp. 3827-3833, https://doi.org/10.1098/ rspb.2012.1112.

12 A.S. Rundus et al., *Ground Squirrels Use an Infrared Signal to Deter Rattlesnake Predation*, in "Proceedings of the National Academy of Sciences", 104, 2007, pp. 14372-14376, https://doi.org/10.1073/pnas.0702599104.

13 B.J. Putman e R.W. Clark, *The Fear of Unseen Predators: Ground Squirrel Tail Flagging in the Absence of Snakes Signals Vigilance*, in "Behavioral Ecology", 26, 2015, pp. 185-193, https://doi.org/10.1093/beheco/aru176.

14 J. Kaminski et al., *Evolution of Facial Muscle Anatomy in Dogs*, in "Proceedings of the National Academy of Sciences", 116, 2019, pp. 14677-14681, https://doi.org/10.1073/pnas.1820653116.

15 J. Kaminski et al., *Human Attention Affects Facial Expressions in Domestic Dogs*, in "Scientific Reports", 7, 2017, https://doi.org/10.1038/s41598-017-12781-x.

16 B.S. Simpson, *Canine Communication*, in "Veterinary Clinics of North America: Small Animal Practice", 27, 1997, pp. 445-464.

17 R. Schenkel, *Submission: Its Features and Function in the Wolf and Dog*, in "American Zoologist", 7, 1967, pp. 319-329, https://doi.org/10.1093/icb/7.2.319.

18 F. Aureli e C.P. van Schaik, *Post-conflict Behaviour in Long-tailed Macaques* (Macaca fascicularis), in "Ethology", 89, 1991, pp. 101-114, https://doi.org/10.1111/j.1439-0310.1991.tb00297.x.

19 O.N. Fraser et al., *Stress Reduction Through Consolation in Chimpanzees*, in "Proceedings of the National Academy of Sciences", 105, 2008, pp. 8557-8562, https://doi.org/10.1073/pnas.0804141105; G. Cordoni et al., *Reconciliation and Consolation in Captive Western Gorillas*, in "International Journal of Primatology", 27, 2006, pp. 1365-1382, https://doi.org/10.1007/s10764-006-9078-4; E. Palagi et al., *Reconciliation and Consolation in Captive Bonobos* (Pan paniscus), in "American Journal of Primatology", 62, 2004, https://doi.org/10.1002/ajp.20000.

20 S. Preuschoft e J. van Hooff, *The Social Function of "Smile" and "Laughter": Variations Across Primate Species and Societies*, in U.C. Segerstråle e P. Molnár, *Nonverbal Communication: Where Nature Meets Culture*, Lawrence Erlbaum Associates, 1997, pp. 171-190; L.A. Parr e B.M. Waller, *Understanding Chimpanzee Facial Expression: Insights Into the Evolution of Communication*, in "Social Cognitive and Affective Neuroscience", 1, 2006, pp. 221-228.

21 S. Preuschoft, *"Laughter" and "Smile" in Barbary Macaques* (Macaca sylvanus), in

"Ethology", 91, 1992, pp. 220

22 J.R. Anderson et al., *Contagious Yawning in Chimpanzees*, in "Proceedings of the Royal Society B", 271, 2004, https://doi.org/10.1098/rsbl.2004.0224; E. Palagi et al., *Contagious Yawning in Gelada Baboons as a Possible Expression of Empathy*, in "Proceedings of the National Academy of Sciences", 106, 2011, pp. 19262-19267.

23 야생 동물에게 먹이를 주는 것은 우리에게나 그들에게나 결코 좋은 일이 아니다. 야생 동물이 우리를 할퀴거나 물 수도 있고, 병이나 기생충을 옮길 수도 있으며, 반대로 우리가 그들에게 병을 옮길 수도 있다. 자연선택에 인간이 관여하여 선천성 질환의 확산을 증가시키고 어린 개체들이 스스로 먹이를 찾아다니는 능력을 상실시킬 수도 있다. 또한 이 야생 동물이 인간과 접촉하는 일에 익숙해져서 밀렵꾼에게도 경계심을 늦추게 되고, 설상가상으로 도로와 주택에 접근하거나 죽여야 할 만큼 문제가 될 수 있다. 한마디로 적절한 물리적 거리를 유지하는 편이 낫다.

24 R.O. Prum e R.H. Torres, *Structural Colouration of Mammalian Skin: Convergent Evolution of Coherently Scattering Dermal Collagen Arrays*, in "Journal of Experimental Biology", 207, 2004, pp. 2157-2172; J.P. Renoult et al., *The Evolution of the Multicoloured Face of Mandrills: Insights from the Perceptual Space of Colour Vision*, in "Plos One", 2011, https://doi.org/10.1371/journal.pone.0029117; J.M. Setchell e E.J. Wickings, *Dominance, Status Signals and Coloration in Male Mandrills* (Mandrillus sphinx), in "Ethology", 111, 2005, pp. 25-50.

25 L.G. Domb e M. Pagel, *Sexual Swellings Advertise Female Quality in Wild Baboons*, in "Nature", 410, 2001, pp. 204-206; D. Zinner et al., *Significance of Primate Sexual Swellings*, in "Nature", 420, 2002, pp. 142-143.

26 C.L. Nunn, *The Evolution of Exaggerated Sexual Swellings in Primates and the Graded-signal Hypothesis*, in "Animal Behaviour", 58, 1999, pp. 229-246.

27 S.E. Street et al., *Exaggerated Sexual Swellings in Female Nonhuman Primates Are Reliable Signals of Female Fertility and Body Condition*, in "Animal Behaviour", 112, 2016, pp. 203-212.

03 색깔의 중요성

1 T. Baird et al., *Pursuit Deterrent Signalling by the Bonaire Whiptail Lizard* Cnemidophorus murinus, "Behaviour", 141, 2004, pp. 297-311, https://doi.org/10.1163/156853904322981860; W.E. Cooper et al., *Effects of Risk, Cost, and Their Interaction on Optimal Escape by Nonrefuging Bonaire Whiptail Lizards*, Cnemidophorus murinus, in "Behavioral Ecology", 14, 2003, pp. 288-293, https://doi.org/10.1093/beheco/14.2.288.

2 M. Leal, *Honest Signalling During Prey-predator Interactions in the Lizard* Anolis cristatellus, in "Animal Behaviour", 58, 1999, pp. 521-526.

3   M. Leal e J.A. Rodríguez-Robles, *Signalling Displays During Predator-prey Interactions in a Puerto Rican Anole*, Anolis cristatellus, in "Animal Behaviour", 54, 1997, pp. 1147-1154, https://doi.org/10.1006/anbe.1997.0572.

4   T.J. Ord, *Dawn and Dusk "Chorus" in Visually Communicating Jamaican Anole Lizards*, in "The American Naturalist", 172, 2008, pp. 585-592, https://doi.org/10.1086/590960.

5   J.E. Steffen, G.E. Hill e C. Guyer, *Carotenoid Access, Nutritional Stress, and the Dewlap Color of Male Brown Anoles*, in "Copeia", 2, 2010, pp. 239-246.

6   T. Driessens et al., *Messages Conveyed by Assorted Facets of the Dewlap, in Both Sexes of* Anolis sagrei, in "Behavioral Ecology and Sociobiology", 69, 2015, pp. 1251-1264, https://doi.org/10.1007/s00265-015-1938-5; J.E. Steffen e C.C. Guyer, *Display Behaviour and Dewlap Colour as Predictors of Contest Success in Brown Anoles*, in "Biological Journal of the Linnean Society", 111, 2014, pp. 646-655, https://doi.org/10.1111/bij.12229; T.J. Ord et al., *Convergent Evolution in the Territorial Communication of a Classic Adaptive Radiation: Caribbean Anolis Lizards*, in "Animal Behaviour", 85, 2013, pp. 1415-1426, https://doi. org/10.1016/j.anbehav.2013.03.037.

7   카멜레온은 오랫동안 대지족(對指足)을 가진 동물로 잘못 정의되었다. 진짜 대지족 동물은 딱따구리처럼 2개의 발가락은 앞을, 2개의 발가락은 뒤를 향하는 X 모양의 4개의 발가락을 가지고 있다. 반면 카멜레온은 발가락이 5개이며, 앞발과 뒷발은 서로 다른 방식으로 배치되어 있다. 앞발은 첫째, 둘째, 셋째 발가락이 넷째, 다섯째 발가락과 마주보고 있다. 그리고 뒷발은 첫째와 둘째 발가락이 나머지 세 발가락과 마주보고 있다. 이렇게 마주보고 있는 발가락을 함께 접어서 집게 형태로 만들거나 완전히 평평할 정도로 펼 수 있다.

8   D. Stuart-Fox e A. Moussalli, *Selection for Social Signalling Drives the Evolution of Chameleon Colour Change*, in "Plos Biology", 2008, https://doi.org/10.1371/journal.pbio.0060025.

9   R.A. Ligon e K.J. McGraw, *Chameleons Communicate With Complex Colour Changes During Contests: Different Body Regions Convey Different Information*, in "Biology Letters", 9, 2013, https://doi.org/10.1098/rsbl.2013.0892; R.A. Ligon, *Defeated Chameleons Darken Dynamically During Dyadic Disputes to Decrease Danger From Dominants*, in "Behavioral Ecology and Sociobiology", 68, 2014, pp. 1007-1017.

10   E.C. Kelso e P.A. Verrell, *Do Male Veiled Chameleons*, Chamaeleo calyptratus, *Adjust their Courtship Displays in Response to Female Reproductive Status?*, in "Ethology", 108, 2002, pp. 495-512.

11   D. Stuart-Fox et al., *Predator-specific Camouflage in Chameleons*, in "Biology Letters", 4, 2008, pp. 326-329, https://doi.org/10.1098/rsbl.2008.0173.

12   B. Burrage, *Comparative Ecology and Behaviour of Chamaeleo* Pumilus Pumilus

(Gmelin) *and* C. namaquensis A. Smith (Sauria: Chamaeleonidae), in "Annals of the South African Museum", 61, 1973, pp. 3-139.

13 J. Teyssier et al., *Photonic Crystals Cause Active Colour Change in Chameleons*, in "Nature Communications", 6, 2015, https://doi.org/10.1038/ncomms7368.

14 0.000013센티미터와 같다.

15 D. Prötzel et al., *Widespread Bone-based Fluorescence in Chameleons*, in "Scientific Reports", 8, 2018, https://doi.org/10.1038/s41598-017-19070-7.

16 J.Y. Lamb e M.P. Davis, *Salamanders and Other Amphibians are Aglow with Biofluorescence*, in "Scientific Reports", 10, 2020, https://doi.org/10.1038/s41598-020-59528-9.

17 J.P. Dumbacher et al., *Homobatrachotoxin in the Genus Pitohui: Chemical Defense in Birds?*, in "Science", 258, 1992, pp. 799-801.

18 우리가 양서류에게 가까이 가거나 만지는 것은 안전하지 않다. 그들의 자극적인 점액 때문만이 아니라 그들을 위해서도 말이다. 우리 손의 온기는 그들에게 화상을 입힐 위험이 있다. 또한 그들의 피부에서 섬액을 제거시킴으로써 병원균에 노출시키고, 한 걸음 더 나아가 그들에게 항아리곰팡이(*Batrachochytrium dendrobatidis*)를 옮겨 피부가 분해되어 죽음에 이르게 할 수도 있다.

19 J. Patočka et al., *Dart Poison Frogs and Their Toxins*, in "ASA Newsletter", 74, 1999, pp. 80-89.

20 K. Summers, T.W. Cronin e T. Kennedy, *Variation in Spectral Reflectance Among Populations of* Dendrobates pumilio, *the Strawberry Poison Frog, in the Bocas del Toro Archipelago, Panama*, in "Journal of Biogeography", 30, 2003, pp. 35-53.

21 J.C. Santos, L.A. Coloma e D.C. Cannatella, *Multiple, Recurring of Aposematism and Diet Specialization in Poison Frogs*, in "Proceedings of the National Academy of Sciences", 100, 2002, pp. 12792-12797; C.R. Darst et al., *Evolution of Dietary Specialization and Chemical Defense in Poison Frogs* (Dendrobatidae)*: A Comparative Analysis*, in "The American Naturalist", 165, 2005, pp. 56-69, https://doi.org//10.1086/426599.

22 K. Summers, *Convergent Evolution of Bright Coloration and Toxicity in Frogs*, in "Proceedings of the National Academy of Sciences", 100, 2003, pp. 12533-12534.

23 K. Summers e M.E. Clough, *The Evolution of Coloration and Toxicity in the Poison Frog Family* (Dendrobatidae), in "Proceedings of the National Academy of Sciences", 98, 2001, pp. 6227-6232.; J.C. Santos e D.C. Cannatella, *Phenotypic Integration Emerges from Aposematism and Scale in Poison Frogs*, in "Proceedings of the National Academy of Sciences", 108, 2001, pp. 6175-6180.

24 S.M. Smith, *Innate Recognition of Coral Snake Pattern by a Possible Avian Predator*, in "Science", 187, 1975, pp. 759-760.

25 M.E. Peterson, *Snake Bite: Coral Snakes*, in "Clinical Techniques in Small Animal

Toxicology", 21, 2006, pp. 183-186, https://doi.org/10.1053/j.ctsap.2006.10.005.

26   M.G. Emsley, *The Mimetic Significance of* Erythrolamprus aesculapii ocellatus *Peters from Tobago*, in "Evolution", 20, 1966, pp. 663-664.

04 위장술의 귀재

1   P. Godfrey-Smith e M. Lawrence, *Long-term High-density Occupation of a Site by* Octopus tetricus *and Possible Site Modification Due to Foraging Behavior*, in "Marine and Freshwater Behaviour and Physiology", 45, 2009, pp. 1-8; D. Scheel et al., *A Second Site Occupied by* Octopus tetricus *at High Densities, With Notes on Their Ecology and Behavior*, in "Marine and Freshwater Behaviour and Physiology", 50, 2017, pp. 285-291.

2   D. Scheel, P. Godfrey-Smith e M. Lawrence, *Signal Use by Octopuses in Agonistic Interactions*, in "Current Biology", 26, 2016, pp. 377-382.

3   S. Maciá et al., *New Observations on Airborne Jet Propulsion (Flight) in Squid, With a Review of Previous Reports*, in "Journal of Molluscan Studies", 70, 2004, pp. 297-299.

4   가장 많이 알려진 좋은 '나는 오징어'라고도 불리는 살오징어(*Todarodes pacificus*)로, 최고 속도와 주행거리 기록을 보유하고 있다. 이들은 누두를 통해 높은 수압의 물을 내뿜고 지느러미를 펼쳐 초당 11.2미터에 이르는 속도로 30미터를 비행한다. 초당 평균 10.31미터(최고 속도는 초당 12.5미터였다)로 뛰어 런던올림픽에서 우승한 우사인 볼트보다 빠르다.

5   R.A. Byrne et al., *Squids Say it With Skin: A Graphic Model for Skin Displays in Caribbean Reef Squid*, in "Berliner paläobiologische Abhandlungen", 3, 2003, pp. 29-35; J. Mather, *Mating Games Squid Play: Reproductive Behaviour and Sexual Skin Displays in Caribbean Reef Squid* Sepioteuthis sepioidea, in "Marine and Freshwater Behaviour and Physiology", 49, 2016, pp. 359-373.

6   A.K. Schnell et al., *Cuttlefish Perform Multiple Agonistic Displays to Communicate a Hierarchy of Threats*, in "Behavioral Ecology and Sociobiology", 70, 2016, pp. 1643-1655.

7   L.M. Mäthger et al., *How Does the Blue-ringed Octopus* (Hapalochlaena lunulata) *Flash its Blue Rings?*, in "Journal of Experimental Biology", 215, 2012, pp. 3752-3757.

8   L.M. Mäthger et al., *Evidence for Distributed Light Sensing in the Skin of Cuttlefish* Sepia officinalis, in "Biology Letters", 2010, 6; M.D. Ramirez e T. Oakley, *Eye-independent, Light-activated Chromatophore Expansion (LACE) and Expression of Phototransduction Genes in the Skin of* Octopus bimaculoides, in "Journal of Experimental Biology", 218, 2015, pp. 1513-1520.

9   J.S. Sparks et al., *The Covert World of Fish Biofluorescence: A Phylogenetically Widespread and Phenotypically Variable Phenomenon*, in "Plos One", 2014, https://doi.org/10.1371/journal.pone.0083259.

10   D.F. Gruber et al., *Biofluorescence in Catsharks (Scyliorhinidae): Fundamental De
scription and Relevance for Elasmobranch Visual Ecology*, in "Scientific Reports", 6,
2016; H.B. Park et al., *Bright Green Biofluorescence in Sharks Derives from Bromo-
Kynurenine Metabolism*, in "iScience", 2019, pp. 1291-1336, https://doi.org/10.1016/
j.isci.2019.07.019.

11   R. Froese e D. Pauly, *Ceratias Holboelli*, 2014, https://www.fishbase.se/summary/
Ceratias-holboelli.html.

12   M. Shimazaki e K. Nakaya, *Functional Anatomy of the Luring Apparatus of the Deep-
sea Ceratioid Anglerfish Cryptopsaras couesii* (Lophiiformes: Ceratiidae), in "Ichthyological
Research", 51, 2004, pp. 33-37.

13   L.J. Baker et al., *Diverse Deep-sea Anglerfishes Share a Genetically Reduced Luminous
Symbiont That is Acquired From the Environment*, in "eLife", 2019, https://doi.
org/10.7554/eLife.47606; M. Haygood e D. Distel, *Bioluminescent Symbionts of
Flashlight Fishes and Deep-sea Anglerfishes Form Unique Lineages Related to the Genus
Vibrio*, in "Nature", 363, 1993, pp. 154-156.

14   V.B. Meyer e R.S. Moore, *Biology of Latia Neritoides Gray 1850* (Gastropoda,
Pulmonata, Basommatophora): *The Only Light-producing Freshwater Snail in the World*, in
"Internationale Revue der Gesamten Hydrobiologie und Hydrographie", 73, 1988,
pp. 21-42.

15   B.H. Robison et al., *Light Production by the Arm Tips of the Deep-sea Cephalopod
Vampyroteuthis infernalis*, in "The Biological Bulletin", 205, 2003, pp. 102-109.

16   B.P. Burford e B.H. Robison, *Bioluminescent Backlighting Illuminates the Complex
Visual Signals of a Social Squid in the Deep Sea*, in "Proceedings of the National
Academy of Sciences", 117, 2020, pp. 8524-8531.

17   M.R. Bowlby, E. Widder e J. Case, *Patterns of Stimulated Bioluminescence in Two
Pyrosomes* (Tunicata: Pyrosomatidae), in "The Biological Bulletin", 179, 1990, pp. 340-
350; E.A. Widder, *Bioluminescence in the Ocean: Origins of Biological, Chemical, and
Ecological Diversity*, in "Science", 328, 2010, pp. 704-708.

18   R. Mizuuchi et al., *Simple Rules for Construction of a Geometric Nest Structure by
Pufferfish*, in "Scientific Reports", 8, 2018, pp. 1-9; H. Kawase et al., *Spawning
Behavior and Paternal Egg Care in a Circular Structure Constructed by Pufferfish*,
Torquigener albomaculosus (Pisces: Tetraodontidae), in "Bulletin of Marine Science", 91,
2015, pp. 33-43.

19   M. Enquist et al., *Visual Assessment of Fighting Ability in the Cichlid Fish* Nannacara
anomala, in "Animal Behaviour", 35, 1987, pp. 1262-1264; M. Enquist et al., *A Test
of the Sequential Assessment Game: Fighting in the Cichlid Fish* Nannacara anomala,
in "Animal Behaviour", 40, 1990, pp. 1-14; O. Brick, *Fighting Behaviour, Vigilance
and Predation Risk in the Cichlid Fish* Nannacara anomala, in "Animal Behaviour",

56, 1988, pp. 309-317; P.L. Hurd, *Cooperative Signalling Between Opponents in Fish Fights*, in "Animal Behaviour", 54, 1997, pp. 1309-1315.

05 죽음의 무도

1   https://www.catalogueoflife.org.

2   생태계가 제공하는 서비스 중에는 질병의 통제도 포함되어 있다. 건강하고 기능적인 생태계는 우리가 원하는 한, 눈에 보이지 않는 판도라 상자를 봉인하고 있다. 그리고 코로나-19 팬데믹은 그 개념을 다시 상기시켜 주었다. 서식지의 파괴와 분열, 각종 야생 동물과의 접촉은 한 개 이상의 종을 빠르게 뛰어넘을 수 있으므로 바이러스의 확산을 훨씬 쉽게 만들어준다.

3   F. Sánchez-Bayo e K.A.G. Wyckhuys, *Worldwide Decline of the Entomofauna: A Review of its Drivers*, in "Biological Conservation", 232, 2019, pp. 8-27.

4   J.C. O'Hanlon, G.I. Holwell e M.E. Herberstein, *Predatory Pollinator Deception: Does the Orchid Mantis Resemble a Model Species?*, in "Current Zoology", 60, 2014, pp. 90-103; J.C. O'Hanlon, G.I. Holwell e M.E. Herberstein, *Pollinator Deception in the Orchid Mantis*, in "The American Naturalist", 183, 2014, pp. 126-132.

5   J.C. O'Hanlon, *The Roles of Colour and Shape in Pollinator Deception in the Orchid Mantis* Hymenopus coronatus, in "International Journal of Behavioural Biology", 120, 2014, pp. 652-661.

6   M. Stevens, *The Role of Eyespots as Anti-predator Mechanisms, Principally Demonstrated in the Lepidoptera*, in "Biological Reviews", 80, 2005, pp. 573-588; S. Merilaita et al., *Number of Eyespots and Their Intimidating Effect on Naïve Predators in the Peacock Butterfly*, in "Behavioral Ecology", 22, 2012, pp. 1326-1331.

7   S. De Bona et al., *Predator Mimicry, Not Conspicuousness, Explains the Efficacy of Butterfly Eyespots*, in "Proceedings of the Royal Society B", 2015, https://doi.org/10.1098/rspb.2015.0202.

8   M.J. Sheehan e E.A. Tibbetts, *Specialized Face Learning Is Associated With Individual Recognition in Paper Wasps*, in "Science", 334, 2011, pp. 1272-1275; N. DesJardins e E.A. Tibbetts, *Sex Differences in Face but Not Colour Learning in Polistes fuscatus Paper Wasps*, in "Animal Behaviour", 140, 2018, pp. 1-6; L. Chittka e A. Dyer, *Your Face Looks Familiar*, in "Nature", 481, 2012, pp. 154-155; E.A. Tibbetts et al., *Social Isolation Prevents the Development of Individual Face Recognition in Paper Wasps*, in "Animal Behaviour", 152, 2019, pp. 71-77; E.A. Tibbetts, *Visual Signals of Individual Identity in the Wasp* Polistes fuscatus, in "Proceedings of the Royal Society B", 269, 2002, pp. 1423-1428; M.J. Sheehan e E.A. Tibbetts, *Robust Long-term Social Memories in a Paper Wasp*, in "Current Biology", 18, 2008, pp. 851-852.

9   E.A. Tibbetts et al., *Mutual Assessment Via Visual Status Signals in* Polistes dominulus *Wasps*, in "Biology Letters", 2009, https://doi.org/10.1098/rsbl.2009.0420; E.A.

Tibbetts e J. Dale, *A Socially Enforced Signal of Quality in a Paper Wasp*, in "Nature", 432, 2004, pp. 218-222.

10 A.S. Izzo e E.A. Tibbetts, *Spotting the Top Male: Sexually Selected Signals in Male* Polistes dominulus *Wasps*, in "Animal Behaviour", 83, 2012, pp. 839-845.

11 R. Branconi et al., *Testing the Signal Value of Clypeal Black Patterning in an Italian Population of the Paper Wasp* Polistes dominula, in "Insectes Sociaux", 65, 2018, pp. 161-169.

12 F. Cappa, L. Beani e R. Cervo, *The Importance of Being Yellow: Visual Over Chemical Cues in Gender Recognition in a Social Wasp*, in "Behavioral Ecology", 27, 2016, pp. 1182-1189.

13 오스트레일리아는 독성이 있는 동물 종이 세계에서 세 번째로 많은 나라이며, 치명적인 독으로는 첫 번째이다. 파란고리문어부터 키로넥스 플렉케리(매우 위험한 해파리), 세계에서 독성이 가장 강한 뱀 10종과 시드니깔때기그물거미(*Atrax robustus*)까지 모두 오스트레일리아에 서식한다.

14 J.C. Otto e D.E. Hill, *Catalogue of the Australian Peacock Spiders* (Araneae: Salticidae: Euophryini: Maratus, Saratus), in "Peckhamia", 148.1, 2017, pp. 1-21; J.C. Otto e D.E. Hill, *Catalogue of the Australian Peacock Spiders* (Araneae: Salticidae: Euophryini: Maratus, Saratus), in "Peckhamia", 148.3, 2019, pp. 1-28; J. Schubert, *Seven New Species of Australian Peacock Spiders* (Araneae: Salticidae: Euophryini: Maratus Karsch, 1878), in "Zootaxa", 4758, 2020.

15 J.C. Otto e D.E. Hill, *Adult Display by a Penultimate Male Coastal Peacock Spider* (Araneae: Salticidae: Euophryinae: Maratus speciosus), in "Peckhamia", 122.1, 2015, pp. 1-6.

16 M.B. Girard e J.A. Endler, *Peacock Spiders*, in "Current Biology", 24, 2014, pp. 588-590; M.B. Girard, D.O. Elias e M.M. Kasumovic, *Female Preference for Multi-modal Courtship: Multiple Signals are Important for Male Mating Success in Peacock Spiders*, in "Proceedings of the Royal Society B", 282, 2015, http://dx.doi.org/10.1098/rspb.2015.2222; M.B. Girard, M.M. Kasumovic e D.O. Elias, *The Role of Red Coloration and Song in Peacock Spider Courtship: Insights Into Complex Signaling Systems*, in "Behavioral Ecology", 29, 2018, pp. 1234-1244.

17 M.B. Girard, M.M. Kasumovic e D.O. Elias, *Multi-Modal Courtship in the Peacock Spider*, Maratus volans (*O.P.-Cambridge*, 1874), in "Plos One", 2011, https://doi.org/10.1371/journal.pone.0025390.

18 H. Ghiradella e J.T. Schmidt, *Fireflies: Control of Flashing*, in J.L. Capinera (a cura di), *Encyclopedia of Entomology*, Springer, Dordrecht 2008.

19 Y. Oba et al., *Biosynthesis of Firefly Luciferin in Adult Lantern: Decarboxylation of L-Cysteine is a Key Step for Benzothiazole Ring Formation in Firefly Luciferin Synthesis*, in "Plos One", 8, 2013; T. Eisner et al., *Firefly "femmes fatales" acquire Defensive Steroids*

(Lucibufagins) from Their Firefly Prey, in "Proceedings of the National Academy of Sciences", 94, 1997, pp. 9723-9728.

20 우리 눈은 조명이 약한 환경에서 원추세포와 간상세포의 감도 차이로 인해 색깔들을 푸른색에 가깝게 인식한다.

21 S.M. Lewis e C.K. Cratsley, *Flash Signal Evolution, Mate Choice, and Predation in Fireflies*, in "Annual Review of Entomology", 53, 2008, pp. 293-321.

22 N. Ohba, *Flash Communication Systems of Japanese Fireflies*, in "Integrative and Comparative Biology", 44, 2004, pp. 225-233.

23 J. Hopkins et al., *I'm Sexy and I Glow It: Female Ornamentation in a Nocturnal Capital Breeder*, in "Biology Letters", 11, 2015, https://doi.org/10.1098/rsbl.2015.0599; A.-M. Borshagovski et al., *Pale By Comparison: Competitive Interactions Between Signaling Female Glow-worms*, in "Behavioral Ecology", 30, 2019, pp. 20-26.

24 S.M. Lewis et al., *A Global Perspective on Firefly Extinction Threats*, in "BioScience", 70, 2020, pp. 157-167; A. Firebaugh e K.J. Haynes, *Experimental Tests of Light-pollution Impacts on Nocturnal Insect Courtship and Dispersal*, in "Oecologia", 182, 2016, pp. 1203-1211; A.C.S. Owens et al., *Short- and Mid-wavelength Artificial Light Influences the Flash Signals of Aquatica Ficta Fireflies* (Coleoptera: Lampyridae), in "Plos One", 2018, https://doi.org/10.1371/journal.pone.0191576.

06 곤봉날개마나킨의 구애 연주

1 D. Goodwin, *Further Observations on the Behavior of the Jay Garrulus glandarius*, in "Ibis", 98, 1955, pp. 186-219, https://doi.org/10.1111/j.1474-919X.1956.tb03040.x.

2 C. Randler, *Red Squirrels* (Sciurus vulgaris) *Respond to Alarm Calls of Eurasian Jays* (Garrulus glandarius), in "Ethology", 112, 2006, pp. 411-416, https://doi.org/10.1111/j.1439-0310.2006.01191.x

3 C.N. Templeton et al., *Allometry of Alarm Calls: Black-Capped Chickadees Encode Information About Predator Size*, in "Science", 2005, 308, pp. 1934-1937.

4 N.B. Davies et al., *Nestling Cuckoos, Cuculus canorus, Exploit Hosts With Begging Calls That Mimic a Brood*, in "Proceedings of the Royal Society B", 265, 1998, https://doi.org/10.1098/rspb.1998.0346.

5 J.R. Madden e N.B. Davies, *A Host-race Difference in Begging Calls of Nestling Cuckoos* Cuculus canorus *Develops Through Experience and Increases Host Provisioning*, in "Proceedings of the Royal Society B", 273, 2006, https://doi.org/10.1098/rspb.2006.3585.

6 P. Samaš et al., *Nestlings of the Common Cuckoo do not Mimic Begging Calls of Two Closely Related Acrocephalus Hosts*, in "Animal Behaviour", 161, 2020, pp. 89-94, https://doi.org/10.1016/j.anbehav.2020.01.005.

7 D. Colombelli-Négrel et al., *Embryonic Learning of Vocal Passwords in Superb Fairy-wrens Reveals Intruder Cuckoo Nestlings*, in "Current Biology", 22, 2012, pp. 2155-2160, https://doi.org/10.1016/j.cub.2012.09.025.

8 C. Darwin, 인간의 유래와 성선택, Newton Compton, Roma 1972 (ed. orig. The Descent of Man and Selection in Relation to Sex, 1871).

9 새들이 날 수 있도록 해 주는 날개깃은 첫째, 둘째, 셋째날개깃으로 나뉜다. 참새목의 각 날개에는 10개의 첫째날개깃이 있으며, 첫째날개깃은 가장 바깥쪽에 자리하여 날개 끝이 뾰족한 형태를 띠게 하고, 지골(손가락뼈)에 붙어 있다. 이것은 매우 작고 사람의 엄지손가락과 같은 '작은 날개깃(alula)'에서 손목까지 이른다. 반면 둘째날개깃은 다른 6개 깃으로 날개의 중앙 부분을 이루며 요골과 척골을 따라 붙어 있다. 마지막으로 셋째날개깃은 가장 안쪽에 있는데 어깨 상완골에서 시작하며, 날개를 접었을 때 다른 모든 깃털을 보호하는 역할을 담당한다. 그래서 바로 이 셋째날개깃이 다른 모든 날개깃을 부채처럼 닫아 덮는다.

10 K.S. Bostwick e R.O. Prum, *Courting Bird Sings With Stridulating Wing Feathers*, in "Science", 309, 2005, p. 736, 10.1126/science.1111701.

11 K.S. Bostwick et al., *Resonating Feathers Produce Courtship Song*, in "Proceedings of the Royal Society B", 1683, 2009, https://doi.org/10.1098/rspb.2009.1576.

12 Birds of the World, The Cornell Lab of Ornithology, https://birdsoftheworld.org/bow/home.

13 E. Kian-Shiun Shim, *Nitration of Tyrosine in the Mucin Glycoprotein of Edible Bird's Nest Changes Its Color From White to Red*, in "Journal of Agricultural and Food Chemistry", 66, 2018, pp. 5654-5662, https://doi.org/10.1021/acs.jafc.8b01619

14 S. Brinkløv, M. Brock Fenton e J.M. Ratcliffe, *Echolocation in Oilbirds and Swiftlets*, in "Frontiers in Physiology", 4, 2013, https://doi.org/10.3389/fphys.2013.00123.

15 G. Martin et al., *The Eyes of Oilbirds*(Steatornis caripensis)*: Pushing at the Limits of Sensitivity*, in "Naturwissenschaften", 91, 2004, pp. 26-29.

16 L.M. Rojas et al., *Retinal Morphology and Electrophysiology of Two Caprimulgiformes Birds: The Cave-Living and Nocturnal Oilbird* (Steatornis caripensis), *and the Crepuscularly and Nocturnally Foraging Common Pauraque (*Nyctidromus albicollis*)*, in "Brain, Behavior and Evolution", 64, 2004, pp. 19-33, https://doi.org/10.1159/000077540.

17 S. Brinkløv, C.P.H. Elemans e J.M. Ratcliffe, *Oilbirds Produce Echolocation Signals Beyond Their Best Hearing Range and Adjust Signal Design to Natural Light Conditions*, in "The Royal Society Open Science", 4, 2017, https://doi.org/10.1098/rsos.170255.

18 Brinkløv, Brock Fenton e Ratcliffe, *Echolocation in Oilbirds and Swiftlets*, cit.

07 새들의 노래 속에 숨겨진 비밀

1 J.R. Krebs, *Song and Territory in the Great Tit* Parus major, in "Evolutionary Ecology", 1977, pp. 46-72, https://doi.org/10.1007/978-1-349-05226-4_6.

2   L.Z. Garamszegi, M. Eens e J. Török, *Birds Reveal Their Personality When Singing*, in "Plos One", 2008, https://doi.org/10.1371/journal.pone.0002647.

3   J.N. Zeyl et al., *Infrasonic Hearing in Birds: A Review of Audiometry and Hypothesized Structure-function Relationships*, in "Biological Reviews", 95, 2020, pp. 1036-1054, https://doi.org/10.1111/brv.12596.

4   R.C. Beason, *What Can Birds Hear?*, in "Proceedings of the Vertebrate Pest Conference", 2004, pp. 92-96, https://escholarship.org/uc/item/1kp2r437; J. Schwartzkopff, *Oh the Hearing of Birds*, in "The Auk", 72, 1955, pp. 340-347, https://www.jstor.org/stable/4081446?seq=1.

5   P. Marler e M. Tamura, *Culturally Transmitted Patterns of Vocal Behavior in Sparrows*, in "Science", 146, 1964, pp. 14831486, 0.1126/science.146.3650.1483.

6   E.D. Jarvis, *Brains and Birdsong*, in P.R. Marler e H. Slabbekoorn (a cura di), *Nature's Music: The Science of Birdsong*, Academic Press, Cambridge (MA) 2004, cap. 8, pp. 227-271.

7   P. Marler, *A Comparative Approach to Vocal Learning: Song Development in White-crowned Sparrows*, in "Journal of Comparative and Physiological Psychology", 71, 1970, pp. 1-25, https://doi.org/10.1037/h0029144.

8   S. Kipper e S. Kiefer, *Age-Related Changes in Birds' Singing Styles: On Fresh Tunes and Fading Voices?*, in "Advances in the Study of Behaviour", 41, 2010, pp. 77- 118, https://doi.org/10.1016/S0065-3454(10)41003-7.

9   M. Päckert, *Song: The Learned Language of Three Major Bird Clades in Bird Species*, in D.T. Tietze (a cura di), *Bird Species. How They Arise, Modify and Vanish*, "Springer Nature", 2018, pp. 75-94.

10   M. Konishi, *The Role of Auditory Feedback in the Control of Vocalization in the White-Crowned Sparrow*, in "Ethology", 22, 1965, pp. 770-783, https://doi.org/10.1111/j.1439-0310.1965.tb01688.x.

11   Robert F. Lachlan et al., *Cultural Conformity Generates Extremely Stable Traditions in Bird Song*, in "Nature Communications", 9, 2417, 2018, https://doi.org/10.1038/s41467-018-04728-1.

12   J.R. Krebs e D.E. Kroodsma, *Repertoires and Geographical Variation in Bird Song*, in "Advaced in the Study of Behaviour", 11, 1980, pp. 143-177, https://doi.org/10.1016/S0065-3454(08)60117-5.

13   P. Marler e M. Tamura, *Culturally Transmitter Patterns of Vocal Behavior in Sparrows*, in "Science", 146, 1964, pp. 1483-1486, https://www.reed.edu/biology/professors/srenn/pages/teaching/2008_syllabus/2008_readings/7_Marler_tamura_1964.pdf.

14   소노그램은 소리를 시각화한 그래프로, 초음파를 사용해 얻을 수 있다. X축은 시간을 나타내고 Y축은 주파수를 나타낸다.

15   M.S. Brainard e A.J. Doupe, *Interruption of a Basal Ganglia-forebrain Circuit Prevents*

Plasticity of Learned Vocalizations, in "Nature", 404, 2000, pp. 762-766, https://doi.org/10.1038/35008083; S. Kojima e A.J. Doupe, *Neural Encoding of Auditory Temporal Context in a Songbird Basal Ganglia Nucleus, and Its Independence of Birds' Song Experience*, in "European Journal of Neuroscience", 27, 2008, pp. 1231-1244, https://doi.org/10.1111/j.1460-9568.2008.06083.x.

16 E.A. Brenowitz et al., *An Introduction to Birdsong and the Avian Song System*, in "Journal of Neurobiology", 33, 1997, pp. 495-500.

17 M. Soma, T. Hasegawa e K. Okanoya, *The Evolution of Song Learning: A Review From a Biological Perspective*, in "Cognitive Studies", 12, 2005, pp. 166-176.

18 F. Nottebohm e A.P. Arnold, *Sexual Dimorphism in Vocal Control Areas of the Songbird Brain*, in "Science", 194, 1976, pp. 211-213, https://doi.org/10.1126/science.959852.

19 G.F. Ball e J. Balthazart, *Neuroendocrine Mechanisms Regulating Reproductive Cycles and Reproductive Behavior in Birds*, in "Hormones, Brain, and Behavior", 2, 2002, pp. 649-798, https://doi.org/10.1016/b978-012532104-4/50034-2.

20 R. Katharina et al., *New Insights From Female Bird Song: Towards an Integrated Approach to Studying Male and Female Communication Roles*, in "Biology Letters", 15, 2019, http://doi.org/10.1098/rsbl.2019.0059.

21 N.E. Langmore, *Functions of Duet and Solo Songs of Female Birds*, in "Trends in Ecology & Evolution", 13, 1998, pp. 136-140, https://doi.org/10.1016/S0169-5347(97)01241-X.

22 K.J. Odom et al., *Female Song is Widespread and Ancestral in Songbirds*, in "Nature Communications", 5, 2014, https://doi.org/10.1038/ncomms4379.

23 A.H. Dalzielle e R.D. Magrath, *Fooling the Experts: Accurate Vocal Mimicry in the Song of the Superb Lyrebird*, Menura novaehollandiae, in "Animal Behaviour", 83, 2012, pp. 1401-1410, https://doi.org/10.1016/j.anbehav.2012.03.009.

24 M. Goller e D. Shizuka, *Evolutionary Origins of Vocal Mimicry in Songbirds*, in "Evolution Letters", 2, 2018, pp. 417-426, 10.1002/evl3.62.

25 A.H. Dalziell et al., *Avian Vocal Mimicry: A Unified Conceptual Framework*, in "Biological Reviews", 90, 2014, pp. 643-668, https://doi.org/10.1111/brv.12129; L.Z. Garamszegi et al., *A Comparative Study of the Function of Heterospecific Vocal Mimicry in European Passerines*, in "Behavioral Ecology", 18, 2007, pp. 1001-1009, https://doi.org/10.1093/beheco/arm069.

26 J. Podos e M. Cohn-Haft, *Extremely Loud Mating Songs at Close Range in White Bellbirds*, in "Current Biology", 29, 2019, pp. 1068-1069, https://doi.org/10.1016/j.cub.2019.09.028.

27 E. Nemeth et al., *Bird Song and Anthropogenic Noise: Vocal Constraints May Explain Why Birds Sing Higher-frequency Songs in Cities*, in "Proceedings of the Royal Scociety

B", 2013, https://doi.org/10.1098/rspb.2012.2798.

28 J.L. Dowling et al., *Comparative Effects of Urban Development and Anthropogenic Noise on Bird Songs*, in "Behavioral Ecology", 23, 2012, pp. 201-209, https://doi.org/10.1093/beheco/arr176.

29 A. Arroyo-Solís et al., *Experimental Evidence for an Impact of Anthropogenic Noise on Dawn Chorus Timing in Urban Birds*, in "Journal of Avian Biology", 44, 2013, https://doi.org/10.1111/j.1600-048X.2012.05796.x.

30 E.A. Gilbert et al., *A Review on the Impact of Anthropogenic Noise on Birds*, in "Borneo Science", 38, 2017, pp. 28-35.

31 H. Slabbekoorn e E.A. Ripmeester, *Birdsong and Anthropogenic Noise: Implications and Applications for Conservation*, in "Molecular Ecology", 17, 2007, https://doi.org/10.1111/j.1365-294X.2007.03487.x

32 D. Luther e L. Baptista, *Urban Noise and the Cultural Evolution of Bird Songs*, "Proceeding of the Royal Society B", 2009, https://doi.org/10.1098/rspb.2009.1571.

08 소리, 그 너머로

1   M. Smotherman et al., *The Origins and Diversity of Bat Songs*, in "Journal of Comparative Physiology A", 202, 2016, pp. 535-554, https://doi.org/10.1007/s00359-016-1105-0.

2   G. Chaverri et al., *Social Communication in Bats*, in "Biological Reviews", 93, 2018, https://doi.org/10.1111/brv.12427.ccccccc

3   Bo Luo et al., *Brevity is Prevalent in Bat Short-range Communication*, in "Journal of Comparative Physiology A", 199, 2013, pp. 325-333, https://doi.org/10.1007/s00359-013-0793-y.

4   B. Rodríguez-Herrera, J. Arroyo-Cabrales e R.A. Medellín, *Hanging Out in Tents: Social Structure, Group Stability, Male Behavior, and Their Implications for the Mating System of* Ectophylla alba (Chiroptera: Phyllostomidae), in "Mammal Research", 64, 2019, pp. 11-17, https://doi.org/10.1007/s13364-018-0383-z.

5   E. Gillam et al., *Social Calls Produced Within and Near the Roost in Two Species of Tent-making Bats*, Dermanura watsoni and Ectophylla alba, in "Plos One", 8, 2013, https://doi.org/10.1371/journal.pone.0061731.

6   M. Knörnschild et al., *Bat Echolocation Calls Facilitate Social Communication*, in "Proceedings of the Royal Society B", 279, 2012, https://doi.org/10.1098/rspb.2012.1995.

7   E. Gillam e M. Brock Fenton, *Roles of Acoustic Social Communication in the Lives of Bats*, in "Bat Bioacoustics", 54, 2016, pp. 117-139, https://doi.org/10.1007/978-1-4939-3527-7_5.

8   Jie Ma et al., *Vocal Communication in Adult Greater Horseshoe Bats*, Rhinolophus ferrumequinum, in "Journal of Comparative Physiology A", 192, 2006, pp. 535-550, https://doi.org/10.1007/s00359-006-0094-9.

9   V. Nardone, L. Ancillotto e D. Russo, *A Flexible Communicator: Social Call Repertoire of Savi's Pipistrelle*, Hypsugo savii, in "Hystrix, the Italian Journal of Mammalogy", 28, 2017, https://doi.org/10.4404/hystrix-28.1-11825.

10 M. Knörnschild, *Vocal Production Learning in Bats*, in "Current Opinion in Neurobiology", 28, 2014, pp. 80-85, https://doi.org/10.1016/j.conb.2014.06.014.

11 T. Jiang et al., *Bats Increase Vocal Amplitude and Decrease Vocal Complexity to Mitigate Noise Interference During Social Communication*, in "Animal Cognition", 22, 2019, pp. 199-212, https://doi.org/10.1007/s10071-018-01235-0.

12 S. Song et al., *Bats Adjust Temporal Parameters of Echolocation Pulses but not Those of Communication Calls in Response to Traffic Noise*, in "Integrative Zoology", 14, 2019, pp. 576-588, https://doi.org/10.1111/1749-4877.12387.

13 J. Soltis, *Vocal Communication in African Elephants* (Loxodonta africana), in "Zoo Biology", 29, 2010, https://doi.org/10.1002/zoo.20251.

14 J.H. Poole, *The Behavioral Context of African Elephant Acoustic Communication*, in C. Moss, H. Croze e P.C. Lee (a cura di), *The Amboseli Elephants: A Long-Term Perspective on a Long-Lived Mammal*, University of Chicago Press, Chicago 2011.

15 궁금하다면 여기서 그르렁거리는 코끼리 소리를 들을 수 있다. https://www.elephantvoices.org.

16 M. Garstang, *Long-distance, Low-frequency Elephant Communication*, in "Journal of Comparative Physiology A", 190, 2004, pp. 791-805, https://doi.org/10.1007/s00359-004-0553-0.

17 M. Garstang, *Chapter 3.2: Elephant Infrasounds: Long-range Communication*, in "Handbook of Behavioral Neuroscience", 19, 2010, pp. 57-67, https://doi.org/10.1016/B978-0-12-374593-4.00007-3.

18 R. Slotow et al., *Older Bull Elephants Control Young Males*, in "Nature", 408, 2000, pp. 425-426, https://doi.org/10.1038/35044191.

19 J. Soltis, K. Leong e A. Savage, *African Elephant Vocal Communication I: Antiphonal Calling Behaviour Among Affiliated Females*, in "Animal Behaviour", 70, 2005, pp. 579-587, https://doi.org/10.1016/j.anbehav.2004.11.015; Id., *African Elephant Vocal Communication II: Rumble Variation Reflects the Individual Identity and Emotional State of Callers*, in *ivi*, pp. 589-599, https://doi.org/10.1016/j.anbehav.2004.11.016.

20 L.A. Bates, J.H. Poole e R.W. Byrne, *Elephant Cognition*, in "Current Biology", 13, 2008, https://doi.org/10.1016/j.cub.2008.04.019; K. McComb et al., *Long-distance Communication of Acoustic Cues to Social Identity in African Elephants*, in "Animal Behaviour", 65, 2003, pp. 317-329, https://doi.org/10.1006/anbe.2003.2047.

21 K. McComb et al., *Elephants Can Determine Ethnicity, Gender, and Age from Acoustic Cues in Human Voices*, in "Proceeding of the National Academy of Sciences", 111, 2014, pp. 5433-5438, https://doi.org/10.1073/pnas.1321543111.

22 J.H. Poole et al., *Elephants Are Capable of Vocal Learning*, in "Nature", 434, 2005, pp. 455-456; A. Stoeger e P. Manger, *Vocal Learning in Elephants: Neural Bases and Adaptive Context*, in "Current Opinion in Neurobiology", 28, 2017, pp. 101-107, https://doi.org/10.1016/j.conb.2014.07.001.

09 꽥꽥거리는 남극밍크고래와 '바다의 카나리아' 흰돌고래

1 D. Rish et al., *Mysterious Bio-duck Sound Attributed to the Antartic Minke Whale* (Balaenoptera bonaerensis), in "Biology Letters", 10, 2014, https://doi.org/10.1098/rsbl.2014.0175.

2 케라틴으로 된 고래의 수염판은 살이 매우 촘촘한 빗을 닮았다. 수염판은 위턱의 피부가 변화한 것으로 평행선 형태로 자리잡고 있으며, 물을 여과하는 데 사용된다. 고래와 긴수염고래는 물을 몇 리터씩 마신 다음 혀를 이용하여 물을 밖으로 밀어낸다. 이때 플랑크톤과 크릴(새우 종류)을 걸러 주는 역할을 수염이 하는 것이다.

3 J.L. Crance et al., *Song Production by the North Pacific Right Whale*, Eubalaena japonica, in "The Journal of the Acoustical Society of America", 145, 2019, https://doi.org/ 10.1121/1.5111338.

4 P.L. Tyack e C.W. Clark, *Communication and Acoustic Behavior of Dolphins and Whales*, in W.L. Whitlow (a cura di), *Hearing by Whales and Dolphins*, Springer Verlag Inc., New York, 2000.

5 J.S. Reidenberg e J.T. Laitman, *Sisters of the Sinuses: Cetacean Air Sac*, in "The Anatomical Record", 291, 2008, https://doi.org/10.1002/ar.20792.

6 수컷 일각고래의 뿔은 사실 변형된 이빨일 뿐이다. 보통 왼쪽 위 송곳니인 경우가 많고, 앞으로 2.5미터까지 자라며, 나선 형태로 오른쪽에서 왼쪽으로 꼬여 있다.

7 P.T. Madsen, M. Wahlberg e B. Møhl, *Male Sperm Whale* (Physeter macrocephalus) *Acoustics in a High-latitude Habitat: Implications for Echolocation and Communication*, in "Behavioral Ecology and Sociobiology", 53, 2002, pp. 31-41, https://doi:10.1007/s00265-002-0548-1.

8 C. Oliveira et al., *The Function of Male Sperm Whale Slow Clicks in a High Latitude Habitat: Communication, Echolocation, or Prey Debilitation?*, in "The Journal of Acoustical Society of America", 133, 2013, pp. 3135-3144, http://dx.doi.org/10.1121/1.4795798.

9 R.A. Barton, *Animal Communication: Do Dolphins Have Names?*, in "Current Biology", 15, 2006, pp. 598-599, https://doi:10.1016/j.cub.2006.07.002.

10 M.C. Caldwell e D.K. Caldwell, *Vocalization of Naive Captive Dolphins in Small Groups*, in "Science", 159, 1968, pp. 1121-1123, https://doi:10.1126/

science.159.3819.1121.

11   L.S. Sayigh e V.M. Janik, *Signature Whistles*, in M.D. Breed e J. Moore (a cura di), *Encyclopedia of Animal Behavior*, Academic Press, Oxford 2010.

12   H.C. Esch, L.S. Sayigh e R.S. Wells, *Quantifying Parameters of Bottlenose Dolphin Signature Whistles*, in "Marine Mammal Science", 24, 2009, pp. 976-986, https://doi.org/10.1111/j.1748-7692.2009.00289.x.

13   D.G. Richards, J.P. Wolz e L.M. Herman, *Vocal Mimicry of Computer-generated Sounds and Vocal Labeling of Objects by a Bottlenosed Dolphin*, Tursiops truncates, in "Journal of Comparative Psychology", 98, 1984, pp. 10-28, https://doi.org/10.1037/0735-7036.98.1.10.

14   V.M. Janik e P.J.B. Slater, *Context-specific Use Suggests that Bottlenose Dolphin Signature Whistles Are Aohesion Calls*, in "Animal Behaviour", 56, 1998, pp. 829-838, https://doi.org/10.1006/anbe.1998.0881.

15   V.M. Janik e L.S. Sayigh, *Communication in Bottlenose Dolphins: 50 Years of Signature Whistle Research*, in "Journal of Comparative Physiology A", 199, 2013, pp. 478-489, https://doi.org/10.1007/s00359-013-0817-7.

16   D. Fripp et al., *Bottlenose Dolphin (Tursiops truncatus) Calves Appear to Model Their Signature Whistles on the Signature Whistles of Community Members*, in "Animal Cognition", 7, 2005, pp. 17-26, https://doi.org/10.1007/s10071-004-0225-z.

17   L.S. Sayigh et al., *Signature Whistles of Free-ranging Bottlenose Dolphins* Tursiops truncatus: *Stability and Mother-offspring Comparisons*, in "Behavioral Ecology and Sociobiology", 26, 1990, pp. 247-260, https://doi.org/10.1007/BF00178318.

18   F. Nakahara e N. Miyazaki, *Vocal Exchanges of Signature Whistles in Bottlenose Dolphins* (Tursiops truncatus), in "Journal of Ethology", 29, 2011, pp. 309-320, https://doi.org/10.1007/s10164-010-0259-4.

19   N.J. Quick e V.M. Janik, *Bottlenose Dolphins Exchange Signature Whistles When Meeting at Sea*, in "Proceedings of the Royal Society B", 279, 2012, https://doi.org/10.1098/rspb.2011.2537.

20   S.K. Gadza et al., *A Division of Labour with Role Specialization in Group-hunting Bottlenose Dolphins* (Tursiops truncatus) *Off Cedar Key, Florida*, in "Proceedings of the Royal Society B", 272, 2005, https://doi.org/10.1098/rspb.2004.2937.

21   V.M. Janik, *Whistle Matching in Wild Bottlenose Dolphins* (Tursiops truncatus), in "Science", 289, 2000, pp. 1355-1357, https://doi.org/10.1126/science.289.5483.1355.

22   S.L. King e V.M. Janik, *Bottlenose Dolphins Can Use Learned Vocal Labels to Address Each Other*, in "Proceedings of the National Academy of Sciences", 110, 2013, pp. 13216-13221, https://doi.org/10.1073/pnas.1304459110.

23   B. McCowan e D. Reiss, *The Fallacy of 'Signature Whistles' in Bottlenose Dolphins: A*

Comparative Perspective of 'Signature Information' in Animal Vocalizations, in "Animal Behaviour", 62, 2001, pp. 1151-1162, https://doi.org/10.1006/anbe.2001.1846.

24 B. Díaz López, *Whistle Characteristics in Free-ranging Bottlenose Dolphins* (Tu rsiops truncatus) *in the Mediterranean Sea: Influence of Behaviour*, in "Mammalian Biology", 76, 2011, pp. 180-189, https://doi.org/10.1016/j.mambio.2010.06.006.

25 R.S. Payne e S.McVay, *Songs of Humpback Whales*, in "Science", 173, 1971, pp. 585-597, https://doi.org/10.1126/science.173.3997.585.

26 P.L. Tyack e C.W. Clark, *Communication and Acoustic Behavior of Dolphins and Whales*, in W.L. Whitlow, *Hearing by Whales and Dolphins*, Springer Verlag Inc., New York 2000.

27 W.W.L. Au et al., *Acoustic Properties of Humpback Whale Songs*, in "The Journal of the Acoustical Society of America", 2006, 120, 1103, https://doi.org/10.1121/1.2211547.

28 L.M. Hermann et al., *Humpback Whale Song: Who Sings?*, in "Behavioral Ecology and Sociobiology", 67, 2013, pp. 1653-1663, https://doi.org/10.1007/s00265-013-1576-8.

29 H.E. Winn et al., *Song of the Humpback Whale–Population Comparison*, in "Behavioral Ecology and Sociobiology", 8, 1981, pp. 41-46, https://doi.org/10.1007/BF00302842.

30 L.E. Rendell e H. Whitehead, *Vocal Clans in Sperm Whales* (Physeter macrocephalus), in "Proceedings of the Royal Society B", 270, https://doi.org/10.1098/rspb.2002.2239; L.E. Rendell e H. Whitehead, *Spatial and Temporal Variation in Sperm Whale Coda Vocalizations: Stable Usage and Local Dialects*, in "Animal Behaviour", 70, 2005, pp. 191-198, https://doi.org/10.1016/j.anbehav.2005.03.001.

31 J.K.B. Ford, *Encyclopedia of Marine Mammals*, 2018, pp. 253-254, https://doi.org/10.1016/B978-0-12-804327-1.00104-7.

32 앞서 출간한 나의 책《경계 없는 세계: 이주하는 동물들의 특별한 이야기》(2019)를 읽은 사람은 잘 알고 있을 것이다.

33 E.C. Garland et al., *Song Hybridization Events During Revolutionary Song Change Provide Insights into Cultural Transmission in Humpback Whales*, in "Proceedings of the National Academy of Sciences", 114, 2017, pp. 7822-7829, https://doi.org/10.1073/pnas.1621072114.

34 C. Owen et al., *Migratory Convergence Facilitates Cultural Transmission of Humpback Whale Song*, in "Royal Society Open Science", 6, 2019, https://doi.org/10.1098/rsos.190337.

35 V.M. Janik, *Cetacean Vocal Learning and Communication*, in "Current Opinion in Neurobiology", 28, 2014, pp. 60-65, https://dx.doi.org/10.1016/j.conb.2014.06.010.

36　A. Širović et al., *Fin Whale Song Variability in Southern California and the Gulf of California*, in "Scientific Report", 7, 2017, https://doi.org/10.1038/s41598-017-09979-4; M.A. McDonald, S.L. Mesnick e J.A. Hildebrand, *Biogeographic Characterization of Blue Whale Song Worldwide: Using Song to Identify Populations*, in "Journal of Cetacean Research and Management", 8, 2006, pp. 55-66.

37　Tyack e Clark, *Communication and Acoustic Behavior of Dolphins and Whales*, in Whitlow (a cura di), *Hearing by Whales and Dolphins*, cit.

38　W.C. Cummings e P.O. Thompson, *Underwater Sounds From the Blue Whale*, Balaenoptera musculus, in "The Journal of the Acoustical Society of America", 50, 1971, https://doi.org/10.1121/1.1912752.

39　L.A. Lewis et al., *Context-dependent Variability in Blue Whale Acoustic Behavior*, Royal Society Open Science, 2018, https://doi.org/10.1098/rsos.180241; P.O. Thompson et al., *Underwater Sounds of Blue Whale*, Balaenoptera musculus, *in the Gulf of California, Mexico*, in "Marine Mammal Science", 12, 1996, https://doi.org/10.1111/j.1748-7692.1996.tb00578.x.

40　R.L. Pitman e J.W. Durban, *Cooperative Hunting Behavior, Prey Selectivity and Prey Handling by Pack Ice Killer Whales* (Orcinus orca), *Type B, in Antarctic Peninsula Waters*, in "Marine Mammal Science", 28, 2011, pp. 16-36 https://doi.org/10.1111/j.1748-7692.2010.00453.x.

41　http://www.nwr.noaa.gov/Marine-Mammals/Whales-Dolphins-Porpoise/Killer-Whales/Conservation-Planning/upload/SRKW-propConsPlan.pdf.

42　N. Agular de Soto et al., *Fear of Killer Whales Drives Extreme Synchrony in Deep Diving Beaked Whales*, in "Scientific Reports", 10, 2020, https://doi.org/10.1038/s41598-019-55911-3.

43　S.E. Parks e C.W. Clark, *Short- and Long-term Changes in Right Whale Calling Behavior: The Potential Effects of Noise on Acoustic Communication*, in "The Journal of the Acoustical Society of America", 122, 2007, https://doi.org/10.1121/1.2799904.

44　R.A. Dunlop, D.H. Cato e M.J. Noad, *Your Attention Please: Increasing Ambient Noise Levels Elicits a Change in Communication Behavior in Humpback Whales* (Megaptera novaeangliae), in "Proceedings of the Royal Society B", 277, 2010, pp. 2521-2529, https://doi.org/10.1098/rspb.2009.2319.

45　R.E. Dunlop, *The Effect of Vessel Noise on Humpback Whale*, Megaptera novaeangliae, *Communication Behavior*, in "Animal Behaviour", 111, 2016, pp. 13-21, https://doi:10.1016/j.anbehav.2015.10.002.

46　K. Tsujii et al., *Change in Singing Behavior of Humpback Whales Caused by Shipping Noise*, in "Plos One", 13, 2017, https://doi.org/10.1371/journal.pone.0204112.

47　A.D. Foote, R.W. Osborne e R.A. Hoelzel, *Whale-call Response to Masking Boat Noise*, in "Nature", 428, 2004, https://doi.org/10.1038/428910a.

48 S. Cerchio et al., *Seismic Surveys Negatively Affect Humpback Whale Singing Activity off Northern Angola*, in "Plos One", 2014, https://doi.org/10.1371/journal.pone.0086464.

49 L. di Iorio e C.W. Clark, *Exposure to Seismic Survey Alters Blue Whale Acoustic Communication*, in "Biology Letters", 23, 6, 2010, pp. 334-335, https://doi.org/10.1098/rsbl.2009.0967.

50 J.A. Goldbogen et al., *Blue Whales Respond to Simulated Mid-frequency Military Sonar*, in "Proceedings of the Royal Society B", 2013, https://doi.org/10.1098/rspb.2013.0657.

51 E.E. Carter et al., *Ship Noise Inhibits Colour Change, Camouflage, and Antipredator Behaviour in Shore Crabs*, in "Current Biology", 2020, https://doi.org/10.1016/j.cub.2020.01.014.

52 C.M. Duarte et al., *The Soundscape of the Anthropocene Ocean*, in "Science", 2021, http://doi.org/10.1126/science.aba4658.

53 M.A. Mcdonald, J.A. Hildebrand e S.L. Mesnick, *Worldwide Decline in Tonal Frequencies of Blue Whale Songs*, in "Endagered Species Research", 9, 2009, pp. 13-21, http://doi.org/10.3354/esr00217.

54 E.C. Leroy et al., *Long-term and Seasonal Changes of Large Whale Call Frequency in the Southern Indian Ocean*, in "Journal of Geophysical Research", 27 novembre 2018, https://doi.org/10.1029/2018JC014352.

10 늑대는 이유 없이 울부짖지 않는다

1 F.H. Harrington e C.S. Asa, *Wolf Communication*, in L.D. Mech e L. Boitani (a cura di), *Wolves: Behavior, Ecology, and Conservation*, University of Chicago Press, Chicago, 2003.

2 D. Passilongo et al., *The Acoustic Structure of Wolf Howls in Some Eastern Tuscany (Central Italy) Free Ranging Packs*, in "Bioacoustic", 19, 2010, pp. 159-175.

3 D. Passilongo, M. Marchetto e M. Apollonio, *Singing in a Wolf Chorus: Structure and Complexity of a Multicomponent Acoustic Behaviour*, in "Hystrix", 28, 2017, pp. 180-185, https://doi.org/10.4404/hystrix-28.2-12019.

4 V. Palacios et al., *Recognition of Familiarity on the Basis of Howls: A Playback Experiment in a Captive Group of Wolves*, in "Behaviour", 152, 2015, pp. 593-614, https://doi.org/10.1163/1568539X-00003244; H. Root-Gutteeridge et al., *Identifying Individual Wild Eastern Grey Wolves* (Canis lupus lycaon) *Using Fundamental Frequency and Amplitude of Howls*, in "Journal of Bioacoustics", 23, 2014, pp. 55-66, https://doi.org/10.1080/09524622.2013.817317.

5 S.K. Watsona, S.W. Townsend e F. Range, *Wolf Howls Encode Both Sender- and Context-specific Information*, in "Animal Behaviour", 145, 2018, pp. 59-66, https://

doi.org/10.1016/j.anbehav.2018.09.005.

6 V. Palacios et al., *Decoding Group Vocalizations: The Acoustic Energy Distribution of Chorus Howls is Useful to Determine Wolf Reproduction*, in "Plos One", 11, 2016, https://doi.org/10.1371/journal.pone.0153858.

7 D.E. Ausband, S.B. Bassing e M.S. Mitchell, *Environmental and Social Factors Influencing Wolf (Canis lupus) Howling Behavior*, in "Ethology", 126, 2020, pp. 890-899, https://doi.org/10.1111/eth.13041.

8 A. Gazzola et al., *Temporal Changes of Howling in South European Wolf Packs*, in "Italian Journal of Zoology", 69, 2002, pp. 157-161, http://dx.doi.org/10.1080/11250000209356454.

9 S. Nowak et al., *Howling Activity of Free-ranging Wolves (Canis lupus) in the Białowieza Primeval Forest and the Western Beskidy Mountains (Poland)*, in "Journal of Ethology", 25, 2007, pp. 231-23, http://doi.org/10.1007/s10164-006-0015-y.

10 F. Mazzini et al., *Wolf Howling is Mediated by Relationship Quality Rather Than Underlying Emotional Stress*, in "Current Biology", 23, 2013, pp. 1677-1660, https://doi.org/10.1016/j.cub.2013.06.066.

11 F.H. Harrington e L.D. Mech, *Wolf Howling and Its Role in Territory Maintenance*, in "Behaviour", 68, 1979, pp. 207-249, https://doi.org/10.1163/156853979X00322.

12 L. Hennelly et al., *Howl Variation Across Himalayan, North African, Indian, and Holarctic Wolf Clades: Tracing Divergence in the World's Oldest Wolf Lineages Using Acoustics*, in "Current Zoology", 63, 2017, pp. 341-348, http://doi.org/10.1093/cz/zox001.

13 M. Zaccaroni et al., *Group Specific Vocal Signature in Free-ranging Wolf Pack*, in "Ethology Ecology & Evolution", 24, 2012, pp. 322-331, http://dx.doi.org/10.1080/03949370.2012.664569.

14 소와 양, 산양 등 솟과 동물의 뿔을 동각이라 하며, 한 번 자란 뿔로 평생을 살고 속이 비어 있다. 반면 사슴과의 뿔은 대각과 지각이라고 하는데, 가지가 있고 뼈 조직으로 이루어져 있으며 번식기가 끝나면 떨어진다. 그리고 혈관이 많은 부드러운 벨벳 조직에 싸여 다시 자라고, 번식기 전에 테스토스테론 수치가 증가함에 따라 다시 떨어질 것이다.

15 M. Garcia et al., *Do Red Deer Stags (Cervus elaphus) Use Roar Fundamental Frequency (F0) to Assess Rivals?*, in "Plos One", 8, 2013, https://doi.org/10.1371/journal.pone.0083946; D. Reby et al., *Red Deer Stags Use Formants as Assessment Cues During Intrasexual Agonistic Interactions*, in "Proceedings of the Royal Society B", 272, 2005, pp. 941-947, https://doi.org/10.1098/rspb.2004.2954.

16 D. Reby e K. McComb, *Anatomical Constraints Generate Honesty: Acoustic Cues to Age and Weight in the Roars of Red Deer Stags*, in "Animal Behaviour", 65, 2003, pp. 519-530.

17   D. Reby et al., *Oestrous Red Deer Hinds Prefer Male Roars With Higher Fundamental Frequencies*, in "Proceedings of the Royal Society B", 277, 2010, pp. 2747-2753.

18   B.D. Charlton, D. Reby e K. McComb, *Female Red Deer Prefere the Roars of Larger Males*, in "Biology Letters", 3, 2007, pp. 382-385; B.D. Charlton, D. Reby e K. McComb, *Female Perception of Size-related Formant Shifts in Red Deer*, Cervus elaphus, in "Animal Behaviour", 74, 2007, pp. 707-714.

19   D. Reby et al., *Red Deer* (Cervus elaphus) *Hinds Discriminate Between the Roars of Their Current Harem-Holder Stag and Those of Neighbouring Stags*, in "Ethology", 107, 2001, pp. 952-959.

20   T.H. Clutton-Brock e S.D. Albon, *The Roaring of Red Deer and the Evolution of Honest Advertisement*, in "Behaviour", 69, 1979, pp. 145-170.

21   K. McComb, *Roaring by Red Deer Stags Advances the Date of Oestrus in Hinds*, in "Nature", 330, 1987, pp. 648-649.

22   D. Reby e B.D. Charlton, *Attention Grabbing in Red Deer Sexual Calls*, in "Animal Cognition", 15, 2011, pp. 265-270, https://doi.org/10.1007/s10071-011-0451-0; B.D. Charlton et al., *Do Red Deer Hinds Prefer Stags That Produce Harsh Roars in Mate Choice Contexts?*, in "Journal of Zoology", 293, 2014, pp. 57-62, https://doi.org/10.1111/jzo.12120.

23   D. Reby et al., *Spectral Acoustic Structure of Barking in Roe Deer* (Capreolus capreolus). *Sex-, Age- and Individual-related Variations*, in "Comptes Rendus de l'Académie des Sciences, Series III, Sciences de la Vie", 322, 1999, pp. 271-279, https://doi.org/10.1016/S0764-4469(99)80063-8.

24   I. Rossi et al., *Barking in Roe Deer (Capreolus capreolus) Seasonal Trends and Possible Function*, in "Hystrix", 13, 2002, pp. 13-18; D. Reby, B. Cargnelutti e A.J.M. Hewison, Contexts and Possible Functions of Barking in Roe Deer, in "Animal Behaviour", 57, 1999, pp. 1121-1128.

25   D. Lenti Boero, *Alarm Calling in Alpine Marmot (Marmota marmota L.): Evidence for Semantic Communication*, in "Ethology Ecology & Evolution", 4, 1992, pp. 125-138, https://doi.org/10.1080/08927014.1992.9525334.

26   D.T. Blumstein e W. Arnold, *Situational Specificity in Alpine Marmot Alarm Communication*, in "Ethology", 100, 1995, https://doi.org/10.1111/j.1439-0310.1995.tb00310.x.

27   T. Lengagne et al., *Geographic Variation in Marmots' Alarm Calls Causes Different Responses*, in "Behavioral Ecology and Sociobiology", 74, 2020, https://doi.org/10.1007/s00265-020-02858-5.

28   D.T. Blumstein e K.B. *Armitage, Alarm Calling in Yellow-bellied Marmots: I. The Meaning of Situationally Variable Alarm Calls*, in "Animal Behaviour", 53, 1997, pp. 143-171, https://doi.org/10.1006/anbe.1996.0285.

29 D.T. Blumstein e J.C. Daniel, *Yellow-bellied Marmots Discriminate Between the Alarm Calls of Individuals and Are More Responsive to Calls From Juveniles*, in "Animal Behaviour", 68, 2004, pp. 1257-1265, https://doi.org/10.1016/j.anbehav.2003.12.024.

30 J. Placer e C.N. Slobodchikoff, *A Fuzzy-neural System for Identification of Species-specific Alarm Calls of Gunnison's Gunnison's Prairie Dogs*, in "Behavioural Process", 52, 2000, pp. 1-9, https://doi.org/10.1016/S0376-6357(00)00105-4.

31 C.N. Slobodchikoff, *Cognition and Communication in Prairie Dogs*, in M. Bekoff, C. Allen e G.M. Burghardt (a cura di), *The Cognitive Animal*, A Bradford Book, Cambridge (MA) 2000, pp. 257-264.

32 J.L. Hoogland, *Cynomys Ludovicianus*, in "Mammalian Species", 535, 1996, pp. 1-10, https://doi.org/10.2307/3504202.

33 J.L. Hoogland, *Nepotism and Alarm Calling in the Black-tailed Prairie Dog* (Cynomys ludovicianus), in "Animal Behaviour", 31, 1983, pp 472-479, https://doi.org/10.1016/S0003-3472(83)80068-2.

34 D.M. Shier e D.H. Owings, *Effects of Social Learning on Predator Training and Postrelease Survival in Juvenile Black-tailed Prairie Dogs*, Cynomys ludovicianus, in "Animal Behaviour", 73, 2007, pp. 567-577, https://doi.org/10.1016/j.anbehav.2006.09.009.

35 K. Collier, S.W. Townsend e M.B. Manser, *Call Concatenation in Wild Meerkats*, in "Animal Behaviour", 134, 2017, pp. 257-269, https://doi.org/10.1016/j.anbehav.2016.12.014.

36 M.B. Manser, M.B. Bell e L.B. Fletcher, *The Information That Receivers Extract From Alarm Calls in Suricates*, in "Proceedings of the Royal Society B", 268, 2001, https://doi.org/10.1098/rspb.2001.1772; M.B. Manser, R.M. Seyfarth e D.L. Cheneyc, *Suricate Alarm Calls Signal Predator Class and Urgency*, in "Trends in Cognitive Science", 6, 2002, pp. 55-57, https://doi.org/10.1016/S1364-6613(00)01840-4; M.B. Manser, *The Acoustic Structure of Suricates' Alarm Calls Varies with Predator Type and the Level of Response Urgency*, in "Proceedings of the Royal Society B", 268, 2001, https://doi.org/10.1098/rspb.2001.1773.

37 L.I. Hollén e M.B. Manser, *Ontogeny of Alarm Call Responses in Meerkats*, Suricata suricatta: *The Roles of Age, Sex and Nearby Conspecifics*, in "Animal Behaviour", 2006, 72, pp. 1345-1353, https://doi.org/10.1016/j.anbehav.2006.03.020.

38 T. Flower, *Fork-tailed Drongos Use Deceptive Mimicked Alarm Calls to Steal Food*, in "Proceedings of the Royal Society B", 278, 2010, https://doi.org/10.1098/rspb.2010.1932.

39 R.M. Seyfarth, D.L. Cheney e P. Marler, *Monkey Responses to Three Different Alarm Calls: Evidence for Predator Classification and Semantic Communication*, in "Science",

210, 1980, pp. 801-803, https://doi.org/10.1126/science.7433999.

40 R.M. Seyfarth, D.L. Cheney e P. Marler, *Vervet Monkey Alarm Calls: Semantic Communication in a Free-ranging Primate*, in "Animal Behaviour", 28, 1980, pp. 1070-1094, https://doi.org/10.1016/S0003-3472(80)80097-2.

41 D.L. Cheney e R.M. Seyfarth, *Vervet Monkey Alarm Calls: Manipulation Through Shared Information?*, in "Behaviour", 94, 1985, pp. 150-166, https://doi.org/10.1163/156853985X00316.

42 G. Woodruff e D. Premack, *Intentional Communication in the Chimpanzee: The Development of Deception*, in "Cognition", 7, 1979, pp. 333-362, https://doi.org/10.1016/0010-0277(79)90021-0.

43 M.S. Di Bitetti, *Food-associated Calls and Audience Effects in Tufted Capuchin Monkeys*, Cebus apella nigritus, in "Animal Behaviour", 69, 2005, pp. 911-919, https://doi.org/10.1016/j.anbehav.2004.05.021.

44 B.C. Wheeler, *Monkeys Crying Wolf? Tufted Capuchin Monkeys Use Anti-predator Calls to Usurp Resources From Conspecifics*, in "Proceedings of the Royal Society B", 276, 2009, https://doi.org/10.1098/rspb.2009.0544.

11 악어는 어떤 소리를 낼까?

1 G. Grigg e D. Kirshner, *Biology and Evolution of Crocodylians*, CSIRO Publishing, 2015; C.A. Ross, *Crocodiles and Alligators* (a cura di), in "Blitz", 1992.

2 A.L. Vergne, M.B. Pritz e N. Mathevon, *Acoustic Communication in Crocodilians: From Behavior to Brain*, in "Biological Reviews", 84, 2009, pp. 391-411, https://doi.org/10.1111/j.1469-185X.2009.00079.x.

3 상동.

4 J.W. Lang, *Social Behaviour*, in Ross (a cura di), *Crocodiles and Alligators*, cit., pp. 102-117.

5 이 모든 놀라운 소리를 비롯한 다양한 자료는 여기서 들을 수 있다. http://crocodilian.com/cnhc/croccomm.html.

6 A.L. Vergne et al., *Parent-offspring Communication in the Nile Crocodile* Crocodylus niloticus: *Do Newborns' Calls Show an Individual Signature?*, in "Naturwissenschaften", 94, 2007, https://doi.org/10.1007/s00114-006-0156-4.

7 A.L. Vergne et al., *Acoustic Signals of Baby Black Caimans*, in "Zoology", 114, 2011, pp. 313-320, https://doi.org/10.1016/j.zool.2011.07.003.

8 S.A. Reber et al., *Formants Provide Honest Acoustic Cues to Body Size in American Alligators*, in "Scientific Reports", 7, 2017, https://doi.org/10.1038/s41598-017-01948-1.

9 L.D. Garrick, J.W. Lang e H. Herzog, *Social Signals of Adult American Alligators*, in "Bulletin of the American Museum of Natural History", 60, 1978, pp. 153-192.

10 K.A. Vliet, *Social Displays of the American Alligator* (Alligator mississippiensis), in "American Zoologist", 29, 1989, pp. 1019-1031, https://doi.org/10.1093/icb/29.3.1019.

11 L.D. Garrick e J.W. Lang, *Social Signals and Behaviors of Adult Alligators and Crocodiles*, in "American Zoologist", 17, 1977, pp. 225-239, https://doi.org/10.1093/icb/17.1.225; V.L. Dinets, *Nocturnal Behavior of the American Alligator* (Alligator mississippiensis) *in the Wild During the Mating Season*, in "Herpetological Bulletin", 111, 2010, pp. 4-11.

12 B.A. Young, *Morphological Basis of "Growling" in the King Cobra*, Ophiophagus hannah, in "Journal of Experimental Zoology", 260, 1991, pp. 275-287, https://doi:10.1002/jez.1402600302.

13 C. Gans e N.D. Richmond, *Warning Behavior in Snakes of the Genus Dasypeltis*, in "Copeia", 4, 1957, pp. 269-274.

14 B.A. Young, *A Review of Sound Production and Hearing in Snakes, With a Discussion of Intraspecific Acoustic Communication in Snakes*, in "Journal of the Pennsylvania Academy of Science", 71, 1997, pp. 39-46, www.jstor.org/stable/44149431.

15 상동.

16 P.J. Schaeffer, K. Conley e S. Lindstedt, *Structural Correlates of Speed and Endurance in Skeletal Muscle: The Rattlesnake Tailshaker Muscle*, in "Journal of Experimental Biology", 199, 1996, pp. 351-358.

17 B.A. Young e I.P. Brown, *The Physical Basis of the Rattling Sound in the Rattlesnake Crotalus Viridis Oreganus*, in "Journal of Herpetology", 29, 1995, pp. 80-85, www.jstor.org/stable/1565089.

18 M.P. Rowe e D.H. Owings, *The Meaning of the Sound of Rattling By Rattlesnakes To California Ground Squirrels*, in "Behaviour", 66, 1978, pp. 252-267, https://doi.org/10.1163/156853978X00134.

19 A.D. Lagorio et al., *The Arylabialis Muscle of the Túngara Frog* (Engystomops pustulosus), in "The Anatomical Record", 303, 2020, pp. 1966-1976, https://doi.org/10.1002/ar.24267.

20 A.M. Lea e M.J. Ryan, *Irrationality in Mate Choice Revealed by Túngara Frogs*, in "Science", 349, 2015, pp. 964-966, https://doi.org/10.1126/science.aab2012.

21 M.J. Ryan e M. Guerra, *The Mechanism of Sound Production in Túngara Frogs and Its Role in Sexual Selection and Speciation*, in "Current Opinion in Neurobiology", 28, 2014, pp. 54-59; M.J. Ryan, *The Túngara Frog: A Study in Sexual Selection and Communication*, University of Chicago Press, Chicago, 1985; R.A. Page e X.E. Bernal, *Túngara Frogs*, in "Current Biology", 23, 2006, pp. 979-980; M.J. Ryan, M.D. Tuttle e A.S. Rand, *Sexual Advertisement and Bat Predation in a Neotropical Frog*, in "American Naturalist", 119, 1982, pp. 136-139.

22　W. Halfwerk et al., *Risky Ripples Allow Bats and Frogs to Eavesdrop on a Multisensory Sexual Display*, in "Science", 343, 2014, pp. 413-416, https://doi.org/10.1126/science.1244812.

23　D.R. Frost et al., *Anura, in Amphibian Species of the World, An Online Reference. Version 6.0*, American Museum of Natural History, New York, 2014.

24　https://www.frogid.net.au.

25　H.C. Gerhardt, *The Evolution of Vocalization in Frogs and Toads*, in "Annual Review of Ecology and Systematics", 25, 1994, pp. 293-324, https://doi.org/10.1146/annurev.es.25.110194.001453.

26　K. Wells e J. Schwartz, *The Behavioral Ecology of Anuran Communication*, in P. Neris, A. Feng e R.R. Fey (a cura di), *Hearing and Sound Communication in Amphibians*, Springer Handbook of Auditory Research, 28, 2007, pp. 44-86.

27　S.T. Emlen, *Lek Organization and Mating Strategies in the Bullfrog*, in "Behavioral Ecology and Sociobiology", 1, 1976, pp. 283-313, https://doi.org/10.1007/BF00300069; T.A. Wiewandt, *Vocalization, Aggressive Behavior, and Territoriality in the Bullfrog*, Rana catesbeiana, in "Copeia", 2, 1969, pp. 276-285, https://doi.org/10.2307/1442074; M.J. Ryan, *The Reproductive Behavior of the Bullfrog* (Rana catesbeiana), in "Copeia", 1, 1980, pp. 108-114, https://doi.org/10.2307/1444139; K.A. Judge e R.J. Brooks, *Chorus Participation by Male Bullfrogs*, Rana catesbeiana: *A Test of the Energetic Constraint Hypothesis*, in "Animal Behaviour", 62, 2001, pp. 849-861, https://doi.org/10.1006/anbe.2001.1801.

28　B. Hilton Jr, *Jug-o-Rum: Call of the Amorous Bullfrog*, in "The Piedmont Naturalist", 1, Hilton Pond Center for Piedmont Natural History, 1986.

29　A.S. Feng et al., *Ultrasonic Communication in Frogs*, in "Nature", 440, 2006, pp. 333-336, https://doi.org/10.1038/nature04416; R.A. Suthers et al., *Voices of the Dead: Complex Nonlinear Vocal Signals From the Larynx of an Ultrasonic Frog*, in "Journal of Experimental Biology", 209, 2006, pp. 4984-4993, https://doi.org/10.1242/jeb.02594; J.-X. Shen et al., *Ultrasonic Frogs Show Extraordinary Sex Differences in Auditory Frequency Sensitivity*, in "Nature Communications", 2, 342, 2011, https://doi.org/10.1038/ncomms1339.

30　B. Lardner e M. bin Lakim, *Tree-hole Frogs Exploit Resonance Effects*, in "Nature", 420, 2002, https://doi.org/10.1038/420475a

31　W.H. Tan et al., *Urban Canyon Effect: Storm Drains Enhance Call Characteristics of the Mientien Tree Frog*, in "Journal of Zoology", 294, 2014, pp. 77-84, https://doi.org/10.1111/jzo.12154.

12 물고기처럼 말이 없고, 매미처럼 집요한

1   M. Picculin et al., *Sound Emissions of the Mediterranean Damselfish* Chromis chromis (Pomacentridae), in "Bioacoustics: The International Journal of Animal Sound and its Recording", 12, 2002, pp. 236-238, https://doi.org/10.1080/09524622.2002.9753707

2   R.A. Knapp e J.T. Kovach, *Courtship as an Honest Indicator of Male Parental Quality in the Bicolor Damselfish*, Stegastes partitus, in "Behavioral Ecology", 2, 1991, pp. 295-300, https://doi.org/10.1093/beheco/2.4.295; R.A. Knapp e R.R. Warner, *Male Parental Care and Female Choice in the Bicolor Damselfish, Stegastes partitus: Bigger is not Always Better*, in "Animal Behaviour", 41, 1991, pp. 747-756, https://doi.org/10.1016/s0003-3472(05)80341-0.

3   게다가 포시도니아 초원은 지중해 연안의 침식작용을 막아주는 매우 중요한 역할을 담당하고 있다. 실제로 이 식물(수초가 아니다)의 뿌리와 뿌리줄기는 카펫을 형성하여 모래를 제자리에 붙들어두며, 물속의 방파제 역할을 함으로써 조류와 파도의 힘을 약화시킨다.

4   L. di Iorio et al., *'Posidonia Meadows Calling': A Ubiquitous Fish Sound With Monitoring Potential*, in "Remote Sensing in Ecology and Conservation", 4, 2018, https://doi.org/10.1002/rse2.72.

5   물가로 밀려온 포시도니아 잎은 죽어서도 계속 매우 중요한 역할을 수행한다. 해변을 이불처럼 덮어서 파도의 침식작용을 막아준다.

6   M. Wahlberg e H. Westerberg, *Sounds Produced by Herring* (Clupea harengus) *Bubble Release*, in "Acoustics in Fisheries and Aquatic Ecology", 16, 2003, pp. 271-275, https://doi.org/10.1016/S0990-7440(03)00017-2.

7   B. Wilson, R.S. Batty e L.M. Dill, *Pacific and Atlantic Herring Produce Burst Pulse Sounds*, in "Proceedings of the Royal Society B", 271, 2004, https://doi.org/10.1098/rsbl.2003.0107.

8   D.G. Zeddies, *Sound Source Localization by the Plainfin Midshipman Fish*, Porichthys notatus, in "The Journal of the Acoustical Society of America", 127, 2010, https://doi.org/10.1121/1.3365261; R.M. Ibara et al., *The Mating Call of the Plainfin Midshipman Fish*, Porichthys notatus, in D.L.G. Noakes et al., *Predators and Prey in Fishes. Developments in Environmental Biology of Fishes*, vol. 2, Springer, Dordrecht, 1983, https://doi.org/10.1007/978-94-009-7296-4_22.

9   J.G. Forbes, H. Douglas Morris e K. Wang, *Multimodal Imaging of the Sonic Organ of* Porichthys notatus, *the Singing Midshipman Fish*, in "Magnetic Resonance Imaging", 24, 2006, pp. 321-331, https://doi.org/10.1016/j.mri.2005.10.036.

10   P.M. Craig et al., *Coping With Aquatic Hypoxia: How the Plainfin Midshipman* (Porichthys notatus) *Tolerates the Intertidal Zone*, in "Environmental Biology of Fishes", 97, 2014, pp. 163-172

11   F. Bertucci et al., *New Insights into the Role of the Pharyngeal Jaw Apparatus in the Sound-producing Mechanism of* Haemulon flavolineatum (Haemulidae), in "Journal of Experimental Biology", 217, 2014, pp. 3862-3869, https://doi.org/1242/jeb.109025.

12   E. Kastenhuber e S. CF Neuhauss, *Acoustic Communication: Sound Advice From Piranhas*, in "Current Biology", 21, 2011, https://doi.org/10.1016/j.cub.2011.10.048; S. Millot, P. Vandewalle ed E. Parmentier, *Sound Production in Red-bellied Piranhas* (Pygocentrus nattereri, Kner)*: An Acoustical, Behavioural and Morphofunctional Study*, in "Journal of Experimental Biology", 2011, 214, pp. 3613-3618, https://doi.org/10.1242/jeb.061218.

13   F. Ladich et al., *Communication in Fishes*, Science Publishers Inc., Enfield (NH) 2006; F. Ladich e I.P. Maiditsch, *Acoustic Signalling in Female Fish: Factors Influencing Sound Characteristics in Croaking Gouramis*, in "Bioacustics", 28, 2018, pp. 377-390, https://doi.org/10.1080/09524622.2017.1359669.

14   A. Anker, K.M. Hultgren e S. De Grave, Synalpheus Pinkfloydi sp. nov., *A New Pistol Shrimp From the Tropical Eastern Pacific* (Decapoda: Alpheidae), in "Zootaxa", 4254, 2017, pp. 111-119, https://doi.org/10.11646/zootaxa.4254.1.7.

15   M. Versluis et al., *How Snapping Shrimp Snap: Through Cavitating Bubbles*, in "Science", 289, pp. 2114-2117, https://doi.org/10.1126/science.289.5487.2114.

16   G. Buscaino et al., *Acoustic Behaviour of the European Spiny Lobster* Palinurus elephas, in "Marine Ecology Progress Series", 441, 2011, pp. 177-184.

17   D.E. Holt e C.E. Johnson, *Evidence of the Lombard Effect in Fishes*, in "Behavioral Ecology", 25, 2014, pp. 819-826, https://doi.org/10.1093/beheco/aru028.

18   K. de Jong et al., *Noise Can Affect Acoustic Communication and Subsequent Spawning Success in Fish*, in "Environmental Pollution", 237, 2018, pp. 814-823, https://doi.org/10.1016/j.envpol.2017.11.003.

19   영어의 fit(적합성)에서 파생된 fitness(적합도)는 주어진 환경에서 같은 종의 다른 개체와 비교하여 어떤 생물(또는 유전자형)의 번식 및 생존 능력을 측정한다. 간단히 말해서 길러낸 총 자손의 수(번식 성공도)가 아니라 그 이후에 다시 번식하게 될 자손의 수를 가리킨다.

20   A.N. Radfors et al., *Acoustic Communication in a Noisy World: Can Fish Compete With Anthropogenic Noise?*, in "Behavioral Ecology", 25, 2014, pp. 1022-1030, https://doi.org/10.1093/beheco/aru029; F. Ladich, *Ecology of Sound Communication in Fishes*, in "Fish and Fisheries", 2019, https://doi.org/10.1111/faf.12368.

21   T. Rossi, S.D. Connell e I. Nagelkerken, *Silent Oceans: Ocean Acidification Impoverishes Natural Soundscapes by Altering Sound Production of the World's Noisiest Marine Invertebrate*, in "Proceedings of the Royal Society B", 2016, https://doi.org/10.1098/rspb.2015.3046.

22 H.C. Bennet-Clark e D. Young, *A Model of the Mechanism of Sound Production in Cicadas*, in "Journal of Experimental Biology", 173, 1992, pp. 123-153; H.C. Bennet-Clark e D. Young, *The Scaling of Song Frequency in Cicadas*, in "Journal of Experimental Biology", 191, 1994, pp. 291-294.

23 M.F. Claridge, M.R. Wilson e J.S. Singhrao, *The Songs and Calling Sites of Two European Cicadas*, in "Ecological Entomology", 4, 1979, pp. 225-229.

24 M.C. Nelson, *Sound Production in the Cockroach*, Gromphadorhina portentosa: *The Sound-producing Apparatus*, in "Journal of Comparative Physiology", 1979, 132, pp. 27-38.

25 J. Sueur, D. Mackie e J.F.C. Windmill, *So Small, So Loud: Extremely High Sound Pressure Level from a Pygmy Aquatic Insect* (Corixidae, Micronectinae), in "Plos One", 2011, https://doi.org/10.1371/journal.pone.0021089.

13 고약한 냄새

1 이 종은 미국 애니메이션에서 매우 자주 만나볼 수 있다. 또 다른 예로는 밤비의 스컹크 친구 플라워가 있다.

2 세 가지 주요 성분은(E)-2-뷰텐-1-싸이올, 3-메틸-1-뷰테인싸이올, S-2-뷰테닐-싸이오아세테이트이다. K. Andersen e D.T. Bernstein, *Some Chemical Constituents of the Scent of the Striped Skunk* (Mephitis mephitis), in "Journal of Chemical Ecology", 1, 1978, pp. 493-499; K. Andersen e D.T. Bernstein, *1-Butanethiol and the Striped Skunk*, in "Journal of Chemical Education", 55, 1978, pp. 159-160; W.F. Wood et al., *Volatile Components in Defensive Spray of the Hooded Skunk*, Mephitis macroura, in "Journal of Chemical Ecology", 28, 2002, pp. 1865-1870.

3 R.A. Hamilton et al., *Determination of Seasonality in Southern Hairy-nosed Wombats* (Lasiorhinus latifrons) *by Analysis of Fecal Androgens*, in "Biology of Reproduction", 63, 2000, pp. 526-531; M.C.J. Paris et al., *Faecal Progesterone Metabolites and Behavioural Observations for the Non-invasive Assessment of Oestrous Cycles in the Common Wombat* (Vombatus ursinus) *and the Southern Hairy-nosed Wombat* (Lasiorhinus latifrons), in "Animal Reproduction Science", 72, 2002, pp. 245-25.

4 P.J. Yang et al., *Intestines of Non-uniform Stiffness Mold the Corners of Wombat Feces*, in "Soft Matters", 2020, https://doi.org/10.1039/D0SM01230K; P.J. Yang et al., *How do Wombats Make Cubed Poo?*, in "Bulletin of the American Physical Society: Proceedings of the 71st Annual Meeting of the APS Division of Fluid Dynamics", 63, 2018; P.J. Yang et al., *How, and Why, Do Wombats Make Cube-shaped Poo?*, IgNobel Prize for Physics, Improbable Research, United States (2019).

5 H. Genest e G. Dubost, *Pair Living in the Mara* (Dolichotis paragonum), in "Mammalia", 38, 1974, pp. 155-162.

6   B.L. Hart, *Flehmen Behavior and Vomeronasal Organ Function*, in D. Müller-Schwarze e R.M. Silverstein (a cura di), *Chemical Signals in Vertebrates 3*, Springer, Berlino, 1983, pp. 87-103.

7   M. Shirasu et al., *Key Male Glandular Odorants Attracting Female Ring-Tailed Lemurs*, in "Current Biology", 30, 2020, pp. 2131-2138.

8   우리 눈에 팔꿈치처럼 보이는 부분은 사실 중수골과 전완골의 관절 부분으로 지골은 흔적 기관처럼 남아 있는 엄지를 제외하고 길게 뻗어 있는데 우산 살처럼 나머지 날개 부분을 지탱한다.

9   C. Voigt e O. von Helversen, *Storage and Display of Odour by Male* Saccopteryx bilineata (Chiroptera, Emballonuridae), in "Behavioral Ecology and Sociobiology", 47, 1999, pp. 29-40.

10 C.C. Voig, B. Caspers e S. Speck, *Bats, Bacteria, and Bat Smell: Sex-specific Diversity of Microbes in a Sexually Selected Scent Organ*, in "Journal of Mammalogy", 86, 2005, pp. 745-749.

11 R.T. Mason e D. Crews, *Female Mimicry in Garter Snakes*, in "Nature", 316, 1985, pp. 59-60; R. Shine et al., *Benefits of Female Mimicry in Snakes*, in "Nature", 414, 267, 2002, https://doi.org/10.1038/35104687.

12 파충류, 조류, 어류에서 비뇨 기관과 생식 기관을 겸하고 있는 장의 개구부를 '배설강'이라 부른다.

13 P.T. Gregory et al., *Death Feigning by Grass Snakes* (Natrix natrix) *in Response to Handling by Human "Predators"*, in "Journal of Comparative Psychology", 121, 2007, pp. 123-129.

14 스티그머지는 사회적 곤충들이 환경을 변화시킴으로써 서로의 활동을 조율하는 데 활용하는 간접적인 의사소통의 한 형태다. 어떤 개체가 페로몬을 분비하면 이는 다른 개체에게 해야 할 일을 지시하는 역할을 한다. 자취를 남기는 행위, 즉 페로몬의 발산은 환경변형으로 간주된다.

15 C.J. Torney et al., *From Single Steps to Mass Migration: The Problem of Scale in the Movement Ecology of the Serengeti Wildebeest*, in "Philosophical Transactions of the Royal Society B: Biological Science", 373, 2018, https://doi.org/10.1098/rstb.2017.0012.

14 치명적인 향기

1   누에나방 유충은 뽕나무 잎을 먹고 네 차례의 탈피를 거치고 난 다음, 번데기가 된다. 입 양측에 위치한 분비샘에서 생성되는 하얀 단백질의 액체를 분비하는데, 이는 공기와 접촉하면 응고된다. 이것은 유충이 번데기로 변신하기 위해 정확한 동작에 따라 자기 몸에 휘감는 무가공된 순수한 명주이다.

2   W.S. Leal, *Pheromone Reception*, in S. Schulz (a cura di), *The Chemistry of Pheromones and Other Semiochemicals II*, Topics in Current Chemistry Book Series, vol. 240,

Springer, Berlino, 2004.

3   R. Gibson e J. Pickett, *Wild Potato Repels Aphids by Release of Aphid Alarm Pheromone*, in "Nature", 302, 1983, pp. 608-609.

4   J. Brodmann et al., *Orchid Mimics Honey Bee Alarm Pheromone in Order to Attract Hornets for Pollination*, in "Current Biology", 19, 2009, pp. 1368-1372.

5   나의 책《경계 없는 세계: 이주하는 동물들의 특별한 이야기》에서 소개한 이주활동 중 하나다.

6   J. Myers e L.P. Brower, *A Behavioural Analysis of the Courtship Pheromone Receptors of the Queen Butterfly*, Danaus gilippus Berenice, in "Journal of Insect Physiology", 15, 1969, pp. 2117-2120; J. Meinwald et al., *Sex Pheromone of the Queen Butterfly: Chemistry*, in "Science", 164, 1969, pp. 1174-1175; T.E. Pliske e T. Eisner, *Sex Pheromone of the Queen Butterfly: Biology*, in "Science", 164, 1969, pp. 1170-1172; J. Myers, *Pheromones and Courtship Behavior in Butterflies*, in "American Zoologist", 12, 1972, pp. 545-551.

7   W.E. Conner et al., *Courtship Pheromone Production and Body Size as Correlates of Larval Diet in Males of the Arctiid Moth*, Utetheisa ornatrix, in "Journal of Chemical Ecology", 16, 1990, pp. 543-552; W.E. Conner et al., *Precopulatory Sexual Interaction in an Arctiid Moth* (Utetheisa ornatrix)*: Role of a Pheromone Derived From Dietary Alkaloids*, in "Behavioral Ecology and Sociobiology", 9, 1981, pp. 227-235; C. Rossini et al., *Fate of an Alkaloidal Nuptial Gift in the Moth* Utetheisa ornatrix*: Systemic Allocation for Defense of Self by the Receiving Female*, in "Journal of Insect Physiology", 47, 2001, pp. 639-647; L. Hangkyo e M.D. Greenfield, *Female Pheromonal Chorusing in an Arctiid Moth*, Utetheisa ornatrix, in "Behavioral Ecology", 18, 2007, pp. 165-173, https://doi.org/10.1073/pnas.90.14.6834.

8   R. Mozûraitis et al., *New Sex Attractants and Inhibitors for 17 Moth Species From the Families* Gracillariidae, Tortricidae, Yponomeutidae, Oecophoridae, Pyralidae *and* Gelechiidae, in "Journal of Applied Entomology", 122, 1998, pp. 441-452; M. Tóth et al., *Sex Attractants for Male Microlepidoptera Found in Field Trapping Tests in Hungary*, in "Journal of Applied Entomology", 113, 1992, pp. 342-355, https://www.pherobase.com/database/compound/compounds-detail-Z10-14Ac.php; https://www.pherobase.com/database/compound/compounds-detail-Z11-14Ac.php.

9   그 차이는 이 책 초반부에서 살펴보았다.

10 F. Mann et al., *The Scent Chemistry of Heliconius Wing Androconia*, in "Journal of Chemical Ecology", 43, 2017, pp. 843-857.

11 N. Lagersson e J. Høeg, *Settlement Behavior and Antennulary Biomechanics in Cypris Larvae of* Balanus amphitrite (Crustacea: Thecostraca: Cirripedia), in "Marine Biology", 141, 2002, pp. 513-526; R.D. Burke, *Pheromones and the Gregarious Settlement of Marine Invertebrate Larvae*, in "Bulletin of Marine Science", 39, 1986, pp. 323-333.

12 R.L. Koch, *The Multicolored Asian Lady Beetle, Harmonia axyridis: A Review of its Biology, Uses in Biologic Control, and Non-target Impacts*, in "Journal of Insect Science", 3, 32, 2003; C.A. Nalepa et al., *The Multicolored Asian Lady Beetle* (Coleoptera: Coccinellidae) : *Orientation to Aggregation Sites*, in "Journal of Entomological Science", 35, 2000, pp. 150-157.

13 R. Dillon et al., *Exploitation of Gut Bacteria in the Locust*, in "Nature", 403, 851, 2000.

14 A. Afify e C.G. Galizia, *Chemosensory Cues for Mosquito Oviposition Site Selection*, in "Journal of Medical Entomology", 52, 2015, pp. 120-130; C.E. Osgood, *An Oviposition Pheromone Associated with the Egg Rafts of* Culex tarsalis, in "Journal of Economic Entomology", 64, 1971, pp. 1038-1041.

15 Y. Mao et al., *Crystal and Solution Structures of an Odorant-binding Protein From the Southern House Mosquito Complexed With an Oviposition Pheromone*, in "Proceedings of the National Academy of Sciences", 107, 2010, pp. 19102-19107.

16 S.-Q. Ong e Z. Jaal, *Investigation of Mosquito Oviposition Pheromone as Lethal Lure for the Control of* Aedes aegypti (L.) (Diptera: Culicidae), in "Parasitic Vectors", 8, 28, 2015.

17 평생 혹은 자신의 생애주기 일부를 다른 유기체(숙주)에 빌붙어 살면서 그에게 손해를 끼치는 유기체를 '기생충'이라 한다. 기생충과 숙주는 기식이라는 적대적인 공생관계로 묶여 있으며 기생충은 이로부터 이점을 챙긴다. 반면 포식기생은 기생충들과 다르게 그들의 생애주기나 기생충 단계를 숙주를 죽임으로써 확실하게 끝내버린다. 포식기생 유충들은 다른 곤충들의 몸에서 그들을 잡아먹고 죽임으로써 성장한다. 첫 번째 경우에 숙주는 기생을 당하게 된다. 하지만 포식기생의 숙주는 포식과 기생 모두를 당하는 것이다.

18 H.C.J. Godfray, *Parasitoids: Behavioral and Evolutionary Ecology*, Princeton University Press, Princeton (NJ) 1994.

19 G.C. Marris et al., *The Perception of Genetic Similarity by the Solitary Parthenogenetic Parasitoid* Venturia canescens, *and its Effects on the Occurrence Of Superparasitism*, in "Entomologia Experimentalis et Applicata", 78, 1996, pp. 167-174.

20 J.R. Aldrich et al., *Chemistryvis-à-vis Maternalism in Lace Bugs* (Heteroptera: Tingidae): *Alarm Pheromones and Exudate Defense in Corythucha and Gargaphia Species*, in "Journal of Chemical Ecology", 17, 1991, pp. 2307-2322;

21 B.R. Wager e M.D. Breed, *Does Honey Bee Sting Alarm Pheromone Give Orientation Information to Defensive Bees?*, in "Annals of the Entomological Society of America", 93, 2000, pp. 1329-1332.

15 우리 집 냄새

1 E.T. Frank, M. Wehrhahn e K.E. Linsenmair, *Wound Treatment and Selective Help in a Termite-hunting Ant*, in "Proceedings of the Royal Society B", 285, 2018;

E.T. Frank et al., *Saving the Injured: Rescue Behavior in the Termite-hunting Ant Megaponera analis*, in "Science Advances", 3, 2017.

2   O. Wilson, *Slavery in Ants*, in "Scientific American", 232, 1975, pp. 32-36.

3   A. Mori et al., *Mating and Post-mating Behaviour of the European Amazon Ant*, Polyergus rufescens (Hymenoptera, Formicidae), in "Bolletino di Zoologia", 61, 1994, pp. 203-206; A. Mori et al., *Colony Founding in Polyergus rufescens: The Role of the Dufour's Gland*, in "Insectes Sociaux", 47, 2000, pp. 7-10.

4   T. Pamminger et al., *Geographic Distribution of the Anti-parasite Trait 'Slave Rebellion'*, in "Evolutionary Ecology", 27, 2013, pp. 39-49; T. Pamminger et al., *Oh Sister, Where Art Thou? Spatial Population Structure and the Evolution of an Altruistic Defence Trait*, in "Journal of Evolutionary Biology", 28, 2014, pp. 2443-2456; R. Savolainen e R.J. Deslippe, *Facultative and Obligate Slavery in Formicine Ants: Frequency of Slavery, and Proportion and Size of Slaves*, in "Biological Journal of the Linnean Society", 57, 1996, pp. 47-58.

5   D.E. Jackson e F.L.W. Ratnieks, *Communication in Ants*, in "Current Biology", 16, 2006, pp. 570-574.

6   더듬이 만지기는 벌목 곤충들의 전형적인 의사소통 시스템이다. 더듬이를 통해 다른 개체의 더듬이와 몸을 탐색하여 신호를 주고받는다.

7   J.H. Tumlinson et al., *Identification of the Trail Pheromone of a Leaf-cutting Ant*, Atta texana, in "Nature", 234, 1971, pp. 348-349; J.H. Tumlinson et al., *A Volatile Trail Pheromone of the Leaf-cutting Ant*, Atta texana, in "Journal of Insect Physiology", 18, 1972, pp. 809-814; J.H. Cross et al., *The Major Component of the Trail Pheromone of the Leaf-cutting Ant*, Atta sexdens rubropilosa forel, in "Journal of Chemical Ecology", 5, 1979, pp. 187-203.

8   C. Bruschini et al., *Cuticular Hydrocarbons Rather Than Peptides Are Responsible for Nestmate Recognition in* Polistes dominulus, in "Chemical Senses", 36, 2011, pp. 715-723.

9   F. Romana Dani, *Cuticular Lipids as Semiochemicals in Paper Wasps and Other Social Insects*, in "Annales Zoologici Fennici", 43, 2006, pp. 500-514.

10 K.E. Espelie e H.R. Hermann, *Surface Lipids of the Social Wasp* Polistes annularis (L.) *and its Nest and Nest Pedicel*, in "Journal of Chemical Ecology", 16, 1990, pp. 1841-1852.

11 L. Dapporto, E. Palagi e S. Turillazzi, *Cuticular Hydrocarbons of Polistes dominulus as a Biogeographic Tool: A Study of Populations From the Tuscan Archipelago and Surrounding Areas*, in "Journal of Chemical Ecology", 30, 2004, pp. 2139-2151.

12 C. Cutoneschi et al., Polistes dominulus (Hymenoptera: Vespidae) *Larvae Possess Their Own Chemical Signatures*, in "Journal of Insect Physiology", 53, 2007, pp. 954-963.

13 M. Sledge, F. Boscaro e S. Turillazzi, *Cuticular Hydrocarbons and Reproductive Status*

in the Social Wasp Polistes dominulus, in "Behaviour of Ecology and Sociobiology", 49, 2001, pp. 401-409; L. Dapporto et al., *Timing Matters When Assessing Dominance and Chemical Signatures in the Paper Wasp* Polistes dominulus, in "Behavioral Ecology and Sociobiology", 64, 2010, pp. 1363-1365.

14 선형의 탄소원자 사슬을 가진 탄화수소보다 가지 달린 사슬을 가진 탄화수소, 메틸 그룹을 가진 알케인과 알켄이 더 잘 식별되는 것으로 나타났다. F.R. Dani et al., *Deciphering the Recognition Signature Within the Cuticular Chemical Profile of Paper Wasps*, in "Animal Behaviour", 62, 2001, pp. 165-171.

15 G.J. Gamboa et al., *Nestmate Recognition in Social Wasps: The Origin and Acquisition of Recognition Odours*, in "Animal Behaviour", 34, 1986, pp. 685-695; M.C. Lorenzi et al., *Cuticular Hydrocarbon Dynamics in Young Adult* Polistes dominulus (Hymenoptera: Vespidae) *and the Role of Linear Hydrocarbons in Nestmate Recognition Systems*, in "Journal of Insect Physiology", 50, 2004, pp. 935-941.

16 C.L. Vernier et al., *The Gut Microbiome Defines Social Group Membership in Honey Bee Colonies*, in "Science Advances", 6, 2020, https://doi.org/10.1126/sciadv.abd3431.

17 J. Thomas e J. Settele, *Butterfly Mimics of Ants*, in "Nature", 432, 2004, pp. 283-284; T. Akino et al., *Chemical Mimicry and Host Specificity in the Butterfly* Maculinea rebeli, *a Social Parasite of* Myrmica *Ant Colonies*, in "Proceedings of the Royal Society B", 266, 1999, pp. 1419-1426; M.K. Hojo et al., *Lycaenid Caterpillar Secretions Manipulate Attendant Ant Behavior*, in "Current Biology", 25, 2015, pp. 2260-2264.

18 E.L. Vargo e C.D. Hulsey, *Multiple Glandular Origins of Queen Pheromones in the Fire Ant* Solenopsis invicta, in "Journal of Insect Physiology", 46, 2000, pp. 1151-1159.

19 일부 저자들이 보기에 일벌들이 여왕을 둘러싸서 씻기고 먹이는 행동을 유발하는 페로몬은 따로 있다. 바로 여왕 시종 페로몬(Queen Retinue Pheromone, QRP)으로, 하악 분비샘에서 생성되지 않는 세 가지 지방산 성분으로 인해 여왕 페로몬과 약간 다르다. C. Keeling et al., *New Components of the Honey Bee* (Apis mellifera L.) *Queen Retinue Pheromone*, in "Proceedings of the National Academy of Sciences", 100, 2003, pp. 4486-4491.

20 D. Jarriault e A.R. Mercer, *Queen Mandibular Pheromone: Questions That Remain to be Resolved*, in "Apidologie", Springer Verlag, 43, 2012, pp. 292-307; K.N. Slessor et al., P*heromone Communication in the Honeybee* (Apis melliferaL.), in "Journal of Chemical Ecology", 31, 2005, pp. 2731-2745.

21 F.-J. Richard e J.H. Hunt, *Intracolony Chemical Communication in Social Insects*, in "Insectes Sociaux", 60, 2013, pp. 275-291; A.M. Costa-Leonardo et al., *Chemical Communication in Isopteran*, in "Neotropical Entomology", 38, 2009, pp. 747-52; S. Dronnet et al., *Cuticular Hydrocarbon Composition Reflects Genetic Relationship Among Colonies of the Introduced Termite* Reticulitermes santonensis *Feytaud*, in "Journal of Chemical Ecology", 32, 2006, pp. 1027-1042.

22 A.M. Costa-Leonardo e I. Haifig, *Pheromones and Exocrine Glands in Isoptera*, in "Vitamins & Ormones", 83, 2010, pp. 521-549.

23 A.M. Costa-Leonardo e I. Haifig, *Termite Communication During Different Behavioral Activities*, in G. Witzany (a cura di), *Biocommunication of Animals*, Springer, Berlin, 2014.

에필로그

1 K. von Frisch, Decoding the Language of the Bee, in "Science", 185, 1974, pp. 663-668.

2 이후 이 책은 'The Dancing Bees(춤추는 벌)'라는 제목으로 영어로 번역되었다.

3 K. von Frisch, *The Dance Language and Orientation of Bees*, Harvard University Press, Cambridge (MA) 1967; K. von Frisch et al., *Honeybees: Do They Use Direction and Distance Information Provided by Their Dancers?*, in "Science", 158, 1967, pp. 1072-1077.

4 K.E. Gardner et al., *Do Honeybees Have Two Discrete Dances to Advertise Food Sources?*, in "Animal Behaviour", 75, 2008, pp. 1291-1300; T.E. Rinderer e L.D. Beaman, *Genic Control of Honey Bee Dance Language Dialect*, in "Theoretical and Applied Genetics", 91, 1995, pp. 727-732;

5 S. Su et al., *East Learns From West: Asiatic Honeybees Can Understand Dance Language of European Honeybees*, in "Plos One", 3, 2008; J.L. Gould e W.F. Towne, *On the Evolution of the Dance Language: Response to Dyer and Seeley*, in "American Naturalist", 134, 1989, pp. 156-159; F.C. Dyer e T.D. Seeley, *Dance Dialects and Foraging Range in Three Asian Honey Bee Species*, in "Behavioral Ecology and Sociobiology", 28, 1991, pp. 227-233.

6 K. von Frisch, *Il linguaggio delle api*, trad. it. di G. Celli e A. Crisanti, Bollati Boringhieri, Torino 1976 (ed. orig. Aus dem Leben der Bienen, 1927).

7 A. Michelsen et al., *How Honeybees Perceive Communication Dances, Studied by Means of a Mechanical Model*, in "Behavioral Ecology and Sociobiology", 30, 1992, pp. 143-140.

8 M.V. Srinivasan et al., *Honeybee Navigation: Nature and Calibration of the "Odometer"*, in "Nature", 287, 2000, pp. 851-853.

9 T. Seeley et al., *Dancing Bees Tune Both Duration and Rate of Waggle-run Production in Relation to Nectar-source Profitability*, in "Journal of Comparative Physiology A", 186, 2000, pp. 813-819.

10 T. Seeley e P.K. Visscher, *Group Decision Making in Nest-site Selection by Honey Bees*, in "Apidologie", 35, 2004, pp. 101-116, https://www.americanscientist.org/article/group-decision-making-in-honey-bee-swarms.

11 A.B. Barron e J.A. Plath, *The Evolution of Honey Bee Dance Communication: A Mechanistic Perspective*, in "Journal of Experimental Biology", 220, 2017, pp. 4339-

4346; M. Lindauer, *Communication Among Social Bees*, Harvard University Press, Cambridge (MA) 1961.

12 C. Grüter et al., *Informational Conflicts Created by the Waggle Dance*, in "Proceedings of Biological Sciences", 275, 2008, pp. 1321-1327.

13 C. Grüter e M.W. Farina, *The Honeybee Waggle Dance: Can We Follow the Steps?*, in "Trends in Ecology & Evolution", 24, 2009, pp. 242-247; A. Dornhaus e L. Chittka, *Why do Honey Bees Dance?*, in "Behavioral Ecology and Sociobiology", 55, 2004, pp. 395-401.

14 H. Al Toufailia et al., *Persistence to Unrewarding Feeding Locations by Honeybee Foragers* (Apis mellifera) *: The Effects of Experience, Resource Profitability and Season*, in "Ethology", 119, 2013, pp. 1096-1106; C. Gruter e F.L. Ratnieks, *Honeybee Foragers Increase the Use of Waggle Dance Information When Private Information Becomes Unrewarding*, in "Animal Behaviour", 81, 2011, pp. 949-954.

15 M. Beekman e J.B. Lew, *Foraging in Honeybees—When does it Pay to Dance?*, in "Behavioral Ecology", 19, 2008, pp. 255-261; F.C. Dyer, *The Biology of the Dance Language*, in "Annual Review of Entomology", 47, 2002, pp. 917-949; C. Grüter et al., *Informational Conflicts Created by the Waggle Dance*, in "Proceedings of Biological Sciences", 275, 2008, pp. 1321-1327.

16 K. Rohrseitz e J. Tautz, *Honey Bee Dance Communication: Waggle Run Direction Coded in Antennal Contacts?*, in "Journal of Comparative Physiology A", 184, 1999, pp. 463-470.

17 U. Greggers et al., *Reception and Learning of Electric Fields in Bees*, in "Proceedings of Biological Sciences", 280, 2013.

18 H.O. von Hagen, *Vibration Signals in Australian Fiddler Crabs, a First Inventory*, in "The Beagle: Records of the Museum and Art Galleries of the Northern Territory", 2000; F. Takeshita e M. Murai, *The Vibrational Signals That Male Fiddler Crabs* (Uca lacteal) *Use to Attract Females Into Their Borrows*, in "The Science of Nature", 103, 2016, p. 49.

19 A. Röhrig et al., *Vibrational Alarm Communication in the African Fungus-growing Termite Genus Macrotermes* (Isoptera, Termitidae), in "Insectes Sociaux", 46, 1999, pp. 71-77; F.A. Hager e W.H. Kirchner, *Vibrational Long-distance Communication in the Termites* Macrotermes natalensis *and* Odontotermes sp., in "Journal of Experimental Biology", 216, 2013, pp. 3249-3256.

20 P.S.M. Hill e A. Wessel, *Biotremology*, in "Current Biology", 26, 2016, pp. 187-191; R.B. Cocroft e R.L. Rodríguez, *The Behavioral Ecology of Insect Vibrational Communication*, in "BioScience", 55, 2005, pp. 323-334.

21 J.A. Randall e M.D. Matocq, *Why do Kangaroo Rats (*Dipodomys spectabilis*) Footdrum At Snakes?*, in "Behavioral Ecology", 8, 1997, pp. 404-413.

동물들이 서로 주고받는 말

우리가 모르는 동물들의 은밀한 대화 엿듣기

초판 인쇄 | 2025년 10월 1일
초판 발행 | 2025년 10월 5일

지은이 | 프란체스카 부오닌콘티
그린이 | 페데리코 젬마
옮긴이 | 황지영
감　수 | 김옥진
펴낸이 | 조승식
펴낸곳 | 도서출판 북스힐
등록 | 1998년 7월 28일 제22-457호
주소 | 서울시 강북구 한천로 153길 17
전화 | 02-994-0071
팩스 | 02-994-0073
인스타그램 | @bookshill_official
블로그 | blog.naver.com/booksgogo
이메일 | bookshill@bookshill.com

ISBN　979-11-5971-698-0

정가　22,000원